Stefan Müller-Stach | Jens Piontkowski

Elementare und algebraische Zahlentheorie

Algebra und Zahlentheorie

www.viewegteubner.de

Stefan Müller-Stach | Jens Piontkowski

Elementare und algebraische Zahlentheorie

Ein moderner Zugang zu klassischen Themen

2., erweiterte Auflage

STUDIUM

VIEWEG+
TEUBNER

Bibliografische Information der Deutschen Nationalbibliothek
Die Deutsche Nationalbibliothek verzeichnet diese Publikation in der
Deutschen Nationalbibliografie; detaillierte bibliografische Daten sind im Internet über
<http://dnb.d-nb.de> abrufbar.

Prof. Dr. Stefan Müller-Stach
Johannes Gutenberg-Universität Mainz
Institut für Mathematik
Staudinger Weg 9
55099 Mainz

stach@uni-mainz.de

Priv.-Doz. Dr. Jens Piontkowski
Heinrich-Heine-Universität Düsseldorf
Mathematisches Institut
Universitätsstraße 1
40225 Düsseldorf

piontkow@uni-duesseldorf.de

1. Auflage 2006
2., erweiterte Auflage 2011

Alle Rechte vorbehalten
© Vieweg+Teubner Verlag | Springer Fachmedien Wiesbaden GmbH 2011

Lektorat: Ulrike Schmickler-Hirzebruch | Barbara Gerlach

Vieweg+Teubner Verlag ist eine Marke von Springer Fachmedien.
Springer Fachmedien ist Teil der Fachverlagsgruppe Springer Science+Business Media.
www.viewegteubner.de

Umschlaggestaltung: KünkelLopka Medienentwicklung, Heidelberg
Druck und buchbinderische Verarbeitung: AZ Druck und Datentechnik, Berlin
Gedruckt auf säurefreiem und chlorfrei gebleichtem Papier
Printed in Germany

ISBN 978-3-8348-1256-8

Für unsere Eltern, Evija und Siggi

Vorwort

Der Ausgangspunkt dieses Buches war ein gemeinsam entwickeltes Vorlesungsskript der beiden Autoren, das eine anschauliche Darstellung der Grundbegriffe der elementaren und algebraischen Zahlentheorie zum Ziel hatte. Dabei standen die theoretischen Aspekte zwar im Vordergrund, aber der Stoff sollte immer durch Beispiele und explizite Algorithmen konkretisiert werden.

Der rote Faden dieses Buches ist die Lösungstheorie diophantischer Gleichungen, d.h. die Suche nach ganzzahligen oder rationalen Lösungen von Polynomgleichungen in mehreren Variablen. Dabei stehen die quadratischen Gleichungen im Mittelpunkt, um den Stoff elementar zu halten. Das Buch führt dazu in mehrere Techniken ein. In der Kongruenzrechnung versucht man, eine Gleichung zuerst modulo einer natürlichen Zahl n zu lösen. Dabei bietet es sich an, für n eine Primzahlpotenz p^k zu wählen, weil man die Lösungen zu verschiedenen Primzahlpotenzen mit dem chinesischen Restsatz zusammensetzen kann. Der Grenzübergang von k nach unendlich führt zu den p–adischen Zahlen. An Hand der quadratischen Formen wird demonstriert, wie aus Lösungen über den p–adischen Zahlen auf eine Lösung über den rationalen Zahlen geschlossen werden kann. Einige diophantische Gleichungen werden durch spezielle Techniken effektiver gelöst, so helfen Kettenbrüche bei der Lösung der Pellschen Gleichung $x^2 - dy^2 = 1$ für $d \in \mathbb{N}$.

Eine andere Methode neben der Kongruenzrechnung besteht darin, solche Gleichungen zunächst nicht über den ganzen Zahlen, sondern über einem etwas größeren Ring zu betrachten. Zum Beispiel faktorisiert die Pellsche Gleichung bereits über dem Zahlring $\mathbb{Z}[\sqrt{d}]$ als $(x + \sqrt{d}y)(x - \sqrt{d}y) = 1$. Durch die Beobachtung, dass beide Faktoren Einheiten sind, wird aus der Suche nach Lösungen eine Suche nach Einheiten in $\mathbb{Z}[\sqrt{d}]$. Welche Erweiterungsringe von $\mathbb{Z}$ für solche Betrachtungen geeignet sind und welche Eigenschaften diese haben, wird in der algebraischen Zahlentheorie studiert. Der Schwerpunkt liegt darauf zu bestimmen, welche dieser algebraischen Erweiterungsringe faktoriell sind, bzw. ihre Abweichung davon mit Hilfe der Klassengruppe zu messen.

Das vorliegende Buch kann auf verschiedene Weisen gelesen und zu Vorlesungen benutzt werden. Die Abschnitte §1–§9 bilden die Grundlage der elementaren Zahlentheorie und sollten auf jeden Fall gründlich bearbeitet werden. Anschließend kann auf drei verschiedene Weisen fortgefahren werden, wenn man eine Auswahl treffen will: Eine Möglichkeit besteht darin, direkt quadratische Formen bis zum Satz von Hasse–Minkowski zu behandeln (§13–§15). Andererseits kann man auch Kettenbrüche (§10) erarbeiten und darauf aufbauend entweder mit Primzahltests und Faktorisierungsalgorithmen (§11–§12) oder mit den Grundbegriffen der algebraischen Zahlentheorie (§16–§19) fortfahren. Die Kombination §1–§9 zusammen mit §10–§12 bietet sich für eine einsemestrige Vorlesung (Modul) im Bachelor–Studiengang an; man kann den Rest des Buches dann für einen Vertiefungsmodul im Rahmen des Master–Studienganges nutzen. Soll der Schwerpunkt schon früh auf die algebraische Zahlentheorie gelegt werden, so liest man §1–§10 mit §16–§19, was aber nur mit einigen Vorkenntnissen in einem Semester behandelt werden kann.

Im Anhang des Buches können Grundkenntnisse über Gruppen, Ringe und Körper nachgeschlagen werden. Eine kurze Einführung in das freie Computeralgebrasystem PARI/GP lädt zu zahlentheoretischen Experimenten ein. Ebenso befinden sich dort die Lösungshinweise zu den Aufgaben.

Wir bedanken uns bei Ralf Gerkmann, Jens Mandavid und Oliver Petras für viele wertvolle Hinweise zu vorläufigen Fassungen des Textes und die tatkräftige Unterstützung beim Übungsbetrieb zu den beiden Vorlesungsreihen in 2004/2005 und 2005/2006. Allen unseren Studenten sind wir sehr dankbar für die aktive Teilnahme an den vier Veranstaltungen und für ihre zahlreichen Korrekturhinweise.

Mainz
September 2006

STEFAN MÜLLER–STACH
JENS PIONTKOWSKI

Vorwort zur zweiten Auflage

In der zweiten Auflage wurden Druckfehler der ersten Auflage berichtigt und weitere Verbesserungen im Text vorgenommen. Außerdem haben wir zahlreiche neue Aufgaben aus Vorlesungen und Staatsexamensklausuren zusammen mit Lösungshinweisen aufgenommen. Wir danken Henning Hollborn und allen anderen, die uns dabei unterstützt haben. Darüber hinaus haben wir einen Anhang über Minkowskitheorie hinzugefügt, um die bisher fehlenden Beweise der Endlichkeit der Klassenzahl sowie des Satzes von Dirichlet geben zu können.

Mainz und Düsseldorf
April 2011

STEFAN MÜLLER–STACH
JENS PIONTKOWSKI

Inhaltsverzeichnis

1 Primzahlen

Einer der Hauptgegenstände der Zahlentheorie sind die Primzahlen, die wir als die natürlichen Zahlen ungleich 1 definieren können, die nur durch 1 und sich selbst teilbar sind. Die wichtigsten Fragen über Primzahlen sind:

1. Wie kann man feststellen, ob eine natürliche Zahl p eine Primzahl ist?

2. Kann man auf einfache Weise eine sehr große Primzahl finden?

3. Wie viele Primzahlen gibt es?

4. Wie sind die Primzahlen in den natürlichen Zahlen verteilt?

Wir wollen in diesem ersten Abschnitt diese Fragen ansprechen — in späteren Abschnitten werden wir die Antworten dann noch weiter vertiefen.

Falls eine natürliche Zahl n keine Primzahl ist, also in ein Produkt $n = ab$ mit $a, b > 1$ zerfällt, dann muss a oder b größer gleich $\sqrt{n}$ sein. Diese Überlegung führt zu einem ersten Primzahltest:

Naiver Primzahltest

Sei $n \in \mathbb{N}$ gegeben. Teste, ob n durch eine der ganzen Zahlen zwischen 2 und $\sqrt{n}$ teilbar ist. Falls nein, ist n prim. Falls ja, ist n nicht prim.

Wir werden später im Abschnitt 11 wesentlich schnellere Primzahltests kennenlernen.

Um alle Primzahlen von 2 bis zu einer Zahl $N \in \mathbb{N}$ zu finden, benutzt man das folgende Verfahren:

Sieb des Eratosthenes

1. Schreibe alle Zahlen von 2 bis N auf.

2. Betrachte jede Zahl n zwischen 2 und N in aufsteigender Reihenfolge: Falls die Zahl nicht gestrichen ist, streiche alle Vielfachen der Zahl mit Ausnahme der Zahl selber.

3. Die verbleibenden nicht–gestrichenen Zahlen sind die Primzahlen.

Dieses Sieb funktioniert aus zwei Gründen: Erstens werden durch das Streichen der echten Vielfachen von n nur Nicht–Primzahlen entfernt. Zweitens, da man bei den kleinsten Zahlen anfängt, wird eine Nicht–Primzahl gestrichen, sobald n gleich ihrem kleinsten Teiler ungleich 1 ist.

Bestimmen wir als Beispiel die Primzahlen bis 50:

$$
\begin{array}{cccccccccc}
 & 2 & 3 & \not4 & 5 & \not6 & 7 & \not8 & \not9 & \not{10} \\
11 & \not{12} & 13 & \not{14} & \not{15} & \not{16} & 17 & \not{18} & 19 & \not{20} \\
\not{21} & \not{22} & 23 & \not{24} & \not{25} & \not{26} & \not{27} & \not{28} & 29 & \not{30} \\
31 & \not{32} & \not{33} & \not{34} & \not{35} & \not{36} & 37 & \not{38} & \not{39} & \not{40} \\
41 & \not{42} & 43 & \not{44} & \not{45} & \not{46} & 47 & \not{48} & \not{49} & \not{50}
\end{array}
$$

Obwohl bei diesem Algorithmus bei den großen Zahlen viel gestrichen wird, gilt doch der folgende Satz:

Satz 1.1 (Euklid) *Es gibt unendlich viele Primzahlen.*

Beweis: Angenommen, es gibt nur die endlich vielen Primzahlen $p_1, p_2, \ldots, p_n$. Wir setzen $P = \prod_{i=1}^{n} p_i + 1$. Nach Definition ist P größer als jede Primzahl, kann also selber keine Primzahl sein. Daher wird P von einer Zahl $1 < a < P$ geteilt. Wir wählen das kleinste solche a und behaupten, dass a dann eine Primzahl sein muss. Wäre a nämlich keine Primzahl, so hätte a einen Teiler $1 < b < a$. Dieser wäre dann auch ein Teiler von P, im Widerspruch zu Minimalität von a. Also ist der Teiler a von P gleich einem p_j für ein $j \in \{1, \ldots, n\}$. Nun teilt p_j das Produkt $\prod_{i=1}^{n} p_i$, aber nicht die 1, somit kann p_j nicht $P = \prod_{i=1}^{n} p_i + 1$ teilen. Dieser Widerspruch impliziert die Existenz von unendlich vielen Primzahlen. $\quad\square$

Aufgabe 1.2 Modifizieren Sie den Beweis des Satzes von Euklid, um zu zeigen, dass es unendlich viele Primzahlen der Form $4k - 1$ (bzw. $4k + 1$) gibt.

Ganz allgemein gilt der viel tiefer liegende Satz:

Satz 1.3 (Dirichlet) *Seien $a, b \in \mathbb{N}$ teilerfremd. Dann gibt es unendlich viele Primzahlen der Form $ak + b$, wobei $k \in \mathbb{N}$.*

Beweis: Siehe [F, S. 110]. $\quad\square$

Da man nicht erwarten kann, dass es eine einfache, schnelle Möglichkeit gibt, alle Primzahlen aufzuzählen, sucht man zumindest Funktionen, deren Werte häufig — oder besser immer — Primzahlen sind. Am bekanntesten ist die 1637 von Fermat aufgestellte Vermutung, dass die Zahlen $F_k = 2^{2^k} + 1$ alle Primzahlen sind. Er berechnete damals die ersten fünf Glieder

$$F_0 = 3, \ F_1 = 5, \ F_2 = 17, \ F_3 = 257, \ F_4 = 65537$$

und stellte fest, dass diese alle Primzahlen sind. Doch 1732 entdeckte Euler den Teiler 641 von $F_5 = 4294967297$. Mittlerweile kennt man die Faktoren der Fermatzahlen bis F_{15} und weiß, dass F_{16} bis F_{36} sowie einige größere Fermatzahlen zusammengesetzt sind. Deshalb und auch auf Grund eines heuristischen Arguments vermutet man, dass es keine weiteren Primzahlen unter den Fermatzahlen gibt.

Die Tatsache, dass eine doppelte Zweierpotenz bei den Fermatzahlen auftritt, ist kein Zufall.

Lemma 1.4 *Eine Zahl der Form $b^m + 1 > 2$ ist höchstens dann prim, wenn $m = 2^k$ und b gerade ist.*

Beweis: b muss gerade sein, damit $b^m + 1$ ungerade ist. Ist m keine Zweierpotenz, so ist $m = pq$ mit $p \geq 3$ ungerade. Also gilt $b^m + 1 = b^{pq} + 1 = (b^q)^p + 1$. Um diesen Term zu faktorisieren, betrachten wir das Polynom $X^p + 1$. Da p ungerade ist, ist $(-1)^p + 1 = 0$, d.h. -1 ist eine Nullstelle von $X^p + 1$. Daher kann der Term $X + 1$ von $X^p + 1$ abgespalten werden, genauer ist

$$X^p + 1 = (X + 1)(X^{p-1} - X^{p-2} + X^{p-3} - \ldots - X + 1).$$

Setzen wir darin $X = b^q$ ein, so erhalten wir eine Faktorisierung von $b^m + 1$. $\qquad\square$

Der zweite bekannte Typ von Primzahlen sind die *Mersenneschen Primzahlen*. Dies sind Primzahlen der Form $2^m - 1$.

Lemma 1.5 *Eine Zahl der Form $2^m - 1$ ist höchstens dann prim, wenn m prim ist.*

Beweis: Ist $m = pq$ mit $1 < p, q < m$, so gilt $2^m - 1 = 2^{pq} - 1 = (2^p)^q - 1$. Jetzt folgt die Behauptung durch Einsetzen von $X = 2^p$ in die Faktorisierung

$$X^q - 1 = (X - 1)(X^{q-1} + \cdots + X + 1).$$ $\qquad\square$

Die Mersenneschen Primzahlen sind deshalb bekannt, weil fast immer die zu einem bestimmten Zeitpunkt bekannte größte Primzahl eine Mersennesche ist. Im Augenblick (März 2011) ist dies $M_{45} = 2^{43\,112\,609} - 1$, eine Zahl mit 12 978 189 Ziffern.

Auch unter den Polynomfunktionen gibt es Funktionen, die viele Primzahlen produzieren. So liefern zum Beispiel

$$f(n) = n^2 + n + 41 \quad \text{und} \quad g(n) = n^2 - 79n + 1601$$

für $0 \leq n \leq 39$ bzw. $0 \leq n \leq 79$ nur Primzahlen.

Aufgabe 1.6 Zeigen Sie: Es gibt keine Polynomfunktion $f : \mathbb{N}_0 \to \mathbb{Z}$, die nur Primzahlen als Werte hat.

Man kann jedoch Polynome konstruieren, so dass alle deren positiven Werte über $\mathbb{N}_0$ Primzahlen sind. Tatsächlich hat das folgende Polynom in 26 Variablen,

$$
\begin{aligned}
(k+2) \Big(& 1 - (wz+h+j-q)^2 - ((gk+2g+k+1)(h+j)+h-z)^2 \\
& - (2n+p+q+z-e)^2 - \left(16(k+1)^3(k+2)(n+1)^2+1-f^2\right)^2 \\
& - \left(e^3(e+2)(a+1)^2+1-o^2\right)^2 - (a^2y^2-y^2+1-x^2)^2 \\
& - \left(16r^2y^4(a^2-1)+1-u^2\right)^2 \\
& - (((a+u^4-u^2a)^2-1)(n+4dy)^2+1-(x+cu)^2)^2 \\
& - (n+l+v-y)^2 - (a^2l^2-l^2+1-m^2)^2 - (ai+k+1-l-i)^2 \\
& - \left(p+l(a-n-1)+b(2an+2a-n^2-2n-2)-m\right)^2 \\
& - \left(q+y(a-p-1)+s(2ap+2a-p^2-2p-2)-x\right)^2 \\
& - \left(z+pl(a-p)+t(2ap-p^2-1)-pm\right)^2 \Big),
\end{aligned}
$$

die Eigenschaft, dass seine positiven Werte über $\mathbb{N}_0^{26}$ alle Primzahlen sind [R1].

Zusatzaufgaben

Aufgabe 1.7 Sei $n \in \mathbb{N}$ ungerade und nicht durch 3 teilbar. Beweisen Sie:

1. 24 teilt $n^2 - 1$.

2. Ist n nicht durch 5 teilbar, so wird $n^4 - 1$ von 240 geteilt.

Aufgabe 1.8 Bestimmen Sie alle Primzahlen kleiner als 200 ohne Rechner durch die Siebmethode.

Aufgabe 1.9 Zeigen Sie: Ist $n \geq 1$, so sind die Zahlen $(n+1)! + k$ mit $2 \leq k \leq n+1$ alle keine Primzahlen. Es gibt also beliebig große Lücken in den Primzahlen.

Aufgabe 1.10 Zeigen Sie: Ist $n \geq 4$, so können n, $n+2$, $n+4$ oder auch n, $2n+1$, $4n+1$ nicht alle prim sein.

Aufgabe 1.11 Sei p der kleinste Primfaktor von n und $p > \sqrt[3]{n}$, dann ist n/p entweder prim oder 1.

Aufgabe 1.12 Sei p_k die k–te Primzahl. Zeigen Sie:

1. $p_{k+1} \leq p_1 p_2 \cdots p_k + 1$.

2. $p_k \leq 2^{2^k}$.

3. $\pi(x) = \#\{p \in \mathbb{N} \mid p \leq x,\ p \text{ prim}\} \geq \log\log x$.

2 Teilbarkeitstheorie

Im ersten Abschnitt haben wir die Primzahlen als natürliche Zahlen ungleich 1 definiert, die nur 1 und sich selbst als Teiler haben. Dies kann man so verstehen, dass die Primzahlen unzerlegbar sind: Wenn man eine Primzahl p in ein Produkt zweier natürlicher Zahlen zerlegt, ist die eine davon p und die andere 1. Zum Beispiel kann man 13 nur zerlegen als $13 = 13 \cdot 1$, 6 jedoch als $6 = 6 \cdot 1 = 2 \cdot 3$. Jeder kennt auch noch eine weitere Charakterisierung einer Primzahl p: Falls p das Produkt zweier natürlicher Zahlen teilt, dann teilt p bereits eine dieser Zahlen. Zum Beispiel teilt 13 das Produkt $39 \cdot 21$ und damit (hier) den ersten Faktor $39 = 3 \cdot 13$, aber obwohl 6 das Produkt $4 \cdot 9$ teilt, teilt sie weder 4 noch 9.

Dass diese Eigenschaften äquivalent sind, ist nicht ganz offensichtlich. Tatsächlich gilt nicht in jedem Ring eine analoge Äquivalenz. In diesem Abschnitt wollen wir dies klären und dabei die Begriffe kennenlernen, die nötig sind, um Teilbarkeitsfragen zu diskutieren.

Definition 2.1 *Sei R ein Integritätsring und $a, b \in R$.*

- *a teilt b, falls $b = ac$ für ein $c \in R$. Dies schreibt man als $a|b$. Nicht–Teilbarkeit wird als $a \nmid b$ geschrieben.*

- *Die* Einheiten *des Ringes sind die Teiler der Eins, $R^\times := \{u \in R : u|1\}$.*

- *Die Elemente a, b heißen* assoziiert, *falls sie sich nur um eine Einheit unterscheiden, also $a = ub$ für ein $u \in R^\times$.*

Erste elementare Aussagen über die Teilbarkeit sind:

Lemma 2.2 *Für Elemente in einem Integritätsring gilt:*

1. *$a|b \implies a|bc$.*

2. *$a|b_1$ und $a|b_2 \implies a|c_1 b_1 + c_2 b_2$.*

3. *$a|b \iff ca|cb$.*

4. *$a|b$ und $b|c \implies a|c$.*

5. *$a|b$ und $b|a \iff a = ub$ für ein $u \in R^\times$.*

Damit interessante Aussagen über die Teilbarkeit möglich sind, muss der Ring noch weitere Eigenschaften haben. Bei den ganzen Zahlen $\mathbb{Z}$ haben wir zum Beispiel die Division mit Rest.

Satz 2.3 (Divisionsalgorithmus) *Seien $a, b \in \mathbb{Z}$ mit $b \neq 0$. Dann gibt es eindeutig bestimmte ganze Zahlen q, r mit $a = qb + r$, wobei $0 \leq r < |b|$.*

Aufgabe 2.4 Beweisen Sie diesen Satz.

Ringe, in denen eine Division mit Rest existiert, nennt man *euklidische Ringe*. Die genaue Definition ist wie folgt:

Definition 2.5 *Ein Integritätsring R heißt* euklidisch, *falls eine Norm–Funktion*

$$N : R \setminus \{0\} \longrightarrow \mathbb{N}_0$$

existiert, so dass gilt:

> *Sind $a, b \in R$ mit $b \neq 0$, dann gibt es $q, r \in R$ mit $a = qb + r$, wobei entweder $r = 0$ oder $r \neq 0$ und $N(r) < N(b)$ gilt.*

Neben den ganzen Zahlen ist der Polynomring $R = \mathbb{R}[X]$ in einer Variablen mit $N(f) = \deg(f)$ das bekannteste Beispiel (Polynomdivision mit Rest). In diesem Beispiel — wie auch vielen anderen — wird N auf eine sinnvolle Weise auf ganz R fortgesetzt, hier mit $N(0) = -\infty$.

Beispiel (Gaußsche Zahlen)   Die Gaußschen Zahlen

$$\mathbb{Z}[i] = \mathbb{Z} \oplus i\mathbb{Z} = \{x + iy \mid x, y \in \mathbb{Z}\}$$

sind ein Unterring der komplexen Zahlen mit der Norm–Funktion

$$N(z) = z\bar{z} = |z|^2 \geq 0.$$

Ist $z = x + iy$, dann ist $N(z) = x^2 + y^2$. Offensichtlich gilt $N(z) = 0 \Leftrightarrow z = 0$. Die Norm–Funktion ist multiplikativ, d.h. $N(wz) = N(w)N(z)$, denn $N(wz) = wz\overline{wz} = w\bar{w}z\bar{z} = N(w)N(z)$. Mit der Norm–Funktion kann man auch die Einheiten erkennen:

$$z \in \mathbb{Z}[i]^\times \quad \Longleftrightarrow \quad N(z) = 1 \quad \Longleftrightarrow \quad z \in \{\pm 1, \pm i\}.$$

Um dies zu sehen, sei $z \in \mathbb{Z}[i]^\times$. Aus $z \cdot z^{-1} = 1$ folgt $N(z) \cdot N(z^{-1}) = N(1) = 1$. Da die Norm–Funktion nur natürliche Zahlen als Werte annimmt, erhalten wir $N(z) = 1$. Weiter erhalten wir aus $N(z) = x^2 + y^2 = 1$ sofort, dass $(x, y) = (\pm 1, 0)$ oder $(0, \pm 1)$, d.h. $z \in \{\pm 1, \pm i\}$. Dies sind wegen $(-1)^2 = i(-i) = 1$ Einheiten.

Wir zeigen nun, dass $\mathbb{Z}[i]$ euklidisch ist. Seien dazu $a, b \in \mathbb{Z}[i]$ mit $b \neq 0$ gegeben. Wir bezeichnen ihren Quotienten a/b im Körper $\mathbb{C}$ mit c. Es gilt $c = u + iv$ mit $u, v \in \mathbb{Q}$. Wähle Approximationen $u', v' \in \mathbb{Z}$ mit $|u - u'| \leq 1/2$ und $|v - v'| \leq 1/2$. Wir setzen $q := u' + iv' \in \mathbb{Z}[i]$ und $r = a - bq$. Dann gilt

$$|c - q|^2 = |u - u'|^2 + |v - v'|^2 \leq \left(\tfrac{1}{2}\right)^2 + \left(\tfrac{1}{2}\right)^2 = \tfrac{1}{2} < 1$$

$$\Longrightarrow \quad N(r) = |r|^2 = |a - bq|^2 = |cb - qb|^2 \leq \tfrac{1}{2}|b|^2 = \tfrac{1}{2}N(b) < N(b).$$

Wir rechnen ein Beispiel mit $a = 3 - 2i$ und $b = 1 - 2i$. Dann ist $c = \frac{7}{5} + \frac{4}{5}i$. q ist die Rundung von c zur nächsten Zahl in $\mathbb{Z}[i]$, hier also $q = 1 + i$. Wir bekommen $r = a - bq = (3 - 2i) - (1 - 2i)(1 + i) = -i$, und es gilt $1 = N(-i) < N(b) = 5$. Die Rundung kann man sich am besten graphisch veranschaulichen.

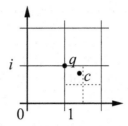

Aufgabe 2.6 Durch die Nicht–Eindeutigkeit der Rundung, falls $|u - u'| = 1/2$ oder $|v - v'| = 1/2$ ist, sind mehrere Divisionen mit Rest möglich. Berechnen Sie alle im Fall $(-2 + 7i)/(1 + i)$.

Aufgabe 2.7 $\mathbb{Z}[\sqrt{-2}] = \mathbb{Z} \oplus \mathbb{Z}\sqrt{-2} \subseteq \mathbb{C}$ ist auch euklidisch bezüglich der Norm–Funktion $N(z) = |z|^2$, aber $\mathbb{Z}[\sqrt{-5}]$ nicht.

Euklidische Ringe — insbesondere also $\mathbb{Z}$ — sind Hauptidealringe, d.h., die Struktur ihrer Ideale ist ganz einfach.

Definition 2.8 *Ein Integritätsring heißt* Hauptidealring, *falls jedes Ideal I in R ein Hauptideal ist, d.h.,*
$$I = (a) := Ra := \{ra | r \in R\} \quad \textit{für ein } a \in R.$$

Satz 2.9 *Jeder euklidische Ring ist ein Hauptidealring.*

Beweis: Sei $I \neq 0$ ein Ideal. Wähle $a \in I \setminus \{0\}$ mit $N(a)$ minimal. Wir behaupten $I = (a)$. Sei $b \in I$, dann gibt es q, r mit $b = qa + r$ und $r = 0$ oder $N(r) < N(a)$. Da $r = b - qa \in I$ und $N(a)$ minimal ist, muss $r = 0$ und $b = qa \in (a) = I$ sein. $\square$

Bemerkung 2.10 *Zwei Erzeuger eines Hauptideals in einem Integritätsring sind assoziiert.*

Beweis: Gilt $(a) = (b)$, so ist $a = rb$ und $b = sa$ für geeignete $r, s \in R$. Also $a = rsa$ oder äquivalent dazu $a(rs - 1) = 0$. In einem Integritätsring folgt $a = 0$ oder $rs = 1$. Falls $a = 0$, muss auch $b = 0$ sein. Falls $rs = 1$, sind r und s Einheiten, daher sind a und b assoziiert. $\square$

Wir kommen zurück zu den beiden äquivalenten Eigenschaften von Primzahlen. Zuerst formalisieren wir diese:

Definition 2.11 *Sei R ein Integritätsring und $0 \neq p \in R \setminus R^{\times}$.*

- *p heißt* prim, *falls für alle $r, s \in R$ aus $p|rs$ folgt, dass $p|r$ oder $p|s$.*

- *p heißt* irreduzibel, *falls aus $p = rs$ für $r, s \in R$ folgt, dass p zu r oder s assoziiert ist. (Der andere Faktor ist damit eine Einheit.)*

- *p heißt* reduzibel, *falls p nicht irreduzibel ist.*

Bemerkung 2.12 *Ein primes Element ist immer irreduzibel.*

Beweis: Angenommen für ein primes Element p gilt $p = ab$, insbesondere $p|ab$. Da p prim ist, teilt p das Element a nach eventueller Vertauschung von a und b. Also gilt $a = pr$ für ein $r \in R$ und daher $p = ab = (pr)b = (rb)p$. Weil R ein Integritätsring ist, gilt $rb = 1$, somit sind $r, b \in R^\times$ und $a = pr$ assoziiert zu p. $\qquad\square$

In einem beliebigen Integritätsring ist jedoch nicht jedes irreduzible Element auch prim.

Aufgabe 2.13 $2 + \sqrt{-5} \in \mathbb{Z}[\sqrt{-5}]$ ist irreduzibel, aber nicht prim.

Wenn wir wollen, dass jedes irreduzible Element auch prim ist, müssen wir das als Bedingung an den Ring stellen. Dies führt zur Definition des faktoriellen Ringes, allerdings brauchen wir eine weitere Bedingung, damit die Definition wirklich nützlich ist. Daher nutzen wir hier die von den natürlichen Zahlen bekannte Primfaktorzerlegung in der Definition und zeigen in Satz 2.17 verschiedene äquivalente Charakterisierungen von faktoriellen Ringen.

Definition 2.14 *Ein faktorieller Ring ist ein Integritätsring, in dem jedes Element, das weder Null noch eine Einheit ist, in ein Produkt von Primelementen zerlegt werden kann (Primfaktorzerlegung).*

Lemma 2.15 *In einem faktoriellen Ring ist ein irreduzibles Element prim.*
Eine Primfaktorzerlegung eines Elementes ist bis auf Assoziiertheit und Reihenfolge der Faktoren eindeutig.

Beweis: Da sich ein irreduzibles Element nicht weiter in Primfaktoren zerlegen lässt, muss es in einem faktoriellen Ring prim sein. Seien nun zwei Primfaktorzerlegungen eines Elementes

$$r = p_1 p_2 \ldots p_n = q_1 q_2 \ldots q_m \in R$$

gegeben. Wegen $p_1|r$ teilt p_1 eines der q_j, sei dies nach eventueller Umnummerierung q_1. Aus $p_1|q_1$, also $q_1 = sp_1$ für $s \in R$, und der Irreduzibilität von q_1 folgt, dass $s \in R^\times$ und q_1 zu p_1 assoziiert ist. Wir kürzen die Produktzerlegung zu

$$p_2 p_3 \ldots p_n = (sq_2)q_3 \ldots q_m \in R$$

und wiederholen das Verfahren bis alle Faktoren abgebaut sind. $\qquad\square$

Definition 2.16 *Ein Element $a \neq 0$ eines faktoriellen Ringes R heißt* quadratfrei, *falls für alle* $0 \neq r \in R \setminus R^\times$ *gilt:* $r^2 \nmid a$.

Nach dem Lemma werden in $\mathbb{Z}$ also die Zerlegungen $12 = (-2)3(-2) = 2(-2)(-3)$ als im Wesentlichen gleich betrachtet. Wir sehen auch, dass 12 nicht quadratfrei ist.

Hier sind andere mögliche Definitionen von faktoriellen Ringen:

Satz 2.17 *Für einen Integritätsring sind äquivalent:*

1. *R ist faktoriell.*

2. *Jedes Element, das weder die Null noch eine Einheit ist, kann in ein* Produkt von Prim-elementen *zerlegt werden, wobei die Faktoren bis auf Assoziiertheit und Reihenfolge der Faktoren eindeutig sind.*

3. *Jedes Element, das weder die Null noch eine Einheit ist, kann in ein* Produkt von ir-reduziblen Elementen *zerlegt werden, wobei die Faktoren bis auf Assoziiertheit und Reihenfolge der Faktoren eindeutig sind.*

4. *Jedes Element, das weder die Null noch eine Einheit ist, kann in ein* Produkt von irre-duziblen Elementen *zerlegt werden. Weiter ist jedes irreduzible Element prim.*

Beweis: 1) $\Rightarrow$ 2) ist Lemma 2.15. 2) $\Rightarrow$ 3) folgt aus Bemerkung 2.12. 4) $\Rightarrow$ 1) ist trivial. Bleibt bei 3) $\Rightarrow$ 4) zu zeigen, dass jedes irreduzible Element prim ist. Sei also p irreduzibel, und p teile ab. Dann gibt es c mit $pc = ab$. Wir zerlegen a, b, c in ihre irreduziblen Faktoren $a = \prod_i a_i$, $b = \prod_j b_j$, $c = \prod_k c_k$. Dann sind

$$p \prod_k c_k = \prod_i a_i \prod_j b_j$$

zwei Zerlegungen des Elements ab in irreduzible Faktoren. Wegen der Eindeutigkeit der Zer-legung muss p zu einem der a_i oder b_j assoziiert sein, also teilt p entweder a oder b. $\square$

Nun wollen wir zeigen, dass die ganzen Zahlen — oder allgemeiner jeder Hauptidealring — ein faktorieller Ring ist.

Satz 2.18 *Jeder Hauptidealring ist faktoriell.*

Beweis: Wir zeigen zuerst, dass jedes irreduzible Element prim ist. Sei p irreduzibel und $p|ab$, aber $p \nmid a$. Wir müssen $p|b$ zeigen. Betrachte $I = (p,a)$. I ist ein Hauptideal $I = (r)$, wobei $r|p$ und $r|a$. Da p irreduzibel ist, ist r entweder eine Einheit oder assoziiert zu p. Das zweite ist unmöglich, da $p \nmid a$, aber $r|a$. Also ist $r \in R^\times$ und $I = (r) = R$. Wir finden daher $x, y \in R$ mit $xp + ya = 1 \in R = (p,a)$. Multiplikation mit b ergibt $xpb + yab = b$, aus $p|ab$ folgt schließlich $p|b$.

Wir müssen noch zeigen, dass jedes Element in ein Produkt von irreduziblen Elementen zerlegt werden kann. Sei $0 \neq r \in R \setminus R^\times$ beliebig. Falls r nicht irreduzibel ist, zerlegen wir es in ein Produkt zweier Elemente. Falls diese nicht irreduzibel sind, zerlegen wir sie wieder usw. Wir müssen uns überlegen, dass dieser Prozess abbricht. Falls nicht, bekommen wir eine Folge von Elementen r_i mit $r_{i+1}|r_i$ und damit eine Kette von Idealen $(r_1) \subseteq (r_2) \subseteq (r_3) \subseteq \dots$. Daher ist auch $I = \bigcup_{i \in \mathbb{N}} (r_i)$ ein Ideal. Da R ein Hauptidealring ist, ist $I = (r_\infty)$ für ein $r_\infty \in I$. Aus $r_\infty \in I$ folgt $r_\infty \in (r_i)$ für ein geeignetes $i \in \mathbb{N}$. Dann ist aber $(r_i) = (r_\infty)$ und damit $(r_i) = (r_{i+1}) = \dots = (r_\infty)$. Somit sind r_i und r_{i+1} assoziiert, und die Zerlegung in der i–ten Stufe war keine echte Zerlegung. $\square$

Die positiven Primelemente der ganzen Zahlen heißen *Primzahlen*, in Zeichen $\mathbb{P}$. Man nennt die reduziblen ganzen Zahlen auch *zusammengesetzte Zahlen*.

Beispiel (Gaußsche Zahlen) Was sind die Primelemente in $\mathbb{Z}[i]$? Wir erinnern uns, dass nur die Einheiten $\pm 1, \pm i$ in $\mathbb{Z}[i]$ die Norm eins haben. Wir werden die Primelemente — genauso wie die Einheiten — über ihre Norm finden. Sei also $\pi \in \mathbb{Z}[i]$ prim. Wegen $N(\pi) = \pi\overline{\pi} \in \mathbb{Z}$ teilt π eine Primzahl $p \in \mathbb{Z}$. Sei $\pi z = p$, dann ist $N(\pi) \cdot N(z) = N(p) = p^2$. Also gilt entweder $N(\pi) = p$ oder π ist assoziiert zu p.

Alle Elemente π mit $N(\pi) = p \in \mathbb{P}$ müssen prim sein. Denn aus $\pi = ab$ folgt $p = N(\pi) = N(a) \cdot N(b)$, daher muss $N(a)$ oder $N(b)$ eins und a oder b eine Einheit sein.

Nun betrachten wir eine Primzahl $p \in \mathbb{P}$. Wegen $2 = (1+i)(1-i)$ ist 2 nicht prim in $\mathbb{Z}[i]$. Sei $p \in \mathbb{P}$ eine ungerade Primzahl. Wir wollen zeigen, dass p genau dann prim in $\mathbb{Z}[i]$ ist, wenn p nicht die Summe der Quadrate zweier natürlicher Zahlen ist. In Abschnitt 9 werden wir sehen, dass dies genau die Primzahlen der Form $4k + 3$ sind. Sei also $p = x^2 + y^2$ die Summe zweier Quadrate, dann ist p wegen $p = (x + iy)(x - iy)$ und $N(x \pm iy) = p \neq 1$ nicht prim. Andererseits sollte p nicht prim sein, so gibt es Nichteinheiten $a, b \in \mathbb{Z}[i]$ mit $p = ab$. Wegen $p^2 = N(p) = N(a)N(b)$ und $N(a), N(b) \neq 1$ folgt $N(a) = N(b) = p$. Falls $a = x + iy$ ist, ist $p = N(a) = x^2 + y^2$ die Summe zweier Quadrate.

Zusammenfassend sind die Primelemente in $\mathbb{Z}[i]$ bis auf Assoziiertheit die Zahlen mit einer Norm, die eine Primzahl in $\mathbb{Z}$ ist, und die Primzahlen in $\mathbb{Z}$ der Form $p = 4k + 3$.

Faktorielle Ringe haben viele gute Eigenschaften, zum Beispiel gilt:

Satz 2.19 *Sei R ein faktorieller Ring, dann ist auch der Polynomring $R[X]$ ein faktorieller Ring.*

Beweis: Siehe [Wü, Satz 12.18]. □

Zusatzaufgaben

Aufgabe 2.20 Faktorisieren Sie die Zahl 47355 ohne Rechner.

Aufgabe 2.21 Nutzen Sie Satz 2.19, um zu zeigen, dass $\mathbb{Z}[X]$ ein faktorieller Ring ist, der jedoch kein Hauptidealring ist.

Aufgabe 2.22 Bestimmen Sie alle multiplikativen Einheiten im Ring der stetigen, reellen Funktionen $f : \mathbb{R} \to \mathbb{R}$ mit der punktweisen Addition und Multiplikation. Welche Funktionen sind die irreduziblen Elemente?

Aufgabe 2.23 Finden Sie für die folgenden Ringe R und Ideale $I \subseteq R$ jeweils ein Element $a \in R$ mit $I = (a)$:

1. $R := \mathbb{Z}, I := (8, 14, 36)$.

2. $R := \mathbb{Q}[X], I := (2X^3 + X^2 - 2X - 1, 6X^2 + 13X + 5)$.

Aufgabe 2.24 Entscheiden Sie, ob die folgenden Ideale in $\mathbb{Z}[X]$ Hauptideale sind:

$$I_1 := (3, X) \quad \text{und} \quad I_2 := (X + 7, 2X + 13).$$

Aufgabe 2.25 Sei K ein Körper und $0 \neq f \in K[X]$.

1. Ist $a \in K$ eine Nullstelle von f, dann gibt es ein $g \in K[X]$ mit $f = (X - a)g$.

2. Ist $n = \deg f$ der Grad von f, dann hat f höchstens n Nullstellen in K.

3. Bestimmen Sie alle Nullstellen von $f := X^4 - 8X^3 + 14X^2 + 8X - 15$ über $\mathbb{Q}$.

Aufgabe 2.26 Zeigen Sie: $\mathbb{Z}[\sqrt{2}]$ und $\mathbb{Z}[\sqrt{3}]$ sind euklidische Ringe.

Aufgabe 2.27 Zeigen Sie: $\mathbb{Z}[(1 + \sqrt{-7})/2]$ ist euklidisch, aber $\mathbb{Z}[\sqrt{-7}] = \mathbb{Z}[1 + \sqrt{-7}]$ noch nicht einmal faktoriell.

Aufgabe 2.28 Sei R ein euklidischer Ring mit euklidischer Funktion $N : R \setminus \{0\} \to \mathbb{N}$. Definieren Sie die neue Abbildung $N' : R \setminus \{0\} \to \mathbb{N}$ durch $N'(a) = \min\{N(ax) \mid x \in R \setminus \{0\}\}$. Zeigen Sie, dass (R, N') ein euklidischer Ring ist und N' die Eigenschaft $N'(a) \leq N'(ab)$ erfüllt für alle $a, b \in R \setminus \{0\}$.

Aufgabe 2.29 Welche der Zahlen 1, i, $1 + i$, $1 - i$, $3 + i$, $2 + 4i$, $4 - 2i$, $8 + 6i$ und $11i - 10$ sind assoziiert bzw. teilen einander in $\mathbb{Z}[i]$?

Aufgabe 2.30 Zerlegen Sie die natürlichen Zahlen 101, 103 und 2310 in Primfaktoren innerhalb $\mathbb{Z}[i]$.

3 Der ggT und der euklidische Algorithmus

Definition 3.1 *Sei R ein faktorieller Ring und $a, b \in R$, nicht beide 0. Dann ist der größte gemeinsame Teiler $\mathrm{ggT}(a,b)$ ein Element c, so dass gilt*

- *$c|a$ und $c|b$.*

- *Jedes Element d, das a und b teilt, teilt auch c.*

Die Existenz werden wir gleich beweisen. Der ggT kann nur eindeutig bis auf Assoziiertheit sein. Es ist üblich, das in der Schreibweise zu ignorieren, so kann man sowohl $\mathrm{ggT}(4,6) = 2$ als auch $\mathrm{ggT}(4,6) = -2$ schreiben. Natürlich darf man nicht $2 = -2$ folgern.

Der größte gemeinsame Teiler von drei oder mehr Elementen ist analog definiert. Zwei Elemente heißen *teilerfremd*, falls ihr ggT eins ist. Drei oder mehr Elemente können keinen gemeinsamen Teiler haben, obwohl sie paarweise nicht teilerfremd sind, zum Beispiel $6, 10, 15$.

Bevor wir die Existenz des größten gemeinsamen Teilers beweisen, wollen wir einige elementare Eigenschaften zeigen.

Lemma 3.2 *Seien a, b und c Elemente eines faktoriellen Ringes.*

1. $\mathrm{ggT}(a,b) = \mathrm{ggT}(b,a)$.

2. $\mathrm{ggT}(a,0) = a$ *und* $\mathrm{ggT}(a,1) = 1$.

3. $\mathrm{ggT}(ca,cb) = c \cdot \mathrm{ggT}(a,b)$.

4. $\mathrm{ggT}(a,b) = a \iff a|b$.

5. $\mathrm{ggT}(a,b)|\mathrm{ggT}(a,bc)$.

6. $\mathrm{ggT}(a,b+ca) = \mathrm{ggT}(a,b)$.

7. $\mathrm{ggT}(a,b,c) = \mathrm{ggT}(a,\mathrm{ggT}(b,c))$.

8. $\mathrm{ggT}(a,b) = 1 \implies \mathrm{ggT}(a^i,b^j) = 1$ *für* $i, j \in \mathbb{N}$.

9. $a|bc$ *und* $\mathrm{ggT}(a,b) = 1 \implies a|c$.

10. $\mathrm{ggT}(a,b) = 1 \implies \mathrm{ggT}(a,bc) = \mathrm{ggT}(a,c)$.

Beweis: Die Eigenschaften 1)–7) sind elementar. Für 8) reicht es zu zeigen, dass kein Primelement $\text{ggT}(a^i, b^j)$ teilt. Nehmen wir also an, dass es ein Primelement p gibt mit $p | \text{ggT}(a^i, b^j)$. Dann gilt $p | a^i$ und $p | b^j$. Nach der Primeigenschaft gilt auch $p | a$ und $p | b$, also $p | \text{ggT}(a, b)$. Wegen $\text{ggT}(a, b) = 1$ ist p eine Einheit im Widerspruch zu p prim. Für 9) stellen wir uns a, b und c zerlegt in ihre Primfaktoren vor. Wegen $\text{ggT}(a, b) = 1$ können keine der Primfaktoren von a und b assoziiert sein. Also müssen sämtliche der Primfaktoren von a mit der entsprechenden Multiplizität unter den Primfaktoren von c vorkommen, d.h., a teilt c. Bei 10) gilt $\text{ggT}(a, c) | \text{ggT}(a, bc)$ nach 5). Wir müssen die umgekehrte Teilbarkeit zeigen. Sei $d = \text{ggT}(a, bc)$, dann gilt $d | a$ und $d | bc$. Aus $d | a$ und $\text{ggT}(a, b) = 1$ folgt $\text{ggT}(d, b) = 1$ nach 5). Mit 9) ergibt sich $d | c$ und somit auch $d | \text{ggT}(a, c)$. $\qquad\square$

Eine Art der Berechnung des ggT bei den ganzen Zahlen ist wohlbekannt. Betrachten wir als Beispiel die Zahlen 132 und 504. Zuerst zerlegen wir diese Zahlen in Primfaktoren: $132 = 2^2 \cdot 3 \cdot 11$ und $504 = 2^3 \cdot 3^2 \cdot 7$. Da der ggT beide Zahlen teilt, muss er ein Produkt der in beiden Primfaktorzerlegungen auftretenden Primzahlen sein. Damit er möglichst groß wird, wählen wir die Potenzen möglichst groß, also gleich dem Minimum der beiden Potenzen in den Zerlegungen — in unserem Beispiel $\text{ggT}(132, 504) = 2^2 \cdot 3 = 12$. Genau wie in diesem Beispiel kann man allgemein die Existenz des ggT zeigen.

Satz 3.3 *In einem faktoriellen Ring existiert der größte gemeinsame Teiler und ist eindeutig bis auf Assoziiertheit.*

Beweis: Für die Eindeutigkeit nehmen wir an, dass c und c' größte gemeinsame Teiler von a und b sind. Insbesondere teilen beide also a und b, daher muss nach der zweiten Eigenschaft des ggT $c | c'$ und $c' | c$ gelten. Nach Lemma 2.2 sind c und c' daher assoziiert.

Wir zeigen nun die Existenz. Nach dem Lemma 3.2 können wir $a, b \neq 0$ annehmen. Sei P die Menge aller Primfaktoren, die in den Primfaktorzerlegungen der zwei Elemente a und b auftreten. Falls es in P zwei assoziierte Primelemente gibt, entfernen wir eins von beiden. Jetzt gibt es nach Lemma 2.15 eindeutig bestimmte $n_p, m_p \in \mathbb{N}_0$ für $p \in P$ und $u, v \in R^\times$ mit

$$a = u \prod_{p \in P} p^{n_p} \qquad\qquad b = v \prod_{p \in P} p^{m_p}.$$

Dann ist

$$c = \prod_{p \in P} p^{\min\{n_p, m_p\}}$$

der ggT von a und b. Denn offensichtlich gilt $c | a$ und $c | b$. Weiter ergibt sich aus der Eindeutigkeit der Primfaktorzerlegung, dass jeder Teiler von a und b als $w \prod_{p \in P} p^{k_p}$ mit $k_p \in \mathbb{N}_0$ und $w \in R^\times$ schreibbar ist. Offenbar ist dann c das „größte Element", das a und b teilt. $\qquad\square$

Aufgabe 3.4 Berechnen Sie $\text{ggT}(3080, 7956)$, indem Sie den Schritten des Beweises folgen.

In Hauptidealringen kann $\text{ggT}(a, b)$ als Linearkombination von a und b dargestellt werden.

Satz 3.5 *Sei R ein Hauptidealring und $a, b \in R$. Dann existieren $x, y \in R$ mit*

$$\text{ggT}(a, b) = xa + yb.$$

Beweis: Betrachte das Ideal $I = (a,b) = \{xa + yb \mid x,y \in R\}$. Weil R ein Hauptidealring ist, gibt es ein c mit $I = (c)$. Wir behaupten $c = \text{ggT}(a,b)$. Da a und b in I sind, teilt c beide. Ist d ein Teiler von a und b, so teilt d jedes Element in I und damit auch c. Also ist c der ggT von a und b. Wegen $c \in I = (a,b)$ existieren die in der Aussage verlangten $x,y \in R$. $\square$

Die Elemente x,y sind nicht eindeutig, so erfüllt neben (x,y) zum Beispiel auch $(x-b, y+a)$ die Gleichung. Im Allgemeinen ist es auch nicht offensichtlich, wie man x,y zu gegebenen a,b finden kann. Erst in euklidischen Ringen gibt es einen schnellen Algorithmus, um den ggT zu berechnen und x und y zu finden.

Aufgabe 3.6 Finden Sie alle Elemente $(x,y) \in \mathbb{Z}^2$ mit $2x + 3y = 1$.

Satz 3.7 (Euklidischer Algorithmus) *Seien a_0 und a_1 Elemente eines euklidischen Ringes. Man berechne a_{i+1} als Rest der Division von a_{i-1} durch a_i, d.h.*

$$a_{i-1} = q_{i+1}a_i + a_{i+1} \qquad mit\ N(a_{i+1}) < N(a_i)\ oder\ a_{i+1} = 0,$$

solange bis $a_{k+1} = 0$. Dann ist $\text{ggT}(a_0, a_1) = a_k$.

Beweis: Wegen $N(a_1) > N(a_2) > N(a_3) > \dots$ muss nach endlich vielen Schritten die 0 erreicht werden. Nach Lemma 3.2 ist für $0 \leq i \leq k$

$$\text{ggT}(a_{i-1}, a_i) = \text{ggT}(q_{i+1}a_i + a_{i+1}, a_i) = \text{ggT}(a_{i+1}, a_i) = \text{ggT}(a_i, a_{i+1})$$

und daher

$$\text{ggT}(a_0, a_1) = \text{ggT}(a_1, a_2) = \dots = \text{ggT}(a_k, a_{k+1}) = \text{ggT}(a_k, 0) = a_k. \qquad \square$$

Beispiel Berechnen wir hier als Beispiel $\text{ggT}(93, 42) = 3$:

$$93 = 2 \cdot 42 + 9$$
$$42 = 4 \cdot 9 + 6$$
$$9 = 1 \cdot 6 + 3$$
$$6 = 2 \cdot \underline{3} + 0$$

Aufgabe 3.8 Berechnen Sie jetzt $\text{ggT}(3080, 7956)$ mit dem euklidischen Algorithmus.

Mit etwas Mehraufwand lassen sich auch die Elemente x,y aus Satz 3.5 finden. In unserem Beispiel geht das durch die folgende Rückwärtsrechnung, beginnend bei der vorletzten Zeile:

$$3 = 9 - 1 \cdot 6 \qquad\quad = 9 - 1 \cdot (42 - 4 \cdot 9)$$
$$= -1 \cdot 42 + 5 \cdot 9 \quad = -1 \cdot 42 + 5 \cdot (93 - 2 \cdot 42)$$
$$= 5 \cdot 93 - 11 \cdot 42.$$

Jetzt formalisieren wir diese Rechnung.

Satz 3.9 (Erweiterter euklidischer Algorithmus) *Seien a und b Elemente eines euklidischen Ringes.*

Man setze $a_0 = a$, $a_1 = b$, $x_0 = 1$, $y_0 = 0$, $x_1 = 0$ und $y_1 = 1$ und berechne $a_{i+1}, q_{i+1}, x_{i+1}, y_{i+1}$ für $i \geq 1$ wie folgt

$$a_{i-1} = q_{i+1}a_i + a_{i+1} \qquad mit \; N(a_{i+1}) < N(a_i) \; oder \; a_{i+1} = 0$$

$$x_{i+1} = x_{i-1} - q_{i+1}x_i$$

$$y_{i+1} = y_{i-1} - q_{i+1}y_i$$

solange bis $a_{k+1} = 0$.

Dann ist $\mathrm{ggT}(a,b) = a_k = x_k a + y_k b$.

Beweis: Nach dem vorangegangenen Satz reicht es aus, per Induktion zu zeigen, dass für alle i

$$a_i = x_i a + y_i b$$

gilt. Der Induktionsanfang für $i = 0, 1$ wird durch die Definition von x_0, x_1, y_0, y_1 gesichert. Der Induktionsschluss läuft wie folgt

$$a_{i+1} = a_{i-1} - q_{i+1}a_i = (x_{i-1}a + y_{i-1}b) - q_{i+1}(x_i a + y_i b)$$

$$= (x_{i-1} - q_{i+1}x_i)a + (y_{i-1} - q_{i+1}y_i)b = x_{i+1}a + y_{i+1}b. \qquad \square$$

Beispiel Wir nutzen wieder die Zahlen $a = 93$ und $b = 42$ als Beispiel:

i	a_i	q_i	x_i	y_i
0	93	—	1	0
1	42	—	0	1
2	9	2	1	-2
3	6	4	-4	9
4	3	1	5	-11
5	0	2		

Daher gilt $3 = \mathrm{ggT}(93, 42) = 5 \cdot 93 + (-11) \cdot 42$.

Aufgabe 3.10 Berechnen Sie jetzt x und y für die Zahlen $a = 3080$ und $b = 7956$.

Aufgabe 3.11 Programmieren Sie den Algorithmus in einer beliebigen Programmiersprache.

Analog zum größten gemeinsamen Teiler ist das kleinste gemeinsame Vielfache definiert:

Definition 3.12 *Sei R ein faktorieller Ring und $a, b \in R$. Dann ist das kleinste gemeinsame Vielfache $\mathrm{kgV}(a,b)$ ein Element c, so dass gilt*

- *$a|c$ und $b|c$.*

- *Jedes Element d, das von a und b geteilt wird, wird auch von c geteilt.*

Analog zum ggT können wir die Existenz des kgV über die Primfaktorzerlegung beweisen. Falls

$$a = u \prod_{p \in P} p^{n_p} \qquad\qquad b = v \prod_{p \in P} p^{m_p}$$

wie im Beweis von Satz 3.3, dann ist

$$\mathrm{kgV}(a,b) = \prod_{p \in P} p^{\max\{n_p, m_p\}}.$$

In unserem obigen Beispiel mit $a = 132 = 2^2 \cdot 3 \cdot 11$ und $b = 504 = 2^3 \cdot 3^2 \cdot 7$ ist $\mathrm{kgV}(a,b) = 2^3 \cdot 3^2 \cdot 7 \cdot 11 = 5544$.

Wir beweisen jetzt einen Zusammenhang zwischen ggT und kgV, der auch die schnelle Berechenbarkeit im Falle von euklidischen Ringen sichert.

Satz 3.13 *Für zwei Elemente $a, b \neq 0$ eines faktoriellen Ringes gilt (bis auf Assoziiertheit)*

$$\mathrm{kgV}(a,b) = \frac{ab}{\mathrm{ggT}(a,b)}.$$

Beweis: Sei wie im Beweis von Satz 3.3 und obiger Bemerkung $a = u\prod_{p \in P} p^{n_p}$ und $b = v\prod_{p \in P} p^{m_p}$, also $\mathrm{ggT}(a,b) = \prod_{p \in P} p^{\min\{n_p, m_p\}}$ und $\mathrm{kgV}(a,b) = \prod_{p \in P} p^{\max\{n_p, m_p\}}$. Dann ist

$$ab = uv \prod_{p \in P} p^{n_p + m_p} = uv \prod_{p \in P} p^{\min\{n_p, m_p\} + \max\{n_p, m_p\}} = uv \cdot \mathrm{ggT}(a,b) \cdot \mathrm{kgV}(a,b),$$

daher gilt die behauptete Gleichheit bis auf Assoziiertheit.   □

Zusatzaufgaben

Aufgabe 3.14 Berechnen Sie den ggT der folgenden Zahlenpaare und schreiben Sie ihn als Linearkombination: $(681, 361)$ und $(12345, 54321)$.

Aufgabe 3.15 Bestimmen Sie den ggT der Polynome

$$f := x^3 + 4x^2 + x - 6 \qquad \text{und} \qquad g := x^4 + 14x^3 + 59x^2 + 46x - 120.$$

Aufgabe 3.16 Bestimmen Sie $\mathrm{ggT}(2^{250} - 1, 2^{100} - 1)$.

Aufgabe 3.17 Sei $R = \mathbb{Z}[i]$ der Ring der Gaußschen Zahlen.

1. Seien $a, b \in R$ teilerfremd, und es gelte $ab = \varepsilon c^n$ für ein $n \in \mathbb{N}$ und Elemente $c \in R$, $\varepsilon \in R^\times$. Zeigen Sie: Dann gibt es Einheiten $\varepsilon', \varepsilon'' \in R^\times$ und $r, s \in R$ mit $a = \varepsilon' r^n$ und $b = \varepsilon'' s^n$.

2. Ein *primitives Pythagoräisches Tripel* (PPT) ist ein Tripel (x, y, z) teilerfremder natürlicher Zahlen mit $x^2 + y^2 = z^2$. Sei (x, y, z) ein PPT und $a := x + iy \in R$. Beweisen Sie mit Hilfe von Teil 1, dass dann $r \in R$ und $\varepsilon \in R^\times$ existieren mit $a = \varepsilon r^2$.

3. Sei (x, y, z) ein PPT. Zeigen Sie: Nach eventueller Vertauschung von x und y gibt es ein Paar (u, v) teilerfremder natürlicher Zahlen, u, v nicht beide ungerade, $u > v$, mit

$$x = u^2 - v^2, \quad y = 2uv, \quad z = u^2 + v^2.$$

Aufgabe 3.18 Berechnen Sie jeweils $z = \mathrm{ggT}(a, b)$ in $\mathbb{Z}[i]$ und geben Sie eine Linearkombination $z = xa + yb$ an:

1. $a = 208 + i, \ b = 509$.

2. $a = 1 + 3i, \ b = 5i - 1$.

3. $a = 5i - 1, \ b = 1 + 8i$.

Aufgabe 3.19 Welche Paare aus den folgenden Zahlen besitzen einen gemeinsamen Teiler in $\mathbb{Z}[i]$?

$$101, \ 2^{100} + 1, \ 10 + i, \ 2^{50} + 1, \ 2^{50} + i, \ 2^{100} + i, \ 2^{100} - i, \ 2^{100} + 1, \ 2^{150} - 1.$$

Aufgabe 3.20 Sei $R = \mathbb{Z}[\sqrt{3}]$ und $a = 47 + 17\sqrt{3}$ sowie $b = 36 - 16\sqrt{3}$ gegeben. Bestimmen Sie $z = \mathrm{ggT}(a, b)$ in $\mathbb{Z}[\sqrt{3}]$ und geben Sie eine Linearkombination $z = xa + yb$ an. Benutzen Sie hierbei, dass $\mathbb{Z}[\sqrt{3}]$ euklidisch ist mit der Normfunktion $N(a + b\sqrt{3}) = |a^2 - 3b^2|$ (siehe Aufgabe 2.26).

4 Kongruenzrechnung

Bei der Kongruenzrechnung betrachten wir die ganzen Zahlen „bis auf Vielfache" einer natürlichen Zahl $n \in \mathbb{N}$.

Definition 4.1 *Seien $a, b \in \mathbb{Z}$ und $n \in \mathbb{N}$. Dann ist a kongruent zu b modulo n, in Zeichen $a \equiv b \bmod n$, falls $n | (a - b)$.*

Falls a nicht kongruent zu b ist, schreibt man das als $a \not\equiv b \bmod n$.

Also heißt $a \equiv b \bmod n$, dass a und b die gleichen Reste bei einer Division durch n haben.

Beispiele $-2 \equiv 5 \equiv 12 \bmod 7$; a gerade $\Leftrightarrow a \equiv 0 \bmod 2$; a ungerade $\Leftrightarrow a \equiv 1 \bmod 2$.

Was die Kongruenzen so nützlich macht, ist, dass man mit ihnen rechnen kann wie mit ganzen Zahlen, aber zusätzlich an jeder Stelle Vielfache von n subtrahieren kann. So darf man zum Beispiel

$$6 \cdot (3 \cdot 4 + 5) \equiv 6 \cdot (12 + 5) \equiv 6 \cdot 17 \equiv 102 \mod 7,$$

aber auch

$$6 \cdot (3 \cdot 4 + 5) \equiv (-1) \cdot (-2 + 5) \equiv (-1) \cdot 3 \equiv -3 \equiv 4 \mod 7,$$

rechnen. Dies ist gerechtfertigt durch den folgenden Satz:

Satz 4.2 *Sei $a \equiv b \bmod n$ und $c \equiv d \bmod n$, dann gilt*

$$a + c \equiv b + d \mod n \quad und \quad a \cdot c \equiv b \cdot d \mod n.$$

Beweis: Nach Voraussetzung gilt $a = b + kn$ und $c = d + ln$ für gewisse $k, l \in \mathbb{Z}$. Daher ist

- $a + c = (b + d) + (k + l)n \iff a + c \equiv b + d \mod n.$
- $ac = bd + (bl + dk + kln)n \iff ac \equiv bd \mod n.$ $\qquad\square$

Mit Induktion folgt aus dem Satz auch $a^m \equiv b^m \bmod n$ für alle $m \in \mathbb{N}_0$, falls $a \equiv b \bmod n$. Dies hat die folgende schöne Anwendung:

Beispiel (Teilbarkeitstests) Jeder weiß, dass eine Zahl genau dann durch 3 teilbar ist, wenn ihre Quersumme durch 3 teilbar ist. Dies beweist man mit Hilfe der Kongruenzrechnung. Sei $a_m a_{m-1} \cdots a_0$, $a_i \in \{0, \ldots, 9\}$, eine Zehnerdarstellung der Zahl $a = \sum_{i=0}^{m} a_i 10^i$. Ihre Quersumme ist $\sum_{i=0}^{m} a_i$. Aus $10 \equiv 1 \bmod 3$ folgt $10^i \equiv 1 \bmod 3$ und daher

$$a \equiv \sum_{i=0}^{m} a_i 10^i \equiv \sum_{i=0}^{m} a_i \mod 3.$$

Also ist a genau dann durch 3 teilbar ($a \equiv 0 \bmod 3$), wenn es die Quersumme von a ist. Für die Teilbarkeit durch 11 muss man wegen $10 \equiv -1 \bmod 11$, also

$$a \equiv \sum_{i=0}^{m} a_i 10^i \equiv \sum_{i=0}^{m} a_i(-1)^i \quad \bmod 11,$$

die alternierende Quersumme betrachten.

Aufgabe 4.3 Die Zahl 531958 ist durch 7 teilbar, denn es ist

$$531958 = \underline{8} \cdot 10^0 + \underline{5} \cdot 10^1 + \underline{9} \cdot 10^2 + \underline{1} \cdot 10^3 \ + \underline{3} \cdot 10^4 \ + \underline{5} \cdot 10^5$$
$$\equiv \underline{8} \cdot 1 \quad + \underline{5} \cdot 3 \quad + \underline{9} \cdot 2 \quad + \underline{1} \cdot (-1) + \underline{3} \cdot (-3) + \underline{5} \cdot (-2) \equiv 0 \quad \bmod 7.$$

1. Formulieren und beweisen Sie eine allgemeine Regel für Teilbarkeit natürlicher Zahlen durch $n = 7$.

2. Entwickeln Sie analoge Teilbarkeitstests für alle $n \in \{2, \ldots, 15\}$.

Man kann die Kongruenzrechnung auch bei alltäglichen Fragestellungen nutzen:

Aufgabe 4.4 Der Geburtstag von Carl F. Gauß ist der 30. April 1777. Auf welchen Wochentag fiel das?

Das Potenzrechnen modulo Primzahlen wird durch den folgenden Satz vereinfacht. Wir werden ihn später auch für einen Primzahltest benutzen.

Satz 4.5 (Kleiner Satz von Fermat) *Sei $p \in \mathbb{P}$ eine Primzahl. Dann gilt für alle $a \in \mathbb{Z}$*

$$a^p \equiv a \quad \bmod p.$$

Diese Aussage ist äquivalent zu $a^{p-1} \equiv 1 \bmod p$ für $a \not\equiv 0 \bmod p$ nach Korollar 4.10. Der Satz ist eine einfache Folgerung aus folgendem Hilfssatz.

Hilfssatz 4.6 *Seien $a, b \in \mathbb{Z}$, dann gilt*

$$(a+b)^p \equiv a^p + b^p \quad \bmod p.$$

Beweis: Nach der Binomialformel gilt

$$(a+b)^p = \sum_{i=0}^{p} \binom{p}{i} a^i b^{p-i} = a^p + b^p + \sum_{i=1}^{p-1} \binom{p}{i} a^i b^{p-i}.$$

Für die Behauptung reicht es zu zeigen, dass $\binom{p}{i}$ für $0 < i < p$ durch p teilbar ist. Nun sind die Zahlen $\binom{p}{i}$ gegeben durch

$$\binom{p}{i} = \frac{p!}{i!(p-i)!}.$$

Beim Kürzen von $p!$ durch $i!(p-i)!$ kann der Faktor p nicht weggekürzt werden, da p die größte auftretende Primzahl ist. Daher ist p ein Teiler von $\binom{p}{i}$. $\qquad\square$

Beweis (Kleiner Satz von Fermat): Wir betrachten zuerst $a \geq 0$ und führen eine Induktion durch. Der Fall $a = 0$ ist klar. Für den Induktionsschritt folgt aus dem Hilfssatz und der Induktionsannahme

$$(a+1)^p \equiv a^p + 1^p \equiv a + 1 \mod p.$$

Beim Fall $a < 0$ gilt nach dem eben gezeigten $(-a)^p \equiv -a \mod p$. Für $p = 2$ ist $a \equiv -a \mod 2$, und die Aussage folgt. Für eine ungerade Primzahl p gilt $-a \equiv (-a)^p \equiv (-1)^p a^p \equiv -a^p \mod p$. Durch Multiplikation mit -1 folgt auch hier die Behauptung. $\square$

Beispiel Modulo 7 gilt: $3^{100} \equiv 3^{(7 \cdot 14 + 2)} \equiv (3^7)^{14} \cdot 3^2 \equiv 3^{14} \cdot 3^2 \equiv 3^2 \cdot (3^7)^2 \equiv 3^2 \cdot 3^2 \equiv (3^2)^2 \equiv 2^2 \equiv 4 \mod 7$. Die äquivalente Aussage $a^{p-1} \equiv 1 \mod p$ ist noch einfacher zu nutzen: $3^{100} \equiv 3^{6 \cdot 16 + 2 \cdot 2} \equiv (3^6)^{16} \cdot (3^2)^2 \equiv 1^{16} \cdot 2^2 \equiv 4 \mod 7$.

Eine Gleichung, die modulo 12 wahr ist, ist natürlich auch modulo 2, 3, 4 und 6 wahr. Diese und ähnliche Eigenschaften halten wir im folgenden Lemma fest, das sofort aus der Definition folgt.

Lemma 4.7 *Für $a, b \in \mathbb{Z}$ und $n, m \in \mathbb{N}$ gelten folgende Regeln:*

1. *$a \equiv b \mod n$ und $m \mid n \implies a \equiv b \mod m$.*

2. *$a \equiv b \mod n \iff ma \equiv mb \mod mn$.*

Ein großer Teil der Zahlentheorie beschäftigt sich mit dem Lösen von diophantischen Gleichungen. Eine mögliche Strategie besteht darin, solche Gleichungen zunächst über $\mathbb{F}_p$ zu lösen. Zuerst wollen wir daher lineare Gleichungen mit Kongruenzen lösen:

Satz 4.8 *Gegeben sei die Gleichung*

$$ax \equiv b \mod n \quad \text{mit } a, b \in \mathbb{Z} \text{ und } n \in \mathbb{N}.$$

Sei $d = \mathrm{ggT}(a, n)$.

1. *Falls $d \nmid b$, dann besitzt die Gleichung keine Lösung.*

2. *Sei $d \mid b$. Wähle $y, z \in \mathbb{Z}$ mit $ya + zn = d$ (zum Beispiel mit Hilfe des euklidischen Algorithmus). Dann ist die obige Gleichung äquivalent zu*

$$x \equiv y\frac{b}{d} \mod \frac{n}{d}$$

und besitzt daher eine Lösung.

Beweis: Falls es eine Lösung x gibt, dann existiert ein $k \in \mathbb{Z}$, so dass $ax = b + kn$. Also teilt $d = \mathrm{ggT}(a, n)$ die Zahl $b = ax - kn$.

Sei also b durch d teilbar. Sei x eine Lösung der Gleichung $ax \equiv b \mod n$. Es gibt daher ein $k \in \mathbb{Z}$ mit $ax = b + kn$, und wir folgern weiter:

$$
\begin{aligned}
& yax && = yb + ykn \\
\implies & (d - zn)x && = yb + ykn \\
\implies & dx && = yb + (zx + yk)n \\
\implies & x && = y\frac{b}{d} + (zx + yk)\frac{n}{d} \\
\implies & x && \equiv y\frac{b}{d} \mod \frac{n}{d}.
\end{aligned}
$$

Die Rechnung lässt sich leicht umkehren. Aus $x \equiv y\frac{b}{d} \bmod \frac{n}{d}$ erhält man die Existenz eines $k \in \mathbb{Z}$ mit $x = y\frac{b}{d} + k\frac{n}{d}$ und weiter

$$ax = ay\frac{b}{d} + ak\frac{n}{d} = (d - zn)\frac{b}{d} + ak\frac{n}{d}$$
$$\implies ax = b + \left(-z\frac{b}{d} + \frac{a}{d}k\right)n$$
$$\implies ax \equiv b \bmod n. \qquad \square$$

Beispiel In der chromatischen Tonleiter besteht eine Oktave aus zwölf Halbtonschritten. Eine Quinte bedeutet 7 Stufen. Wie viele Quinten muss man auf einem Klavier greifen, um von einem C zu einem Fis zu kommen? Ein Fis liegt 6 Halbtonschritte über dem C. Die zu lösende Gleichung lautet also $7x \equiv 6 \bmod 12$. Aus dem euklidischen Algorithmus bekommen wir $(-5) \cdot 7 + 3 \cdot 12 = 1$. Also ist die obige Kongruenzgleichung äquivalent zu $x \equiv (-5) \cdot 6 \equiv -30 \equiv 6 \bmod 12$. Man braucht daher $6 + 12k$, $k \in \mathbb{Z}$, Quinten.

Aufgabe 4.9 Lösen Sie $30x \equiv 1 \bmod 101$.

Korollar 4.10 *Seien $a, b \in \mathbb{Z}$ und $m, n \in \mathbb{N}$, dann gilt*

$$ma \equiv mb \bmod n \quad und \quad \mathrm{ggT}(n, m) = 1 \quad \implies \quad a \equiv b \bmod n.$$

Beweis: Aus $ma \equiv mb \bmod n$ folgt $m(a - b) \equiv 0 \bmod n$. Der Satz impliziert nun die Kongruenz $a - b \equiv 0 \bmod n$. $\qquad \square$

Wir wollen nun zwei lineare Kongruenzen gleichzeitig lösen:

$$cx \equiv a \bmod n \quad und \quad dx \equiv b \bmod m.$$

Wegen des obigen Satzes dürfen wir ohne Einschränkungen $c = d = 1$ annehmen.

Satz 4.11 (Chinesischer Restsatz, 1. Version) *Gegeben seien $a, b \in \mathbb{Z}$ und $n, m \in \mathbb{N}$. Sei $d = \mathrm{ggT}(n, m)$ und $y, z \in \mathbb{Z}$, so dass $yn + zm = d$. Die simultanen Kongruenzen*

$$x \equiv a \bmod n \quad und \quad x \equiv b \bmod m$$

sind genau dann lösbar, wenn $a \equiv b \bmod d$. In diesem Fall ist die simultane Kongruenz äquivalent zu der einfachen Kongruenz

$$x \equiv a - yn\frac{a-b}{d} \bmod \frac{mn}{d}.$$

Beweis: Falls eine Lösung x existiert, ist $x \equiv a \bmod d$ und $x \equiv b \bmod d$ nach Lemma 4.7, also $a \equiv b \bmod d$.

Falls $x \equiv a - yn\frac{a-b}{d} \bmod \frac{mn}{d}$ folgt sofort $x \equiv a \bmod n$. Mit $yn = d - zm$ folgt auch

$$x \equiv a - (d - zm)\frac{a-b}{d} \equiv a - (a - b) \equiv b \bmod m.$$

Wir wollen hier noch andeuten, wie man an diese Formel kommt, noch klarer wird das durch den Beweis von Satz 5.5 werden. Wir multiplizieren die Gleichung $yn + zm = d$ mit $(a - b)/d$, um

$$\tfrac{a-b}{d}yn + \tfrac{a-b}{d}zm = a - b$$

zu erhalten. Aus der umgestellten Gleichung

$$x := a - \tfrac{a-b}{d}yn = b + \tfrac{a-b}{d}zm$$

sieht man sofort, dass x gerade $a \bmod n$ und $b \bmod m$ ist.

Um zu zeigen, dass wir alle Lösungen der simultanen Kongruenz haben, betrachten wir eine weitere Lösung x'. Dann gilt

$$x - x' \equiv a - a \equiv 0 \quad \bmod n \quad \text{und} \quad x - x' \equiv b - b \equiv 0 \quad \bmod m,$$

d.h. $n | x - x'$ und $m | x - x'$. Nach Definition gilt damit auch $\mathrm{kgV}(n,m) | x - x'$. Mit $\mathrm{kgV}(n,m) = nm/d$ (Satz 3.13) folgt $x \equiv x' \bmod nm/d$, und wir sehen, dass wir bereits alle Lösungen kennen. □

Beispiel Die Mondphasen haben eine Periode von 29 Tagen. Angenommen heute ist Sonntag und Neumond. In wie vielen Tagen fällt Vollmond auf einen Dienstag? Nummerieren wir die Wochentage bei Sonntag mit 0 beginnend, so erhalten wir die folgenden Kongruenzgleichungen

$$x \equiv 2 \quad \bmod 7 \quad \text{und} \quad x \equiv 15 \quad \bmod 29.$$

Da $(-4) \cdot 7 + 1 \cdot 29 = 1$, sind die simultanen Kongruenzen äquivalent zu $x \equiv 2 - (-4) \cdot 7 \cdot (2 - 15)/1 \bmod 7 \cdot 29$, d.h. $x \equiv -362 \equiv 44 \bmod 203$. Also muss man $44 + 203k$ Tage auf einen Vollmond am Dienstag warten, wobei $k \in \mathbb{N}_0$.

Korollar 4.12 *Die Lösungsmenge der simultanen Kongruenzen*

$$a_i x \equiv b_i \quad \bmod n_i \quad \textit{für } i = 1, \ldots, m$$

ist berechenbar.

Beweis: Nach Satz 4.8 können wir ohne Einschränkung $a_i = 1$ annehmen. Mit dem vorangehenden Satz können wir jeweils zwei Kongruenzen zusammenfassen. Wir wiederholen das, bis nur noch eine Kongruenz übrig bleibt. □

Beispiel (Sun Tsu, 400 AD) Man löse

$$x \equiv 2 \quad \bmod 3, \quad x \equiv 3 \quad \bmod 5 \quad \text{und} \quad x \equiv 2 \quad \bmod 7.$$

Wir fassen die ersten beiden Gleichungen mit Hilfe des Satzes zusammen. Es gilt $2 \cdot 3 - 1 \cdot 5 = 1$. Daher sind die ersten beiden Kongruenzen äquivalent zu $x \equiv 2 - 2 \cdot 3 \cdot (2 - 3)/1 \bmod 3 \cdot 5$, d.h. $x \equiv 8 \bmod 15$. Jetzt fassen wir diese Kongruenz mit $x \equiv 2 \bmod 7$ zusammen. In diesem Fall ist $1 \cdot 15 - 2 \cdot 7 = 1$. Also ist die simultane Kongruenz äquivalent zu $x \equiv 8 - 1 \cdot 15 \cdot (8 - 2)/1 \bmod 7 \cdot 15$, d.h. $x \equiv -82 \equiv 23 \bmod 105$.

Zusatzaufgaben

Aufgabe 4.13 Finden Sie eine Formel für die Lösung von mehreren simultanen Kongruenzen analog zu Satz 4.11.

Aufgabe 4.14 Berechnen Sie den eindeutig bestimmten Repräsentanten zwischen 0 und 16 der Kongruenzklasse $3^{3^{100}}$ mod 17.

Aufgabe 4.15 Bestimmen Sie die letzte Dezimalstelle der Zahlen n^{67839} für $n = 7$ und $n = 2$.

Aufgabe 4.16 Lösen Sie die folgenden (simultanen) Kongruenzen:

1. $5x \equiv 7 \bmod 13$.

2. $6x \equiv 14 \bmod 20$.

3. $x \equiv 2 \bmod 5$, $\quad x \equiv 7 \bmod 14$ $\quad$ und $\quad x \equiv 5 \bmod 18$.

4. $2x \equiv 7 \bmod 13$ $\quad$ und $\quad 5x \equiv 12 \bmod 17$.

Aufgabe 4.17 Alice schuldet Bob 210 Euro und Carlo 125 Euro. Alle drei besitzen nur Geldscheine zu 12 oder 30 Euro. Kann Alice ihre Schulden einem oder beiden abbezahlen? Wenn ja, wie?

Aufgabe 4.18 Ein Bienenvolk hat zwischen 200 und 250 Mitglieder. Stellt man sie in 7er Reihen auf, so bleibt eine Biene alleine. Stellt man sie dagegen in 5er Reihen auf, so bleiben drei übrig. Wie viele Bienen sind es genau?

Aufgabe 4.19 Eine Spielzeugbaukasten enthält etwa 400 bis 500 Bauklötze. Stellt man sie in 13er–Reihen auf, so bleiben 2 übrig. Stellt man sie dagegen in 17er–Reihen auf, so bleiben 11 übrig. Stellen Sie ein geeignetes System von linearen Kongruenzen auf und lösen Sie es, um die wirkliche Anzahl von Bauklötzen zu ermitteln.

Aufgabe 4.20 Sei n eine natürliche Zahl und p eine ungerade Primzahl. Es gelte $2^n \equiv 1 \bmod p$ und $2^n \not\equiv 1 \bmod p^2$. Dann ist $2^d \not\equiv 1 \bmod p^2$, wobei d die Ordnung von 2 modulo p ist.

Aufgabe 4.21 (Sophie Germain) Sei p eine Primzahl, so dass auch $2p + 1 = q > 3$ prim ist. Dann hat die Fermatgleichung $x^p + y^p + z^p = 0$ keine Lösung mit $x, y, z \not\equiv 0 \bmod p$.

5 Die Ringe $\mathbb{Z}/n\mathbb{Z}$

In diesem Abschnitt wollen wir die Ergebnisse des letzten abstrahieren und vertiefen. Wir starten mit der folgenden offensichtlichen Bemerkung.

Lemma 5.1 *Kongruenz mod n ist eine Äquivalenzrelation auf den ganzen Zahlen, d.h. für alle $a, b, c \in \mathbb{Z}$ gilt:*

1. $a \equiv a \bmod n$.

2. $a \equiv b \bmod n \implies b \equiv a \bmod n$.

3. $a \equiv b \bmod n$ *und* $b \equiv c \bmod n \implies a \equiv c \bmod n$.

Bei Äquivalenzrelationen betrachtet man immer auch die Äquivalenzklassen. Hier heißen sie Restklassen mod n und sind konkret definiert durch

$$\bar{a} := a + n\mathbb{Z} := \{a + kn \mid k \in \mathbb{Z}\} \subseteq \mathbb{Z} \quad \text{für } a \in \mathbb{Z}.$$

Dabei heißt a der Repräsentant der Restklasse $\bar{a}$. Man beachte, dass in der Oberstrichschreibweise das n nicht erscheint und aus dem Zusammenhang erschlossen werden muss. Es gilt $b \in \bar{a} \Leftrightarrow \bar{a} = \bar{b}$.

Definition 5.2 *Die Menge der Restklassen mod n wird mit $\mathbb{Z}/n\mathbb{Z} := \{a + n\mathbb{Z} \mid a \in \mathbb{Z}\}$ bezeichnet.*

In Augenblick mag $\mathbb{Z}/n\mathbb{Z}$ noch als recht große Menge erscheinen, dies ist aber nicht der Fall. Am besten versteht man $\mathbb{Z}/n\mathbb{Z}$ über ein *vollständiges Repräsentantensystem*, d.h. eine Menge $R \subseteq \mathbb{Z}$ mit $\mathbb{Z}/n\mathbb{Z} = \{r + n\mathbb{Z} \mid r \in R\}$, so dass zwei $r_1, r_2 \in R$ mit $r_1 \neq r_2$ verschiedene Restklassen $r_1 + n\mathbb{Z} \neq r_2 + n\mathbb{Z}$ haben.

Lemma 5.3 $R = \{0, 1, \ldots, n-1\}$ *ist ein Repräsentantensystem für* $\mathbb{Z}/n\mathbb{Z}$. *Insbesondere besteht* $\mathbb{Z}/n\mathbb{Z}$ *aus n Elementen.*

Beweis: Sei $\bar{a} \in \mathbb{Z}/n\mathbb{Z}$ eine beliebige Restklasse mod n. Dann gibt es nach Division von a durch n mit Rest $q \in \mathbb{Z}, r \in R$ mit $a = qn + r$, d.h. $a \equiv r \bmod n$ und $\bar{a} = \bar{r}$.

Seien nun $r_1, r_2 \in R$ mit $r_1 \neq r_2$. Wir müssen $\bar{r_1} \neq \bar{r_2}$ oder äquivalent dazu $r_1 \not\equiv r_2 \bmod n$ zeigen. Dies ist aber klar. $\qquad\square$

Die ganzen Definitionen wären sinnlos, wenn $\mathbb{Z}/n\mathbb{Z}$ nicht eine zusätzliche Struktur trüge:

Satz 5.4 $\mathbb{Z}/n\mathbb{Z}$ *ist ein Ring bezüglich der Operationen*

$$\bar{a} + \bar{b} := \overline{a + b} \quad \text{und} \quad \bar{a} \cdot \bar{b} := \overline{a \cdot b}.$$

Beweis: Die Wohldefiniertheit der Addition und der Multiplikation, d.h. die Unabhängigkeit von der Auswahl der Repräsentanten der Restklassen, ist gerade Satz 4.2. Die Ringgesetze von $\mathbb{Z}$ vererben sich auf $\mathbb{Z}/n\mathbb{Z}$. $\qquad\square$

Beispiel Hier sind die Verknüpfungstafeln von $\mathbb{Z}/2\mathbb{Z}$, $\mathbb{Z}/4\mathbb{Z}$ und $\mathbb{Z}/5\mathbb{Z}$:

$\mathbb{Z}/2\mathbb{Z}$:

+	0	1
0	0	1
1	1	0

·	0	1
0	0	0
1	0	1

$\mathbb{Z}/4\mathbb{Z}$:

+	0	1	2	3
0	0	1	2	3
1	1	2	3	0
2	2	3	0	1
3	3	0	1	2

·	0	1	2	3
0	0	0	0	0
1	0	1	2	3
2	0	2	0	2
3	0	3	2	1

$\mathbb{Z}/5\mathbb{Z}$:

+	0	1	2	3	4
0	0	1	2	3	4
1	1	2	3	4	0
2	2	3	4	0	1
3	3	4	0	1	2
4	4	0	1	2	3

·	0	1	2	3	4
0	0	0	0	0	0
1	0	1	2	3	4
2	0	2	4	1	3
3	0	3	1	4	2
4	0	4	3	2	1

Es gibt natürliche Ringhomomorphismen

$$\mathbb{Z} \longrightarrow \mathbb{Z}/n\mathbb{Z}, \qquad x \longmapsto x + n\mathbb{Z}$$

$$\mathbb{Z}/n\mathbb{Z} \longrightarrow \mathbb{Z}/m\mathbb{Z}, \quad x + n\mathbb{Z} \longmapsto x + m\mathbb{Z} \quad \text{für } m|n.$$

Die Wohldefiniertheit des letzteren folgt aus dem Lemma 4.7.

Satz 5.5 (Chinesischer Restsatz, 2. Version) *Seien $m,n \in \mathbb{N}$ zwei teilerfremde Zahlen, dann ist der natürliche Ringhomomorphismus*

$$\Phi: \mathbb{Z}/nm\mathbb{Z} \longrightarrow \mathbb{Z}/n\mathbb{Z} \times \mathbb{Z}/m\mathbb{Z}$$
$$x + nm\mathbb{Z} \longmapsto (x + n\mathbb{Z}, x + m\mathbb{Z})$$

ein Isomorphismus.

Beweis: Da wir bereits bemerkt haben, dass Φ tatsächlich ein Ringhomomorphismus ist, bleibt zu zeigen, dass Φ bijektiv ist. Sprich, zu gegebenen $(\bar{a}, \bar{b}) \in \mathbb{Z}/n\mathbb{Z} \times \mathbb{Z}/m\mathbb{Z}$ muss es ein eindeutig bestimmtes $\bar{x} \in \mathbb{Z}/nm\mathbb{Z}$ geben mit $x \equiv a \bmod n$ und $x \equiv b \bmod m$. Dies sagt gerade die erste Version des chinesischen Restsatzes 4.11.

Da der Isomorphismus für uns so wichtig ist, wollen wir noch das Inverse von Φ direkt berechnen. Wegen $\text{ggT}(n,m) = 1$ gibt es nach dem euklidischen Algorithmus $x, y \in \mathbb{Z}$ mit $xn + ym = 1$. Dann ist

$$\Phi(\overline{1 - xn}) = (\overline{1 - xn}, \overline{1 - xn}) = (\bar{1}, \overline{ym}) = (\bar{1}, \bar{0}),$$
$$\Phi(\overline{1 - ym}) = (\overline{1 - ym}, \overline{1 - ym}) = (\overline{nx}, \bar{1}) = (\bar{0}, \bar{1}).$$

Somit gilt nach Linearität $\Phi(\overline{a(1-xn)+b(1-ym)}) = (\overline{a},\overline{b})$ und daher

$$\Phi^{-1}(\overline{a},\overline{b}) = (\overline{a(1-xn)+b(1-ym)}).$$ $\square$

Aufgabe 5.6 Berechnen Sie den Isomorphismus aus Satz 5.5 explizit für die Zahlen $n = 13$ und $m = 17$.

Aufgabe 5.7 Zeigen Sie, dass auch die Umkehrung des chinesischen Restsatzes gilt: Ist der natürliche Ringhomomorphismus Φ ein Isomorphismus, so gilt $\mathrm{ggT}(n,m) = 1$.

Korollar 5.8 *Seien* $n_1, n_2, \ldots, n_s \in \mathbb{N}$ *paarweise teilerfremde Zahlen, dann gilt*

$$\mathbb{Z}/n_1 n_2 \cdots n_s\mathbb{Z} \cong \mathbb{Z}/n_1\mathbb{Z} \times \mathbb{Z}/n_2\mathbb{Z} \times \cdots \times \mathbb{Z}/n_s\mathbb{Z}.$$

Beweis: Das Korollar folgt aus dem Satz durch Induktion mit der Klammerung $n_1 n_2 \cdots n_s = n_1(n_2 \cdots n_s)$. $\square$

An vielen Stellen in der Mathematik spielen die Einheiten des Ringes $\mathbb{Z}/n\mathbb{Z}$ eine wichtige Rolle. Sie erhalten daher eine Standardbezeichnung, und wir werden sie hier und im übernächsten Abschnitt genauer untersuchen.

Definition 5.9 *Die* Einheitengruppe *von* $\mathbb{Z}/n\mathbb{Z}$ *wird mit* $U_n = (\mathbb{Z}/n\mathbb{Z})^\times$ *bezeichnet.*

Satz 5.10
$$U_n = \{a + n\mathbb{Z} \mid \mathrm{ggT}(a,n) = 1\}$$

Beweis: $\overline{a} \in \mathbb{Z}/n\mathbb{Z}$ ist genau dann eine Einheit, falls es ein $\overline{x} \in \mathbb{Z}/n\mathbb{Z}$ gibt mit $\overline{x}\overline{a} = 1$, also die Gleichung $ax \equiv 1 \bmod n$ lösbar ist. Dies ist nach Satz 4.8 gerade dann möglich, wenn $\mathrm{ggT}(a,n) = 1$. $\square$

Aufgabe 5.11 Berechnen Sie U_n für $2 \leq n \leq 15$.

Definition 5.12 *Die* Eulersche φ–Funktion *ist definiert durch*

$$\varphi : \mathbb{N} \to \mathbb{N}, \quad n \longmapsto \#U_n.$$

Wir wollen eine einfache Formel für φ finden.

Lemma 5.13 *Seien* $n, m \in \mathbb{N}$ *zwei teilerfremde Zahlen, dann gilt*

$$U_{nm} \cong U_n \times U_m \quad \text{und} \quad \varphi(nm) = \varphi(n) \cdot \varphi(m).$$

Beweis: $(\mathbb{Z}/nm\mathbb{Z})^\times \cong (\mathbb{Z}/n\mathbb{Z} \times \mathbb{Z}/m\mathbb{Z})^\times = (\mathbb{Z}/n\mathbb{Z})^\times \times (\mathbb{Z}/m\mathbb{Z})^\times.$ $\square$

Eine Funktion $\varphi : \mathbb{N} \to \mathbb{N}$ mit der Eigenschaft $\varphi(nm) = \varphi(n) \cdot \varphi(m)$ für teilerfremde $n, m \in \mathbb{N}$ wird *multiplikative zahlentheoretische Funktion* genannt.

Lemma 5.14 *Sei $p \in \mathbb{P}$ prim und $r \in \mathbb{N}$, dann ist*

$$\varphi(p^r) = p^{r-1}(p-1).$$

Beweis: Nach Satz 5.10 ist

$$U_{p^r} = \{a + p^r\mathbb{Z} \mid \mathrm{ggT}(a, p^r) = 1\} = \{a + p^r\mathbb{Z} \mid p \nmid a\}.$$

Wir können uns bei der Berechnung von $\#U_{p^r}$ auf die Betrachtung des vollständigen Repräsentantensystems $0, 1, \ldots, p^r - 1$ von $\mathbb{Z}/p^r\mathbb{Z}$ beschränken, damit ist

$$\#U_{p^r} = \#\{a \in \{0, \ldots, p^r - 1\} \mid p \nmid a\} = p^r - \#\{a \in \{0, \ldots, p^r - 1\} \mid p|a\}.$$

Wegen $p|a$ gilt $a = pb$ für ein passendes $b \in \mathbb{N}$. $0 \le a \le p^r - 1$ ist äquivalent zu $0 \le b \le \lfloor (p^r - 1)/p \rfloor = p^{r-1} - 1$, und daher haben wir p^{r-1} Wahlmöglichkeiten für b bzw. a. Insgesamt folgern wir $\varphi(p^r) = \#U_{p^r} = p^r - p^{r-1} = p^{r-1}(p-1)$. □

Satz 5.15 *Sei $n = \prod_{i=1}^{s} p_i^{r_i}$ die Primfaktorzerlegung einer natürlichen Zahl, dann ist*

$$\varphi(n) = \prod_{i=1}^{s} p_i^{r_i - 1}(p_i - 1).$$

Beweis: Nach den beiden Lemmata ist

$$\varphi(n) = \prod_{i=1}^{s} \varphi(p_i^{r_i}) = \prod_{i=1}^{s} p_i^{r_i - 1}(p_i - 1). \qquad \square$$

Aufgabe 5.16 Beweisen Sie: $n = \sum_{d|n} \varphi(d)$.

Damit können wir den kleinen Satz von Fermat (Satz 4.5) verallgemeinern:

Satz 5.17 (Euler) *Sei $n \in \mathbb{N}$ und $a \in \mathbb{Z}$ teilerfremd zu n. Dann ist*

$$a^{\varphi(n)} \equiv 1 \mod n.$$

Beweis: Dies folgt aus dem Satz von Lagrange (siehe Anhang A.9): Ist G eine endliche Gruppe der Ordnung l, so erfüllt jedes Element $g \in G$ die Gleichung $g^l = 1$. Wir wenden das hier auf die Gruppe U_n an. □

Die Struktur von $\mathbb{Z}/n\mathbb{Z}$ und U_n wird heute in der *Kryptographie* benutzt, wie man in den folgenden zwei Beispielen sieht. Die erste Methode von Diffie und Hellman dient zum Austausch eines Schlüssels, den man dann zur weiteren sicheren Verschlüsselung benutzen kann:

Beispiel *Das Diffie–Hellman Schlüsselaustausch Protokoll (1976)*: Max und Sebastian wollen ein Geheimnis austauschen. Sie vereinbaren eine Primzahl p und eine natürliche Zahl g, die Ordnung $p - 1$ modulo p hat. Max und Sebastian merken sich jeweils individuell eine weitere geheime natürliche Zufallszahl m bzw. n. Dann berechnet Max g^m mod p und sendet die Information an Sebastian. Der berechnet $s \equiv (g^m)^n \equiv g^{mn}$ mod p. Dieses s wird *geheimer Schlüssel* genannt. Sebastian sendet nun ebenfalls g^n mod p an Max und der berechnet ebenfalls $s \equiv (g^n)^m \equiv g^{mn}$ mod p. Mit diesem Schlüssel s kann man nun z.B. geheime Botschaften austauschen.

Ein möglicher Spion von außen kann die Werte von g^m und g^n sehen, aber daraus nicht $s = g^{mn}$ berechnen, weil er auch m und n nicht kennt. Übrigens kennen nicht mal Max und Sebastian die Werte von m und n, die der jeweils andere gewählt hat.

Die Sicherheit dieses Verfahren beruht auf dem *Diskreten Logarithmusproblem:* Gegeben g und g^n modulo p, dann berechne $n = \log_g(g^n)$. Dieses Problem gilt als sehr schwer in den Gruppen $\mathbb{Z}/p\mathbb{Z}$, falls p eine große Primzahl ist. Die Potenzfunktion $g \mapsto g^n$ ist eine sogenannte *Einwegfunktion*, d.h. man kann sie relativ leicht berechnen, aber ihre Umkehrfunktion nur sehr schwer.

Das zweite Beispiel ist das RSA–Verfahren aus der Public–Key Kryptographie:

Beispiel Benannt nach Rivest/Shamir/Adleman ist *RSA*, ein *Public–Key Kryptosystem*. Max und Sebastian wollen wieder Geheimnisse austauschen. Max bestimmt zunächst eine *Einwegfunktion*:

1. Max bestimmt zwei große Primzahlen p und q und berechnet $n = pq$.

2. Er berechnet leicht $\varphi(n) = (p-1)(q-1)$.

3. Max wählt eine zufällige Zahl $e \in \mathbb{N}$ mit $1 < e < \varphi(n)$ und $\mathrm{ggT}(e, \varphi(n)) = 1$.

4. Max berechnet jetzt eine Lösung d der Gleichung

$$ed \equiv 1 \mod \varphi(n)$$

mit dem erweiterten euklidischen Algorithmus.

5. Die *Kodierungsfunktion* ist nun

$$E : \mathbb{Z}/n\mathbb{Z} \longrightarrow \mathbb{Z}/n\mathbb{Z}, \quad x \longmapsto x^e.$$

Man beachte den Unterschied zwischen n und $\varphi(n)$. Wie funktioniert nun die Verschlüsselung? Der *öffentliche Schlüssel* ist das Paar (n,e), das öffentlich bekannt ist. Max ist aber der einzige, der d kennt, da er $\varphi(n)$ kennt. Alle anderen kennen die Faktorisierung von n nicht und damit $\varphi(n)$ und also d nicht. Wenn Sebastian eine Nachricht an Max schicken will, so schreibt er die Nachricht als eine Folge von Zahlen $m_1, \ldots, m_l \in \mathbb{Z}/n\mathbb{Z}$. Die verschlüsselte Nachricht ist $E(m_1), \ldots, E(m_l)$. Max *entschlüsselt* die Nachricht, indem er die d–te Potenz berechnet:

$$(E(m_i))^d \equiv (m_i^e)^d \equiv m_i^{ed} \equiv m_i \mod n.$$

Dies folgt aus dem Satz von Euler, weil $ed \equiv 1 \mod \varphi(n)$ ist.

Das folgende konkrete Beispiel dient zur Illustration, die Zahlen sind natürlich viel zu klein, um in der Praxis dienlich zu sein. Sei $p = 17$ und $q = 19$, also $n = 323$. Dann ist $\varphi(n) = pq - p - q + 1 = 288$. Wähle zufällig $e = 95$. Dann berechne $d = 191$ mit dem erweiterten euklidischen Algorithmus. Der öffentliche Schlüssel ist also $(323, 95)$. Wir wollen $x = 24$ verschlüsseln. Man bekommt

$$E(x) \equiv 24^{95} \equiv 294 \quad \mod 323.$$

Das Entschlüsseln erfolgt dann so:

$$E^{-1}(294) \equiv 294^{191} \equiv 24 \quad \mod 323.$$

Ist $\varphi(n)$ bekannt, so kennt man auch eine Faktorisierung von n: Wegen $\varphi(n) = pq - p - q + 1 = n - p - q + 1$ sind die Koeffizienten des Polynoms

$$(x - p)(x - q) = x^2 - (p + q)x + pq$$

bekannt, also auch seine Nullstellen p, q. Das RSA–Verfahren gilt als sicher, solange die Faktorisierung großer Zahlen ein schweres Problem ist.

Falls n eine Primzahl ist, ist die Struktur von $\mathbb{Z}/n\mathbb{Z}$ besonders einfach.

Satz 5.18 *Sei $p \in \mathbb{N}$ eine natürliche Zahl.*

$\mathbb{Z}/p\mathbb{Z}$ ist ein Körper genau dann, wenn p eine Primzahl ist.

Beweis: Falls p prim ist, gilt $\text{ggT}(a, p) = 1$ für $p \nmid a$. Daher ist nach Satz 5.10 $U_p = \{\overline{a} \mid p \nmid a\} = \mathbb{Z}/p\mathbb{Z} \setminus \{\overline{0}\}$. Da alle Elemente ungleich 0 Einheiten sind, ist $\mathbb{Z}/p\mathbb{Z}$ ein Körper.

Falls p nicht prim ist, gibt es $a, b \in \mathbb{N}$ mit $p = ab$ und $a, b \neq p$. Modulo p ist $\overline{a}\overline{b} = \overline{0}$, wobei $\overline{a}, \overline{b} \neq \overline{0}$. $\overline{a}, \overline{b}$ sind also Nullteiler und damit keine Einheiten, folglich kann auch $\mathbb{Z}/p\mathbb{Z}$ kein Körper sein. $\quad\square$

Definition 5.19 *Der Körper $\mathbb{Z}/p\mathbb{Z}$, $p \in \mathbb{P}$, wird mit $\mathbb{F}_p$ bezeichnet.*

Beispiel In Körpern kann man durch beliebige Zahlen ungleich 0 dividieren, so ist zum Beispiel $\overline{1}/\overline{2} = \overline{3}$ in $\mathbb{F}_5$.

Aufgabe 5.20 Berechnen Sie $\overline{3} + \overline{4}$, $\overline{3} - \overline{4}$, $\overline{3} \cdot \overline{4}$ und $\overline{3}/\overline{4}$ in $\mathbb{F}_7$.

Warnung Es gibt auch die Körper $\mathbb{F}_{p^r}$ mit p^r Elementen für $r \geq 2$. Diese sind aber *nicht* isomorph zu den $\mathbb{Z}/p^r\mathbb{Z}$, die ja nach obigem Satz gar keine Körper sind.

Satz 5.21 (Wilson) *Eine natürliche Zahl p ist eine Primzahl genau dann, wenn*

$$(p - 1)! \equiv -1 \quad \mod p.$$

Beweis: Wenn p nicht prim ist, ist $p = ab$ mit $1 < a, b < p$. Falls $a \neq b$, gilt offensichtlich $p = ab | (p-1)!$ und damit $(p-1)! \equiv 0 \bmod p$. Für $p = 4 = 2^2$ ist $3! \equiv 6 \equiv 2 \bmod 4$. Es bleibt, $p = a^2$ mit $a > 2$ zu betrachten. Wegen $2a < p$ gilt $a \cdot (2a) | (p-1)!$. Es folgt $(p-1)! \equiv 0 \bmod 2a^2$, insbesondere $(p-1)! \equiv 0 \bmod p = a^2$.

Sei nun p prim, dann rechnen wir in dem Körper $\mathbb{F}_p = \mathbb{Z}/p\mathbb{Z}$. In einem Körper sind nur die Elemente 1 und -1 ihr eigenes Inverses, denn

$$x = x^{-1} \Leftrightarrow x^2 = 1 \Leftrightarrow 0 = x^2 - 1 = (x+1)(x-1).$$

In $\mathbb{F}_p$ gilt $1 = \overline{1}$ und $-1 = \overline{p-1}$. Also wird in dem Produkt $\overline{2} \cdot \overline{3} \cdot \ldots \cdot \overline{p-2}$ jedes Element mit seinem Inversen multipliziert, und es ist daher $\overline{1}$. Somit ist $(p-1)! \equiv p-1 \equiv -1 \bmod p$. $\square$

Beispiel Für $p = 13$ ist die Paarung der Elemente mit ihrem Inversen wie folgt:

$$11! = (2 \cdot 7) \cdot (3 \cdot 9) \cdot (4 \cdot 10) \cdot (5 \cdot 8) \cdot (6 \cdot 11) \equiv 1 \quad \bmod 13.$$

Zusatzaufgaben

Aufgabe 5.22 Zeigen Sie: n ist genau dann prim, wenn $n - 1 = \varphi(n)$.

Aufgabe 5.23 Beweisen Sie: $\varphi(n)$ ist gerade für $n \geq 3$.

Aufgabe 5.24 Zeigen Sie: $\varphi(n)$ ist eine Zweierpotenz genau dann, wenn n das Produkt einer Zweierpotenz mit paarweise verschiedenen Fermatschen Primzahlen ist.

Aufgabe 5.25 Sei $p \geq 3$ prim und a eine Einheit in $\mathbb{Z}/p\mathbb{Z}$. Hat a die Ordnung 3, so hat $a + 1$ die Ordnung 6.

Aufgabe 5.26 Seien $p = 11$, $q = 13$ und $n = pq = 143$ ihr Produkt. Bestimmen Sie $\varphi(n)$ und finden Sie ein $e > 1$ mit $\mathrm{ggT}(e, \varphi(n)) = 1$. Dann bestimmen Sie d mit $ed \equiv 1 \bmod \varphi(n)$. Kodieren Sie daraufhin $x = 17$ unter der Einwegfunktion $E(x) = x^e$.

Aufgabe 5.27 Sei p eine Primzahl mit $p \equiv 1 \bmod 4$. Zeigen Sie, dass $a = (\frac{p-1}{2})!$ die Gleichung $a^2 \equiv -1 \bmod p$ erfüllt. Benutzen Sie das Gezeigte, um die Gleichung $x^2 \equiv -1$ für $p = 5, 13, 17, 29$ zu lösen.

Aufgabe 5.28 Eine *exakte Sequenz abelscher Gruppen* ist ein Diagramm bestehend aus abelschen Gruppen und Homomorphismen der Form

$$0 \xrightarrow{\varphi_0} A_0 \xrightarrow{\varphi_1} A_1 \xrightarrow{\varphi_1} \cdots \xrightarrow{\varphi_n} A_n \xrightarrow{\varphi_{n+1}} 0$$

derart, dass $\operatorname{Im} \varphi_{k-1} = \operatorname{Ker} \varphi_k$ für $1 \leq k \leq n+1$ gilt. Seien nun $n, m \in \mathbb{N}$ beliebige natürliche Zahlen und $\varphi : \mathbb{Z}/mn\mathbb{Z} \to \mathbb{Z}/n\mathbb{Z} \times \mathbb{Z}/n\mathbb{Z}$ der kanonische Homomorphismus. Zeigen Sie, dass eine exakte Sequenz der Gestalt

$$0 \to \mathrm{kgV}(n,m)\mathbb{Z}/nm\mathbb{Z} \to \mathbb{Z}/nm\mathbb{Z} \xrightarrow{\varphi} \mathbb{Z}/n\mathbb{Z} \times \mathbb{Z}/m\mathbb{Z} \to \mathbb{Z}/\mathrm{ggT}(n,m)\mathbb{Z} \to 0$$

existiert und geben Sie die fehlenden Homomorphismen explizit an.

Aufgabe 5.29 Zeigen Sie, dass $\tau(n) = \sum_{d|n} 1$ und $\sigma(n) = \sum_{d|n} d$ multiplikative zahlentheoretische Funktionen sind.

Aufgabe 5.30 Zeigen Sie: Sind f, g multiplikative zahlentheoretische Funktionen, so auch die Faltung $f * g$ mit $(f * g)(n) = \sum_{d|n} f(d) g(\frac{n}{d})$.

Aufgabe 5.31 Zeigen Sie: Die Funktion $\mu(n)$ mit $\mu(1) = 1$, $\mu(n) = 0$ für $n \in \mathbb{N}$ nicht quadratfrei und $\mu(n) = (-1)^k$ für n quadratfrei mit k verschiedenen Primfaktoren, ist eine multiplikative zahlentheoretische Funktion.

Aufgabe 5.32 Zeigen Sie: Sei g eine multiplikative zahlentheoretische Funktion und $f :=$ $g * \mu$ mit μ aus Aufgabe 5.31. Dann ist $g(n) = \sum_{d|n} f(d)$.

6 Endlich erzeugte abelsche Gruppen

In den letzten Abschnitten haben wir die Ringe $\mathbb{Z}$ und $\mathbb{Z}/n\mathbb{Z}$ kennengelernt, in diesem Abschnitt betrachten wir nur noch ihre additive Gruppenstruktur. Ziel des Abschnittes ist es zu zeigen, dass jede endlich erzeugte abelsche Gruppe ein direktes Produkt aus diesen Gruppen ist. Starten wir mit einigen Definitionen.

Definition 6.1 *Sei G eine Gruppe.*

- *Für $S \subseteq G$ bezeichnet $\langle S \rangle$ die von S erzeugte Untergruppe, d.h. die kleinste Untergruppe von G, die S enthält. Die Elemente von S heißen Erzeuger von $\langle S \rangle$.*

- *G heißt* zyklisch, *falls G von einem einzigen Element erzeugt werden kann, d.h. $G = \langle g \rangle$ für ein $g \in G$.*

- *G heißt* endlich erzeugt, *wenn G von endlich vielen Elementen erzeugt werden kann.*

Im Allgemeinen ist es schwierig zu verstehen, wie die von S erzeugte Untergruppe von G aussieht, jedoch im Fall von abelschen Gruppen ist es recht einfach. Das liegt daran, dass abelsche Gruppen die Struktur eines $\mathbb{Z}$–Moduls tragen. Schreiben wir die Verknüpfung einer abelschen Gruppe mit $+$, dann definieren wir für $g \in G$ und $n \in \mathbb{N}$:

$$0 \cdot g := 0$$
$$n \cdot g := \underbrace{g + \ldots + g}_{n-\text{mal}}$$
$$(-n) \cdot g := -(n \cdot g)$$

Aufgabe 6.2 Zeigen Sie, dass jede abelsche Gruppe G mit dieser Verknüpfung zu einem $\mathbb{Z}$–Modul wird.

Lemma 6.3 *Sei G eine abelsche Gruppe und $S \subseteq G$. Dann gilt*

$$\langle S \rangle = \left\{ \sum_{g \in S'} n_g g \mid S' \subseteq S \text{ endlich}, \, n_g \in \mathbb{Z} \right\}.$$

Beweis: Bezeichnen wir die rechte Menge mit H. Wir zeigen zuerst, dass $\langle S \rangle \supseteq H$ gilt. Per Definition ist $S \subseteq \langle S \rangle$. Da eine Untergruppe abgeschlossen bezüglich Addition und Inversenbildung ist, muss neben einem $g \in S$ auch $ng \in \langle S \rangle$ für $n \in \mathbb{Z}$ sein. Aus dem gleichen Grund muss $\langle S \rangle$ auch endliche Summen $\sum_{g \in S'} n_g g$, $S' \subseteq S$ endlich, enthalten. Daher ist $H \subseteq \langle S \rangle$.

Da $\langle S \rangle$ die kleinste Gruppe ist, die S enthält, können wir den Beweis abschließen, indem wir beweisen, dass H eine Untergruppe ist. Dazu reicht es die Abgeschlossenheit von H bezüglich der Addition und Inversenbildung zu zeigen. Seien $h_1 = \sum_{g \in S'} n_g g$ und $h_2 = \sum_{g \in S''} m_g g$ mit endlichen $S', S'' \subseteq S$ zwei beliebige Elemente aus H. Wir setzen $n_g = 0$ für $g \in S'' \setminus S'$ und $m_g = 0$ für $g \in S' \setminus S''$. Dann ist

$$h_1 + h_2 = \sum_{g \in S' \cup S''} n_g g + \sum_{g \in S' \cup S''} m_g g = \sum_{g \in S' \cup S''} (n_g + m_g) g$$

$$-h_1 = -\sum_{g \in S'} n_g g = \sum_{g \in S'} (-n_g) g. \qquad \Box$$

Aufgabe 6.4 Sei G eine beliebige Gruppe, deren Verknüpfung wir multiplikativ schreiben. Zeigen Sie, dass für ein $g \in G$ gilt: $\langle g \rangle = \{ g^n \mid n \in \mathbb{Z} \}$.

Lemma 6.5 *Jede zyklische Gruppe ist abelsch.*

Beweis: Da wir a priori noch nicht wissen, dass eine zyklische Gruppe G abelsch ist, schreiben wir die Verknüpfung in G multiplikativ. Nach der vorangegangenen Aufgabe ist $G = \{ g^n \mid n \in \mathbb{Z} \}$. Da offensichtlich $g^n g^m = g^{n+m} = g^m g^n$ gilt, ist G abelsch. $\qquad \Box$

Beispiele Die Gruppen $\mathbb{Z}$ und $\mathbb{Z}/n\mathbb{Z}$ sind zyklische Gruppen mit Erzeuger 1 bzw. $\bar{1}$.

Satz 6.6 *Jede zyklische Gruppe ist isomorph zu $\mathbb{Z}$ oder $\mathbb{Z}/n\mathbb{Z}$ für ein $n \in \mathbb{N}$.*

Beweis: Sei G eine zyklische Gruppe mit Erzeuger g. Per Definition ist der Gruppenhomomorphismus

$$\Phi : \mathbb{Z} \longrightarrow G, \quad m \longmapsto mg,$$

surjektiv. Sein Kern, $\operatorname{Ker}\Phi$, ist eine Untergruppe von $\mathbb{Z}$, tatsächlich aber sogar ein $\mathbb{Z}$–Untermodul von $\mathbb{Z}$ wegen der $\mathbb{Z}$–Modulstruktur von abelschen Gruppen. Da $\operatorname{Ker}\Phi \subseteq \mathbb{Z}$, muss er sogar ein Ideal sein. Nach Satz 2.9 ist $\mathbb{Z}$ ein Hauptidealring, also existiert ein $n \in \mathbb{N}$ mit $\operatorname{Ker}\Phi = n\mathbb{Z}$. Falls $n = 0$ ($\Leftrightarrow \operatorname{Ker}\Phi = 0$), dann ist Φ ein Isomorphismus, d.h. $G \cong \mathbb{Z}$. Für $n \geq 1$ ist schließlich nach dem Homomorphiesatz $G \cong \mathbb{Z}/n\mathbb{Z}$. $\qquad \Box$

Bemerkung 6.7 *Sei G eine endliche zyklische Gruppe. Ein Element $g \in G$ erzeugt G genau dann, wenn $\operatorname{ord} g = \operatorname{ord} G$.*

Beweis: Per Definition ist $n := \operatorname{ord} g$ die kleinste natürliche Zahl mit $ng = 0$. Es folgt $(m + kn)g = mg$ für alle $k \in \mathbb{N}$. Daher ist

$$\langle g \rangle = \{ mg \mid m \in \mathbb{Z} \} = \{ mg \mid m \in \{0, \ldots, n-1\} \}.$$

Die in der letzten Menge aufgezählten Elemente sind alle paarweise verschieden. Nämlich, falls $mg = m'g$ für $0 \leq m' < m \leq n-1$, dann ist $(m - m')g = 0$ mit $m - m' < n$ — im Widerspruch zur Minimalität von n mit dieser Eigenschaft.

Wegen $\langle g \rangle \subseteq G$ ist $\langle g \rangle = G$ äquivalent zu $n = \operatorname{ord} \langle g \rangle = \operatorname{ord} G$. $\qquad \Box$

Wenden wir uns nun den endlich erzeugten abelschen Gruppen zu. Sei G eine solche. Um mit G arbeiten zu können, benutzen wir eine *Darstellung* von G (als $\mathbb{Z}$–Modul). Seien dazu $g_1,\ldots,g_k$ Erzeuger von G, wir schreiben sie als k–Tupel $S = (g_1,\ldots,g_k)$ und betrachten den surjektiven Homomorphismus

$$\varphi_S : \mathbb{Z}^k \longrightarrow G, \quad (m_1,\ldots,m_k) \longmapsto \sum_{i=1}^{k} m_i g_i.$$

Elemente des Kerns von φ_S werden *Relationen* der Erzeuger S genannt. Wir werden gleich in Lemma 6.8 zeigen, dass auch der Kern von φ_S endlich erzeugt ist. Wir wählen Erzeuger $r_1,\ldots,r_l$ davon und schreiben sie als Spalten in eine Matrix R. Diese repräsentiert eine Abbildung $R : \mathbb{Z}^l \to \mathbb{Z}^k$, und man bezeichnet

$$\mathbb{Z}^l \xrightarrow{R} \mathbb{Z}^k \xrightarrow{S} G$$

als eine *Präsentation* oder *Darstellung* der Gruppe G. Nach dem Homomorphiesatz gilt $G \cong \mathbb{Z}^k/\mathrm{Ker}\,\varphi_S = \mathbb{Z}^k/\mathrm{Im}\,R$. Wir können also den Isomorphietyp von G an der Matrix R allein ablesen!

Beispiel Bereits im Beweis von Satz 6.6 haben wir implizit die Darstellungen

$$0 \longrightarrow \mathbb{Z} \xrightarrow{1} \mathbb{Z} \qquad \text{und} \qquad \mathbb{Z} \xrightarrow{(n)} \mathbb{Z} \xrightarrow{\bar{1}} \mathbb{Z}/n\mathbb{Z}$$

der zyklischen Gruppen gefunden.

Beispiele Diese Präsentationen sind nicht eindeutig, und manchmal ist es schwierig, den Isomorphietyp der Gruppe aus der Matrix direkt abzulesen. Wir betrachten als Beispiel drei verschiedene Präsentationen von $\mathbb{Z}/2\mathbb{Z} \times \mathbb{Z}/2\mathbb{Z}$:

$$\mathbb{Z}^2 \xrightarrow{\left(\begin{smallmatrix} 2 & 0 \\ 0 & 2 \end{smallmatrix}\right)} \mathbb{Z}^2 \xrightarrow{((\bar{1},\bar{0})\ (\bar{0},\bar{1}))} \mathbb{Z}/2\mathbb{Z} \times \mathbb{Z}/2\mathbb{Z}$$

$$\mathbb{Z}^3 \xrightarrow{\left(\begin{smallmatrix} 2 & 0 & 1 \\ 0 & 2 & 1 \\ 0 & 0 & 1 \end{smallmatrix}\right)} \mathbb{Z}^3 \xrightarrow{((\bar{1},\bar{0})\ (\bar{0},\bar{1})\ (\bar{1},\bar{1}))} \mathbb{Z}/2\mathbb{Z} \times \mathbb{Z}/2\mathbb{Z}$$

$$\mathbb{Z}^2 \xrightarrow{\left(\begin{smallmatrix} 4 & 2 \\ 2 & 2 \end{smallmatrix}\right)} \mathbb{Z}^2 \xrightarrow{((\bar{1},\bar{0})\ (\bar{1},\bar{1}))} \mathbb{Z}/2\mathbb{Z} \times \mathbb{Z}/2\mathbb{Z}$$

Lemma 6.8 *Jede Untergruppe von $\mathbb{Z}^k$ ist endlich erzeugt.*

Beweis: Sei $H \subseteq \mathbb{Z}^k$ eine Untergruppe. Wir führen eine Induktion nach k. Der Fall $k = 0$ ist trivial. Für $k > 0$ betrachten wir die Projektion $\pi : \mathbb{Z}^k \to \mathbb{Z}$ auf den letzten Faktor. $\pi(H)$ ist eine Untergruppe von $\mathbb{Z}$ und damit auch ein Ideal von $\mathbb{Z}$. Da $\mathbb{Z}$ ein Hauptidealring ist, gilt $\pi(H) = n\mathbb{Z}$ für ein $n \in \mathbb{N}$. Sei $g \in \pi^{-1}(n) \cap H$ und $H' = H \cap \mathbb{Z}^{k-1} \times 0$. Nach Induktionsvoraussetzung ist H' endlich erzeugt.

Wir behaupten, dass g zusammen mit den Erzeugern von H' die Untergruppe H erzeugt. Dafür reicht es zu zeigen, dass es für jedes $h \in H$ ein $l \in \mathbb{Z}$ gibt mit $h - lg \in H'$. Sei $m := \pi(h) \in \pi(H) = n\mathbb{Z}$, d.h. $n|m$. Setze $l := m/n$. Dann ist

$$\pi(h - lg) = \pi(h) - l\pi(g) = m - ln = 0.$$

Also gilt $h - lg \in \operatorname{Ker}\pi \cap H = H'$. $\qquad\square$

Nun überlegen wir uns, wie wir durch geschickte Wahl der Erzeuger von G und ihrer Relationen die Matrix R auf besonders einfache Form bringen können. Wir werden später sogar sehen, dass wir R bis auf Diagonalform bringen können.

Falls $(g_1, \ldots, g_k) = S$ Erzeuger von G sind, sind offensichtlich auch

- $(g_1, \ldots, g_i + \lambda g_j, \ldots, g_k)$ für $\lambda \in \mathbb{Z}$ und $i \neq j$

- $(g_1, \ldots, -g_i, \ldots, g_k)$

- $(g_{\pi(1)}, g_{\pi(2)}, \ldots, g_{\pi(k)})$ für eine Permutation $\pi \in \operatorname{Perm}(k)$

Erzeuger von G. Diese Operationen nennen wir *Elementaroperationen*. Wir können die Elementaroperationen besser durch Rechtsmultiplikationen von Matrizen an den Zeilenvektor S beschreiben. Die *Elementarmatrizen* sind wie folgt definiert:

$E_{ij}(\lambda) = (a_{\nu\mu})$ mit $a_{ij} = \lambda$ und $a_{\nu\mu} = \delta_{\nu\mu}$ sonst.
$\phantom{E_{ij}(\lambda)} = $ Einheitsmatrix mit zusätzlichem λ auf einer Position (i, j) mit $i \neq j$.

$E_i = (b_{\nu\mu})$ mit $b_{ii} = -1$ und $b_{\nu\mu} = \delta_{\nu\mu}$ sonst.
$\phantom{E_i } = $ Einheitsmatrix, bei der das i–Diagonalelement gegen -1 getauscht wurde.

$P(\pi) = (b_{\nu\mu})$ mit $b_{\nu\mu} = \delta_{\pi(\nu)\mu}$
$\phantom{P(\pi) } = $ Matrix, bei der in der ν–ten Zeile an der $\pi(\nu)$–ten Stelle eine 1 steht und sonst nur Nullen.

Wir sehen, dass $(E_{ij}(\lambda))^{-1} = E_{ij}(-\lambda)$, $(E_i)^{-1} = E_i$ und $(P(\pi))^{-1} = P(\pi^{-1})$. Zusammen erzeugen diese Matrizen die Gruppe

$$\operatorname{GL}(k, \mathbb{Z}) = \{M \in \operatorname{GL}(k, \mathbb{Q}) \mid M, M^{-1} \in \operatorname{Mat}(k, \mathbb{Z})\},$$

dies werden wir aber nicht weiter benutzen.

Aufgabe 6.9 Beweisen Sie: Für jede Matrix $M \in \operatorname{GL}(k, \mathbb{Z})$ gilt $\det M = \pm 1$.

Aufgabe 6.10 Zeigen Sie, dass $\operatorname{GL}(k, \mathbb{Z}) \neq \operatorname{GL}(k, \mathbb{Q}) \cap \operatorname{Mat}(k, \mathbb{Z})$.

Die obigen drei Elementaroperationen entsprechen Rechtsmultiplikationen von S mit $E_{ji}(\lambda)$, E_i und $P(\pi^{-1})$. Wenn wir von den Erzeugern S mit der Elementarmatrix E zu den Erzeugern SE wechseln, müssen wir von den Relationen r_i zu den Relationen $E^{-1}r_i$ übergehen, also von R nach $E^{-1}R$, d.h. aus der Darstellung $\mathbb{Z}^l \xrightarrow{R} \mathbb{Z}^k \xrightarrow{S} G$ wird die Darstellung $\mathbb{Z}^l \xrightarrow{E^{-1}R} \mathbb{Z}^k \xrightarrow{SE} G$. Analog zum Erzeugerwechsel für S können wir die Erzeuger von $\operatorname{Ker}\varphi_S$ wechseln. Dies entspricht der Rechtsmultiplikation der Relationenmatrix R mit einer Elementarmatrix. Zusammenfassend gilt:

Lemma 6.11 *Sei* $\mathbb{Z}^l \xrightarrow{R} \mathbb{Z}^k \xrightarrow{S} G$ *eine Darstellung einer endlich erzeugten abelschen Gruppe G. Falls E und E' zwei Elementarmatrizen der Größe k bzw. l sind, dann ist auch*

$$\mathbb{Z}^l \xrightarrow{\quad ERE' \quad} \mathbb{Z}^k \xrightarrow{\quad SE^{-1} \quad} G$$

eine Darstellung von G.

Da der Isomorphietyp von G von der Relationenmatrix R allein bestimmt wird, werden wir jetzt einen Algorithmus vorstellen, der aus R durch Links– und Rechtsmultiplikationen mit Elementarmatrizen eine Diagonalmatrix macht, d.h. eine Matrix von dem Typ

$$R = \left(\begin{array}{ccc|c} n_1 & & 0 & 0 \\ & \ddots & & \vdots \\ 0 & & n_r & 0 \\ \hline 0 & \cdots & 0 & 0 \end{array} \right).$$

Da die Matrix R nicht notwendig symmetrisch ist, kann die Anzahl der Nullzeilen von der Anzahl der Nullspalten abweichen.

Diagonalisierungsalgorithmus

Während des folgenden Algorithmus werden wir immer wieder schon fertige Zeilen und Spalten an den Rand tauschen und dann für den weiteren Prozess vergessen. Wir bezeichnen die verbleibende Matrix als Restmatrix. Bei Beginn des Prozesses ist die ganze Matrix die Restmatrix.

1. Falls die Restmatrix Nullzeilen oder –spalten enthält, tausche man diese an den unteren bzw. rechten Rand der Matrix.

2. Falls es eine Position (i_0, j_0) in der Restmatrix gibt, so dass $r_{i_0 j_0} \neq 0$, aber $r_{i_0 j} = 0$ für alle $j \neq j_0$ und $r_{i j_0} = 0$ für alle $i \neq i_0$, tausche man die i_0–te Zeile mit der ersten Zeile der Restmatrix und die j_0–te Spalte der Restmatrix mit der ersten Spalte und vergesse diese neue erste Zeile und Spalte der Restmatrix. Diesen Schritt wiederholen wir so oft wie möglich.

3. Falls es keine Restmatrix mehr gibt, sind wir fertig.

4. Suche in der Restmatrix das Element $r_{i_0 j_0}$ mit dem kleinsten Betrag ungleich Null.

   (a) Für jede Zeile $i \neq i_0$ der Restmatrix berechne man q_i durch Division mit Rest, $r_{i j_0} = q_i r_{i_0 j_0} + r'_{i j_0}$ mit $0 \leq r'_{i j_0} < r_{i_0 j_0}$, und subtrahiere das q_i–fache der i_0–ten Zeile von der i–ten Zeile.

   (b) Für jede Spalte $j \neq j_0$ der Restmatrix berechne man q_j durch Division mit Rest, $r_{i_0 j} = q_j r_{i_0 j_0} + r'_{i_0 j}$ mit $0 \leq r'_{i_0 j} < r_{i_0 j_0}$, und subtrahiere das q_j–fache der j_0–ten Spalte von der j–ten Spalte.

5. Zurück zu 1.

Dass der Algorithmus am Ende eine Diagonalmatrix liefert, ist klar. Wir müssen jedoch überlegen, ob er überhaupt terminiert. Dafür behaupten wir, dass bei jedem Erreichen von Punkt 3 (ab dem zweiten Mal) die Restmatrix verkleinert wurde oder das Minimum der Beträge ungleich Null der Restmatrix gesunken ist. Da beides durch natürliche Zahlen beschrieben wird, muss der Algorithmus damit terminieren. Schauen wir uns Schritt 4 darauf hin an. Dort ist vor der Ausführung des Schrittes das Minimum der Beträge ungleich Null $|r_{i_0 j_0}|$. Jetzt werden Divisionen mit Rest bezüglich $r_{i_0 j_0}$ durchgeführt. Die einzige Möglichkeit, wie das Minimum der Beträge ungleich Null dabei nicht sinken kann, ist, dass alle $r'_{i j_0}$ und $r'_{i_0 j}$ Null sind. Dann wird aber im Schritt 2 (i_0, j_0) als eine gesuchte Position erkannt und folglich nach Vertauschungen eine Zeile und Spalte der Restmatrix gestrichen, also die Restmatrix verkleinert.

Die Berechnung des Kokerns, $\mathbb{Z}^k / \operatorname{Im} R$, einer Diagonalmatrix und damit des Isomorphietyps der dargestellten Gruppe ist trivial. Halten wir es als Hilfssatz fest:

Hilfssatz 6.12 *Falls* $\mathbb{Z}^l \xrightarrow{R} \mathbb{Z}^k \xrightarrow{S} G$ *eine Darstellung einer endlich erzeugten abelschen Gruppe G ist und*

$$
R = \left(\begin{array}{ccc|c}
n_1 & & 0 & 0 \\
 & \ddots & & \vdots \\
0 & & n_r & 0 \\
\hline
0 & \cdots & 0 & 0
\end{array} \right),
$$

dann ist G isomorph zu

$$
\mathbb{Z}^{k-r} \times \prod_{i=1}^{r} \mathbb{Z} / n_i \mathbb{Z}.
$$

Zusammen mit dem Diagonalisierungsalgorithmus erhalten wir den Hauptsatz.

Satz 6.13 *Jede endlich erzeugte abelsche Gruppe ist isomorph zu einem endlichen Produkt von zyklischen Gruppen.*

Beispiel Wir wenden den Algorithmus auf ein einfaches Beispiel an. Schritte, bei denen sich nichts ändert, lassen wir weg und schreiben die Schrittnummer des ausgeführten Schrittes über den Pfeil. Das für den Schritt wichtigste Element ist unterstrichen.

$$
\begin{pmatrix} 8 & 15 & 23 \\ -16 & 18 & \underline{-4} \\ 0 & 15 & 15 \\ 16 & -30 & -14 \end{pmatrix}
\xrightarrow{4a}
\begin{pmatrix} -72 & 105 & 3 \\ -16 & 18 & \underline{-4} \\ -48 & 69 & 3 \\ 80 & -102 & 2 \end{pmatrix}
\xrightarrow{4b}
\begin{pmatrix} -84 & 117 & 3 \\ 0 & \underline{2} & -4 \\ -60 & 81 & 3 \\ 72 & -94 & 2 \end{pmatrix}
\xrightarrow{4a}
\begin{pmatrix} -84 & \underline{1} & 235 \\ 0 & 2 & -4 \\ -60 & 1 & 163 \\ 72 & 0 & -186 \end{pmatrix}
\xrightarrow{4b}
$$

$$
\begin{pmatrix} -84 & \underline{1} & 237 \\ 0 & 2 & 0 \\ -60 & 1 & 165 \\ 72 & 0 & -186 \end{pmatrix}
\xrightarrow{4a}
\begin{pmatrix} -84 & \underline{1} & 237 \\ 168 & 0 & -474 \\ 24 & 0 & -72 \\ 72 & 0 & -186 \end{pmatrix}
\xrightarrow{4b}
\begin{pmatrix} 0 & \underline{1} & 0 \\ 168 & 0 & -474 \\ 24 & 0 & -72 \\ 72 & 0 & -186 \end{pmatrix}
\xrightarrow{2}
\begin{pmatrix} 1 & 0 & 0 \\ 0 & 168 & -474 \\ 0 & \underline{24} & -72 \\ 0 & 72 & -186 \end{pmatrix}
\xrightarrow{4a}
$$

$$
\begin{pmatrix} 1 & 0 & 0 \\ 0 & 0 & 30 \\ 0 & \underline{24} & -72 \\ 0 & 0 & 30 \end{pmatrix}
\xrightarrow{4b}
\begin{pmatrix} 1 & 0 & 0 \\ 0 & 0 & 30 \\ 0 & \underline{24} & 0 \\ 0 & 0 & 30 \end{pmatrix}
\xrightarrow{2}
\begin{pmatrix} 1 & 0 & 0 \\ 0 & 24 & 0 \\ 0 & 0 & \underline{30} \\ 0 & 0 & 30 \end{pmatrix}
\xrightarrow{4a}
\begin{pmatrix} 1 & 0 & 0 \\ 0 & 24 & 0 \\ 0 & 0 & 30 \\ 0 & 0 & 0 \end{pmatrix}
$$

Damit ist die durch die Matrix dargestellte abelsche Gruppe isomorph zu $\mathbb{Z}/24\mathbb{Z} \times \mathbb{Z}/30\mathbb{Z} \times \mathbb{Z}$.

Aufgabe 6.14 Diagonalisieren Sie die Matrix

$$\begin{pmatrix} -13 & -16 & 3 & -14 \\ 1 & 0 & 3 & 0 \\ 22 & 24 & 4 & 22 \\ -15 & -16 & -5 & -16 \end{pmatrix}.$$

Mit Hilfe des chinesischen Restsatzes lässt sich der Satz umformulieren:

Korollar 6.15 *Jede endlich erzeugte abelsche Gruppe G ist isomorph zu*

$$\mathbb{Z}^r \times \prod_{j=1}^{s} \prod_{i=1}^{s_j} \mathbb{Z}/p_j^{r_{ji}} \mathbb{Z}$$

für geeignete Primzahlen $p_j \in \mathbb{P}$ und natürliche Zahlen $r, s \in \mathbb{N}_0$; $s_j, r_{ji} \in \mathbb{N}$. Die Zahl r sowie die Gruppen $\mathbb{Z}/p_j^{r_{ji}}\mathbb{Z}$ sind bis auf Reihenfolge eindeutig.

Beweis: Nach dem vorangegangenen Satz ist G isomorph zu $\mathbb{Z}^r \times \prod_{i=1}^{l} \mathbb{Z}/n_i\mathbb{Z}$. Falls $n_i = \prod_{j=1}^{l_i} p_j^{r_{ji}}$, dann ist nach Korollar 5.8

$$\mathbb{Z}/n_i\mathbb{Z} \cong \prod_{j=1}^{l_i} \mathbb{Z}/p_j^{r_{ji}}\mathbb{Z}.$$

Umsortieren der Faktoren ergibt nun die Existenz der Zerlegung. Die Eindeutigkeit kann wie folgt gezeigt werden. Nimmt man eine Primzahl p, die nicht in der Menge $\{p_1, \ldots, p_s\}$ vorkommt, so ist die Multiplikation mit p ein Isomorphismus auf den Gruppen $\mathbb{Z}/p_j^{r_{ji}}\mathbb{Z}$. Folglich ist

$$G/pG \cong (\mathbb{Z}/p\mathbb{Z})^r$$

und damit r festgelegt. Nun beobachten wir, dass für jedes j

$$G_j := \{g \in G \mid \exists n \in \mathbb{N}_0 : \operatorname{ord} g = p_j^n\} \cong \prod_{i=1}^{s_j} \mathbb{Z}/p_j^{r_{ji}}\mathbb{Z}$$

ist. Seien die r_{ji} durch $r_{j1} \geq r_{j2} \geq \ldots \geq r_{r_j s_j}$ geordnet. Wir führen einen Induktionsbeweis nach r_{j1}. Für $r_{j1} = 1$ ist G_j ein $(\mathbb{Z}/p_j\mathbb{Z})$–Vektorraum der Dimension s_j und muss daher aus s_j Kopien von $\mathbb{Z}/p_j\mathbb{Z}$ bestehen. Für $r_{j1} > 1$ betrachten wir

$$p_j G_j \cong \prod_{i=1}^{s_j} p_j\mathbb{Z}/p_j^{r_{ji}}\mathbb{Z} \cong \prod_{i=1}^{s_j} \mathbb{Z}/p_j^{r_{ji}-1}\mathbb{Z},$$

wobei $\mathbb{Z}/p^0\mathbb{Z} = \mathbb{Z}/\mathbb{Z} = 0$ die triviale Gruppe ist. Durch Anwenden der Induktionsvoraussetzung auf $p_j G_j$ erhalten wir die Eindeutigkeit der Faktoren $\mathbb{Z}/p_j^{r_{ji}-1}\mathbb{Z}$ in $p_j G_j$ und damit auch die Eindeutigkeit der Faktoren $\mathbb{Z}/p_j^{r_{ji}}\mathbb{Z}$ in G_j sowie G.   □

Korollar 6.16 *Jede endlich erzeugte abelsche Gruppe G ist isomorph zu*

$$\mathbb{Z}^r \times \prod_{i=1}^{l} \mathbb{Z}/n_i\mathbb{Z}$$

für geeignete natürliche Zahlen $n_i \geq 2$ mit $n_{i+1}|n_i$ für $i = 1,\ldots,l-1$ und $r \in \mathbb{N}_0$. Die Zahlen n_i sind eindeutig bestimmt.

Beweis: Wir dürfen annehmen, dass G ein Produkt ist, wie es im letzten Korollar beschrieben wurde. Weiter nehmen wir an, dass die r_{ji} für festes j absteigend sortiert sind, d.h. $r_{j1} \geq r_{j2} \geq r_{j3} \geq \ldots$. Wir setzen $n_i = \prod_{j=1}^{s} p_j^{r_{ji}}$, wobei $r_{ji} = 0$ für $i > s_j$. Dann gilt $n_{i+1}|n_i$ wegen der Sortierung der r_{ij}. Dass G isomorph zu $\mathbb{Z}^r \times \prod_{i=1}^{l} \mathbb{Z}/n_i\mathbb{Z}$ ist, folgt dann wieder aus dem Korollar zum chinesischen Restsatz. Die Eindeutigkeit der n_i wird ähnlich wie im Beweis von Korollar 6.15 mit Induktion über n_l bewiesen. $\qquad\square$

Definition 6.17 *Die Zahl r in dem vorangehenden Korollar ist der* Rang *der abelschen Gruppe G. Die n_i heißen* Elementarteiler.

Beispiel Wir führen das obige Beispiel fort. Wir hatten bereits gefunden, dass G isomorph zu $\mathbb{Z} \times \mathbb{Z}/24\mathbb{Z} \times \mathbb{Z}/30\mathbb{Z}$ war. Die Primfaktorzerlegungen sind $24 = 2^3 \cdot 3$ und $30 = 2 \cdot 3 \cdot 5$, und G ist isomorph zu

$$\mathbb{Z} \times \mathbb{Z}/2\mathbb{Z} \times \mathbb{Z}/2^3\mathbb{Z} \times \mathbb{Z}/3\mathbb{Z} \times \mathbb{Z}/3\mathbb{Z} \times \mathbb{Z}/5\mathbb{Z}.$$

Fassen wir die Faktoren wie im Beweis von Korollar 6.16 zusammen, so erhalten wir $n_1 = 8 \cdot 3 \cdot 5 = 120$, $n_2 = 2 \cdot 3 = 6$, also

$$G \cong \mathbb{Z} \times \mathbb{Z}/120\mathbb{Z} \times \mathbb{Z}/6\mathbb{Z}.$$

Aufgabe 6.18 Bringen Sie nun auch die abelsche Gruppe, die durch die Matrix aus Aufgabe 6.14 dargestellt wird, auf die Normalformen der beiden Korollare.

Zusatzaufgaben

Aufgabe 6.19 Klassifizieren Sie alle endlichen, abelschen Gruppen mit ≤ 30 vielen Elementen bis auf Isomorphie.

Aufgabe 6.20 Sei G eine endlich erzeugte abelsche Gruppe mit einer Darstellung der Form $\mathbb{Z}^5 \xrightarrow{R} \mathbb{Z}^5 \xrightarrow{S} G$, wobei

$$R = \begin{pmatrix} 2 & 2 & -8 & -6 & 10 \\ 2 & 8 & -2 & -6 & 22 \\ 2 & 26 & 1756 & -126 & 688 \\ -6 & -6 & -96 & 48 & -30 \\ 10 & 22 & 392 & -30 & 284 \end{pmatrix}.$$

1. Bestimmen Sie $r, l \in \mathbb{N}_0$ und natürliche Zahlen $n_1, \ldots, n_l$ mit $n_{i+1} | n_i$ für $1 \leq i \leq l - 1$, so dass $G \cong \mathbb{Z}^r \times \prod_{i=1}^{l} \mathbb{Z}/n_i\mathbb{Z}$ gilt.

2. Bestimmen Sie $r, s \in \mathbb{N}_0$, $s_j, r_{ji} \in \mathbb{Z}$ und Primzahlen p_j, so dass

$$G \cong \mathbb{Z}^r \times \prod_{j=1}^{s} \prod_{i=1}^{s_j} \mathbb{Z}/p_j^{r_{ji}}\mathbb{Z}.$$

Aufgabe 6.21 Sei $R := \mathbb{Z}/14\mathbb{Z}$ und φ die R–lineare Abbildung

$$\varphi : R^2 \longrightarrow R^2, \quad v \longmapsto \begin{pmatrix} 4 & 9 \\ 2 & 6 \end{pmatrix} v.$$

Stellen Sie die Untergruppen $G := \mathrm{Ker}\,\varphi$ und $H := \mathrm{Im}\,\varphi$ von $(R^2, +)$ mit Hilfe von Erzeugern und Relationen dar.

Aufgabe 6.22 Sei $l \leq k$. Zeigen Sie: $p^l\mathbb{Z}/p^k\mathbb{Z} \cong \mathbb{Z}/p^{k-l}\mathbb{Z}$.

Aufgabe 6.23 Sei $k \in \mathbb{N}$. Beweisen Sie: Jede Untergruppe von $\mathbb{Z}^k$ ist isomorph zu $\mathbb{Z}^l$ mit $l \leq k$.

Aufgabe 6.24 Seien G, r und l wie in Korollar 6.16. Zeigen Sie, dass $r + l$ die minimale Anzahl von Erzeugern der Gruppe G ist.

Aufgabe 6.25 Zeigen Sie, dass $(\mathbb{Q}, +)$ kein endliches oder unendliches Produkt von zyklischen Gruppen ist. Zeigen Sie weiter, dass die multiplikative Gruppe $\mathbb{Q}^\times$ von $\mathbb{Q}$ nicht endlich erzeugt ist.

Aufgabe 6.26 Sei $R \in \mathrm{Mat}(n, \mathbb{Z}) \cap \mathrm{GL}(n, \mathbb{Q})$ die Relationenmatrix einer endlich erzeugten abelschen Gruppe G, d.h. es gibt Erzeuger $e_1, \ldots, e_n$, so dass

$$\mathbb{Z}^n \xrightarrow{R} \mathbb{Z}^n \xrightarrow{(e_1, \ldots, e_n)} G$$

eine Darstellung von G ist. Zeigen Sie: $\mathrm{ord}(G) = |\det(R)|$.

Aufgabe 6.27 Folgern Sie aus dem Diagonalisierungsalgorithmus, dass $\mathrm{GL}(k, \mathbb{Z})$ — wie oben behauptet — von den Elementarmatrizen erzeugt ist.

7 Die Struktur der Einheitengruppen U_n

Nachdem wir im letzten Abschnitt sämtliche endlichen abelschen Gruppen kennengelernt haben, stellt sich natürlich die Frage, welche Struktur die Gruppe U_n hat. Wegen des chinesischen Restsatzes in der Form von Lemma 5.13 können wir uns auf den Fall $n = p^r$ beschränken. Wir werden zeigen, dass alle diese Gruppen U_{p^r} zyklisch sind — mit Ausnahme der U_{2^r} für $r \geq 3$.

Beispiele Die Struktur der U_n für kleine n ergibt sich meist schon aus der Anzahl ihrer Elemente, da es nur eine abelsche Gruppe mit dieser Anzahl $\varphi(n)$ gibt:

$$U_2 = \{\overline{1}\}$$
$$U_3 = \{\overline{1}, \overline{2}\} \cong \mathbb{Z}/2\mathbb{Z}$$
$$U_4 = \{\overline{1}, \overline{3}\} \cong \mathbb{Z}/2\mathbb{Z}$$
$$U_5 = \{\overline{1}, \overline{2}, \overline{4} = \overline{2}^2, \overline{3} = \overline{2}^3\} \cong \mathbb{Z}/4\mathbb{Z}$$
$$U_6 = \{\overline{1}, \overline{5}\} \cong \mathbb{Z}/2\mathbb{Z}$$
$$U_7 = \{\overline{1}, \overline{3}, \overline{2} = \overline{3}^2, \overline{6} = \overline{3}^3, \overline{4} = \overline{3}^4, \overline{5} = \overline{3}^5\} \cong \mathbb{Z}/6\mathbb{Z}$$
$$U_8 = \{\overline{1}, \overline{3}, \overline{5}, \overline{7}\} \cong \mathbb{Z}/2\mathbb{Z} \times \mathbb{Z}/2\mathbb{Z}$$

Dass U_8 isomorph zu $\mathbb{Z}/2\mathbb{Z} \times \mathbb{Z}/2\mathbb{Z}$ und nicht zu $\mathbb{Z}/4\mathbb{Z}$ ist, sieht man daran, dass jedes Element in U_8 zum Quadrat eins ist, also Ordnung 1 oder 2 hat.

Wir betrachten zuerst die U_p, die multiplikative Gruppe des Körpers $\mathbb{F}_p$, bevor wir zu den Primzahlpotenzen übergehen.

Satz 7.1 *Die Einheitengruppe $U_p = \mathbb{F}_p^\times$ ist zyklisch, d.h. sie ist isomorph zu der Gruppe* $\mathbb{Z}/(p-1)\mathbb{Z}$.

Dies ist eine unmittelbare Folgerung aus dem folgenden allgemeineren Satz:

Satz 7.2 *Jede endliche Untergruppe der multiplikativen Gruppe eines Körpers ist zyklisch.*

Beweis: Wir bezeichnen die Untergruppe der multiplikativen Gruppe $(K, \cdot)$ mit G. Nach der Klassifikation der endlichen abelschen Gruppen ist G isomorph zu einem Produkt

$$\prod_{j=1}^{s} \prod_{i=1}^{s_j} \mathbb{Z}/p_j^{r_{ji}}\mathbb{Z} \qquad s, s_j, r_{ji} \in \mathbb{N}; \ p_j \in \mathbb{P} \text{ paarweise verschieden.}$$

Nach dem Korollar 5.8 zum chinesischen Restsatz ist diese Gruppe zyklisch, falls alle s_j gleich 1 sind. Angenommen eines der s_j wäre größer, ohne Einschränkung sei es s_1. Wir setzen $r := \max\{r_{1i} \mid i = 1, \ldots, s_1\}$. Dann haben die Elemente von

$$\prod_{i=1}^{s_1} \mathbb{Z}/p_1^{r_{1i}}\mathbb{Z} \times 0 =: H$$

alle eine Ordnung, die p_1^r teilt. Daher sind die entsprechenden Elemente in G alle Lösungen der Gleichung $x^{p_1^r} = 1$. Über dem Körper K hat das Polynom $x^{p_1^r} - 1$ höchstens p_1^r Nullstellen (siehe Anhang B). Da H aber $\prod_{i=1}^{s_1} p_1^{r_{1i}} > p_1^r$ Elemente hat, ist das ein Widerspruch. $\qquad\square$

Definition 7.3 *Eine Zahl $\zeta \in \mathbb{Z}$, die modulo n eine zyklische Einheitengruppe U_n erzeugt, nennt man* Primitivwurzel *modulo n.*

Manchmal reicht es nicht aus, abstrakt zu wissen, dass U_n zyklisch ist, sondern man möchte den Isomorphismus konkret kennen. Wir benötigen also eine Primitivwurzel ζ, damit wir

$$\exp_\zeta : \mathbb{Z}/\varphi(n)\mathbb{Z} \longrightarrow U_n, \quad i + \varphi(n)\mathbb{Z} \longmapsto \zeta^i + n\mathbb{Z}$$

schreiben können. Zum Auffinden einer Primitivwurzel modulo $p \in \mathbb{P}$ ist keine bessere Strategie bekannt als das einfache Durchprobieren der Elemente von U_p. Die Rechengesetze für Ordnungen (siehe Anhang A.10) implizieren die folgende Aussage:

Lemma 7.4 *Sei $p \in \mathbb{P}$ eine Primzahl. Für eine Zahl $\zeta \in \mathbb{Z}$ mit $\zeta \not\equiv 0 \bmod p$ sind äquivalent:*

1. *ζ ist Primitivwurzel modulo p.*

2. *$\zeta^{\frac{p-1}{q}} \not\equiv 1 \bmod p$ für alle Primteiler q von $p - 1$.*

Wir werden in Aufgabe 7.11 sehen, dass recht viele Zahlen unter den $1, \ldots, p - 1$ Primitivwurzeln sind, so dass man üblicherweise nicht allzuviele ζ testen muss.

Beispiel Wir wollen beweisen, dass $\zeta = 2$ eine Primitivwurzel modulo 19 ist. Da $19 - 1 = 18 = 2 \cdot 3^2$ ist, reicht es zu zeigen, dass $\zeta^{18/2} \equiv 2^9 \not\equiv 1 \bmod 19$ und $\zeta^{18/3} \equiv 2^6 \not\equiv 1 \bmod 19$ ist. Dazu rechnen wir $\overline{2}^2 = \overline{4}$, $\overline{2}^4 = (\overline{2}^2)^2 = \overline{4}^2 = \overline{16}$, $\overline{2}^8 = (\overline{2}^4)^2 = \overline{16}^2 = \overline{-3}^2 = \overline{9}$, also $\overline{2}^9 = \overline{2}^8 \cdot \overline{2} = \overline{9} \cdot \overline{2} = \overline{18} \neq \overline{1}$ und $\overline{2}^6 = \overline{2}^4 \cdot \overline{2}^2 = \overline{16} \cdot \overline{4} = \overline{-3} \cdot \overline{4} = \overline{7} \neq \overline{1}$.

Jetzt können wir die Struktur der U_{p^r} bestimmen. Für $p \neq 2$ sind sie alle zyklisch. Wir starten mit einem Hilfssatz.

Hilfssatz 7.5 *Sei $x \in \mathbb{Z}$. Für $2 \neq p \in \mathbb{P}$ und $r \geq 2$ gilt*

$$x^p \equiv 1 \quad \bmod p^r \quad \Longleftrightarrow \quad x \equiv 1 \quad \bmod p^{r-1}.$$

Beweis: Sei zunächst $x \equiv 1 \mod p^{r-1}$ vorausgesetzt. Wir schreiben $x = 1 + ap^{r-1}$ für ein $a \in \mathbb{Z}$ und rechnen

$$x^p = (1 + ap^{r-1})^p = 1 + pap^{r-1} + \sum_{i=2}^{p} \binom{p}{i} a^i p^{i(r-1)} \equiv 1 \mod p^r,$$

wobei wir $i(r-1) \geq 2(r-1) = r + (r-2) \geq r$ nutzen.

Sei nun $x^p \equiv 1 \mod p^r$. Für $r = 2$ folgt die Aussage aus dem kleinen Satz von Fermat $1 \equiv x^p \equiv x \mod p$. Wir zeigen jetzt den Induktionsschritt von r auf $r + 1$. Da die Gleichung $x^p \equiv 1 \mod p^{r+1}$ auch modulo p^r gilt, erhalten wir durch Anwenden der Induktionsvoraussetzung $x \equiv 1 \mod p^{r-1}$. Wir schreiben wieder x als $x = 1 + ap^{r-1}$ mit $a \in \mathbb{Z}$. Dann ist

$$1 \equiv x^p = (1 + ap^{r-1})^p = 1 + ap^r + \binom{p}{2} a^2 p^{2(r-1)} + \sum_{i=3}^{p} \binom{p}{i} a^i p^{i(r-1)}$$

$$\equiv 1 + ap^r + \frac{p-1}{2} a^2 p^{2r-1} \equiv 1 + ap^r \mod p^{r+1},$$

weil $i(r-1) \geq 3(r-1) = r + (2r-3) \geq r+1$ und $2r-1 = r + (r-1) \geq r+1$. Wir erhalten $ap^r \equiv 0 \mod p^{r+1}$. Also muss p die Zahl a teilen und $x \equiv 1 \mod p^r$ sein. □

Aufgabe 7.6 Zeigen Sie, dass der Hilfssatz für $p = 2$ falsch ist. Beweisen Sie auch, dass er richtig wird, wenn man nur x mit $x \equiv 1 \mod 4$ betrachtet.

Satz 7.7 *Die Einheitengruppe U_{p^r} ist zyklisch für alle Primzahlen $p \geq 3$ und $r \in \mathbb{N}$, d.h. $U_{p^r} \cong \mathbb{Z}/\varphi(p^r)\mathbb{Z}$. Falls ζ eine Primitivwurzel modulo p ist, dann ist ζ oder $\zeta + p$ eine Primitivwurzel modulo p^r für alle $r \in \mathbb{N}$, abhängig davon ob $\zeta^{p-1} \not\equiv 1 \mod p^2$ oder $(\zeta + p)^{p-1} \not\equiv 1 \mod p^2$.*

Beweis: Wir müssen zeigen, dass ζ oder $\zeta + p$ die maximale Ordnung, $\varphi(p^r) = p^{r-1}(p-1)$, in $\mathbb{Z}/p^r\mathbb{Z}$ hat. Dafür reicht es zu zeigen, dass für alle Primzahlen $q \in \mathbb{N}$ mit $q|\varphi(p^r)$ immer $\zeta^{\varphi(p^r)/q} \not\equiv 1 \mod p^r$ oder immer $(\zeta + p)^{\varphi(p^r)/q} \not\equiv 1 \mod p^r$ ist. Für q mit $q|p-1$ gilt nach dem kleinen Satz von Fermat

$$(\zeta + p)^{\varphi(p^r)/q} \equiv \zeta^{\varphi(p^r)/q} \equiv (\zeta^{p^{r-1}})^{(p-1)/q} \equiv \zeta^{(p-1)/q} \not\equiv 1 \mod p,$$

dabei folgt die letzte Ungleichung aus der Tatsache, dass ζ eine Primitivwurzel modulo p ist.

Es bleibt nur noch $q = p$ zu betrachten, also zu zeigen, dass

$$\zeta^{p^{r-2}(p-1)} \not\equiv 1 \mod p^r \qquad \text{oder} \qquad (\zeta + p)^{p^{r-2}(p-1)} \not\equiv 1 \mod p^r.$$

Dies ist durch $(r-2)$–faches Anwenden des Hilfssatzes 7.5 auf $(\zeta^{p-1})^{p^{r-2}}$ bzw. $((\zeta + p)^{p-1})^{p^{r-2}}$ äquivalent zu

$$\zeta^{p-1} \not\equiv 1 \mod p^2 \qquad \text{oder} \qquad (\zeta + p)^{p-1} \not\equiv 1 \mod p^2.$$

Nehmen wir das Gegenteil an, also $\zeta^{p-1} \equiv (\zeta+p)^{p-1} \equiv 1 \bmod p^2$. Dann ist aber

$$1 \equiv (\zeta+p)^{p-1} \equiv \zeta^{p-1} + (p-1)\zeta^{p-2}p \equiv 1 - p\zeta^{p-2} \quad \bmod p^2,$$

also $p\zeta^{p-2} \equiv 0 \bmod p^2 \Rightarrow \zeta^{p-2} \equiv 0 \bmod p$. Da ζ eine Einheit ist, ist das ein Widerspruch. $\square$

Beispiel Wir haben bereits gezeigt, dass 2 eine Primitivwurzel modulo 19 ist, daher ist 2 oder $2+19=21$ eine Primitivwurzel modulo 19^r, $r \in \mathbb{N}$. Wir müssen dafür nur testen, ob $2^{18} \not\equiv 1$ oder $21^{18} \not\equiv 1 \bmod 19^2$ ist. Wir rechnen modulo 19^2: $\overline{2}^2 = \overline{4}$, $\overline{2}^4 = \overline{4}^2 = \overline{16}$, $\overline{2}^8 = \overline{16}^2 = \overline{256}$, $\overline{2}^{16} = \overline{256}^2 = \overline{195}$, $\overline{2}^{18} = \overline{2}^{16} \cdot \overline{2}^2 = \overline{195} \cdot \overline{4} = \overline{58} \neq \overline{1}$. Also ist 2 eine Primitivwurzel modulo 19^r für alle $r \in \mathbb{N}$.

Aufgabe 7.8 Seien p und ζ wie im Satz 7.7. Können sowohl ζ als auch $\zeta + p$ eine Primitivwurzel modulo p^r sein?

Wie an so vielen Stellen der Zahlentheorie bildet der Fall für $p=2$ eine Ausnahme. Am Anfang des Abschnittes haben wir bereits $U_2 \cong 0$ und $U_4 \cong \mathbb{Z}/2\mathbb{Z}$ bestimmt. Die restlichen U_{2^r} sind alle nicht zyklisch.

Satz 7.9 *Für $r \geq 3$ ist die folgende Abbildung ein Isomorphismus:*

$$\Psi: \quad \mathbb{Z}/2\mathbb{Z} \times \mathbb{Z}/2^{r-2}\mathbb{Z} \quad \longrightarrow \quad U_{2^r}$$
$$(i+2\mathbb{Z}, j+2^{r-2}\mathbb{Z}) \quad \longmapsto \quad (-1)^i 5^j + 2^r\mathbb{Z}.$$

Beweis: Damit die Abbildung überhaupt wohldefiniert ist, muss die Ordnung von 5 in U_{2^r} die Zahl 2^{r-2} teilen. Tatsächlich wollen wir zeigen, dass $\operatorname{ord}\overline{5} = 2^{r-2}$. Dazu betrachten wir den natürlichen surjektiven Homomorphismus $U_{2^r} \to U_4 = \{\overline{1}, \overline{3}\}$, der die Einschränkung von $\mathbb{Z}/2^r\mathbb{Z} \to \mathbb{Z}/4\mathbb{Z}$ ist. Sei H sein Kern. Die Ordnung von H ist $\operatorname{ord} U_{2^r}/\operatorname{ord} U_4 = 2^{r-1}/2 = 2^{r-2}$. Wegen $5 \equiv 1 \bmod 4$ liegt $\overline{5}$ in H und nach dem Satz von Lagrange gilt $\operatorname{ord}\overline{5} | \operatorname{ord} H = 2^{r-2}$. Um $\operatorname{ord}\overline{5} = 2^{r-2}$ zu beweisen, reicht es $5^{2^{r-3}} \not\equiv 1 \bmod 2^r$ zu zeigen.

Wir führen dafür eine Induktion nach r. Der Anfang für $r=3$ ist klar. Um die Aussage für $r+1$ zu zeigen, starten wir mit $5^{2^{r-3}} \not\equiv 1 \bmod 2^r$, d.h. $5^{2^{r-3}} = 1 + a2^k$ mit $k < r$ und ungeradem $a \in \mathbb{N}$. Da mit $\overline{5} \in H$ auch die Potenzen $\overline{5}^{2^{r-3}}$ in H liegen, sind sie 1 modulo 4, sprich $k \geq 2$. Durch Quadrieren erhalten wir unter Berücksichtigung von $2k \neq k+1$ die Behauptung

$$5^{2^{r-2}} = (5^{2^{r-3}})^2 = (1+a2^k)^2 = 1 + a2^{k+1} + a^2 2^{2k} \not\equiv 1 \quad \bmod 2^{r+1}.$$

Nun da wir wissen, dass Ψ ein wohldefinierter Homomorphismus ist, wollen wir zeigen, dass Ψ injektiv ist. Sei $\Psi(\overline{i}, \overline{j}) = (-1)^i 5^j \equiv 1 \bmod 2^r$. Insbesondere ist dann $1 \equiv (-1)^i 5^j \equiv (-1)^i \bmod 4$ und damit $i \equiv 0 \bmod 2 \Leftrightarrow \overline{i} = \overline{0}$. Aus $\Psi(\overline{0}, \overline{j}) = (-1)^0 5^j \equiv 5^j \equiv 1 \bmod 2^r$ folgt wegen $\operatorname{ord}\overline{5} = 2^{r-2}$, dass $j \equiv 0 \bmod 2^{r-2} \Leftrightarrow \overline{j} = \overline{0}$. Somit ist Ψ injektiv. Die Surjektivität folgt nun unmittelbar, weil die beiden Gruppen die gleiche Anzahl von Elementen haben. $\square$

Aufgabe 7.10 Zeigen Sie: Die Einheitengruppe U_n ist genau dann zyklisch, wenn $n = 4$, $n = p^{r+1}$ oder $n = 2p^r$ mit $p \in \mathbb{P} \setminus \{2\}$ und $r \in \mathbb{N}_0$ gilt.

Aufgabe 7.11 Sei U_n eine zyklische Einheitengruppe und $\overline{\zeta}$ ein Erzeuger. Zeigen Sie, dass $\{\overline{\zeta}^i \mid i \in \mathbb{Z}, \text{ggT}(i, \varphi(n)) = 1\}$ die Menge aller Erzeuger von U_n ist. Insbesondere hat U_n also $\varphi(\varphi(n))$ Erzeuger.

Lemma 7.12 *Sei U_n eine zyklische Einheitengruppe und ζ eine Primitivwurzel modulo n. Dann erfüllt die Exponentialfunktion $\exp_\zeta : \mathbb{Z}/\varphi(n)\mathbb{Z} \to U_n$ die üblichen Rechengesetze:*

$$\exp_\zeta(x+y) = \exp_\zeta(x) \cdot \exp_\zeta(y)$$
$$\left(\exp_\zeta(x)\right)^m = \exp_\zeta(mx)$$

für $x, y \in \mathbb{Z}/\varphi(n)\mathbb{Z}$ und $m \in \mathbb{Z}$. Folglich gilt für ihre Umkehrfunktion $\log_\zeta : U_n \to \mathbb{Z}/\varphi(n)\mathbb{Z}$:

$$\log_\zeta(x \cdot y) = \log_\zeta(x) + \log_\zeta(y)$$
$$\log_\zeta(x^m) = m\log_\zeta(x).$$

Beweis: Diese Rechengesetze vererben sich von $\mathbb{Z}$ auf $\mathbb{Z}/\varphi(n)\mathbb{Z}$. □

Eine der wichtigsten Anwendungen des Isomorphismus $\exp_\zeta$ — oder genauer seiner Umkehrfunktion, des diskreten Logarithmus $\log_\zeta$ — ist das Rückführen von Wurzelziehen auf lineare Gleichungen. Betrachten wir in einem zyklischen U_n die Gleichung

$$x^k = a \qquad \text{für } k \in \mathbb{N} \text{ und } a \in U_n.$$

Sei ζ eine Primitivwurzel modulo n und $\alpha = \log_\zeta a$, d.h. $a \equiv \zeta^\alpha \bmod n$. Anwenden des diskreten Logarithmus führt zur äquivalenten Gleichung

$$k \cdot \log_\zeta x = \log_\zeta x^k = \log_\zeta a = \alpha \qquad \text{in } \mathbb{Z}/\varphi(n)\mathbb{Z}.$$

Die Gleichung $k \cdot \log_\zeta x = \alpha$ können wir jetzt mit Hilfe von Satz 4.8 für $\log_\zeta x$ lösen. Das Anwenden von $\exp_\zeta$ auf alle möglichen Lösungen liefert alle Lösungen für $x^k = a$. Wenn man diese Vorgehensweise auf konkrete Zahlen anwendet, ergibt sich das Problem, dass die Berechnung von $\log_\zeta$ schwierig sein kann. Am Ende des Abschnittes stellen wir dafür den „baby steps – giant steps" Algorithmus vor. Für eine andere — meist schnellere — Methode zur Berechnung der k–ten Wurzeln siehe Aufgabe 8.17.

Beispiel Wir wollen die Gleichung $x^3 = \overline{11}$ in $\mathbb{F}_{19}$ lösen. Wir wählen wieder $\zeta = 2$ als Primitivwurzel. Um $\log_2 \overline{11}$ zu finden, betrachten wir die Werte der Exponentialfunktion:

i	$\overline{0}$	$\overline{1}$	$\overline{2}$	$\overline{3}$	$\overline{4}$	$\overline{5}$	$\overline{6}$	$\overline{7}$	$\overline{8}$
$\exp_2$	$\overline{1}$	$\overline{2}$	$\overline{4}$	$\overline{8}$	$\overline{16}$	$\overline{13}$	$\overline{7}$	$\overline{14}$	$\overline{9}$

i	$\overline{9}$	$\overline{10}$	$\overline{11}$	$\overline{12}$	$\overline{13}$	$\overline{14}$	$\overline{15}$	$\overline{16}$	$\overline{17}$
$\exp_2$	$\overline{18}$	$\overline{17}$	$\overline{15}$	$\overline{11}$	$\overline{3}$	$\overline{6}$	$\overline{12}$	$\overline{5}$	$\overline{10}$

Wir sehen $\log_2 \overline{11} = \overline{12}$. Da $\text{ggT}(3, 18) \mid 12$, hat die Gleichung $3y \equiv 12 \bmod 18$ nach Satz 4.8 die Lösungen $y \equiv 4 \bmod 6$. Modulo 18 ist y gleich 4, 10 oder 16. Damit hat die Gleichung $x^3 = \overline{11}$ in $\mathbb{F}_{19}$ die Lösungen $\exp_2 \overline{4} = \overline{16}$, $\exp_2 \overline{10} = \overline{17}$ und $\exp_2 \overline{16} = \overline{5}$.

Betrachten wir noch die Gleichung $x^3 = \overline{13}$ in $\mathbb{F}_{19}$. Durch Anwenden von $\log_2$ erhalten wir $3 \cdot \log_2 x = \overline{5}$ in $\mathbb{Z}/18\mathbb{Z}$. Da $\mathrm{ggT}(3,18) \nmid 5$, gibt es keine Lösungen dieser Gleichung für $\log_2 x$ und somit auch keine Lösungen für $x^3 = \overline{13}$ in $\mathbb{F}_{19}$.

Aufgabe 7.13 Berechnen Sie die Lösungen von $x^3 \equiv 4 \bmod 17$, $x^3 \equiv 8 \bmod 13$ und $x^2 \equiv 1 \bmod 21$.

Die Schwierigkeit der Berechnung des diskreten Logarithmus entfällt bei bestimmten Werten. So ist immer $\log_\zeta \overline{1} = \overline{0}$. Daher lassen sich nach obigem Verfahren schnell alle Einheitswurzeln finden. Suchen wir für zyklisches U_n die Quadratwurzeln von 1. Das sind natürlich zum Beispiel 1 und -1, wir werden auch gleich sehen, dass dies die einzigen sind. Wenden wir das obige Verfahren an. Dann ist $x^2 = 1$ in U_n äquivalent zu $2 \cdot \log_\zeta x = \overline{0}$ in $\mathbb{Z}/\varphi(n)\mathbb{Z}$. Wir finden nach Satz 4.8 die Lösungen $\log_\zeta x \in \{\overline{0}, \overline{\frac{\varphi(n)}{2}}\}$, also $\exp_\zeta \overline{0} = \overline{1}$ und $\exp_\zeta \overline{\frac{\varphi(n)}{2}}$ als Lösungen von $x^2 = 1$. Der Vergleich mit den bekannten Lösungen $1, -1$ liefert, dass immer $\exp_\zeta \overline{\frac{\varphi(n)}{2}} = \overline{-1}$ gilt.

Das führt zu dem folgenden bekannten Lemma über die Quadratwurzeln von -1 in dem Körper $\mathbb{F}_p$.

Lemma 7.14 *Sei p eine ungerade Primzahl. Die Kongruenz $x^2 \equiv -1 \bmod p$ ist genau dann lösbar, wenn $p \equiv 1 \bmod 4$ ist.*

Beweis: Nach obigen Bemerkungen ist die Gleichung $x^2 = -1$ in $\mathbb{F}_p$ äquivalent zur Gleichung $2 \cdot \log_\zeta x = \log_\zeta \overline{-1} = \frac{p-1}{2}$ in $\mathbb{Z}/(p-1)\mathbb{Z}$. Diese besitzt nach Satz 4.8 genau dann Lösungen, falls $\mathrm{ggT}(2, p-1) | \frac{p-1}{2}$. Da $\mathrm{ggT}(2, p-1) = 2$, ist dies äquivalent zu $2 | \frac{p-1}{2} \Leftrightarrow 4 | p-1 \Leftrightarrow p \equiv 1 \bmod 4$. $\qquad\square$

Zum Abschluss wollen wir noch den „*baby steps – giant steps*" Algorithmus beschreiben, mit dem der diskrete Logarithmus $\log_\zeta \overline{a}$ etwas schneller berechnet werden kann als durch Ausrechnen sämtlicher ζ^i, bis endlich $\zeta^i \equiv a \bmod n$ gilt.

Wir suchen also ein $\alpha \in \mathbb{N}$, $0 \le \alpha < n-1$ mit $\zeta^\alpha \equiv a \bmod n$. Sei Q die kleinste natürliche Zahl mit $Q^2 + Q + 1 \ge n$, also $Q \approx \sqrt{n}$. Dann können wir jede natürliche Zahl, die kleiner als $n-1$ ist, — insbesondere α — schreiben als $kQ + l$ mit $0 \le k \le Q$ und $0 \le l < Q$. Wir suchen daher jetzt solche k, l mit $\zeta^{kQ+l} \equiv a \bmod n$ oder äquivalent dazu

$$\left(\zeta^Q\right)^k \equiv a\zeta^{-l} \quad \bmod n.$$

Dies kann man durchführen, indem man eine Liste der möglichen $\left(\zeta^Q\right)^k$ erstellt und die $a\zeta^{-l}$ so lange berechnet, bis man ein Element der Liste erhält. Da man die Liste für das schnelle Auffinden eines Elementes sortieren muss, hat der Algorithmus einen Aufwand von $\sqrt{n}\log n$.

Beispiel Berechnen wir $\log_2 \overline{7}$ in $\mathbb{F}_{19}$. Hier ist $Q = 4$. Wir wählen wieder $\zeta = 2$, dann gilt

$\zeta^{-1} \equiv 10 \mod 19$. Die folgende Tabelle enthält die „baby–"und „giant steps":

k, l	$\left(2^4\right)^k \mod 19$	$7 \cdot 2^{-l} \mod 19$
0	1	7
1	16	13
2	9	16
3	11	8
4	5	4

Wir sehen, dass $\left(2^4\right)^1 \equiv 7 \cdot 2^{-2} \mod 19$. Daher ist $2^6 \equiv 7 \mod 19$, d.h. $\log_2 \overline{7} = \overline{6}$.

Zusatzaufgaben

Aufgabe 7.15 Finden Sie alle Primitivwurzeln zu $p = 17, 31, 43$. Wie viele gibt es? Drücken Sie alle Primitivwurzeln zu $p = 17$ durch Potenzen von einer gefundenen aus.

Aufgabe 7.16 Berechnen Sie $\log_{\overline{2}} \overline{11}$ in $\mathbb{F}_{37}$ und $\log_{\overline{5}} \overline{65}$ in $\mathbb{F}_{547}$.

Aufgabe 7.17 Bestimmen Sie alle Lösungen von $x^3 = \overline{2}$ in U_{43} und von $x^4 = \overline{11}$ in U_{35}.

Aufgabe 7.18 Zeigen Sie: Es gibt kein $n \in \mathbb{N}$ mit $U_n \cong \mathbb{Z}/14\mathbb{Z}$. Gibt es ein $n \in \mathbb{N}$ mit $U_n \cong \mathbb{Z}/21\mathbb{Z}$?

Aufgabe 7.19 Bestimmen Sie ein $n \in \mathbb{N}$, so dass U_n eine zu $(\mathbb{Z}/7\mathbb{Z})^3$ isomorphe Untergruppe enthält.

Aufgabe 7.20 Berechnen Sie für eine Primzahl $p \in \mathbb{P}$ und $k \in \mathbb{N}$ den Kern der natürlichen Abbildung $U_{p^{k+1}} \to U_{p^k}$, und geben Sie einen expliziten Isomorphismus zur Gruppe $\mathbb{Z}/p\mathbb{Z}$ an.

Aufgabe 7.21 Bestimmen Sie für die Gruppen U_n, $n \in \{10, 27, 80, 100, 300\}$, jeweils eine Darstellung durch Erzeuger und Relationen. Dabei sind die Erzeuger jeweils explizit als Elemente von U_n anzugeben.

Aufgabe 7.22 Finden Sie alle Primitivwurzeln zu $p = 19$ und $p = 41$. Wie viele gibt es? Drücken Sie alle Primitivwurzeln zu $p = 19$ durch Potenzen einer gefundenen aus.

Aufgabe 7.23 Sei q eine ungerade Primzahl. Zeigen Sie:

1. Ist $p = 4q + 1$ prim, so ist 2 eine Primitivwurzel modulo p.

2. Ist $p = 2q + 1$ prim, so ist 2 oder -2 eine Primitivwurzel modulo p.

Aufgabe 7.24 Für welche $a \in U_{128}$ hat die Gleichung $x^2 = a$ vier verschiedene Lösungen?

Aufgabe 7.25 Verwenden Sie den „baby steps – giant steps" Algorithmus zur Berechnung von $\log_2(29) \mod 29$, $\log_2(100) \mod 103$,

Aufgabe 7.26 Bestimmen Sie:

1. Einen expliziten Erzeuger ζ von U_7.

2. Einen expliziten Erzeuger ζ von U_{49}.

3. Einen expliziten Erzeuger ζ von U_{98}.

4. Ein $a \in \mathbb{Z}$ mit $\zeta^a \equiv 47 \bmod 98$ mit dem „*baby steps – giant steps*" *Algorithmus*.

Aufgabe 7.27 Beschreiben Sie die Struktur der Einheitengruppe U_{192} als abelsche Gruppe. Wieviele Lösungen kann eine Gleichung der Form $x^2 \equiv a \bmod 192$ für $a \in U_{192}$ höchstens haben?

8 Quadratische Reste

In diesem Abschnitt geht es um die Frage, ob zu vorgegebenen $p \in \mathbb{P}$ und $d \in \mathbb{Z}, d \not\equiv 0 \bmod p$, die Gleichung

$$x^2 \equiv d \mod p$$

eine Lösung hat. Falls ja, dann nennt man d einen *quadratischen Rest* modulo p, sonst *Nichtrest*. Dies ist natürlich äquivalent zur Frage, ob die Gleichung $x^2 = \overline{d}$ in $\mathbb{F}_p$ eine Lösung hat. Wir haben bereits im letzten Abschnitt ein Verfahren erarbeitet, um diese Frage zu beantworten und sogar eine Lösung zu finden. Das war jedoch mit einem hohen Rechenaufwand verbunden; hier wollen wir ein sehr viel schnelleres Verfahren finden.

Aufgabe 8.1 Führen Sie für eine Primzahl $p \geq 3$ die Gleichung

$$ay^2 + by + c \equiv 0 \mod p$$

mit $a, b, c \in \mathbb{Z}$ und $a \not\equiv 0 \bmod p$ durch quadratische Ergänzung auf eine Gleichung vom Typ $x^2 \equiv d \bmod p$ zurück. Schreiben Sie für $p = 2$ alle möglichen quadratischen Gleichungen auf, und lösen Sie sie.

Wie viele Lösungen hat die Kongruenz $x^2 \equiv d \bmod p$ bzw. die Gleichung $x^2 = \overline{d}$ in $\mathbb{F}_p$? Ein quadratisches Polynom über einem Körper kann mit Multiplizität nur entweder keine Nullstelle oder zwei Nullstellen haben. Falls $\overline{d} = 0$ ist, gibt es offensichtlich nur die doppelte Lösung 0. Auch $x^2 = \overline{1}$ hat in $\mathbb{F}_2$ eine doppelte Nullstelle, nämlich $\overline{1}$. In allen anderen Fällen gibt es keine oder zwei verschiedene Lösungen, denn falls y eine Lösung ist, dann auch $-y$. Wenn diese zusammenfallen, gilt für $p \geq 3$

$$y = -y \iff 2y = 0 \iff y = 0 \quad \text{in } \mathbb{F}_p.$$

Definition 8.2 *Für eine Primzahl $p \in \mathbb{P}$ ist das* Legendre–Symbol $\left(\frac{a}{p}\right)$ *definiert durch*

$$\left(\frac{a}{p}\right) = \begin{cases} +1 & \text{falls } x^2 \equiv a \bmod p \text{ lösbar ist und } a \not\equiv 0 \bmod p. \\ -1 & \text{falls } x^2 \equiv a \bmod p \text{ nicht lösbar ist.} \\ 0 & \text{falls } a \equiv 0 \bmod p. \end{cases}$$

Lemma 8.3 *Sei p eine ungerade Primzahl und ζ eine Primitivwurzel modulo p. Dann sind die Potenzen ζ^{2l}, $0 \leq l \leq \frac{p-1}{2}$, die quadratischen Reste und die Potenzen ζ^{2l+1}, $0 \leq l < \frac{p-1}{2}$, die quadratischen Nichtreste modulo p, d.h.*

$$\left(\frac{\zeta^k}{p}\right) = (-1)^k.$$

Insbesondere gilt $\sum\limits_{i=1}^{p-1} \left(\frac{i}{p}\right) = 0$.

Beweis: Offensichtlich ist $\zeta^{2l} = (\zeta^l)^2$ ein quadratischer Rest. Zeigen wir nun, dass ζ^{2l+1} kein quadratischer Rest ist. Wir nehmen an, dass $\zeta^{2l+1} \equiv a^2 \bmod p$ für ein $a \in \mathbb{Z}$. Schreiben wir $a \equiv \zeta^k \bmod p$ für ein geeignetes $k \in \mathbb{N}$. Einsetzen ergibt $\zeta^{2l+1} \equiv \zeta^{2k} \bmod p$. Durch Anwendung von $\log_\zeta$ geht diese Gleichung über in $2l + 1 \equiv 2k \bmod p - 1 \Leftrightarrow 2(k - l) \equiv 1 \bmod p - 1$. Dies ist jedoch unmöglich, weil wegen $2 = \mathrm{ggT}(2, p - 1) \nmid 1$ die Gleichung $2y \equiv 1 \bmod p - 1$ nach Satz 4.8 keine Lösung besitzt.

Da jeweils die Hälfte der Elemente von U_p — die wir als $\overline{\zeta^l}$, $0 \le l < p - 1$, oder als $\overline{i}$, $1 \le i < p$, schreiben können — quadratische Reste und Nichtreste sind, heben sich in der Summe $\sum_{i=1}^{p-1} \left(\frac{i}{p}\right)$ die $+1$ und -1 gerade auf. $\qquad\square$

Aufgabe 8.4 Sei p eine ungerade Primzahl. Zeigen Sie: Eine Zahl $\zeta \in U_p$ kann nur dann eine Primitivwurzel modulo p sein, wenn $\left(\frac{\zeta}{p}\right) = -1$ ist. Dieses notwendige Kriterium schließt bei der Berechnung von Primitivwurzeln die Hälfte der Fälle aus. Zeigen Sie durch ein Beispiel, dass das Kriterium nicht hinreichend ist.

Der folgende Satz beschreibt die einfachsten Eigenschaften des Legendre–Symbols:

Satz 8.5 *Sei p eine ungerade Primzahl und $a, b \in \mathbb{Z}$.*

1. $a \equiv b \bmod p \implies \left(\dfrac{a}{p}\right) = \left(\dfrac{b}{p}\right).$ $\qquad$ *(Gilt auch für $p = 2$.)*

2. *(Euler)* $\left(\dfrac{a}{p}\right) \equiv a^{\frac{p-1}{2}} \bmod p.$

3. $\left(\dfrac{-1}{p}\right) = (-1)^{\frac{p-1}{2}} = \begin{cases} +1 & \textit{für } p \equiv 1 \bmod 4 \\ -1 & \textit{für } p \equiv 3 \bmod 4. \end{cases}$

4. $\left(\dfrac{ab}{p}\right) = \left(\dfrac{a}{p}\right)\left(\dfrac{b}{p}\right).$

5. $\left(\dfrac{ab^2}{p}\right) = \left(\dfrac{a}{p}\right)$ $\quad$ *für $b \not\equiv 0 \bmod p$.*

Beweis: Punkt 1) folgt direkt aus der Definition. Die zweite Aussage ist für $a \equiv 0 \bmod p$ trivial. Sei also $a \not\equiv 0 \bmod p$. Wir bemerken zuerst, dass nach dem Satz 5.17 von Euler $(a^{\frac{p-1}{2}})^2 \equiv a^{p-1} \equiv 1 \bmod p$ gilt. Damit ist $a^{\frac{p-1}{2}}$ eine Lösung der Gleichung $x^2 \equiv 1 \bmod p$, also 1 oder -1 modulo p. Da auch $\left(\frac{a}{p}\right)$ nur die Werte 1 und -1 annimmt, reicht es zu untersuchen, wann beide 1 sind.

Sei $a = \zeta^l$ für eine Primitivwurzel ζ modulo p und $l \in \mathbb{N}$. Dann ist $a^{\frac{p-1}{2}} \equiv \zeta^{\frac{l(p-1)}{2}} \bmod p$. Wegen $\mathrm{ord}\,\zeta = p - 1$ ist dieser Ausdruck genau dann gleich 1, falls $p - 1 \mid \frac{l(p-1)}{2}$, also falls l gerade ist. Nach dem vorangegangenen Lemma ist dies äquivalent dazu, dass $\left(\frac{a}{p}\right) = 1$ ist.

Eigenschaft 3) ist ein Spezialfall von 2) zusammen mit der Bemerkung, dass die auftretenden Zahlen nur ± 1 sind und daher die Kongruenz eine Gleichheit ist. Die vierte Aussage folgt mit der gleichen Bemerkung aus

$$\left(\frac{a}{p}\right)\left(\frac{b}{p}\right) \equiv a^{\frac{p-1}{2}} b^{\frac{p-1}{2}} \equiv (ab)^{\frac{p-1}{2}} \equiv \left(\frac{ab}{p}\right) \quad \mod p.$$

Die letzte Aussage ergibt sich schließlich aus

$$\left(\frac{ab^2}{p}\right) = \left(\frac{a}{p}\right)\left(\frac{b}{p}\right)^2 = \left(\frac{a}{p}\right).$$

$\square$

Mit Hilfe dieses Satzes kann das Problem der Berechnung des Legendre–Symbols auf den Fall $\left(\frac{q}{p}\right)$ für eine Primzahl q reduziert werden. Wenn $a = (-1)^j \prod_i q_i^{r_i}$ für $q_i \in \mathbb{P}$, $r_i \in \mathbb{N}$ die Primfaktorzerlegung von a ist, gilt nach dem Satz

$$\left(\frac{a}{p}\right) = \left(\frac{-1}{p}\right)^j \prod_i \left(\frac{q_i}{p}\right)^{r_i}.$$

Es bleibt also $\left(\frac{q}{p}\right)$ für q prim zu berechnen. Der Fall $q = 2$ ist wieder ein Sonderfall.

Lemma 8.6 (Gauß) *Sei p eine ungerade Primzahl. Dann gilt:*

$$\left(\frac{2}{p}\right) = (-1)^{\frac{p^2-1}{8}} = \begin{cases} +1 & \text{für } p \equiv \pm 1 \mod 8 \\ -1 & \text{für } p \equiv \pm 3 \mod 8. \end{cases}$$

Beweis: Wir wollen Satz 8.5.2 nutzen und $2^{\frac{p-1}{2}}$ berechnen. Um das möglich zu machen, geht man bei der Berechnung von dem Ring $\mathbb{Z}$ auf den Ring $\mathbb{Z}[i]$ über. In $\mathbb{Z}[i]$ ist die Primfaktorzerlegung von 2, nämlich $2 = (-i)(1+i)^2$, also ein Quadrat bis auf eine Einheit. Wir rechnen

$$2^{\frac{p-1}{2}} = (-i)^{\frac{p-1}{2}}(1+i)^{p-1} = \frac{(-i)^{\frac{p-1}{2}}}{1+i}(1+i)^p.$$

Wenn wir die Gleichung modulo p betrachten (Real– und Imaginärteil separat), gilt $(1+i)^p \equiv 1 + i^p$ nach dem gleichen Argument wie im Beweis von Hilfssatz 4.6. Wir rechnen weiter

$$2^{\frac{p-1}{2}} \equiv \frac{(-i)^{\frac{p-1}{2}}(1-i)}{(1+i)(1-i)}(1+i^p) = \frac{(-i)^{\frac{p-1}{2}} + (-i)^{\frac{p+1}{2}}}{2}(1+i^p) \quad \mod p.$$

Da $i^4 = (-i)^4 = 1$ ist, hängt der Wert der rechten Seite nur von p modulo 8 ab. Einsetzen der Werte ± 1 und ± 3 liefert $+1$ bzw. -1. Damit ist gezeigt, dass in der behaupteten Gleichheit in der Aussage der linke Term gleich dem rechten ist.

Wir müssen noch zeigen, dass der mittlere Term gleich dem rechten ist. Dazu bemerken wir zuerst, dass auch der mittlere Term nur von p modulo 8 abhängt, denn Einsetzen von $p + 8k$ für p in $(-1)^{\frac{p^2-1}{8}}$ ergibt

$$(-1)^{\frac{(p+8k)^2-1}{8}} = (-1)^{\frac{p^2+16kp+64k^2-1}{8}} = (-1)^{\frac{p^2-1}{8}+2kp+8k^2}$$

$$= (-1)^{\frac{p^2-1}{8}} \cdot ((-1)^2)^{kp+4k^2} = (-1)^{\frac{p^2-1}{8}}.$$

Jetzt folgt die Gleichheit der beiden Terme in der Aussage wieder durch Einsetzen von $\pm 1, \pm 3$ für p. □

Der Schlüssel zur Berechnung von $\left(\frac{q}{p}\right)$ für eine ungerade Primzahl q ist der folgende Satz.

Satz 8.7 (Quadratisches Reziprozitätsgesetz von Gauß) *Seien $p \neq q$ zwei ungerade Primzahlen. Dann gilt*

$$\left(\frac{q}{p}\right) = (-1)^{\frac{p-1}{2} \cdot \frac{q-1}{2}} \left(\frac{p}{q}\right),$$

d.h.

$$\left(\frac{q}{p}\right) = \begin{cases} -\left(\dfrac{p}{q}\right) & \text{für } p \equiv q \equiv 3 \bmod 4 \\[2ex] \left(\dfrac{p}{q}\right) & \text{sonst.} \end{cases}$$

Da das Legendre–Symbol $\left(\frac{p}{q}\right)$ nur von der Restklasse von p und q abhängt, kann man bei seiner Berechnung p durch seinen Rest bei der Division durch q ersetzen. Dadurch erhält man kleinere Werte und man kann die Berechnung nach einigen solchen Schritten abschließen. Wir müssen jedoch unterwegs alle Zahlen faktorisieren, da wir die quadratische Reziprozität nur für Primzahlen kennen.

Beispiel

$$\left(\frac{59}{89}\right) = \left(\frac{89}{59}\right) = \left(\frac{30}{59}\right) = \left(\frac{2 \cdot 3 \cdot 5}{59}\right) = \left(\frac{2}{59}\right) \cdot \left(\frac{3}{59}\right) \cdot \left(\frac{5}{59}\right)$$

$$= (-1) \cdot \left(-\left(\frac{59}{3}\right)\right) \cdot \left(\frac{59}{5}\right) = \left(\frac{2}{3}\right) \cdot \left(\frac{4}{5}\right) = (-1) \cdot \left(\frac{2 \cdot 2}{5}\right)$$

$$= -\left(\frac{2}{5}\right)^2 = -1.$$

Es gibt zwei bekannte Beweise für das Reziprozitätsgesetz. Einer benützt ein subtiles kombinatorisches Argument und ist zum Beispiel in [F, IV,2] zu finden. Wir führen hier den etwas kürzeren Beweis über das technische Hilfsmittel der Gaußsummen.

Definition 8.8 *Sei p eine ungerade Primzahl und $\xi = \exp(2\pi\sqrt{-1}/p) \in \mathbb{C}$ eine p–te primitive Einheitswurzel. Dann ist für ein $a \in \mathbb{Z}$, $a \not\equiv 0 \bmod p$, die Gaußsumme von a definiert durch*

$$g_a = \sum_{i=1}^{p-1} \left(\frac{i}{p}\right) \xi^{ai}.$$

Offensichtlich hängt die Gaußsumme nur von der Restklasse von a modulo p ab. Das nächste Lemma wird zeigen, dass die Gaußsumme g_a das Legendre–Symbol $\left(\frac{a}{p}\right)$ mal dem festen Wert g_1 ist, d.h. im Wesentlichen ist die Gaußsumme das Legendre–Symbol.

Im Folgenden werden wir in dem Ring $\mathbb{Z}[\xi] = \bigoplus_{i=0}^{p-1} \mathbb{Z}\xi^i$ rechnen. Wenn wir ein Element dieses Ringes modulo q betrachten, bedeutet dies, dass wir alle Koeffizienten der ξ^i modulo q betrachten, also im Ring $\mathbb{Z}/q\mathbb{Z}[\xi] = \bigoplus_{i=0}^{p-1} \mathbb{Z}/q\mathbb{Z}\xi^i$ rechnen.

Lemma 8.9 *Für ungerade Primzahlen $p \neq q \in \mathbb{P}$ und $a \not\equiv 0 \bmod p$ gilt:*

1. $g_a = \left(\dfrac{a}{p}\right) g_1.$

2. $g_1^2 = \left(\dfrac{-1}{p}\right) p =: p^*.$

3. $g_1^q \equiv g_q \bmod q$ *in* $\mathbb{Z}[\xi].$

Beweis: Da $\left(\frac{a}{p}\right) \in \{\pm 1\}$ selbstinvers ist, reicht es für die erste Aussage $\left(\frac{a}{p}\right) g_a = g_1$ zu zeigen. Nun ist

$$\left(\frac{a}{p}\right) g_a = \sum_{i=1}^{p-1} \left(\frac{a}{p}\right) \left(\frac{i}{p}\right) \xi^{ai} = \sum_{i=1}^{p-1} \left(\frac{ai}{p}\right) \xi^{ai}.$$

Da $a \not\equiv 0 \bmod p$, ist $\bar{a} \in U_p$. Die Linksmultiplikation $\lambda_{\bar{a}} : U_p \to U_p$ ist ein Isomorphismus mit Inversem $\lambda_{\bar{a}^{-1}}$, d.h. wenn $\bar{i}$ alle Elemente $\bar{1}, \bar{2}, \ldots, \overline{p-1}$ durchläuft, dann durchläuft auch $\overline{ai}$ alle Elemente von U_p. Da sowohl $\left(\frac{ai}{p}\right)$ als auch ξ^{ai} nur von der Restklasse von i modulo p abhängen, können wir die obige Summe umsummieren:

$$\left(\frac{a}{p}\right) g_a = \sum_{i=1}^{p-1} \left(\frac{ai}{p}\right) \xi^{ai} = \sum_{l=1}^{p-1} \left(\frac{l}{p}\right) \xi^l = g_1.$$

Die zweite Aussage des Satzes folgt durch eine ähnliche Rechnung. Wir bemerken vorweg, dass wegen der Summenformel für die partielle geometrische Reihe für $l \not\equiv 0 \bmod p$ gilt:

$$\sum_{i=1}^{p-1} \xi^{li} = -1 + \sum_{i=0}^{p-1} (\xi^l)^i = -1 + \frac{(\xi^l)^p - 1}{\xi^l - 1} = -1 + \frac{(\xi^p)^l - 1}{\xi^l - 1} = -1.$$

Trivialerweise gilt auch

$$\sum_{i=1}^{p-1} \xi^{pi} = \sum_{i=1}^{p-1} 1 = p - 1.$$

Wir rechnen nun

$$
g_1^2 = \left(\sum_{i=1}^{p-1} \left(\frac{i}{p} \right) \xi^i \right) \left(\sum_{j=1}^{p-1} \left(\frac{j}{p} \right) \xi^j \right) = \sum_{i=1}^{p-1} \sum_{j=1}^{p-1} \left(\frac{ij}{p} \right) \xi^{i+j}
$$

$$
= \sum_{i=1}^{p-1} \sum_{l=1}^{p-1} \left(\frac{i^2 l}{p} \right) \xi^{i+il} \quad \text{(Umsummierung mit } j = il\text{)}
$$

$$
= \sum_{l=1}^{p-1} \left(\frac{l}{p} \right) \sum_{i=1}^{p-1} \xi^{i(1+l)} \quad \text{(Satz 8.5.5)}
$$

$$
= \sum_{l=1}^{p-2} \left(\frac{l}{p} \right) (-1) + \left(\frac{p-1}{p} \right) (p-1) \quad \text{(Vorangehende Bemerkung)}
$$

$$
= \left(\frac{p-1}{p} \right) p - \sum_{l=1}^{p-1} \left(\frac{l}{p} \right) = \left(\frac{-1}{p} \right) p \quad \text{(Lemma 8.3)}.
$$

Um die letzte Aussage des Lemmas zu beweisen, benutzen wir wieder Hilfssatz 4.6 beim Potenzieren von g_1^q modulo q

$$
g_1^q = \left(\sum_{i=1}^{p-1} \left(\frac{i}{p} \right) \xi^i \right)^q \equiv \sum_{i=1}^{p-1} \left(\left(\frac{i}{p} \right) \xi^i \right)^q = \sum_{i=1}^{p-1} \left(\frac{i}{p} \right)^q \xi^{iq}
$$

$$
= \sum_{i=1}^{p-1} \left(\frac{i}{p} \right) \xi^{iq} = g_q \quad \text{mod } q. \qquad \square
$$

Beweis (Reziprozitätsgesetz): Wir berechnen g_q mod q auf zwei Arten

$$
\left(\frac{q}{p} \right) g_1 = g_q \equiv g_1^q = g_1 \left(g_1^2 \right)^{\frac{q-1}{2}} = g_1 (p^*)^{\frac{q-1}{2}} \equiv g_1 \left(\frac{p^*}{q} \right) \quad \text{mod } q.
$$

Multiplizieren wir noch mit g_1, so erhalten wir

$$
\left(\frac{q}{p} \right) p^* = \left(\frac{q}{p} \right) g_1^2 \equiv \left(\frac{p^*}{q} \right) g_1^2 = \left(\frac{p^*}{q} \right) p^* \quad \text{mod } q.
$$

Jetzt sind alle auftretenden Terme ganze Zahlen. Wegen $p^* \not\equiv 0$ mod q können wir es wegkürzen um

$$
\left(\frac{q}{p} \right) \equiv \left(\frac{p^*}{q} \right) = \left(\frac{(-1)^{\frac{p-1}{2}} p}{q} \right) = \left(\frac{-1}{q} \right)^{\frac{p-1}{2}} \cdot \left(\frac{p}{q} \right) \equiv \left((-1)^{\frac{q-1}{2}} \right)^{\frac{p-1}{2}} \cdot \left(\frac{p}{q} \right)
$$

$$
= (-1)^{\frac{p-1}{2} \cdot \frac{q-1}{2}} \cdot \left(\frac{p}{q} \right) \quad \text{mod } q
$$

zu bekommen. Da sämtliche auftretenden Terme $+1$ oder -1 sind, handelt es sich hier nicht nur um eine Kongruenz, sondern um eine Gleichheit. $\qquad \square$

Das Aufwändigste bei der Berechnung des Legendre–Symbols $\left(\frac{59}{89}\right)$ im Beispiel war, dass man alle auftretenden Zahlen faktorisieren musste. Dies vermeidet man durch die Einführung des Jacobi–Symbols.

Definition 8.10 *Sei n eine ungerade natürliche Zahl und $n = \prod_{i=1}^{s} q_i^{r_i}$ ihre Primfaktorzerlegung. Dann ist das* Jacobi–Symbol *als*

$$\left(\frac{a}{n}\right) = \prod_{i=1}^{s} \left(\frac{a}{q_i}\right)^{r_i}$$

definiert.

Warnung Falls a ein quadratischer Rest modulo n ist, ist das Jacobi–Symbol 1. Die Umkehrung gilt jedoch nicht!

Aufgabe 8.11 Finden Sie dazu Beispiele.

Die Eigenschaften des Legendre–Symbols vererben sich auf das Jacobi–Symbol. So hängt es nur von a modulo n ab und ist multiplikativ in a. Seine Multiplikativität in n folgt direkt aus der Definition. Es gilt die folgende Version des Reziprozitätsgesetzes:

Satz 8.12 (Reziprozitätsgesetz für das Jacobi–Symbol) *Seien $m \neq n \geq 3$ ungerade natürliche Zahlen. Dann gilt*

1. $\left(\dfrac{-1}{n}\right) = (-1)^{\frac{n-1}{2}}.$

2. $\left(\dfrac{2}{n}\right) = (-1)^{\frac{n^2-1}{8}}.$

3. $\left(\dfrac{m}{n}\right) = (-1)^{\frac{m-1}{2} \cdot \frac{n-1}{2}} \left(\dfrac{n}{m}\right).$

Beweis: Nach den bisherigen Ergebnissen gilt der Satz, falls n und m Primzahlen sind. Da das Jacobi–Symbol $\left(\frac{n}{m}\right)$ multiplikativ in n und m ist, reicht es für den Beweis des Satzes aus, zu zeigen, dass auch $(-1)^{\frac{n-1}{2}}$, $(-1)^{\frac{n^2-1}{8}}$ und $(-1)^{\frac{n-1}{2} \cdot \frac{m-1}{2}}$ für ungerade natürliche Zahlen multiplikativ in n und m sind. Die Multiplikativität von $(-1)^{\frac{n-1}{2}}$ bedeutet

$$(-1)^{\frac{n_1 n_2 - 1}{2}} = (-1)^{\frac{n_1-1}{2}} \cdot (-1)^{\frac{n_2-1}{2}} = (-1)^{\frac{n_1+n_2-2}{2}}.$$

Wir müssen also $n_1 n_2 - 1 \equiv n_1 + n_2 - 2 \bmod 4$ für ungerade Zahlen n_1 und n_2 beweisen. Dies ist äquivalent zu $n_1 n_2 - n_1 - n_2 + 1 \equiv 0 \bmod 4$ oder $(n_1 - 1)(n_2 - 1) \equiv 0 \bmod 4$. Letzteres gilt, weil $n_1 - 1 \equiv n_2 - 1 \equiv 0 \bmod 2$.

Analog müssen wir für die Multiplikativität von $(-1)^{\frac{n^2-1}{8}}$, d.h.

$$(-1)^{\frac{(n_1 n_2)^2-1}{8}} = (-1)^{\frac{n_1^2-1}{8}} \cdot (-1)^{\frac{n_2^2-1}{8}} = (-1)^{\frac{n_1^2+n_2^2-2}{8}},$$

$n_1^2 n_2^2 - 1 \equiv n_1^2 + n_2^2 - 2 \bmod 16$ für ungerade n_1, n_2 zeigen. Äquivalent dazu sind $n_1^2 n_2^2 - n_1^2 - n_2^2 + 1 \equiv 0 \bmod 16$, $(n_1^2 - 1)(n_2^2 - 1) \equiv 0 \bmod 16$ oder schließlich $(n_1 - 1)(n_1 + 1)(n_2 - 1)(n_2 + 1) \equiv 0 \bmod 16$. Letzteres gilt wiederum, weil $n_1 - 1 \equiv n_1 + 1 \equiv n_2 - 1 \equiv n_2 + 1 \equiv 0 \bmod 2$.

Die Bimultiplikativität von $(-1)^{\frac{n-1}{2} \cdot \frac{m-1}{2}} = \left((-1)^{\frac{n-1}{2}}\right)^{\frac{m-1}{2}}$ folgt aus der Multiplikativität von $(-1)^{\frac{n-1}{2}}$. $\qquad\Box$

Die Berechnung des Jacobi–Symbols läuft nun ähnlich wie die Berechnung des größten gemeinsamen Teilers. Man muss höchstens noch die Faktoren -1 und 2 in den Schritten abspalten, um für die Anwendung des Reziprozitätsgesetzes auf ungerade natürliche Zahlen zu kommen.

Beispiel

$$\left(\frac{59}{89}\right) = \left(\frac{89}{59}\right) = \left(\frac{30}{59}\right) = \left(\frac{2 \cdot 15}{59}\right) = \left(\frac{2}{59}\right) \cdot \left(\frac{15}{59}\right) = (-1) \cdot \left(-\left(\frac{59}{15}\right)\right)$$

$$= \left(\frac{14}{15}\right) = \left(\frac{2}{15}\right) \cdot \left(\frac{7}{15}\right) = (+1) \cdot \left(-\left(\frac{15}{7}\right)\right) = -\left(\frac{1}{7}\right) = -1.$$

In diesem Beispiel hätte man durch Benutzung von

$$\left(\frac{14}{15}\right) = \left(\frac{-1}{15}\right) = -1$$

die Rechnung abkürzen können.

Aufgabe 8.13 Berechnen Sie die Jacobi–Symbole $\left(\frac{37}{859}\right)$ und $\left(\frac{10270}{25511}\right)$.

Aufgabe 8.14 Zeigen Sie: Es gilt $\left(\frac{41}{51}\right) = 1$, aber 41 ist kein quadratischer Rest modulo 51.

Mit Hilfe des Jacobi–Symbols und des Reziprozitätssatzes können wir jetzt schnell entscheiden, ob d ein quadratischer Rest modulo p ist. Natürlich wäre es wünschenswert, wenn wir auch schnell die Wurzel aus d in $\mathbb{F}_p$ ziehen könnten. Bisher können wir die Wurzel finden, indem wir eine Primitivwurzel ζ modulo p suchen und dann $\exp_\zeta(\frac{1}{2} \log_\zeta d)$ berechnen, wobei jedoch die Berechnung von $\log_\zeta d$ sehr langsam ist.

In einem Fall ist das Wurzelziehen sehr einfach:

Lemma 8.15 *Sei p eine Primzahl mit $p \equiv 3 \bmod 4$ und d ein quadratischer Rest modulo p. Dann ist $d^{\frac{p+1}{4}}$ eine Lösung von $x^2 \equiv d \bmod p$.*

Beweis:

$$\left(d^{\frac{p+1}{4}}\right)^2 = d^{\frac{p+1}{2}} = d^{\frac{p-1}{2}} \cdot d \equiv \left(\frac{d}{p}\right) d = d \quad \bmod p. \qquad\Box$$

Im *Algorithmus von Tonelli und Shanks* wird dieses Lemma auf andere Primzahlen angepasst. Sei $p - 1 = 2^e \cdot q$ für $e, q \in \mathbb{N}$ und q ungerade. Man berechnet $a := d^{\frac{q+1}{2}} \bmod p$ als Approximation für die Lösung der Gleichung $x^2 \equiv d \bmod p$. (Im Spezialfall ist $\frac{q+1}{2} = \frac{p+1}{4}$.)

Welchen Fehler machen wir dabei? Es gilt

$$\frac{d}{a^2} = \frac{d}{d^{\left(\frac{q+1}{2}\right)^2}} = d^{1-\frac{2(q+1)}{2}} = d^{-q}.$$

Nach dem Satz 5.17 von Euler ist $(d/a^2)^{2^e} = d^{-2^e q} = 1/d^{p-1} \equiv 1 \bmod p$, d.h. die Ordnung von d/a^2 in U_p ist eine Zweierpotenz. Untersuchen wir daher die Elemente in U_p, deren Ordnung eine Zweierpotenz ist. Wir haben die Isomorphismen $U_p \cong \mathbb{Z}/(p-1)\mathbb{Z} \cong \mathbb{Z}/2^e\mathbb{Z} \times \mathbb{Z}/q\mathbb{Z}$. Da 2 eine Einheit in $\mathbb{Z}/q\mathbb{Z}$ ist, kann für ein Element $(x,y) \in \mathbb{Z}/2^e\mathbb{Z} \times \mathbb{Z}/q\mathbb{Z}$ nur dann $2^e \cdot (x,y) = (2^e x, 2^e y) = 0$ gelten, wenn $y = 0$ ist. Daher liegt jedes Element, dessen Ordnung eine Zweierpotenz ist, in der Untergruppe H von U_p, die unter dem Isomorphismus $\mathbb{Z}/2^e\mathbb{Z} \times 0$ entspricht. Insbesondere liegt also d/a^2 in H.

Der nächste Schritt ist das Auffinden eines Erzeugers von H. Dies geschieht ähnlich wie bei der Suche nach einer Primitivwurzel modulo p. Man wählt zufällig eine Zahl $x \in \mathbb{N}$, $0 < x < p$, und setzt $\vartheta := x^q$. Dann gilt ord $\vartheta | 2^e$. Nun testet man, ob ϑ ein Erzeuger von H ist, also ob ord $\vartheta = 2^e$ ist, indem man $\vartheta^{2^{e-1}} \equiv \exp_\vartheta 2^{e-1} \bmod p$ berechnet. Falls dies 1 modulo p ist, ist dies nicht der Fall. Man wählt dann einfach ein neues x und fängt von vorne an. Weil dabei $2^{e-1}q$ der $2^e q$ Elemente eine gute Wahl für x sind, wird man dies im Allgemeinen nicht sehr häufig wiederholen müssen.

Da $d/a^2 \in H$ ist, gibt es also ein $l \in \mathbb{N}$, $0 \le l < 2^e$ mit $d/a^2 \equiv \vartheta^l \equiv \exp_\vartheta l \bmod p$. Wir könnten das l wie mit dem „baby steps – giant steps" Algorithmus bestimmen, aber hier gibt es eine bessere Möglichkeit, weil die Ordnung der Gruppe eine Zweierpotenz ist. Wir schreiben nun l in seiner Binärdarstellung $l = \sum_{i=0}^{e-1} l_i 2^i$ mit $l_i \in \{0,1\}$ und nehmen an, wir hätten $l_0,\ldots,l_{s-1}$ schon bestimmt. Da $\exp_\vartheta(2^{e-1})$ in H die Ordnung 2 besitzt, ist es gleich -1. Damit berechnen wir

$$\left(\frac{d}{a^2} \cdot \exp_\vartheta\left(-\sum_{i=0}^{s-1} l_i 2^i\right)\right)^{2^{e-s-1}} \equiv \left(\exp_\vartheta\left(\sum_{i=s}^{e-1} l_i 2^i\right)\right)^{2^{e-s-1}}$$

$$\equiv \exp_\vartheta(l_s 2^{e-1}) \cdot \exp_\vartheta\left(2^e\left(\sum_{i=s+1}^{e-1} l_i 2^{i-s-1}\right)\right)$$

$$\equiv \left(\exp_\vartheta(2^{e-1})\right)^{l_s} \equiv (-1)^{l_s} \quad \bmod p.$$

l_s ist genau dann gleich 1, falls dieser Wert ungleich 1 modulo p ist. Auf diese Weise können wir also l bestimmen.

Da d/a^2 ein Quadrat ist, muss l gerade sein. Wir finden damit $d \equiv (a\vartheta^{\frac{l}{2}})^2 \bmod p$, d.h $a\vartheta^{\frac{l}{2}}$ ist eine gesuchte Lösung von $x^2 \equiv d \bmod p$.

Beispiel Wir wollen $x^2 \equiv 5 \bmod 89$ lösen. Es gilt $89 - 1 = 2^3 \cdot 11$. Wir finden $a := 5^{\frac{11+1}{2}} = 5^6 \equiv 50 \bmod 89$ als approximative Lösung. Tatsächlich ist $50^2 \equiv 8 \bmod 89$. Wir suchen daher nach einem Erzeuger der 8–elementigen Untergruppe von U_{89}, deren Elemente Zweierpotenzen als Ordnungen haben. Versuchen wir es mit $\vartheta := 3^{11} \equiv 37 \bmod 89$. Dies ist tatsächlich ein Erzeuger, da $\vartheta^4 \equiv -1 \not\equiv 1 \bmod 89$. Als Ansatz für l haben wir $l_0 + 2l_1 + 4l_2$. Wegen $(d/a^2)^4 \equiv (5/50^2)^4 \equiv 1 \bmod 89$ ist $l_0 = 0$ und a wirklich ein quadratischer Rest. Da

$(d/a^2)^2 \equiv -1 \bmod 89$, ist $l_1 = 1$. Schließlich folgt aus $(d/(a^2\vartheta^2))^1 \equiv 1 \bmod 89$, dass $l_2 = 0$. Also ist $l = 2$ und $a\vartheta^{\frac{2}{2}} \equiv 70 \bmod 89$ eine Lösung von $x^2 \equiv 5 \bmod 89$.

Aufgabe 8.16 Berechnen Sie die Lösungen von $x^2 \equiv 56 \bmod 113$.

Aufgabe 8.17 Man kann dieses Verfahren anpassen, um auch eine k–te Wurzel aus d zu finden. Dann schreibt man $p - 1 = k^e q$ mit $\mathrm{ggT}(k, q) = 1$. Als Approximation verwendet man $a := d^t$, wobei $t \in \mathbb{Z}$ so gewählt ist, dass $k \cdot t \equiv 1 \bmod q$. Schließlich verwendet man eine k–Darstellung $l = \sum_{i=0}^{e-1} l_i k^i$. Führen Sie die Details aus. Wir finden dabei jedoch nur eine k–te Wurzel von d. Zeigen Sie nun: Ist a eine k–te Wurzel von d, dann ist b genau dann eine weitere k–te Wurzel von d, wenn b/a eine k–te Einheitswurzel ist, also $(b/a)^k = 1$ gilt. Die k–ten Einheitswurzeln lassen sich leicht durch die „log–exp" Methode am Ende von Abschnitt 7 finden, da der Logarithmus von 1 Null ist und daher nicht mehr berechnet zu werden braucht.

Zusatzaufgaben

Aufgabe 8.18 Berechnen Sie mit dem Algorithmus von Tonelli und Shanks jeweils eine Lösung der Kongruenzen

$$x^2 \equiv 6 \quad \bmod 43 \qquad \text{bzw.} \qquad x^2 \equiv 881 \quad \bmod 4073.$$

Aufgabe 8.19 Sei $p \geq 3$ prim und $a, b, c \in \mathbb{Z}$ mit $p \nmid a$. Zeigen Sie: Die Anzahl der Lösungen der Gleichung $ax^2 + bx + c = 0 \bmod p$ in $\mathbb{Z}/p\mathbb{Z}$ ist (mit geeigneter Vielfachheit) gegeben durch $1 + \left(\frac{\Delta}{p}\right)$, wobei $\Delta = b^2 - 4ac$.

Aufgabe 8.20 Sei $p \geq 3$ prim. Zeigen Sie: $\left(\frac{-3}{p}\right) = 1$ genau dann, wenn $p \equiv 1 \bmod 6$.

Aufgabe 8.21 Sei $p \geq 3$ prim. Zeigen Sie: $\left(\frac{3}{p}\right) = 1$ genau dann, wenn $p \equiv 1 \bmod 12$ oder $p \equiv 11 \bmod 12$.

Aufgabe 8.22 Sei $p \geq 3$ prim. Zeigen Sie: $\left(\frac{-2}{p}\right) = 1$ genau dann, wenn $p \equiv 1 \bmod 8$ oder $p \equiv 3 \bmod 8$.

Aufgabe 8.23 Bestimmen Sie ein $m \in \mathbb{N}$ so, dass die Funktion $p \mapsto \left(\frac{-75}{p}\right)$ für $p \geq 3$ prim nur von der Restklasse $p \bmod m$ abhängt.

Aufgabe 8.24 Zeigen Sie: Ist eine Primzahl $p \in \mathbb{P}$ von der Form $p \equiv \pm 1 \bmod 8$, so gibt es $a, b \in \mathbb{Z}$ mit $a^2 - 2b^2 \equiv 0 \bmod p$.

Aufgabe 8.25 Bestimmen Sie die Jacobi–Symbole $\left(\frac{3991}{5863}\right)$ und $\left(\frac{1024}{173}\right)$.

Aufgabe 8.26 Überprüfen Sie, ob die Gleichung $x^2 \equiv 6314 \bmod 10403$ eine Lösung besitzt.

Aufgabe 8.27 Für welche ungeraden Primzahlen p hat die Kongruenz $a^2 + b^2 \equiv 1 \bmod p$ eine durch 8 teilbare Anzahl von Lösungen $(a, b) \in U_p \times U_p$?

9 Quadratsätze

In diesem Abschnitt werden wir zeigen, welche Zahlen als Summe von zwei Quadraten geschrieben werden können. Wir werden sehen, dass auch drei Quadrate nicht ausreichen, um jede Zahl darzustellen, sondern dies erst mit vier Quadraten möglich ist.

Wenden wir uns zuerst bei dem Zwei–Quadrate Problem den Primzahlen zu.

Satz 9.1 *Eine Primzahl $p \in \mathbb{P}$ kann genau dann als Summe zweier Quadrate geschrieben werden ($p = x^2 + y^2$; $x, y \in \mathbb{N}_0$), wenn $p \not\equiv 3 \bmod 4$.*

Beweis: Natürlich ist $2 = 1^2 + 1^2$. Modulo 4 sind alle Quadrate 0, $(\pm 1)^2 = 1$ und $2^2 = 0$. Daher muss für ein $p = x^2 + y^2$ entweder $p \equiv 1 \bmod 4$ oder $p \equiv 0 \bmod 2$ gelten.

Wir zeigen nun, dass eine Primzahl p mit $p \equiv 1 \bmod 4$ als Summe zweier Quadrate darstellbar ist. Nach Lemma 7.14 gibt es ein $a \in \mathbb{N}$ mit $a^2 \equiv -1 \bmod p$. Daher können wir ein $k \in \mathbb{N}$ mit $a^2 + 1 = kp$ finden. Schauen wir uns diese Gleichung in dem Ring $\mathbb{Z}[i]$ an. Hier gilt

$$a^2 + 1 = (a + i)(a - i) = kp. \qquad (*)$$

Sei $x + iy = \mathrm{ggT}(a + i, p)$. Wir behaupten, dass

$$p = N(x + iy) = x^2 + y^2$$

gilt. Damit wäre dann der Satz bewiesen.

Aus $x + iy \mid p$ folgt $N(x + iy) \mid N(p) = p^2$. Wir müssen die Fälle $N(x + iy) = 1$ oder p^2 ausschließen. Nehmen wir $N(x + iy) = p^2$ an. Wegen $x + iy \mid p$ gibt es ein $z \in \mathbb{Z}[i]$ mit $p = (x + iy)z$. Anwenden der Norm–Funktion ergibt

$$p^2 = N(p) = N(x + iy) \cdot N(z) = p^2 \cdot N(z).$$

Daher ist $N(z) = 1$ und $z \in \mathbb{Z}[i]^\times = \{\pm 1, \pm i\}$. Es folgt $x = 0$ oder $y = 0$, was wegen $x + iy \mid a + i$ unmöglich ist.

Nehmen wir nun $N(x + iy) = 1$ an, d.h. $a + i$ und p sind teilerfremd. Da p keine Einheit ist, hat es einen Primteiler. Nach $(*)$ muss dieser $a + i$ oder $a - i$ teilen. Nach eventueller Konjugation dieses Teilers dürfen wir annehmen, dass er $a + i$ teilt. Dies ist aber ein Widerspruch zur Teilerfremdheit von $a + i$ und p. $\qquad \square$

Korollar 9.2 (Zwei–Quadrate–Satz) *Eine natürliche Zahl n ist die Summe von zwei Quadraten genau dann, wenn in ihrer Primfaktorzerlegung die Primzahlen p mit $p \equiv 3 \bmod 4$ nur mit geraden Exponenten vorkommen.*

Beweis: Falls die Bedingung an die Primfaktorzerlegung erfüllt ist, können wir wegen Satz 9.1 und der Formel $p^2 = p^2 + 0^2$ die Zahl n in ein Produkt von Zahlen zerlegen, die selber alle die Summe von zwei Quadraten sind. Es reicht also aus, zu zeigen: Wenn $n = x^2 + y^2$ und $m = a^2 + b^2$, dann ist auch nm die Summe zweier Quadrate. Dies folgt unter Zuhilfenahme des Ringes $\mathbb{Z}[i]$ und seiner Norm–Funktion sofort:

$$nm = (x^2 + y^2)(a^2 + b^2) = N(x + iy) \cdot N(a + ib) = N((x + iy)(a + ib))$$
$$= N((xa - yb) + i(ay + xb)) = (xa - yb)^2 + (ay + xb)^2.$$

Nehmen wir nun an, die Bedingung an die Primfaktorzerlegung von n sei nicht erfüllt, aber es gelte trotzdem $n = x^2 + y^2$. Dann können wir $n = mp^{2k+1}$ für ein $p \in \mathbb{P}$ mit $p \equiv 3 \bmod 4$ und $\mathrm{ggT}(m, p) = 1$ schreiben, also

$$x^2 + y^2 = mp^{2k+1}.$$

Wir dürfen weiter annehmen, dass $p \nmid y$ gilt. Denn wenn $p|y$, dann folgt $p|x$, und wir können die ganze Gleichung durch p^2 dividieren. Modulo p folgt aus dieser Gleichung jetzt $x^2 \equiv -y^2 \bmod p$ oder äquivalent dazu $(x/y)^2 \equiv -1 \bmod p$. Dies ist aber nach Lemma 7.14 unmöglich. $\square$

Aufgabe 9.3 Stellen Sie die Zahlen 178, 373 und 4797 als Summe von zwei Quadraten dar, indem sie den obigen konstruktiven Beweisen folgen.

Der folgende Drei–Quadrate–Satz ist wesentlich schwieriger zu beweisen als der Zwei–Quadrate–Satz oder der Vier–Quadrate–Satz, weil hier nicht mehr gilt, dass aus Darstellungen von n und m eine Darstellung von nm gefunden werden kann. Tatsächlich gibt es gar nicht immer eine solche Darstellung.

Satz 9.4 (Drei–Quadrate–Satz) *Eine natürliche Zahl n ist die Summe dreier Quadrate genau dann, wenn sie nicht von der Form $n = 4^i(7 + 8k)$ für $i, k \in \mathbb{N}_0$ ist.*

Beweis: (Hier nur die Notwendigkeit der Bedingung, vollständiger Beweis am Ende des Abschnittes 15.) Wir zeigen zuerst, dass n genau dann die Summe dreier Quadrate ist, wenn $4n$ dies ist. Aus $n = x^2 + y^2 + z^2$ folgt offensichtlich $4n = (2x)^2 + (2y)^2 + (2z)^2$. Nehmen wir nun $4n = x^2 + y^2 + z^2$ an. Wir wollen zeigen, dass x, y und z alle gerade sind. Betrachten wir die Gleichung modulo 8. Die Quadrate modulo 8 sind 0, $(\pm 1)^2 = 1$, $(\pm 2)^2 = 4$, $(\pm 3)^2 = 1$ und $4^2 = 0$. Da $4n$ modulo 8 entweder 0 oder 4 ist, können bei den vorhandenen Möglichkeiten für die Quadrate nur Quadrate auftauchen, die 0 oder 4 modulo 8 sind. Also sind diese Quadrate durch 4 teilbar und damit sind die Zahlen gerade.

Wir beweisen nun, dass ein n mit $n \equiv 7 \bmod 8$ nicht die Summe dreier Quadrate sein kann. Das folgt wieder durch Betrachten der Gleichung $n = x^2 + y^2 + z^2$ modulo 8. Wie oben bemerkt treten nur die Zahlen 0, 1 und 4 modulo 8 als Quadrate auf. Keine Summe von drei solchen Zahlen kann 7 ergeben, daher muss $n \not\equiv 7 \bmod 8$ sein. $\square$

Wir kommen jetzt zum Vier–Quadrate–Satz. Die Zutaten zum Beweis sind die gleichen wie beim Beweis des Zwei–Quadrate–Satzes. Besonders wichtig ist, dass es hier eine Analogie zu den Gaußschen Zahlen gibt. Anstatt den ganzen Zahlen in den komplexen Zahlen nutzen wir die ganzen Zahlen innerhalb der Quaternionen. Dies ist die von Hamilton entdeckte nicht–kommutative vierdimensionale $\mathbb{R}$–Algebra

$$\mathbb{H} := \{x = x_0 + x_1 i + x_2 j + x_3 k \mid x_i \in \mathbb{R}\}.$$

Die $\mathbb{R}$–lineare Multiplikation von Elementen aus $\mathbb{H}$ ist festgelegt durch

$$i^2 = j^2 = k^2 = -1, \quad ij = -ji = k, \quad jk = -kj = i \quad \text{und} \quad ki = -ik = j.$$

Die Konjugation ist hier erklärt durch

$$\bar{x} = x_0 - x_1 i - x_2 j - x_3 k.$$

Es gilt $\overline{xy} = \bar{y} \cdot \bar{x}$, da dies für die Basiselemente $1, i, j, k$ gilt und die Gleichung auf beiden Seiten $\mathbb{R}$–bilinear ist. Analog zu den Gaußschen Zahlen erklären wir die Norm als

$$N(x) = x\bar{x} = x_0^2 + x_1^2 + x_2^2 + x_3^2.$$

Die Norm ist wieder multiplikativ:

$$N(xy) = xy\overline{xy} = xy\bar{y}\bar{x} = x(y\bar{y})\bar{x} = (x\bar{x})(y\bar{y}) = N(x)N(y),$$

wobei wir $y\bar{y} \in \mathbb{R}$ genutzt haben. Ausgeschrieben bedeutet dies:

$$(x_0^2 + x_1^2 + x_2^2 + x_3^2)(y_0^2 + y_1^2 + y_2^2 + y_3^2)$$
$$= (x_0 y_0 - x_1 y_1 - x_2 y_2 - x_3 y_3)^2 + (x_0 y_1 + x_1 y_0 + x_2 y_3 - x_3 y_2)^2 +$$
$$(x_0 y_2 + x_2 y_0 - x_1 y_3 + x_3 y_1)^2 + (x_0 y_3 + x_3 y_0 + x_1 y_2 - x_2 y_1)^2,$$

d.h., falls n und m jeweils die Summe von vier Quadraten sind, ist auch nm von diesem Typ.

Anstatt des Lemmas 7.14 benötigen wir:

Lemma 9.5 *Für jede Primzahl $p \in \mathbb{P}$ gibt es eine Lösung der Gleichung*

$$x^2 + y^2 \equiv -1 \quad \bmod p$$

mit $x, y \in \mathbb{Z}$.

Beweis: Für $p = 2$ und $p \equiv 1 \bmod 4$ können wir $y = 0$ wählen und eine Lösung für x durch das Lemma 7.14 finden.

Sei nun $p \equiv 3 \bmod 4$. Nach Lemma 7.14 ist in diesem Fall -1 ein quadratischer Nichtrest modulo p. Nun sind die $-y^2$, $y \in \mathbb{Z}$, alle quadratischen Nichtreste modulo p. Denn die Multiplikativität des Jacobisymbols impliziert, dass das Produkt zweier quadratischer Nichtreste ein quadratischer Rest ist, daher ist jeder Nichtrest mal -1 von der Form y^2 modulo p.

Betrachten wir $x^2 + 1$. Falls dies für alle $x \in \mathbb{Z}$ quadratische Reste wären, wäre mit jedem quadratischen Rest auch sein Nachfolger ein quadratischer Rest, und es gäbe nur quadratische Reste, was unmöglich ist. Es gibt also ein x, so dass $x^2 + 1$ ein quadratischer Nichtrest und daher von der Form $-y^2$ modulo p ist. Also gilt $x^2 + 1 \equiv -y^2 \bmod p$ oder äquivalent dazu $x^2 + y^2 \equiv -1 \bmod p$. $\square$

Satz 9.6 (Lagrange) *Jede natürliche Zahl ist als Summe von vier Quadraten darstellbar.*

Beweis: Nach den Vorbemerkungen reicht es aus, zu zeigen, dass jede Primzahl $p \in \mathbb{P}$ die Summe von vier Quadraten ist. Wir dürfen p ungerade annehmen. Nach Lemma 9.5 hat die Gleichung

$$x_0^2 + x_1^2 + x_2^2 + x_3^2 \equiv 0 \mod p \qquad \text{für } x_i \in \mathbb{Z}$$

eine Lösung des Typs $(x, y, 1, 0)$ mit $x, y \in \mathbb{Z}$. Wir können x, y so wählen, dass $|x|, |y| \leq p/2$ ist, dann gilt $x^2 + y^2 + 1^2 + 0^2 \leq p^2/4 + p^2/4 + 1 < p^2$. Dies wollen wir in der folgenden Form festhalten: Es gibt $x_i \in \mathbb{Z}$ und $k \in \mathbb{N}$ mit $0 < k < p$, so dass

$$x_0^2 + x_1^2 + x_2^2 + x_3^2 = kp. \qquad (+)$$

Wir benutzen nun die Beweismethode des Abstiegs: Falls $k = 1$ ist, sind wir fertig. Falls nicht zeigen wir, dass wir die x_i so verändern können, dass die Gleichung auch mit einem kleineren k gilt. Mehrfaches Wiederholen dieses Schrittes führt dann schließlich zu $k = 1$.

Sei also $k > 1$. Falls k gerade ist, müssen von den x_i keines, zwei oder alle vier gerade sein. Wir nummerieren sie so um, dass x_0 und x_1 bzw. x_2 und x_3 entweder beide gerade oder ungerade sind. Dann erhalten wir die folgende Gleichung mit nur ganzen Zahlen:

$$\left(\frac{x_0 + x_1}{2}\right)^2 + \left(\frac{x_0 - x_1}{2}\right)^2 + \left(\frac{x_2 + x_3}{2}\right)^2 + \left(\frac{x_2 - x_3}{2}\right)^2 = \frac{k}{2}p.$$

Falls k ungerade ist, wählen wir $y_i \in \mathbb{Z}$ mit

$$y_0 \equiv -x_0 \mod k, \quad y_i \equiv x_i \mod k \quad \text{für} \quad 1 \leq i \leq 3 \quad \text{und} \quad |y_i| < k/2.$$

Es gilt $\sum_{i=0}^{3} y_i^2 < k^2$. Mit $\sum y_i^2 \equiv \sum x_i^2 \equiv 0 \mod k$ folgt $\sum y_i^2 = k'k$ mit einem $k' < k$. Wir müssen $k' \geq 1$ sicherstellen. Angenommen $k' = 0$, dann muss $y_0 = \ldots = y_3 = 0$ sein. Folglich gilt $x_i \equiv 0 \mod k \Rightarrow x_i^2 \equiv 0 \mod k^2$, also $0 \equiv \sum x_i^2 \equiv kp \mod k^2$. Dies impliziert $k|p$, was aber wegen $1 < k < p$ und p prim unmöglich ist.

Einsetzen von x_i und y_i in die Formel für die Multiplikativität der Norm ergibt:

$$k^2 k' p = (x_0^2 + x_1^2 + x_2^2 + x_3^2)(y_0^2 + y_1^2 + y_2^2 + y_3^2)$$

$$= (x_0 y_0 - x_1 y_1 - x_2 y_2 - x_3 y_3)^2 + (x_0 y_1 + x_1 y_0 + x_2 y_3 - x_3 y_2)^2 +$$
$$(x_0 y_2 + x_2 y_0 - x_1 y_3 + x_3 y_1)^2 + (x_0 y_3 + x_3 y_0 + x_1 y_2 - x_2 y_1)^2.$$

Nun gilt wegen der Kongruenzbedingungen zwischen den x_i und y_i

$$x_0 y_1 + x_1 y_0 + x_2 y_3 - x_3 y_2 \equiv x_0 x_1 + x_1(-x_0) + x_2 x_3 - x_3 x_2 \equiv 0 \mod k$$

$$x_0 y_2 + x_2 y_0 - x_1 y_3 + x_3 y_1 \equiv x_0 x_2 + x_2(-x_0) - x_1 x_3 + x_3 x_1 \equiv 0 \mod k$$

$$x_0 y_3 + x_3 y_0 + x_1 y_2 - x_2 y_1 \equiv x_0 x_3 + x_3(-x_0) + x_1 x_2 - x_2 x_1 \equiv 0 \mod k,$$

daher sind die letzten drei Quadrate in der vorangehenden Formel alle durch k^2 teilbar. Damit ist auch das erste Quadrat durch k^2 teilbar. Wir können also die ganze Gleichung termweise durch k^2 teilen und erhalten eine Gleichung des Typs $(+)$ mit einem $1 \leq k' < k$. $\qquad \square$

Zusatzaufgaben

Aufgabe 9.7 Finden Sie die kleinsten Zahlen $n \in \mathbb{N}$, die sich auf zwei bzw. drei wesentlich verschiedene Weisen als Summe zweier Quadrate darstellen lassen. Warum ist die Quadratsummendarstellung bei zusammengesetzten Zahlen im Allgemeinen nicht eindeutig?

Aufgabe 9.8 Stellen Sie die Zahlen 260, 882, 5525 und 5929 als Summen zweier Quadrate dar.

Aufgabe 9.9 Beweisen Sie auch den Zwei–Quadrate–Satz durch eine Abstiegsmethode.

Aufgabe 9.10 Beweisen Sie den Zwei– und Vier–Quadrate–Satz unter Verwendung des *Gitterpunktsatzes von Minkowski* (siehe Anhang D):

Sei Γ ein vollständiges Gitter in $\mathbb{R}^n$ mit Fundamentalbereich F. Weiter sei M eine beschränkte, messbare, konvexe und symmetrische Teilmenge im $\mathbb{R}^n$. Falls

$$\mathrm{vol}(M) > 2^n \mathrm{vol}(F),$$

so enthält M einen Punkt aus $\Gamma \setminus \{0\}$. Die gleiche Aussage gilt auch, falls M kompakt, konvex und symmetrisch ist und

$$\mathrm{vol}(M) \geq 2^n \mathrm{vol}(F).$$

Aufgabe 9.11 Bekanntlich besagt die *Vermutung von Fermat*, dass für jede natürliche Zahl $n > 2$ und $x, y, z \in \mathbb{Z}$ gilt

$$x^n + y^n = z^n \quad \implies \quad xyz = 0.$$

Der Satz soll hier für den Fall $n = 4$ bewiesen werden. Genauer gesagt beweisen wir die etwas stärkere Aussage, dass $x^4 + y^4 = z^2$ nur Lösungen mit $xyz = 0$ besitzt.

1. Zeigen Sie zunächst: Gilt die Aussage für jedes *teilerfremde* Tripel (x, y, z) ganzer Zahlen, dann gilt sie auch für beliebige Tripel.

2. Sei nun (x, y, z) ein teilerfremdes Tripel ganzer Zahlen mit $x^4 + y^4 = z^2$, $xyz \neq 0$. Dann gibt es nach evtl. Vertauschung von x und y teilerfremde $p, q \in \mathbb{Z}$ mit $p \not\equiv q \mod 2$, $p > q > 0$ und

$$x^2 = 2pq, \quad y^2 = p^2 - q^2, \quad z = p^2 + q^2.$$

3. Zeigen Sie, dass für die Zahlen $p, q \in \mathbb{Z}$ aus Teil 2 gilt: Es gibt teilerfremde $a, b \in \mathbb{Z}$ mit $a \not\equiv b \mod 2$, $a > b > 0$, so dass

$$q = 2ab, \quad y = a^2 - b^2, \quad p = a^2 + b^2.$$

4. Zeigen Sie, dass ab und $a^2 + b^2$ und somit auch a, b Quadrate in $\mathbb{Z}$ sind.

5. Sei $a = X^2$, $b = Y^2$ und $a^2 + b^2 = Z^2$ mit $X, Y, Z \in \mathbb{Z}$. Verwenden Sie das Tripel (X, Y, Z), um durch ein Abstiegsargument die Vermutung von Fermat für $n = 4$ zu beweisen.

6. Zeigen Sie: Ist die Vermutung von Fermat für jede ungerade Primzahl bewiesen, dann gilt sie für alle $n > 2$.

10 Kettenbrüche

Ein endlicher *Kettenbruch* ist ein Ausdruck der Form

$$a_0 + \cfrac{1}{a_1 + \cfrac{1}{a_2 + \cfrac{1}{a_3 + \ldots + \frac{1}{a_n}}}},$$

wobei die a_i reelle Zahlen sind. Wir kürzen dies mit $[a_0, a_1, \ldots, a_n]$ ab. Formaler definieren wir einen endlichen Kettenbruch direkt als Symbol $[a_0, a_1, \ldots, a_n]$, dessen Wert durch die folgende rekursive Vorschrift gegeben ist:

$$[a_0] := a_0$$
$$[a_0, \ldots, a_n] := \left[a_0, \ldots, a_{n-1} + \tfrac{1}{a_n} \right] \qquad \text{für } n \in \mathbb{N}.$$

Meist betrachtet man den Fall, wobei a_0 eine ganze Zahl und die $a_1, \ldots, a_n$ natürliche Zahlen sind.

Beispiel Wir entwickeln $\frac{48}{11}$ in einen Kettenbruch:

$$\frac{48}{11} = 4 + \frac{4}{11} = 4 + \frac{1}{\frac{11}{4}} = 4 + \frac{1}{2 + \frac{3}{4}} = 4 + \frac{1}{2 + \frac{1}{\frac{4}{3}}} = 4 + \frac{1}{2 + \frac{1}{1 + \frac{1}{3}}} = [4, 2, 1, 3].$$

Die unendlichen Kettenbrüche werden auf die offensichtliche Weise formal erklärt und durch die Folge $[a_0, a_1, \ldots]$ dargestellt. Ihr Wert ist als Grenzwert der endlichen Kettenbrüche $[a_0, a_1, \ldots, a_n]$ erklärt. Wir werden bald eine Konvergenzaussage beweisen.

Beispiel Der einfachste unendliche Kettenbruch ist

$$\Phi = 1 + \cfrac{1}{1 + \cfrac{1}{1 + \frac{1}{1 + \ldots}}} = [1, 1, 1, \ldots].$$

Wenn wir davon ausgehen, dass der Grenzwert existiert, dann muss er $\Phi = 1 + 1/\Phi$ erfüllen. Das Lösen dieser Gleichung liefert als einzigen positiven Wert den goldenen Schnitt $\frac{1+\sqrt{5}}{2}$.

Wir wollen nun eine beliebige reelle Zahl $x \in \mathbb{R}$ in einen Kettenbruch mit $a_0 \in \mathbb{Z}$ und $a_1, a_2, \ldots \in \mathbb{N}$ entwickeln.

Kettenbruchalgorithmus

1. Man setze $a_0 := \lfloor x \rfloor$ und $t_0 := x - a_0 \in [0,1[$.

2. Solange $t_n \neq 0$ ist, berechne man

$$\xi_n := \frac{1}{t_n} > 1, \quad a_{n+1} := \lfloor \xi_n \rfloor \in \mathbb{N} \quad \text{und} \quad t_{n+1} := \xi_n - a_{n+1} \in [0,1[.$$

Wir wollen zeigen, dass dieser Algorithmus sinnvoll ist. Dazu behaupten wir, dass

$$x = [a_0, \ldots, a_n, \xi_n]$$

gilt. Man sieht dies durch Induktion. Wir haben im Algorithmus durch die Definition der Anfangswerte

$$x = [x] = \left[a_0 + \tfrac{1}{\xi_0}\right] = [a_0, \xi_0].$$

Der Induktionschritt ist wie folgt

$$x = [a_0, \ldots, a_n, \xi_n] \qquad\qquad = [a_0, \ldots, a_n, a_{n+1} + t_{n+1}]$$
$$= \left[a_0, \ldots, a_n, a_{n+1} + \tfrac{1}{\xi_{n+1}}\right] = [a_0, \ldots, a_{n+1}, \xi_{n+1}].$$

Aufgabe 10.1 Stellen Sie die Zahl $\alpha := \frac{17}{99}$ als Kettenbruch dar.

Aufgabe 10.2 Berechnen Sie den Wert des Kettenbruchs $[1,2,2,2,\ldots]$ unter der Annahme, dass der Grenzwert existiert.

Aufgabe 10.3 Zeigen Sie, dass für $0 \leq m \leq n$ gilt:

$$[a_0, \ldots, a_n] = [a_0, \ldots, a_{m-1}, [a_m, \ldots, a_n]].$$

Folgern Sie durch einen Grenzwertprozess

$$[a_0, a_1, \ldots] = [a_0, \ldots, a_{m-1}, [a_m, a_{m+1}, \ldots]]$$

unter der Annahme, dass alle auftretenden Grenzwerte existieren.

Satz 10.4 *Dieser Algorithmus liefert für eine Zahl $x \in \mathbb{R}$ einen endlichen Kettenbruch $[a_0, a_1, \ldots, a_n]$ genau dann, wenn $x \in \mathbb{Q}$.*

In diesem Fall gilt $x = [a_0, a_1, \ldots, a_n]$.

Beweis: Nach den obigen Bemerkungen gilt, wenn der Kettenbruchalgorithmus abbricht

$$x = [a_0, \ldots, a_n + t_n] = [a_0, \ldots, a_n], \qquad \text{falls } t_n = 0.$$

Somit ist x ein endlicher Kettenbruch und damit offensichtlich eine rationale Zahl.

Sei daher nun $x \in \mathbb{Q}$ vorgegeben. Wir wollen zeigen, dass der obige Kettenbruchalgorithmus im Wesentlichen der euklidische Algorithmus ist. Sei $x = \frac{p}{q}$ mit $q \in \mathbb{N}$. Wir setzen $r_0 = q$ und definieren mit dem euklidischen Algorithmus die weiteren a_i', r_i:

$$
\begin{aligned}
p &= a_0' \cdot r_0 + r_1 && \text{mit } 0 < r_1 < q = r_0 \\
r_0 &= a_1' \cdot r_1 + r_2 && \text{mit } 0 < r_2 < r_1 \\
&\vdots && \vdots \\
r_{n-2} &= a_{n-1}' \cdot r_{n-1} + r_n && \text{mit } 0 < r_n < r_{n-1} \\
r_{n-1} &= a_n' \cdot r_n + 0 && (r_{n+1} = 0).
\end{aligned}
$$

Es gilt daher:

$$
x = \frac{p}{r_0} = a_0' + \frac{r_1}{r_0} = a_0' + \frac{1}{\frac{r_0}{r_1}} \quad \text{mit } \frac{1}{\frac{r_0}{r_1}} \in [0,1[,
$$

$$
\frac{r_{i-1}}{r_i} = a_i' + \frac{r_{i+1}}{r_i} = a_i' + \frac{1}{\frac{r_i}{r_{i+1}}} \quad \text{mit } \frac{1}{\frac{r_i}{r_{i+1}}} \in [0,1[\quad \text{für } i = 1, \dots, n-1,
$$

$$
\frac{r_{n-1}}{r_n} = a_n' + \frac{r_{n+1}}{r_n} = a_n'.
$$

Ein Vergleich mit den Formeln aus dem Kettenbruchalgorithmus,

$$
x \quad = a_0 + t_0 = a_0 + \frac{1}{\xi_0} \quad \text{mit } \tfrac{1}{\xi_0} \in [0,1[,
$$

$$
\xi_{i-1} = a_i + t_i = a_i + \frac{1}{\xi_i} \quad \text{mit } \frac{1}{\xi_i} \in [0,1[\quad \text{für } i = 1, \dots, n-1,
$$

$$
\xi_{n-1} = a_n + t_n,
$$

zeigt $a_i = a_i'$ und $t_i = \frac{r_{i+1}}{r_i}$. Insbesondere gilt also $t_n = \frac{0}{r_n} = 0$, d.h. dort bricht der Kettenbruchalgorithmus ab. $\qquad\square$

Die Kettenbruchdarstellung einer rationalen Zahl ist selbst unter der Bedingung $a_0 \in \mathbb{Z}, a_i \in \mathbb{N}$ für $i \in \mathbb{N}$ nicht ganz eindeutig, denn es gilt

$$
[a_0, \dots, a_{n-1}, a_n] = \begin{cases} [a_0, \dots, a_{n-1}, a_n - 1, 1] & \text{für } a_n \geq 1 \text{ oder } n = 0 \\ [a_0, \dots, a_{n-1} + 1] & \text{für } a_n = 1 \text{ und } n \geq 1. \end{cases}
$$

Aufgabe 10.5 Zeigen Sie, dass die Darstellung einer rationalen Zahl abgesehen von diesen Möglichkeiten eindeutig ist. Zeigen Sie dafür zunächst: Ist

$$
[a_0, \dots, a_n, \xi] = [b_0, \dots, b_n, \zeta]
$$

mit $a_0, b_0 \in \mathbb{Z}, a_1, \dots, a_n, b_1, \dots, b_n \in \mathbb{N}$ und reellen Zahlen $\xi, \zeta > 1$, dann gilt $a_i = b_i$ für alle $i \in \{0, \dots, n\}$ und $\xi = \zeta$.

Sei nun allgemein eine Folge ganzer Zahlen $(a_n)_{n\in\mathbb{N}_0}$ mit $a_n \geq 1$ für $n \geq 1$ gegeben. Unser nächstes Ziel ist es zu zeigen, dass die endlichen Kettenbrüche $[a_0, a_1, \ldots, a_n]$ immer eine konvergente Folge bilden, deren Grenzwert wir mit $[a_0, a_1, \ldots]$ bezeichnet haben. Weiter wollen wir auch beweisen, dass die Folge dieser Kettenbrüche gegen x konvergiert, falls die Folge (a_n) aus der Kettenbruchentwicklung einer Zahl $x \in \mathbb{R} \setminus \mathbb{Q}$ stammt. Dies zu zeigen wird einige Zeit in Anspruch nehmen und benutzt die folgenden Hilfsfolgen von ganzen Zahlen:

$$p_{-2} = 0 \qquad p_{-1} = 1 \qquad p_n = a_n p_{n-1} + p_{n-2}$$
$$q_{-2} = 1 \qquad q_{-1} = 0 \qquad q_n = a_n q_{n-1} + q_{n-2}.$$

Die ersten p_n, q_n sehen wie folgt aus

$$\begin{aligned} p_0 &= a_0 \\ p_1 &= a_1 a_0 + 1 \\ p_2 &= a_2 a_1 a_0 + a_2 + a_0 \\ p_3 &= a_3 a_2 a_1 a_0 + a_3 a_2 + a_3 a_0 + a_1 a_0 + 1 \end{aligned} \qquad \begin{aligned} q_0 &= 1 \\ q_1 &= a_1 \\ q_2 &= a_2 a_1 + 1 \\ q_3 &= a_3 a_2 a_1 + a_3 + a_1. \end{aligned}$$

Diese Rekursionsfolgen lassen sich noch einfacher in Matrizenschreibweise ausdrücken:

$$\begin{pmatrix} p_{-1} & p_{-2} \\ q_{-1} & q_{-2} \end{pmatrix} = \begin{pmatrix} 1 & 0 \\ 0 & 1 \end{pmatrix} \quad \text{und}$$

$$\begin{pmatrix} p_n & p_{n-1} \\ q_n & q_{n-1} \end{pmatrix} = \begin{pmatrix} p_{n-1} & p_{n-2} \\ q_{n-1} & q_{n-2} \end{pmatrix} \begin{pmatrix} a_n & 1 \\ 1 & 0 \end{pmatrix}.$$

Das Auflösen der Rekursion ist in dieser Schreibweise trivial:

$$\begin{pmatrix} p_n & p_{n-1} \\ q_n & q_{n-1} \end{pmatrix} = \begin{pmatrix} a_0 & 1 \\ 1 & 0 \end{pmatrix} \begin{pmatrix} a_1 & 1 \\ 1 & 0 \end{pmatrix} \cdots \begin{pmatrix} a_n & 1 \\ 1 & 0 \end{pmatrix} =: \prod_{i=0}^{n} \begin{pmatrix} a_i & 1 \\ 1 & 0 \end{pmatrix}.$$

Sie stehen in folgendem Zusammenhang zu den Kettenbrüchen:

Lemma 10.6 *Mit den obigen Bezeichnungen gilt für alle* $n \in \mathbb{N}_0$ *und* $\xi \in \mathbb{R}_{>0}$:

$$[a_0, a_1, \ldots, a_n] = \frac{p_n}{q_n} \quad \text{und} \quad [a_0, a_1, \ldots, a_n, \xi] = \frac{\xi p_n + p_{n-1}}{\xi q_n + q_{n-1}}.$$

Beweis: Die zweite Formel gilt für $n = 0$ nach Definition. Der Induktionsschritt ist die folgende Rechnung:

$$[a_0, a_1, \ldots, a_n, \xi] = \left[a_0, a_1, \ldots, a_n + \frac{1}{\xi} \right]$$

$$= \frac{(a_n + \frac{1}{\xi}) p_{n-1} + p_{n-2}}{(a_n + \frac{1}{\xi}) q_{n-1} + q_{n-2}} = \frac{(a_n \xi + 1) p_{n-1} + \xi p_{n-2}}{(a_n \xi + 1) q_{n-1} + \xi q_{n-2}}$$

$$= \frac{\xi (a_n p_{n-1} + p_{n-2}) + p_{n-1}}{\xi (a_n q_{n-1} + q_{n-2}) + q_{n-1}} = \frac{\xi p_n + p_{n-1}}{\xi q_n + q_{n-1}}.$$

Durch Einsetzen von a_n für ξ in diese Formel für $n-1$ statt n und Benutzen der Rekursionsformeln für p_n und q_n erhält man sofort die erste Gleichheit. $\square$

Wir beweisen noch einige elementare Eigenschaften der Folgen p_n und q_n, auf die wir häufig zurückgreifen werden.

Lemma 10.7 *Mit den obigen Bezeichnungen gilt:*

1. $q_{n+1} > q_n$ *für* $n \in \mathbb{N}$, *insbesondere ist* $q_n \geq n$. *Weiter ist* $q_1 \geq q_0$, *wobei die Gleichheit genau im Fall* $a_1 = 1$ *gilt.*

2. $p_n q_{n-1} - p_{n-1} q_n = (-1)^{n+1}$ *für* $n \in \mathbb{N}_0$.

3. $p_n q_{n-2} - p_{n-2} q_n = (-1)^n a_n$ *für* $n \in \mathbb{N}_0$.

4. $\gcd(p_n, q_n) = 1$.

Beweis: Für die erste Aussage bemerken wir, dass $q_0 = 1$, $q_1 = a_1 q_0 = a_1 \geq 1$ und $q_{n+1} = a_{n+1} q_n + q_{n-1} \geq q_n + q_{n-1}$. Damit ergibt sich $q_{n+1} > q_n \geq n$ durch eine offensichtliche Induktion.

Für die zweite Aussage berechnen wir

$$p_n q_{n-1} - p_{n-1} q_n = \det \begin{pmatrix} p_n & p_{n-1} \\ q_n & q_{n-1} \end{pmatrix} = \det \prod_{i=0}^{n} \begin{pmatrix} a_i & 1 \\ 1 & 0 \end{pmatrix}$$

$$= \prod_{i=0}^{n} \det \begin{pmatrix} a_i & 1 \\ 1 & 0 \end{pmatrix} = \prod_{i=0}^{n} (-1) = (-1)^{n+1}.$$

Daraus folgt unmittelbar ist dritte Aussage:

$$p_n q_{n-2} - p_{n-2} q_n = (a_n p_{n-1} + p_{n-2}) q_{n-2} - p_{n-2}(a_n q_{n-1} + q_{n-2})$$
$$= a_n(p_{n-1} q_{n-2} - p_{n-2} q_{n-1}) = (-1)^n a_n.$$

Für die letzte Aussage, $\gcd(p_n, q_n) = 1$, bemerken wir, dass jeder gemeinsame Teiler von p_n und q_n auch $p_n q_{n-1} - p_{n-1} q_n = (-1)^{n+1}$ teilen muss und damit ± 1 ist. □

Satz 10.8 (Konvergenz) *Sei* $(a_n)_{n \in \mathbb{N}_0}$ *eine Folge ganzer Zahlen mit* $a_n \geq 1$ *für* $n \geq 1$. *Dann bilden die Brüche* $\frac{p_n}{q_n} = [a_0, \ldots, a_n]$ *eine konvergente Folge. Genauer gilt: Die Teilfolge* $\frac{p_{2n}}{q_{2n}}$ *wächst streng monoton und die Teilfolge* $\frac{p_{2n+1}}{q_{2n+1}}$ *fällt streng monoton. Daher sind die Folgenglieder der gesamten Folge abwechselnd größer und kleiner als der Grenzwert.*

Beweis: Nach Lemma 10.7 gilt

$$\frac{p_n}{q_n} - \frac{p_{n-1}}{q_{n-1}} = \frac{(-1)^{n+1}}{q_n q_{n-1}}.$$

Folglich ist

$$\frac{p_n}{q_n} = \sum_{i=1}^{n} \left(\frac{p_i}{q_i} - \frac{p_{i-1}}{q_{i-1}} \right) + \frac{p_0}{q_0} = a_0 + \sum_{i=1}^{n} \frac{(-1)^{i+1}}{q_i q_{i-1}}.$$

Da die Terme $\frac{1}{q_i q_{i-1}}$ wieder nach Lemma 10.7 eine streng monotone Nullfolge bilden, ist ihre alternierende Reihe eine konvergente Reihe nach dem Leibniz–Kriterium, also konvergieren auch die Brüche $\frac{p_n}{q_n}$.

Um die strenge Monotonie zu beweisen, folgern wir aus Lemma 10.7

$$\frac{p_n}{q_n} - \frac{p_{n-2}}{q_{n-2}} = (-1)^n \frac{a_n}{q_n q_{n-2}}.$$

Für $n \geq 2$ ist $a_n, q_n, q_{n-2} \geq 1$ und daher

$$\frac{p_n}{q_n} > \frac{p_{n-2}}{q_{n-2}} \quad \text{für } n \text{ gerade} \qquad \text{sowie} \qquad \frac{p_n}{q_n} < \frac{p_{n-2}}{q_{n-2}} \quad \text{für } n \text{ ungerade.} \qquad \square$$

Satz 10.9 (Konvergenz der Kettenbruchentwicklung) *Sei $x \in \mathbb{R} \setminus \mathbb{Q}$. Dann konvergieren die Brüche $\frac{p_n}{q_n} = [a_0, \ldots, a_n]$ gegen x. Genauer gilt:*

$$\left| x - \frac{p_n}{q_n} \right| < \frac{1}{q_n q_{n+1}} \leq \frac{1}{n(n+1)},$$

wobei die letzte Abschätzung nur für $n \geq 1$ gilt.

Auf Grund dieser Eigenschaft werden die $\frac{p_n}{q_n}$ als *Näherungsbrüche* von x bezeichnet.

Beweis: Nach Lemma 10.6 gilt

$$x = [a_0, a_1, \ldots, a_n, \xi_n] = \frac{\xi_n p_n + p_{n-1}}{\xi_n q_n + q_{n-1}},$$

somit ist

$$x - \frac{p_n}{q_n} = \frac{(\xi_n p_n + p_{n-1}) q_n - p_n (\xi_n q_n + q_{n-1})}{q_n (\xi_n q_n + q_{n-1})}$$

$$= \frac{p_{n-1} q_n - p_n q_{n-1}}{q_n (\xi_n q_n + q_{n-1})} = \frac{(-1)^n}{q_n (\xi_n q_n + q_{n-1})}.$$

Mit $a_{n+1} < \xi_n$ folgt

$$\left| x - \frac{p_n}{q_n} \right| = \frac{1}{q_n (\xi_n q_n + q_{n-1})} < \frac{1}{q_n (a_{n+1} q_n + q_{n-1})} = \frac{1}{q_n q_{n+1}} \leq \frac{1}{n(n+1)},$$

wobei die letzte Abschätzung nur für $n \geq 1$ gilt. Wir erkennen insbesondere, dass $\frac{p_n}{q_n}$ gegen x konvergiert. $\qquad \square$

Beispiel Die Kettenbruchentwicklungen von e und π sind

$$e = [2, 1, 2, 1, 1, 4, 1, 1, 6, 1, 1, 8, 1, 1, 10, 1, 1, 12, 1, 1, 14, 1, 1, 16, 1, 1, 18, \ldots]$$

$$\pi = [3, 7, 15, 1, 292, 1, 1, 1, 2, 1, 3, 1, 14, 2, 1, 1, 2, 2, 2, 2, 1, 84, 2, 1, 1, 15, 3, \ldots].$$

Dass die Kettenbruchentwicklung von e wirklich so regelmäßig ist, wurde schon von Euler [E] mit Hilfe der Riccati-Differentialgleichung gezeigt. Ein elementarer Beweis findet sich in [Ch]. Es mag erstaunen, dass eine transzendente Zahl eine solche einfache Kettenbruchentwicklung besitzt.

Bei π lässt sich in der Kettenbruchentwicklung kein Muster entdecken. Auffällig sind jedoch die manchmal auftretenden großen Zahlen. Solche Zahlen geben immer besonders gute Approximationen von π relativ zu der Nennergröße. Denn falls a_{n+1} groß ist, ist q_n relativ klein zu $q_{n+1} = a_{n+1} q_n + q_{n-1}$ und somit ist der Betrag der Differenz $\left| x - \frac{p_n}{q_n} \right| < \frac{1}{q_n q_{n+1}}$ sehr klein und $[a_0, \dots, a_n]$ eine daher gute Approximation. Für π erhalten wir die folgenden Approximationen:

$[a_0, \dots, a_n]$	$\frac{p_n}{q_n}$	$\lvert \pi - \frac{p_n}{q_n} \rvert$
$[3,7]$	$\frac{22}{7}$	$1.26 \cdot 10^{-3}$
$[3,7,15]$	$\frac{333}{106}$	$8.32 \cdot 10^{-5}$
$[3,7,15,1]$	$\frac{355}{113}$	$2.67 \cdot 10^{-7}$
$[3,7,15,1,292]$	$\frac{103993}{33102}$	$5.78 \cdot 10^{-10}$
$[3,7,15,1,292,1,1,1,2,1,3,1,14]$	$\frac{80143857}{25510582}$	$5.79 \cdot 10^{-16}$

Aufgabe 10.10 (Beste Approximation) Zeigen Sie, dass die Näherungsbrüche p_n/q_n einer irrationalen Zahl α für $n \geq 2$ die besten Approximationen von α durch Brüche p/q mit $\mathrm{ggT}(p,q) = 1$ und $1 \leq q \leq q_n$ liefern.

Wir wollen nun spezielle Kettenbruchentwicklungen untersuchen.

Definition 10.11 *Eine Kettenbruchentwicklung $x = [a_0, a_1, \dots]$ heißt periodisch (mit Periode h), falls es ein $n \in \mathbb{Z}$, $n \geq -1$, gibt mit $a_{m+h} = a_m$ für alle $m \geq n+1$, in Zeichen*

$$x = [a_0, a_1, \dots, a_n, \overline{a_{n+1}, a_{n+2}, \dots a_{n+h}}].$$

Sie heißt rein periodisch, *falls es keine Vorperiode gibt, d.h. $n = -1$ gewählt werden kann.*

Wir haben bereits gesehen, dass $\frac{1+\sqrt{5}}{2}$ rein periodisch ist, allgemein gilt folgender Satz:

Satz 10.12 (Euler/Lagrange) *Der Kettenbruch einer reellen Zahl x ist periodisch genau dann, wenn x eine quadratische Irrationalzahl ist, d.h. $x \in \mathbb{R} \setminus \mathbb{Q}$ erfüllt eine quadratische Gleichung $ax^2 + bx + c = 0$ mit $a, b, c \in \mathbb{Z}$ und $a \neq 0$.*

Beweis: (Euler) Ist $x = [a_0, a_1, \dots, a_n, \overline{a_{n+1}, a_{n+2}, \dots, a_{n+h}}]$ periodisch, so setzen wir $\xi = [\overline{a_{n+1}, a_{n+2}, \dots, a_{n+h}}]$. Dann gilt offenbar

$$\xi = [a_{n+1}, a_{n+2}, \dots, a_{n+h}, \xi].$$

Wir bezeichnen die zu ξ gehörenden Hilfsfolgen mit p_i', q_i'. Nach Lemma 10.6 gilt

$$\xi = \frac{\xi p_{h-1}' + p_{h-2}'}{\xi q_{h-1}' + q_{h-2}'},$$

und — äquivalent dazu —

$$q_{h-1}' \xi^2 + (q_{h-2}' - p_{h-1}')\xi - p_{h-2}' = 0.$$

Daher erfüllt ξ eine quadratische Gleichung. Nun ist

$$x = [a_0, a_1, \dots, a_n, \xi] = \frac{\xi p_n + p_{n-1}}{\xi q_n + q_{n-1}} \quad \Longrightarrow \quad \xi = -\frac{q_{n-1}x - p_{n-1}}{q_n x - p_n}.$$

Einsetzen in die obige quadratische Gleichung und Multiplikation mit $(q_n x - p_n)^2$ liefert eine quadratische Gleichung für x.

(Lagrange) Sei nun umgekehrt x eine quadratische Irrationalzahl mit $ax^2 + bx + c = 0$. Für die Kettenbruchentwicklung $x = [a_0, a_1, \ldots, a_n, \xi_n]$ von x gilt

$$x = \frac{\xi_n p_n + p_{n-1}}{\xi_n q_n + q_{n-1}}.$$

Setzt man dies in die quadratische Gleichung ein, so ergibt sich

$$A_n \xi_n^2 + B_n \xi_n + C_n = 0$$

mit ganzen Zahlen

$$A_n := a p_n^2 + b p_n q_n + c q_n^2,$$

$$B_n := 2a p_n p_{n-1} + b(p_n q_{n-1} + p_{n-1} q_n) + 2c q_n q_{n-1},$$

$$C_n := a p_{n-1}^2 + b p_{n-1} q_{n-1} + c q_{n-1}^2.$$

Jetzt erkennt man, dass $C_n = A_{n-1}$ und dass die Diskriminanten der quadratischen Gleichungen

$$B_n^2 - 4 A_n C_n = (b^2 - 4ac)(p_n q_{n-1} - q_n p_{n-1})^2 = b^2 - 4ac$$

alle gleich sind. Aus der Abschätzung

$$\left| x - \frac{p_n}{q_n} \right| < \frac{1}{q_n q_{n+1}} \le \frac{1}{q_n^2}$$

folgt

$$p_n = x q_n + \frac{\delta}{q_n}$$

mit $|\delta| < 1$. Das Einsetzen in die Formel für A_n liefert

$$|A_n| = \left| a \left(x q_n + \frac{\delta}{q_n} \right)^2 + b q_n \left(x q_n + \frac{\delta}{q_n} \right) + c q_n^2 \right|$$

$$= \left| q_n^2 (ax^2 + bx + c) + 2ax\delta + a\frac{\delta^2}{q_n^2} + b\delta \right|$$

$$= \left| 2ax\delta + a\frac{\delta^2}{q_n^2} + b\delta \right| < 2|ax| + |a| + |b|.$$

Hieraus folgt, dass es nur endlich viele Möglichkeiten für A_n — und somit auch für $C_n = A_{n-1}$ — gibt. Die Gleichung $B_n^2 - 4 A_n C_n = b^2 - 4ac$ impliziert, dass es auch nur endlich viele Möglichkeiten für B_n gibt. Schließlich können wegen $A_n \xi_n^2 + B_n \xi_n + C_n = 0$ auch nur endlich viele verschiedene ξ_n auftreten. Es gibt also ein $m \in \mathbb{N}_0$ und $h \in \mathbb{N}$ mit $\xi_{m+h} = \xi_m$. Damit ist die Kettenbruchentwicklung periodisch. $\qquad\square$

Nach der Lösungsformel für quadratische Gleichungen hat jede quadratische Irrationalzahl die Form

$$x = u + v\sqrt{d},$$

wobei $u, v, d \in \mathbb{Q}$ mit $v, d \neq 0$ und d kein Quadrat. Üblicherweise erweitert man die rationale Zahl d so, dass ihr Nenner ein Quadrat ist und zieht diesen dann aus der Wurzel, d.h. man kann ohne Einschränkung $d \in \mathbb{Z}$ annehmen.

Wir wollen nun die rein periodischen Kettenbrüche charakterisieren. Dazu benötigen wir folgende Definition.

Definition 10.13 *Sei $x = u + v\sqrt{d}$ mit $u, v \in \mathbb{Q}$ und $d \in \mathbb{Z}$ kein Quadrat, dann ist die zu x* konjugierte Zahl

$$\bar{x} = u - v\sqrt{d}.$$

Dies ist wohldefiniert, da für jedes $m \in \mathbb{N}$ gilt

$$\overline{u + v\sqrt{m^2 d}} = u - v\sqrt{m^2 d} = u - vm\sqrt{d} = \overline{u + vm\sqrt{d}}.$$

Aufgabe 10.14 Sei $d \in \mathbb{Z}$ kein Quadrat. Zeigen Sie, dass die Konjugation ein Körperautomorphismus auf $\mathbb{Q}(\sqrt{d}) = \mathbb{Q} \oplus \mathbb{Q}\sqrt{d}$ ist. Folgern Sie nun: Falls $x \in \mathbb{R} \setminus \mathbb{Q}$ eine Lösung einer quadratischen Gleichung $ax^2 + bx + c = 0$ mit $a, b, c \in \mathbb{Q}$ ist, dann ist $\bar{x}$ die zweite Lösung.

Satz 10.15 *Eine quadratische Irrationalzahl x hat genau dann eine rein periodische Kettenbruchentwicklung, wenn x reduziert ist, d.h.*

$$x > 1 \qquad \text{und} \qquad -1 < \bar{x} < 0.$$

Zum Beispiel ist $1 + \sqrt{2}$ reduziert. Im Beweis benötigen wir den folgenden Hilfssatz.

Hilfssatz 10.16 *Sei x eine quadratische Irrationalzahl mit rein periodischer Kettenbruchentwicklung*

$$x = [\overline{a_0, a_1, \ldots, a_{h-1}}],$$

dann gilt

$$-\frac{1}{\bar{x}} = [\overline{a_{h-1}, \ldots, a_1, a_0}].$$

Beweis: Sei $y = [\overline{a_{h-1}, \ldots, a_1, a_0}]$. Weiter sollen $\frac{p_n}{q_n}$ und $\frac{p'_n}{q'_n}$ die Näherungsbrüche in der Kettenbruchentwicklung von x bzw. y bezeichnen. Wegen

$$x = [a_0, a_1, \ldots, a_{h-1}, x] \quad \text{und} \quad y = [a_{h-1}, \ldots, a_1, a_0, y]$$

gilt nach Lemma 10.6

$$x = \frac{xp_{h-1} + p_{h-2}}{xq_{h-1} + q_{h-2}} \quad \text{und} \quad y = \frac{yp'_{h-1} + p'_{h-2}}{yq'_{h-1} + q'_{h-2}}. \tag{$*$}$$

Wir finden also x und y als Lösungen der quadratischen Gleichungen

$$q_{h-1}x^2 + (q_{h-2} - p_{h-1})x - p_{h-2} = 0 \quad \text{und} \quad q'_{h-1}y^2 + (q'_{h-2} - p'_{h-1})y - p'_{h-2} = 0.$$

Durch Division der letzten Gleichung durch $-y^2$ erhalten wir eine quadratische Gleichung in $-1/y$:

$$p'_{h-2}\left(\frac{-1}{y}\right)^2 + (q'_{h-2} - p'_{h-1})\left(\frac{-1}{y}\right) - q'_{h-1} = 0.$$

Mit Hilfe der Matrizenschreibweise können wir $(*)$ wie folgt ausdrücken: Es gibt $0 \neq \mu, \lambda \in \mathbb{R}$ mit

$$\mu\begin{pmatrix} x \\ 1 \end{pmatrix} = \begin{pmatrix} xp_{h-1} + p_{h-2} \\ xq_{h-1} + q_{h-2} \end{pmatrix} = \begin{pmatrix} p_{h-1} & p_{h-2} \\ q_{h-1} & q_{h-2} \end{pmatrix}\begin{pmatrix} x \\ 1 \end{pmatrix},$$

$$\lambda\begin{pmatrix} y \\ 1 \end{pmatrix} = \begin{pmatrix} yp'_{h-1} + p'_{h-2} \\ yq'_{h-1} + q'_{h-2} \end{pmatrix} = \begin{pmatrix} p'_{h-1} & p'_{h-2} \\ q'_{h-1} & q'_{h-2} \end{pmatrix}\begin{pmatrix} y \\ 1 \end{pmatrix}.$$

Nun ist

$$\begin{pmatrix} p_{h-1} & p_{h-2} \\ q_{h-1} & q_{h-2} \end{pmatrix} = \begin{pmatrix} a_0 & 1 \\ 1 & 0 \end{pmatrix} \begin{pmatrix} a_1 & 1 \\ 1 & 0 \end{pmatrix} \cdots \begin{pmatrix} a_{h-1} & 1 \\ 1 & 0 \end{pmatrix}$$

und

$$\begin{pmatrix} p'_{h-1} & p'_{h-2} \\ q'_{h-1} & q'_{h-2} \end{pmatrix} = \begin{pmatrix} a_{h-1} & 1 \\ 1 & 0 \end{pmatrix} \begin{pmatrix} a_{h-2} & 1 \\ 1 & 0 \end{pmatrix} \cdots \begin{pmatrix} a_0 & 1 \\ 1 & 0 \end{pmatrix},$$

somit erhalten wir

$$\begin{pmatrix} p_{h-1} & p_{h-2} \\ q_{h-1} & q_{h-2} \end{pmatrix} = \begin{pmatrix} p'_{h-1} & p'_{h-2} \\ q'_{h-1} & q'_{h-2} \end{pmatrix}^t.$$

Als Einzelgleichungen ist dies

$$p_{h-1} = p'_{h-1}, \quad p_{h-2} = q'_{h-1}, \quad q_{h-1} = p'_{h-2} \quad \text{und} \quad q_{h-2} = q'_{h-2}.$$

Also sind x und $-1/y$ Lösungen derselben quadratischen Gleichung, es gilt daher $x = -1/y$ oder $\bar{x} = -1/y$. Da rein periodische Kettenbrüche wegen $a_0 = a_h \geq 1$ positive Zahlen sind, ist $x, y > 0$ und $-1/y < 0$. Somit muss $\bar{x} = -1/y$ gelten, d.h. $y = -1/\bar{x}$. $\qquad\square$

Beweis (Satz 10.15): Sei zuerst $x = [\overline{a_0, a_1, \ldots, a_{h-1}}]$ rein periodisch. Dann ist $x > a_0 = a_h \geq 1$. Ebenso ist $-1/\bar{x} = [\overline{a_{h-1}, \ldots, a_0}] > 1$, d.h. $0 > \bar{x} > -1$.

Nehmen wir jetzt umgekehrt an, dass x eine reduzierte quadratische Irrationalzahl ist. Wir wissen, dass x eine periodische Kettenbruchentwicklung besitzt,

$$x = [a_0, \ldots, a_n, \overline{a_{n+1}, a_1, \ldots, a_{n+h}}].$$

Wir behaupten, dass auch ξ_0 reduziert sind. (Hier sind die ξ_i aus dem Kettenbruchalgorithmus gemeint.) Nach Definition ist $\xi_0 = 1/(x - \lfloor x \rfloor) > 1$. Nach Aufgabe 10.14 ist

$$\overline{\xi_0} = \frac{1}{\bar{x} - \lfloor x \rfloor}.$$

Mit $\lfloor x \rfloor \geq 1$ und $-1 < \bar{x} < 0$ folgt wie behauptet $-1 < \overline{\xi_0} < 0$. Mit Induktion über n und der Formel $\xi_n = 1/(\xi_{n-1} - a_n)$ zeigt man genauso, dass alle ξ_n reduziert sind.

Es reicht $a_n = a_{n+h}$ zu beweisen, dann ist

$$x = [a_0, \ldots, a_{n-1}, \overline{a_n, a_{n+1}, \ldots, a_{n+h-1}}],$$

und der Satz folgt durch Induktion. Wir haben nach Definition und dem Hilfssatz

$$\xi_n = [\overline{a_{n+1}, \ldots, a_{n+h}}]$$

$$\xi_{n-1} = [a_n, \overline{a_{n+1}, a_1, \ldots, a_{n+h}}] = [a_n, \xi_n] = a_n + \frac{1}{\xi_n}$$

$$-\frac{1}{\overline{\xi_n}} = [\overline{a_{n+h}, \ldots, a_{n+1}}].$$

Da ξ_{n-1} reduziert ist, gilt $1 > -\overline{\xi_{n-1}} > 0$. Aus $\xi_{n-1} = a_n + 1/\xi_n$ folgt

$$-\frac{1}{\overline{\xi_n}} = a_n + \left(-\overline{\xi_{n-1}}\right) \quad \Longrightarrow \quad \left\lfloor -\frac{1}{\overline{\xi_n}} \right\rfloor = a_n.$$

Nach dem Kettenbruchalgorithmus für die Zahl $-1/\overline{\xi_n}$ gilt auch $\lfloor -1/\overline{\xi_n} \rfloor = a_{n+h}$, und wir erhalten schließlich $a_n = a_{n+h}$.   □

Untersuchen wir nun die Kettenbruchentwicklungen von Quadratwurzeln. Die Kettenbruchentwicklungen der ersten Zahlen sind

$$\sqrt{2} = [1, \overline{2}]$$
$$\sqrt{3} = [1, \overline{1,2}]$$
$$\sqrt{5} = [2, \overline{4}]$$
$$\sqrt{6} = [2, \overline{2,4}]$$
$$\sqrt{7} = [2, \overline{1,1,1,4}]$$
$$\vdots \;\; = \;\; \vdots$$
$$\sqrt{19} = [4, \overline{2,1,3,1,2,8}]$$
$$\sqrt{20} = [4, \overline{2,8}]$$
$$\sqrt{21} = [4, \overline{1,1,2,1,1,8}].$$

Satz 10.17 *Sei $d \in \mathbb{N}$ kein Quadrat. Dann ist die Kettenbruchentwicklung von $\sqrt{d}$ vom Typ*

$$\sqrt{d} = [a_0, \overline{a_1, \dots, a_{h-1}, 2a_0}]$$

mit $a_{h-i} = a_i$ für $i = 1, \dots, h-1$.

Beweis: Sei wie im Kettenbruchalgorithmus vorgegeben $a_0 = \lfloor \sqrt{d} \rfloor$. Anstatt $\sqrt{d}$ direkt in einen Kettenbruch zu entwickeln, entwickeln wir $x = a_0 + \sqrt{d}$. Wegen $a_0 \in \mathbb{N}$ unterscheiden sich die beiden Kettenbruchentwicklungen nur an der ersten Stelle, an der bei $\sqrt{d}$ die Zahl a_0 und bei x die Zahl $\lfloor x \rfloor = \lfloor a_0 + \sqrt{d} \rfloor = 2a_0$ steht.

x ist reduziert, da $0 > \bar{x} = \lfloor \sqrt{d} \rfloor - \sqrt{d} > -1$ ist. Somit hat x eine rein periodische Kettenbruchentwicklung,

$$x = [\overline{2a_0, a_1, \dots, a_{h-1}}].$$

Für die Symmetrie in den a_i wendet man auf

$$\frac{1}{x - 2a_0} = \xi_0 = [\overline{a_1, \dots, a_{h-1}, 2a_0}]$$

den Hilfssatz 10.16 an:

$$[\overline{2a_0, a_{h-1}, \dots, a_2, a_1}] = -\frac{1}{\overline{\xi_0}} = -(\bar{x} - 2a_0) = a_0 + \sqrt{d} = x.$$

Durch Vergleich der obigen Kettenbruchentwicklungen ergibt sich $a_i = a_{h-i}$.   □

Aufgabe 10.18 Sei $m \in \mathbb{N}$. Entwickeln Sie $\sqrt{m^2 + 1}$ in einen Kettenbruch.

Für den Faktorisierungsalgorithmus von Brillhart–Morrison im Abschnitt 12, der mit Kettenbruchentwicklungen arbeitet, stellen wir noch den folgenden Satz bereit.

Satz 10.19 *Sei $d \in \mathbb{N}$ kein Quadrat. Seien p_n/q_n, ξ_n und a_n die Näherungsbrüche, Reste und deren ganzzahlige Anteile in der Kettenbruchentwicklung von $\sqrt{d}$. Dann gilt*

$$\xi_n = \frac{b_n + \sqrt{d}}{c_n} \quad mit \quad \begin{aligned} b_0 &:= \lfloor \sqrt{d} \rfloor \\ c_{-1} &:= 1, \ c_0 := d - b_0^2 \\ b_{n+1} &:= a_{n+1}c_n - b_n \\ c_{n+1} &:= c_{n-1} + 2a_{n+1}b_n - a_{n+1}^2 c_n \end{aligned}$$

sowie

$$p_n^2 - dq_n^2 = (-1)^{n+1} c_n \quad und \quad 0 < c_n < 2\sqrt{d}$$

für $n \in \mathbb{N}_0$.

Beweis: Wir beweisen zunächst die Gleichung

$$d - b_{n+1}^2 = c_n c_{n+1}$$

per Induktion für $n \geq -1$. Für $n = -1$ ist dies die Definition von c_0. Der Induktionsschritt ist

$$d - b_{n+1}^2 = d - (a_{n+1}c_n - b_n)^2 = (d - b_n^2) + c_n(2a_{n+1}b_n - a_{n+1}^2 c_n)$$
$$= c_n c_{n-1} + c_n(c_{n+1} - c_{n-1}) = c_n c_{n+1}.$$

Nun beweisen wir ebenfalls durch Induktion die Formel $\xi_n = (b_n + \sqrt{d})/c_n$ für $n \in \mathbb{N}_0$. Der Anfang ist

$$\xi_0 = \frac{1}{\sqrt{d} - \lfloor \sqrt{d} \rfloor} = \frac{1}{\sqrt{d} - b_0} = \frac{b_0 + \sqrt{d}}{d - b_0^2} = \frac{b_0 + \sqrt{d}}{c_0}$$

und der Schritt

$$\xi_{n+1} = \frac{1}{\xi_n - a_{n+1}} = \frac{c_n}{b_n + \sqrt{d} - a_{n+1}c_n} = \frac{c_n}{\sqrt{d} - b_{n+1}} = \frac{c_n(b_{n+1} + \sqrt{d})}{d - b_{n+1}^2}$$

$$= \frac{c_n(b_{n+1} + \sqrt{d})}{c_n c_{n+1}} = \frac{b_{n+1} + \sqrt{d}}{c_{n+1}}.$$

Um die Gleichung $p_n^2 - dq_n^2 = (-1)^{n+1} c_n$ zu beweisen, starten wir mit der Formel aus Lemma 10.6 und setzen den obigen Ausdruck für ξ_n ein:

$$\sqrt{d} = \frac{\xi_n p_n + p_{n-1}}{\xi_n q_n + q_{n-1}} = \frac{(b_n + \sqrt{d})p_n + c_n p_{n-1}}{(b_n + \sqrt{d})q_n + c_n q_{n-1}}$$

$$\Longleftrightarrow \quad (b_n p_n + c_n p_{n-1} - dq_n) + \sqrt{d}(p_n - b_n q_n - c_n q_{n-1}) = 0$$

Ein Koeffizientenvergleich liefert

$$b_n p_n + c_n p_{n-1} - dq_n = 0 \quad und \quad p_n - b_n q_n - c_n q_{n-1} = 0.$$

Multiplikation der ersten Gleichung mit q_n, der zweiten mit p_n und Addition beider ergibt

$$p_n^2 + c_n(p_{n-1}q_n - p_n q_{n-1}) - dq_n^2 = 0.$$

Mit Lemma 10.7 ergibt sich die behauptete Gleichheit.

Zum Abschluss beweisen wir die Abschätzung

$$0 < c_n < 2\sqrt{d}.$$

Für $n = 0$ folgt dies aus

$$c_0 = d - \lfloor \sqrt{d} \rfloor^2 = (\sqrt{d} - \lfloor \sqrt{d} \rfloor)(\sqrt{d} + \lfloor \sqrt{d} \rfloor).$$

Für $n \geq 1$ besitzt ξ_n nach Satz 10.17 eine rein–periodische Kettenbruchentwicklung. Es gilt daher $\xi_n > 1$ und $-1 < \overline{\xi}_n < 0$ nach Satz 10.15. Aus der Rechnung

$$0 < \xi_n - \overline{\xi}_n = \frac{b_n + \sqrt{d}}{c_n} - \frac{b_n - \sqrt{d}}{c_n} = \frac{2\sqrt{d}}{c_n}$$

folgt, dass die c_n positiv sind. Dies nutzen wir, um die b_n durch

$$b_n = \sqrt{d - c_{n-1} c_n} < \sqrt{d}$$

abzuschätzen. Nun ergibt sich wegen $\xi_n > 1$

$$c_n < c_n \xi_n = b_n + \sqrt{d} < 2\sqrt{d}. \qquad \square$$

Wir wollen nun zeigen, dass die Näherungsbrüche einer Kettenbruchentwicklung die besten rationalen Approximationen sind.

Satz 10.20 *Sei $x \in \mathbb{R}$ gegeben. Falls für $\frac{p}{q} \in \mathbb{Q}$ mit $\mathrm{ggT}(p,q) = 1$ und $q > 0$ gilt*

$$\left| x - \frac{p}{q} \right| < \frac{1}{2q^2},$$

dann ist $\frac{p}{q}$ ein Näherungsbruch der Kettenbruchentwicklung von x.

Beweis: Wir entwickeln $\frac{p}{q}$ in einen Kettenbruch

$$\frac{p}{q} = [a_0, a_1, \dots, a_n].$$

Falls $x = p/q$ ist, ist dies die Kettenbruchentwicklung von x, und wir sind fertig. Andernfalls gibt es $\varepsilon \in \{\pm 1\}$ und $0 < \delta < 1$ mit

$$x - \frac{p}{q} = \varepsilon \cdot \frac{\delta}{2q^2}.$$

Wir hatten nach Satz 10.4 bemerkt, dass man die Länge der Kettenbruchentwicklung einer rationalen Zahl um eins variieren kann. Daher dürfen wir ohne Einschränkung annehmen, dass $\varepsilon = (-1)^n$ ist.

Nun finden wir ein $\xi_n \in \mathbb{R}$ mit

$$x = [a_0, a_1, \dots, a_n, \xi_n].$$

Wir setzen weiter

$$\xi_i := [a_{i+1}, \ldots, a_n, \xi_n] \quad \text{für } i = 0, \ldots, n-1, \quad \text{also} \quad \xi_i = [a_{i+1}, \xi_{i+1}] = a_{i+1} + \frac{1}{\xi_{i+1}}.$$

Dann gilt

$$x = [a_0, a_1, \ldots, a_i, \xi_i].$$

Wir wollen zeigen, dass dies Kettenbruchentwicklungen von x sind und damit insbesondere p/q ein Näherungsbruch von x ist. Dafür müssen wir nur $\xi_i > 1$ für $i = 0, \ldots, n$ beweisen, denn dann ist $a_{i+1} = \lfloor \xi_i \rfloor$ — genau wie vom Kettenbruchalgorithmus verlangt. Tatsächlich folgt $\xi_i > 1$ für $i = 0, \ldots, n$ bereits aus $\xi_n > 1$ durch eine absteigende Induktion auf Grund der Gleichung

$$\xi_i = a_{i+1} + \frac{1}{\xi_{i+1}}.$$

Berechnen wir jetzt ξ_n. Nach Lemma 10.6 ist

$$\frac{p}{q} = \frac{p_n}{q_n} \quad \text{und} \quad x = \frac{p_n \xi_n + p_{n-1}}{q_n \xi_n + q_{n-1}}.$$

Aus $\mathrm{ggT}(p,q) = \mathrm{ggT}(p_n, q_n) = 1$ und $q, q_n > 0$ folgt $p = p_n$ und $q = q_n$. Wir rechnen nun unter Ausnutzung der Voraussetzung und von Lemma 10.7

$$\frac{(-1)^n \delta}{2q_n^2} = x - \frac{p}{q} = \frac{p_n \xi_n + p_{n-1}}{q_n \xi_n + q_{n-1}} - \frac{p_n}{q_n} = \frac{q_n p_{n-1} - p_n q_{n-1}}{q_n(q_n \xi_n + q_{n-1})}$$

$$= \frac{(-1)^n}{q_n(q_n \xi_n + q_{n-1})}$$

$$\implies 2q_n = \delta(q_n \xi_n + q_{n-1}) \implies q_n + q_{n-1} \leq 2q_n < q_n \xi_n + q_{n-1},$$

woraus schließlich $\xi_n > 1$ folgt. $\qquad\square$

Eine weitere berühmte Anwendung finden die Kettenbruchentwicklungen beim Lösen der *Pellschen Gleichung*,

$$x^2 - dy^2 = 1 \qquad \text{für } d \in \mathbb{N}, \text{ kein Quadrat.}$$

Meist ist man an ganzzahligen Lösungen interessiert. Wir wollen etwas allgemeiner die Gleichung

$$x^2 - dy^2 = c$$

betrachten. Im Augenblick interessieren wir uns für $c = \pm 1$. Im Abschnitt 17 wird dann auch $c = \pm 4$ wichtig werden.

Falls $(p,q) \in \mathbb{Z}^2$ eine solche Lösung ist, dann sind auch $(\pm p, \pm q)$ Lösungen. Weiter bemerken wir, dass für jede Lösung (p,q) der Gleichung $x^2 - dy^2 = \pm 1$ die Zahlen p und q teilerfremd sein müssen, weil jeder gemeinsame Teiler von p und q auch ein Teiler von $p^2 - dq^2 = \pm 1$ sein muss. Man kann daher p und q bis auf Vorzeichen aus ihrem Quotienten $\frac{p}{q} \in \mathbb{Q}$ rekonstruieren.

Satz 10.21 *Sei $d \in \mathbb{N}$ kein Quadrat und c eine ganze Zahl mit $c \geq -d$ und*

$$2|c| < \sqrt{\min\{c,0\}+d} + \sqrt{d}.$$

Dann tritt jede Lösung $(p,q) \in \mathbb{N}^2$ der Pellschen Gleichung $x^2 - dy^2 = c$ in der Form $\frac{p}{q}$ als Näherungsbruch in der Kettenbruchentwicklung von $\sqrt{d}$ auf.

Beweis: Sei (p,q) eine solche Lösung, d.h. $p^2 - dq^2 = c$. Dann gilt

$$p - q\sqrt{d} = \frac{c}{p+q\sqrt{d}}$$

$$\implies \quad \left|\frac{p}{q} - \sqrt{d}\right| = \frac{|c|}{q(p+q\sqrt{d})} = \frac{|c|}{q(\sqrt{c+dq^2}+q\sqrt{d})}$$

$$= \frac{|c|}{q^2(\sqrt{c/q^2+d}+\sqrt{d})} \leq \frac{|c|}{q^2(\sqrt{\min\{c,0\}+d}+\sqrt{d})} < \frac{1}{2q^2},$$

also ist $\frac{p}{q}$ nach Satz 10.20 ein Näherungswert der Kettenbruchentwicklung. $\qquad\square$

Insbesondere treten nach dem Satz alle Lösungen der Gleichung $x^2 - dy^2 = \pm 1$ als Näherungsbruch in der Kettenbruchentwicklung auf. Wir wollen noch die Existenz von Lösungen der Pellschen Gleichung sichern. Im folgenden Satz werden unendlich viele Lösungen angegeben. Es wird jedoch nicht gezeigt, dass dies alle Lösungen sind, auch andere Kettenbruchnäherungen kommen als Lösungen in Frage. Die genaue Struktur der Lösungsmenge werden wir in Abschnitt 17 beschreiben.

Satz 10.22 *Sei $d \in \mathbb{N}$ kein Quadrat und*

$$\sqrt{d} = [a_0, \overline{a_1, \ldots, a_{h-1}, 2a_0}]$$

eine Kettenbruchentwicklung von $\sqrt{d}$. $\frac{p_n}{q_n}$ sollen die Näherungsbrüche der Kettenbruchentwicklung bezeichnen.

Dann sind die Tupel (p_{ih-1}, q_{ih-1}) für $i \in \mathbb{N}$ Lösungen der Gleichung

$$x^2 - dy^2 = (-1)^{ih}.$$

Beweis: Aus der Kettenbruchentwicklung von $\sqrt{d}$ folgt, dass $a_0 + \sqrt{d}$ die Kettenbruchentwicklung

$$a_0 + \sqrt{d} = [\overline{2a_0, a_1, \ldots, a_{h-1}}]$$

hat. Dies sind auch gerade die Reste ξ_{ih-1} bei der Kettenbruchentwicklung von

$$\sqrt{d} = [a_0, \ldots, a_{ih-1}, \xi_{ih-1}].$$

Lemma 10.6 impliziert

$$\sqrt{d} = \frac{\xi_{ih-1}p_{ih-1}+p_{ih-2}}{\xi_{ih-1}q_{ih-1}+q_{ih-2}} = \frac{(a_0+\sqrt{d})p_{ih-1}+p_{ih-2}}{(a_0+\sqrt{d})q_{ih-1}+q_{ih-2}}.$$

Durch Multiplikation mit dem Nenner und Ausmultiplizieren erhalten wir

$$(a_0 p_{ih-1} + p_{ih-2} - dq_{ih-1}) + (-a_0 q_{ih-1} - q_{ih-2} + p_{ih-1})\sqrt{d} = 0.$$

Da $\sqrt{d}$ irrational ist, können wir einen Koeffizientenvergleich durchführen. Multiplizieren der Terme mit q_{ih-1} bzw. p_{ih-1} und Addition führt nach Umsortieren zu

$$p_{ih-1}^2 - dq_{ih-1}^2 = p_{ih-1}q_{ih-2} - p_{ih-2}q_{ih-1} = (-1)^{ih},$$

wobei die letzte Gleichheit nach Lemma 10.7 gilt. □

Beispiel Es gilt $\sqrt{3} = [1, \overline{1,2}]$ und somit $p_0 = 1$, $p_1 = 2$, $q_0 = 1$, $q_1 = 1$ und $h = 2$. Man bekommt also die Lösung $(x,y) = (2,1)$ für $i = 1$.

Zusatzaufgaben

Aufgabe 10.23 Bestimmen Sie die Kettenbruchentwicklungen der reellen Zahlen $1/2 + \sqrt{5}$ und $\sqrt{3}/2$.

Aufgabe 10.24 Berechnen Sie für $m \in \mathbb{N}$, $m \geq 2$ die Kettenbruchentwicklung von $x = \sqrt{m^2 - 1}$.

Aufgabe 10.25 Berechnen Sie einige Lösungen der Pellschen Gleichungen $x^2 - 3y^2 = 1$ und $x^2 - 13y^2 = 1$.

Aufgabe 10.26 Man kann die Pellsche Gleichung, $x^2 - dy^2 = 1$, auch schreiben als

$$\det \begin{pmatrix} x & dy \\ y & x \end{pmatrix} = 1.$$

Zeigen Sie, dass damit die ganzzahligen Lösungen der Pellschen Gleichung zu einer Untergruppe der Gruppe $GL(2, \mathbb{Q})$ werden.

Aufgabe 10.27 Sei $x = 5 + \sqrt{26}$. Berechnen Sie die Kettenbruchentwicklung von x sowie einen Näherungsbruch $\frac{p_n}{q_n}$ zu x, der um weniger als 10^{-9} von x abweicht.

Aufgabe 10.28 Sei $n \geq 1$ eine natürliche Zahl und $z > n$ eine reelle Zahl, die die Gleichung $z^2 = 1 + nz$ erfüllt. Bestimmen Sie die Kettenbruchentwicklung von z in Abhängigkeit von n und berechnen Sie z für $n = 3$ als quadratische Irrationalzahl. Geben Sie damit eine Lösung (x,y) der Pellschen Gleichung $x^2 - 13y^2 = -4$ an.

Aufgabe 10.29 In der Kettenbruchentwicklung einer reellen, positiven Zahl α ist bei zwei aufeinanderfolgenden Näherungsbrüchen $\frac{p_n}{q_n}$ wenigstens eine der zwei folgenden Abschätzungen richtig:

$$\left| \alpha - \frac{p_n}{q_n} \right| \leq \frac{1}{2q_n^2}, \quad \left| \alpha - \frac{p_{n+1}}{q_{n+1}} \right| \leq \frac{1}{2q_{n+1}^2}.$$

Bei drei aufeinanderfolgenden Näherungsbrüchen ist wenigstens eine der drei folgenden Abschätzungen richtig:

$$\left| \alpha - \frac{p_n}{q_n} \right| \leq \frac{1}{\sqrt{5}q_n^2}, \quad \left| \alpha - \frac{p_{n+1}}{q_{n+1}} \right| \leq \frac{1}{\sqrt{5}q_{n+1}^2}, \quad \left| \alpha - \frac{p_{n+2}}{q_{n+2}} \right| \leq \frac{1}{\sqrt{5}q_{n+2}^2}.$$

Aufgabe 10.30 Finden Sie die Kettenbruchentwicklung von $x = 1 + 2\sin(\pi/3)$, indem Sie eine quadratische Gleichung für x aufstellen.

11 Primzahltests

In diesem Abschnitt wollen wir diskutieren, wie man entscheiden kann, ob eine gegebene Zahl $n \in \mathbb{N}$ prim ist. Dazu könnte man natürlich auch die Faktorisierungsalgorithmen des nächsten Abschnittes verwenden, diese haben jedoch eine wesentlich schlechtere Laufzeit.

Wie schon im Abschnitt 1 erwähnt, ist meistens die zu einem bestimmten Zeitpunkt größte bekannte Primzahl eine Mersennesche. Das liegt daran, dass es für diese den folgenden einfach durchzuführenden Test gibt:

Satz 11.1 (Lucas–Lehmer Test) *Sei $n = 2^p - 1$ für eine ungerade Primzahl $p \in \mathbb{P}$. Die Folge S_k sei rekursiv definiert durch $S_1 = 4$ und $S_k = S_{k-1}^2 - 2$. Dann ist n genau dann prim, falls n die Zahl S_{p-1} teilt.*

Beweis: Wir rechnen im Ring $\mathbb{Z}[\sqrt{3}]$, der additiv als $\mathbb{Z} \oplus \mathbb{Z}\sqrt{3}$ geschrieben werden kann. Sei $\omega = 2 + \sqrt{3}$ und $\overline{\omega} = 2 - \sqrt{3}$. Wir behaupten, dass

$$S_k = \omega^{2^{k-1}} + \overline{\omega}^{2^{k-1}}.$$

Wir zeigen dies durch Induktion. Der Anfang ist $\omega^{2^0} + \overline{\omega}^{2^0} = \omega + \overline{\omega} = 4$, und der Induktionschritt ist die Rechnung

$$S_k = S_{k-1}^2 - 2 = (\omega^{2^{k-2}} + \overline{\omega}^{2^{k-2}})^2 - 2 = \omega^{2^{k-1}} + \overline{\omega}^{2^{k-1}} + 2(\omega\overline{\omega})^{2^{k-2}} - 2$$

$$= \omega^{2^{k-1}} + \overline{\omega}^{2^{k-1}}, \qquad \text{da} \quad \omega\overline{\omega} = 1.$$

Nun setzen wir voraus, dass n eine Primzahl ist und zeigen zunächst, dass

$$\omega^{2^{p-1}} \equiv -1 \mod n.$$

Dazu bemerken wir, dass

$$\omega = \left(\frac{1 + \sqrt{3}}{\sqrt{2}} \right)^2.$$

Unter Ausnutzung von

$$2^{\frac{n-1}{2}} \equiv \left(\frac{2}{n} \right) = 1 \bmod n$$

und

$$3^{\frac{n-1}{2}} \equiv \left(\frac{3}{n} \right) = -\left(\frac{n}{3} \right) = -\left(\frac{(-1)^p - 1}{3} \right) = -\left(\frac{-2}{3} \right) = -1 \bmod n$$

sowie des Hilfssatzes 4.6 rechnen wir

$$\omega^{2^{p-1}} = \omega^{\frac{n+1}{2}} = \frac{(1+\sqrt{3})^{n+1}}{2^{\frac{n+1}{2}}} = \frac{(1+\sqrt{3})^n}{2^{\frac{n-1}{2}}} \cdot \frac{(1+\sqrt{3})}{2} \equiv (1+\sqrt{3}^n)\frac{(1+\sqrt{3})}{2}$$

$$= (1 + 3^{\frac{n-1}{2}}\sqrt{3})\frac{(1+\sqrt{3})}{2} \equiv (1-\sqrt{3})\frac{(1+\sqrt{3})}{2} = -1 \mod n.$$

Durch Multiplikation der äquivalenten Gleichung $\omega^{2^{p-1}} + 1 \equiv 0 \mod n$ mit $\overline{\omega}^{2^{p-2}}$ erhalten wir wegen $\omega\overline{\omega} = 1$

$$0 \equiv \omega^{2^{p-1}}\overline{\omega}^{2^{p-2}} + \overline{\omega}^{2^{p-2}} = \omega^{2^{p-2}} + \overline{\omega}^{2^{p-2}} = S_{p-1} \mod n,$$

d.h. n teilt S_{p-1}.

Setzen wir dies umgekehrt voraus, dann finden wir ein $c \in \mathbb{N}$ mit $S_{p-1} = cn$. Einsetzen in die Formel für S_{p-1} liefert

$$cn = \omega^{2^{p-2}} + \overline{\omega}^{2^{p-2}}.$$

Durch Multiplikation mit $\omega^{2^{p-2}}$ erhalten wir wegen $\omega\overline{\omega} = 1$

$$\omega^{2^{p-1}} = cn\omega^{2^{p-2}} - 1.$$

Angenommen, n wäre nicht prim. Dann finden wir einen Primfaktor q mit $3 \leq q \leq \sqrt{n}$. Modulo q lautet die obige Gleichung

$$\omega^{2^{p-1}} \equiv -1 \mod q \qquad \text{und daher} \qquad \omega^{2^p} \equiv 1 \mod q.$$

Also ist ω im Ring $R = \mathbb{Z}[\sqrt{3}]/q\mathbb{Z}[\sqrt{3}] = \mathbb{Z}/q\mathbb{Z} \oplus \mathbb{Z}/q\mathbb{Z}\sqrt{3}$ eine Einheit, und seine Ordnung in der Einheitengruppe $R^\times$ ist 2^p. Da $R^\times \subseteq R \setminus \{0\}$ höchstens $q^2 - 1$ Elemente hat, gilt $2^p \leq q^2 - 1$. Dies widerspricht jedoch der Wahl von q als Primzahl mit $q^2 \leq n = 2^p - 1$. $\qquad \square$

Beispiel Wir wollen mit Hilfe dieses Tests beweisen, dass $n = 2^5 - 1 = 31$ eine Primzahl ist. Um $n|S_4$, d.h. $S_4 \equiv 0 \mod n$, zu zeigen, rechnen wir die S_k direkt modulo n aus:

$$S_1 = 4, \quad S_2 = 4^2 - 2 = 14, \quad S_3 = 14^2 - 2 = 194 \equiv 8 \mod 31,$$

$$S_4 \equiv 8^2 - 2 = 62 \equiv 0 \mod 31.$$

Aufgabe 11.2 Zeigen Sie mit dem Lucas–Lehmer Test, dass $n = 2^7 - 1 = 127$ eine Primzahl ist.

Mittlerweile gibt es im Internet das GIMPS–Projekt (Great Internet Mersenne Prime Search). Dort wurde die Suche nach den Mersenneschen Primzahlen parallelisiert. Leute, die zu dieser Suche beitragen möchten, können sich dort ein Programm herunterladen und auf ihrem Computer ausführen. Dieses Programm holt sich dann von einem Server immer neue Teilaufgaben für die Berechnung der nächsten Mersenneschen Primzahl, löst diese und schickt sie wieder zum Server zurück. Durch die Beteiligung vieler Rechner konnten bereits im Mai 2004 vierzehn Billionen ($= 14 \cdot 10^{12}$) Rechenoperation pro Sekunde durchgeführt werden.

Die anderen bereits erwähnten berühmten Primzahlen sind die Fermatschen Primzahlen, obwohl man davon nur 5 Stück kennt und vermutet, dass es keine weiteren gibt. Auch für diese Zahlen gibt es einen speziellen Test, den Pepin Test. Er beruht auf dem folgenden Test, der immer anwendbar ist, wenn man die Primteiler von $n-1$ kennt.

Satz 11.3 (Lucas Test) *Eine natürliche Zahl n ist genau dann eine Primzahl, wenn es eine natürliche Zahl $0 < a < n$ gibt mit*

$$a^{n-1} \equiv 1 \mod n, \qquad aber \ a^{\frac{n-1}{q}} \not\equiv 1 \mod n$$

für alle Primteiler q von $n-1$.

Beweis: Falls n eine Primzahl ist, hat jede Primitivwurzel modulo n diese Eigenschaft nach Lemma 7.4. Falls umgekehrt die Zahl a die Voraussetzungen erfüllt, dann hat a die Ordnung $n-1$ in $(\mathbb{Z}/n\mathbb{Z})^{\times} = U_n$. Insbesondere gilt also $n-1 | \varphi(n)$. Wegen $\varphi(n) < n$ bedeutet dies $\varphi(n) = n-1$. Damit ist n prim nach Aufgabe 5.22. $\square$

Wir wollen zeigen, dass $n = 61$ prim ist. Wegen $n - 1 = 60 = 2^2 \cdot 3 \cdot 5$ folgt dies aus

$$2^{\frac{60}{2}} = 2^{30} = \quad (2^6)^5 = \quad\ \ 64^5 \equiv \quad 3^5 \equiv 60 \not\equiv 1 \mod 61,$$

$$2^{\frac{60}{3}} = 2^{20} = (2^6)^3 \cdot 2^2 = (64)^3 \cdot 2^2 \equiv 3^3 \cdot 4 \equiv 47 \not\equiv 1 \mod 61,$$

$$2^{\frac{60}{5}} = 2^{12} = \quad (2^6)^2 = \quad\ \ 64^2 \equiv \quad 3^2 \equiv \ 9 \not\equiv 1 \mod 61.$$

Aufgabe 11.4 Zeigen Sie mit dem Lucas Test, dass $n = 71$ prim ist.

Eine direkte Verallgemeinerung des Lucas Tests ist der Pocklington Test:

Satz 11.5 (Pocklington) *Sei n eine natürliche Zahl, so dass $n-1$ eine Faktorisierung der Form $n - 1 = R \cdot F$ besitzt, wobei alle Primteiler von F bekannt sind. Weiterhin gebe es eine natürliche Zahl $0 < a < n$ mit*

$$a^{n-1} \equiv 1 \mod n \quad und \quad \mathrm{ggT}(a^{\frac{n-1}{q}} - 1, n) = 1$$

für alle Primteiler q von F. Ist dann $F \geq \sqrt{n}$, so ist n eine Primzahl.

Beweis: Sei p ein Primteiler von n. Wir berechnen die Ordnung d von a^R modulo p. Wegen $(a^R)^F = a^{n-1} \equiv 1 \mod n$ und $p|n$ ist diese ein Teiler von F. Tatsächlich sind d und F gleich. Denn gäbe es einen Primteiler q von F/d, also $d|(F/q)$, so folgte

$$1 \equiv (a^R)^d \equiv (a^R)^{\frac{F}{q}} = a^{\frac{n-1}{q}} \mod p \quad \Longrightarrow \quad p | a^{\frac{n-1}{q}} - 1,$$

im Widerspruch zu $\mathrm{ggT}(a^{\frac{n-1}{q}} - 1, n) = 1$.

Somit teilt $d = F$ die Gruppenordnung $p-1$ von $\mathbb{Z}/p\mathbb{Z}$, insbesondere ist $p > F \geq \sqrt{n}$. Wir haben damit gezeigt, dass n nur Primteiler größer als $\sqrt{n}$ besitzt, was für eine zusammengesetzte Zahl unmöglich ist. $\square$

Brillhart, Lehmer und Selfridge haben diesen Test noch weiter verbessert [CP, Thm. 4.1.5]. Für die Fermatschen Primzahlen reicht es aus, im Lucas Test die Zahl $a = 3$ zu überprüfen:

Satz 11.6 (Pepin Test) *Die Zahl $F_k = 2^{2^k} + 1$, $k \geq 1$, ist genau dann eine Primzahl, falls*

$$3^{(F_k-1)/2} \equiv -1 \quad \mod F_k.$$

Beweis: Da $F_k - 1$ eine Zweierpotenz ist, sind

$$3^{\frac{F_k-1}{2}} \equiv -1 \quad \mod F_k \quad \Longrightarrow \quad 3^{F_k-1} \equiv 1 \quad \mod F_k$$

gerade die nötigen Kongruenzen, um mit Hilfe des vorangegangenen Satzes schließen zu können, dass F_k eine Primzahl ist.

Sei nun umgekehrt vorausgesetzt, dass F_k eine Primzahl ist, dann ist nach Satz 8.5.2 von Euler und dem Gaußschen Reziprozitätsgesetz

$$3^{\frac{F_k-1}{2}} \equiv \left(\frac{3}{F_k}\right) = \left(\frac{F_k}{3}\right) \quad \mod F_k.$$

Mit $F_k = 2^{2^k} + 1 \equiv (-1)^{2^k} + 1 = 2 \equiv -1 \mod 3$ folgt

$$3^{\frac{F_k-1}{2}} \equiv \left(\frac{F_k}{3}\right) = \left(\frac{-1}{3}\right) = -1 \quad \mod F_k. \qquad \square$$

Beispiel Da F_k doppelt exponentiell in k wächst, kann man den Test per Hand nur für sehr kleine k durchführen. Wir betrachten hier $F_2 = 2^{2^2} + 1 = 2^4 + 1 = 17$. Diese Zahl ist prim, weil

$$3^{(F_2-1)/2} = 3^{2^3} = 3^8 = (3^4)^2 \equiv 13^2 \equiv -1 \quad \mod 17.$$

Aufgabe 11.7 Zeigen Sie mit dem Pepin Test, dass $F_3 = 257$ prim ist.

Bei der Anwendung des Lucas Tests auf eine beliebige Zahl $n \in \mathbb{N}$ gibt es zwei Probleme:

1. Man muss die Primteiler von $n - 1$ kennen. Dies ist ein Faktorisierungsproblem und damit im Allgemeinen schwierig.

2. Man muss alle $n - 1$ Werte für a überprüfen. Dies bedeutet einen sehr hohen Rechenaufwand. (Die Anzahl könnte man verkleinern, wenn man berücksichtigt, dass es $\varphi(n-1)$ Primitivwurzeln modulo n für n prim gibt. Man bleibt aber in der gleichen Größenordnung für den Rechenaufwand.)

Um das erste Problem in den Griff zu bekommen, könnte man hoffen, dass ein $n \in \mathbb{N}$ bereits prim ist, falls $a^{n-1} \equiv 1 \mod n$ ist für alle zu n teilerfremden a im Bereich von 1 bis $n - 1$. Das ist aber leider nicht richtig.

Definition 11.8 *Eine natürliche Zahl $n \geq 2$ heißt* Carmichael–Zahl*, falls n keine Primzahl ist und für alle $a \in \mathbb{Z}$ mit $\mathrm{ggT}(a,n) = 1$ gilt: $a^{n-1} \equiv 1 \mod n$.*

Wir wollen zeigen, dass die Carmichael–Zahlen jedoch sehr speziell sind. Wir starten mit dem folgenden Satz.

Satz 11.9 *Sei n eine natürliche Zahl und $n = 2^r \prod_{i=1}^{s} p_i^{r_i}$ ihre Primfaktorzerlegung. Weiter sei*

$$G := \left\{ x \in U_n \mid x^{n-1} = 1 \right\}.$$

Dann ist

$$U_n / G \cong U_{2^r} \times \prod_{i=1}^{s} \mathbb{Z}/m_i\mathbb{Z} \qquad mit \ m_i = \frac{p_i^{r_i-1}(p_i - 1)}{\mathrm{ggT}(p_i - 1, n - 1)}.$$

Beweis: Nach dem chinesischen Restsatz in Form von Lemma 5.13 und dem Satz 7.7 gilt

$$\Phi : U_n \cong U_{2^r} \times \prod_{i=1}^{s} \mathbb{Z}/\varphi(p_i^{r_i})\mathbb{Z}.$$

Die Gruppe G besteht aus den Elementen, deren Ordnung $n - 1$ teilt. Dies gilt auch für das Bild von G unter dem Isomorphismus Φ. Für gerades n ist $n - 1$ ungerade. Da alle Elemente von U_{2^r} als Ordnung eine Zweierpotenz haben, hat nur $1 \in U_{2^r}$ eine Ordnung, die $n - 1$ teilt. Daher liegt $\Phi(G)$ in $\{1\} \times \prod_{i=1}^{s} \mathbb{Z}/\varphi(p_i^{r_i})\mathbb{Z}$. Nun heißt für $x = (\overline{x_i}) \in \prod_{i=1}^{s} \mathbb{Z}/\varphi(p_i^{r_i})\mathbb{Z}$ die Bedingung $\mathrm{ord}\,x \mid n - 1$ gerade

$$(n - 1)x_i \equiv 0 \mod \varphi(p_i^{r_i}) \qquad \text{für } i = 1, \dots, s.$$

Nach Satz 4.8 ist das äquivalent zu

$$x_i \equiv 0 \mod \varphi(p_i^{r_i})/\mathrm{ggT}(n - 1, \varphi(p_i^{r_i})).$$

Wegen $\varphi(p_i^{r_i}) = p_i^{r_i-1}(p_i - 1)$ und $p_i \nmid n - 1$ ist

$$\mathrm{ggT}(n - 1, \varphi(p_i^{r_i})) = \mathrm{ggT}(n - 1, p_i - 1).$$

Somit ist das Bild von G mit m_i wie in der Aussage des Satzes

$$\Phi(G) = \{1\} \times \prod_{i=1}^{s} m_i\mathbb{Z}/\varphi(p_i^{r_i})\mathbb{Z}$$

und für U_n / G ergibt sich das Behauptete. $\qquad\square$

Korollar 11.10 *Sei $n \geq 2$ eine natürliche Zahl, die keine Primzahl ist.*

1. *n ist eine Carmichael–Zahl genau dann, wenn n keine mehrfachen Primteiler hat und $p - 1 \mid n - 1$ für jeden Primteiler p von n gilt.*

2. *Jede Carmichael–Zahl ist ungerade und das Produkt von mindestens drei verschiedenen Primzahlen.*

Beweis: n ist eine Carmichael–Zahl genau dann, wenn im vorangegangenen Satz $U_n = G$ gilt. Damit U_n/G trivial ist, muss $r = 0$, $r_i \leq 1$ und $p_i - 1 = \mathrm{ggT}(p_i - 1, n - 1)$, d.h. $p_i - 1 \mid n - 1$ für alle i gelten.

Eine gerade Zahl kann keine Carmichael–Zahl sein, weil für jeden ungeraden Primfaktor p die gerade Zahl $p - 1$ nicht die ungerade Zahl $n - 1$ teilen kann. Es bleibt zu zeigen, dass

$n = pq$ mit $p < q \in \mathbb{P}$ keine Carmichael–Zahl sein kann. Aus $q - 1 \mid n - 1$ folgt

$$0 \equiv n - 1 = pq - 1 = p((q - 1) + 1) - 1 \equiv p - 1 \mod q - 1.$$

Wegen $0 \leq p - 1 < q - 1$ folgt $p = 1$, was unmöglich ist. $\qquad\square$

Die kleinsten Carmichael–Zahlen sind

$$
\begin{array}{lll}
561 = 3 \cdot 11 \cdot 17, & 1105 = 5 \cdot 13 \cdot 17, & 1729 = 7 \cdot 13 \cdot 19, \\
2465 = 5 \cdot 17 \cdot 29, & 2821 = 7 \cdot 13 \cdot 31, & 6601 = 7 \cdot 23 \cdot 41, \\
8911 = 7 \cdot 19 \cdot 67, & 10585 = 5 \cdot 29 \cdot 73, & 15841 = 7 \cdot 31 \cdot 73, \dots
\end{array}
$$

Aufgabe 11.11 Zeigen Sie: Eine Zahl der Form $n = (6k + 1)(12k + 1)(18k + 1)$ ist eine Carmichael–Zahl, falls alle drei Faktoren prim sind.

Alford, Granville und Pomerance haben gezeigt, dass es unendlich viele Carmichael–Zahlen gibt [AGP].

Die Untersuchung der Carmichael–Zahlen zeigt, dass man nicht einfach $a^{n-1} \equiv 1 \mod n$ testen kann, um zu entscheiden, ob n prim ist. Wir müssen diese Bedingung also verschärfen. Genau dies geschieht im folgenden Satz.

Satz 11.12 (Solovay–Strassen Test) *Sei $n \geq 3$ ungerade. Dann ist n genau dann prim, wenn für jedes $0 < a < n$ mit $\mathrm{ggT}(a, n) = 1$ gilt*

$$a^{\frac{n-1}{2}} \equiv \left(\frac{a}{n}\right) \mod n.$$

Falls n nicht prim ist, ist die Kongruenz für mindestens die Hälfte aller a nicht erfüllt.

Beweis: Für n prim ist die Kongruenzbedingung der Satz 8.5.2 von Euler. Sei daher n nicht prim. Durch Quadrieren der Bedingung in der Voraussetzung erhalten wir $a^{n-1} \equiv 1 \mod n$, somit ist n eine Carmichael–Zahl. Ihre Primfaktorzerlegung ist nach Korollar 11.10 von der Form $n = \prod_{i=1}^{s} p_i$ mit $s, p_i \geq 3$. Nach dem chinesischen Restsatz gilt

$$\Phi : U_n \xrightarrow{\cong} \prod_{i=1}^{s} U_{p_i}.$$

Sei nun ζ eine Primitivwurzel modulo p_1 und $a \in \mathbb{Z}$, so dass $\Phi(a) = (\zeta, 1, \dots, 1)$. Wir berechnen das Jacobi–Symbol

$$\left(\frac{a}{n}\right) = \left(\frac{a}{\prod_{i=1}^{s} p_i}\right) = \prod_{i=1}^{s} \left(\frac{a}{p_i}\right) = \left(\frac{\zeta}{p_1}\right) \prod_{i=2}^{s} \left(\frac{1}{p_i}\right) = -1,$$

weil ζ als Primitivwurzel modulo p_1 kein Quadrat modulo p_1 ist.

Andererseits entspricht $a^{\frac{n-1}{2}}$ unter dem Isomorphismus Φ dem Element $(\zeta^{\frac{n-1}{2}}, 1, \dots, 1)$ und kann damit niemals $-1 = (-1, \dots, -1)$ sein. Somit ist für dieses a die Bedingung in der Aussage nicht erfüllt.

Um die Größe der Menge

$$A := \left\{ a \in U_n \mid a^{\frac{n-1}{2}} \equiv \left(\frac{a}{n}\right) \bmod n \right\}$$

abzuschätzen, beobachten wir, dass A gerade der Kern des Homomorphismus

$$\psi : U_n \longrightarrow U_n, \quad a \longmapsto a^{\frac{n-1}{2}} \cdot \left(\frac{a}{n}\right)$$

ist. Wir haben eben gezeigt, dass $A \neq U_n$, also ψ nicht konstant, ist. Daher gilt

$$\frac{\#A}{\#U_n} = \frac{1}{\#\psi(U_n)} \leq \frac{1}{2}. \qquad \square$$

Es bleibt das Problem, dass wir fast $n/2$ Zahlen a überprüfen müssen, um sicher zu entscheiden, ob n eine Primzahl ist. Für praktische Anwendungen löst man das Problem dadurch, dass man darauf verzichtet, sicher zu wissen, ob n prim ist, und nur testet, ob n sehr wahrscheinlich prim ist. Falls ein zufälliges a die Bedingung des Solovay–Strassen Tests erfüllt, dann ist n mit Wahrscheinlichkeit $\leq 1/2$ nicht prim. Wiederholt man dies für k verschiedene zufällige a und ist die Bedingung jedesmal erfüllt, dann ist n nur noch mit einer Wahrscheinlichkeit von $1/2^k$ nicht prim. Bei genügend vielen Wiederholungen wird die Fehlerwahrscheinlichkeit schnell sehr klein, zum Beispiel kleiner als die Möglichkeit eines Soft– oder Hardwarefehlers des Computers, auf dem dieser Test implementiert ist.

Solche Tests, bei denen man nur mit großer Wahrscheinlichkeit feststellt, ob n prim ist, werden *probabilistische Tests* im Gegensatz zu den *deterministischen Primzahltests* genannt. In der Praxis sind sie sehr beliebt, weil sie meist viel schneller als deterministische sind.

Beispiel Wir wollen zeigen, dass der Test mit mindestens 75% Wahrscheinlichkeit ergibt, dass 89 prim ist. Wegen $\mathrm{ggT}(3,89) = \mathrm{ggT}(5,89) = 1$ können wir im Solovay–Strassen Test $a = 3$ und $a = 5$ verwenden. Es gilt

$$3^{\frac{88}{2}} = 3^{44} \equiv -1 \bmod 89 \qquad \text{bzw.} \qquad 5^{\frac{88}{2}} = 5^{44} \equiv 1 \bmod 89$$

sowie

$$\left(\frac{3}{89}\right) = \left(\frac{89}{3}\right) = \left(\frac{-1}{3}\right) = -1 \qquad \text{bzw.} \qquad \left(\frac{5}{89}\right) = \left(\frac{89}{5}\right) = \left(\frac{-1}{5}\right) = 1.$$

Daher ist für $a \in \{3,5\}$ die Bedingung des Solovay–Strassen Tests erfüllt und die Wahrscheinlichkeit, dass 89 nicht prim ist, kleiner als $(1/2)^2 = 1/4$.

Aufgabe 11.13 Zeigen Sie auf geeignete Weise, dass der Solovay–Strassen Test die Zahl 73 mit einer Wahrscheinlichkeit von mindestens 85% als prim erklärt. Zeigen Sie mit diesem Test auch, dass 91 nicht prim ist.

Der Solovay–Strassen Test wurde unabhängig von Miller und Rabin verbessert, indem sie die Notwendigkeit der Berechnung des Jacobi–Symbols in der Bedingung eliminierten.

Satz 11.14 (Miller–Rabin Test) *Sei $n \geq 3$ ungerade und $n - 1 = 2^t m$ für m ungerade. n ist genau dann eine Primzahl, wenn für jede zu n teilerfremde natürliche Zahl $0 < a < n$ gilt*

$$a^m \equiv 1 \mod n \qquad oder \qquad a^{2^s m} \equiv -1 \mod n \text{ für ein } s \in \{0, 1, \ldots, t-1\}.$$

Ist n keine Primzahl, so erfüllt höchstens ein Viertel aller Zahlen a eine der Bedingungen.

Beweis: Falls n eine Primzahl ist, dann ist $\mathbb{Z}/n\mathbb{Z} = \mathbb{F}_n$ ein Körper und $\mathbb{F}_n^\times$ eine zyklische Gruppe. Insbesondere ist $a^{n-1} = a^{2^t m} \equiv 1 \mod n$ für $a \not\equiv 0 \mod n$. Wählt man $s \in \mathbb{N}_0$ minimal mit $a^{2^{s+1} m} \equiv 1 \mod n$, dann ist entweder $s = 0$ und $a^m \equiv 1 \mod n$ oder $a^{2^s m} \not\equiv 1$ eine Quadratwurzel von 1. Da in einem Körper nur ± 1 Quadratwurzeln von 1 sind, muss dann $a^{2^s m} \equiv -1 \mod n$ gelten.

Sei nun n keine Primzahl und $n = \prod_{i=1}^r p_i^{r_i}$ seine Primfaktorzerlegung. Neben der Menge

$$A := \left\{ a \in U_n \mid a^m = 1 \text{ oder } \exists\, 0 \leq s \leq t-1 : a^{2^s m} = -1 \right\}$$

betrachten wir noch die folgenden Untergruppen von U_n

$$G := \left\{ x \in U_n \mid x^{n-1} = 1 \right\} \qquad und \qquad H := \left\{ x \in U_n \mid x^m = 1 \right\}.$$

Offensichtlich gilt $H \subseteq A \subseteq G$ und $H \cdot A \subseteq A$, also ist A die Vereinigung von Restklassen von H. Wir wollen $A/H \subseteq G/H$ identifizieren.

Seien $t_i, m_i \in \mathbb{N}$ definiert durch $\varphi(p_i^{r_i}) = p_i^{r_i - 1}(p_i - 1) = 2^{t_i} m_i$ mit m_i ungerade. Wir betrachten die Abbildung

$$\pi : U_n \cong \prod_{i=1}^r U_{p_i^{r_i}} \cong \prod_{i=1}^r \mathbb{Z}/\varphi(p_i^{r_i})\mathbb{Z} \longrightarrow \prod_{i=1}^r \mathbb{Z}/2^{t_i}\mathbb{Z} =: Q,$$

wobei die letzte Abbildung aus den Projektionen $\mathbb{Z}/\varphi(p_i^{r_i})\mathbb{Z} \cong \mathbb{Z}/m_i\mathbb{Z} \times \mathbb{Z}/2^{t_i}\mathbb{Z} \to \mathbb{Z}/2^{t_i}\mathbb{Z}$ besteht. Somit gilt $\mathrm{Ker}\,\pi \cong \prod_{i=1}^r \mathbb{Z}/m_i\mathbb{Z}$. Elemente des Kerns haben also eine Ordnung, die $\prod m_i$ teilt, insbesondere also ungerade ist. Somit gilt für ein $x \in G \cap \mathrm{Ker}\,\pi$ mit $x^{2^s m} = -1$, also auch $x^{2^{s+1} m} = 1$, bereits $x^m = 1$. Folglich ist der Kern der Einschränkung von π auf G gleich der Untergruppe H.

Was ist das Bild von π? G besteht aus den Elementen von U_n, deren Ordnung $n - 1 = 2^t m$ teilt, somit haben auch die Bilder von G unter π eine solche Ordnung. Wir können aber auch Q auf die offensichtliche Weise mit einer Abbildung $\varepsilon : Q \to U_n$ in U_n einbetten, so dass $\varepsilon \circ \pi = \mathrm{id}$ gilt. Daher gilt

$$\pi(G) = \{ x \in Q \mid \mathrm{ord}\, x \mid 2^t m \} = \{ x \in Q \mid \mathrm{ord}\, x \mid 2^t \}.$$

Die Elemente von $\mathbb{Z}/2^{t_i}\mathbb{Z}$, deren Ordnung 2^t teilt, finden wir durch das Lösen der Gleichung $2^t x \equiv 0 \mod 2^{t_i}$. Nach Satz 4.8 ist das äquivalent zu $x \equiv 0 \mod 2^{k_i}$ mit $k_i := \max\{t_i - t, 0\}$. Für $t_i' := t_i - k_i = \min\{t_i, t\}$ gilt $2^{k_i}\mathbb{Z}/2^{t_i}\mathbb{Z} \cong \mathbb{Z}/2^{t_i'}\mathbb{Z}$ und insgesamt

$$G/H \cong \prod_{i=1}^r 2^{k_i}\mathbb{Z}/2^{t_i}\mathbb{Z} \cong \prod_{i=1}^r \mathbb{Z}/2^{t_i'}\mathbb{Z} =: Q'.$$

Dabei wird $(-1) \cdot H$ unter dem ersten Isomorphismus auf

$$(\varphi(p_1^{r_1})/2, \ldots, \varphi(p_s^{r_s})/2) = (2^{t_1 - 1}, \ldots, 2^{t_s - 1})$$

und damit unter dem zweiten auf

$$(2^{t_1' - 1}, \ldots, 2^{t_s' - 1})$$

abgebildet — siehe die Diskussion nach Lemma 7.12. Nun entspricht $A/H \subseteq G/H$ unter dem Isomorphismus $G/H \cong Q'$ der Menge

$$A' := \left\{ (x_i) \in \prod \mathbb{Z}/p_i^{r_i}\mathbb{Z} \mid \exists\, 0 \leq s \leq t - 1 : (2^s x_i) = (2^{t_i' - 1}) \right\} \cup \{0\}.$$

Aus der Bedingung $2^s x_i = 2^{t_i' - 1} \neq 0$ in $\mathbb{Z}/2^{t_i'}\mathbb{Z}$ folgt $2^{s+1} x_i = 0$, also bedeutet die Bedingung gerade, dass jedes x_i die Ordnung 2^{s+1} in $\mathbb{Z}/2^{t_i'}\mathbb{Z}$ hat. Somit können wir A' auch schreiben als

$$A' := \left\{ (x_i) \in \prod \mathbb{Z}/p_i^{r_i}\mathbb{Z} \mid \operatorname{ord} x_1 = \ldots = \operatorname{ord} x_r \right\}.$$

Wir müssen nun die Elemente in Q' zählen, die in jeder Komponente die gleiche Ordnung haben. Die Gruppe $\mathbb{Z}/2^{t_i'}\mathbb{Z}$ hat ein Element der Ordnung 0 und 2^{s-1} Elemente der Ordnung 2^s für $0 < s \leq t_i'$, nämlich die Restklassen von $2^{t_i' - s} u$ mit $1 \leq u < 2^s$ ungerade. Somit erhalten wir mit $T := \min\{t_i'\}$

$$\#A' = 1 + \sum_{s=1}^{T} (2^{s-1})^r = 1 + \sum_{s=0}^{T-1} (2^r)^s = 1 + \frac{2^{rT} - 1}{2^r - 1}.$$

Unsere Aufgabe ist zu zeigen, dass der Quotient $\#U_n/\#A = \#(U_n/G) \cdot \#G/\#A = \#(U_n/G) \cdot \#Q'/\#A'$ mindestens 4 ist. Wir behaupten, dass

$$\#Q' \geq 2^{r-1} \#A'$$

und zeigen sogar $2^{rT} \geq 2^{r-1} \#A'$ durch die folgende Rechnung

$$2^{rT} \geq 2^{r-1} \left(1 + \frac{2^{rT} - 1}{2^r - 1}\right)$$

$$\Longleftrightarrow \quad (2^r - 1)2^{rT} \geq 2^{r-1}(2^r - 1) + 2^{r-1}(2^{rT} - 1)$$

$$\Longleftrightarrow \quad (2^r - 1)2^{rT} \geq 2^{r-1}2^{rT} + (2^{r-1} - 1)2^r$$

$$\Longleftrightarrow \quad (2^{r-1} - 1)2^{rT} \geq (2^{r-1} - 1)2^r$$

$$\Longleftrightarrow \quad 2^{r(T-1)} \geq 1,$$

was wegen $r, T \geq 1$ wahr ist.

Somit gilt für $r \geq 3$ bereits $\#U_n/\#A \geq \#Q'/\#A' \geq 4$. Für $r = 2$ erhalten wir nur $\#Q'/\#A' \geq 2$. Nun kann bei $r = 2$ die Zahl n nach Korollar 11.10 keine Carmichael–Zahl sein, daher gilt $\#(U_n/G) \geq 2$, und wir finden wiederum $\#U_n/\#A = \#(U_n/G) \cdot \#Q'/\#A' \geq 2 \cdot 2 = 4$. $\quad\square$

Wir sehen, dass der Miller–Rabin Test dem Solovay–Strassen Test auch insofern überlegen ist, als die Fehlerwahrscheinlichkeit mit dem Test jeder Zahl a um $1/4$ statt nur um $1/2$ fällt. Tatsächlich gilt sogar das Folgende:

Aufgabe 11.15 Zeigen Sie, dass ein a, das die Bedingung des Miller–Rabin Tests erfüllt, auch die Bedingung des Solovay–Strassen Tests erfüllt.

Beispiel Wir überprüfen 89 auch mit dem Miller–Rabin Test. Es gilt $n - 1 = 88 = 2^3 \cdot 11$, also $t = 3$. Für die Testzahlen $a = 3$ und $a = 5$ erhalten wir:

$$3^{11} \equiv 37 \qquad \bmod n \qquad 5^{11} \equiv 55 \qquad \bmod n$$
$$3^{2 \cdot 11} \equiv 37^2 \equiv 34 \bmod n \qquad 5^{2 \cdot 11} \equiv 55^2 \equiv -1 \bmod n$$
$$3^{4 \cdot 11} \equiv 34^2 \equiv -1 \bmod n$$

Da zwei zufällige Zahlen die Testbedingung erfüllen, ist 89 mit einer Wahrscheinlichkeit von mindestens $1 - (1/4)^2 = 15/16$ prim.

Aufgabe 11.16 Zeigen Sie durch den Miller–Rabin Test, dass 73 mit einer Wahrscheinlichkeit von mindestens 98% prim ist. Zeigen Sie damit auch, dass 91 nicht prim ist.

Unter Annahme einer naheliegenden Verallgemeinerung der Riemannschen Vermutung [N] kann man zeigen, dass für ein zusammengesetztes n ein $0 < a \leq 2\log^2 n$ existiert, das die Bedingung des Miller–Rabin Tests nicht erfüllt. Dann wird der Miller–Rabin Test angewandt auf alle $0 < a \leq 2\log^2 n$ zu einem deterministischen Test, der in polynomialer Zeit arbeitet.

Agrawal, Kayal und Saxena haben im Jahr 2002 ohne Annahme der Riemannschen Vermutung gezeigt, dass man in polynomialer Zeit entscheiden kann, ob eine gegebene Zahl prim ist [AKS]. Im Verhältnis zu den probabilistischen Tests ist der Algorithmus langsam, liefert dafür aber ein sicheres Ergebnis. Die Grundlage der AKS–Methode ist der folgende Satz.

Satz 11.17 *Eine natürliche Zahl n ist genau dann prim, wenn im Polynomring $\mathbb{Z}[X]$*

$$(X + a)^n \equiv X^n + a \quad \bmod n$$

für alle $a \in \mathbb{Z}$ gilt.

Beweis: Falls n prim ist, folgt die Kongruenz genau wie im Beweis von Hilfssatz 4.6 unter Ausnutzung des kleinen Satzes von Fermat. Falls n nicht prim ist, schreiben wir $n = p^l m$ mit einer Primzahl p und einer zu p teilerfremden Zahl $m \in \mathbb{N}$. Der Koeffizient von X^p in $(X + 1)^n$ ist

$$\binom{n}{p} = \frac{n!}{p!(n-p)!} = \frac{n(n-1)\cdots(n-p+1)}{p(p-1)\cdots 1}.$$

Da im Zähler p aufeinanderfolgende Zahlen stehen, ist genau eine von ihnen durch die Primzahl p teilbar. Diese muss also von der Form $n = p^l m$ sein. Im Nenner steht auch noch ein p, daher ist $\binom{n}{p} = p^{l-1} m'$ für ein $m' \in \mathbb{N}$ mit $\gcd(p, m') = 1$. Folglich ist $\binom{n}{p} \not\equiv 0 \bmod p^l$ und somit nach Lemma 4.7 auch $\binom{n}{p} \not\equiv 0 \bmod n$. Also ist die Kongruenz $(X + 1)^n \equiv X^n + 1 \bmod n$ nicht erfüllt. $\qquad\square$

Die wesentliche Idee des AKS Tests ist, diese Bedingung nicht in $\mathbb{Z}/n\mathbb{Z}[X]$ zu testen, sondern noch modulo eines Polynoms $X^r - 1$, wobei r in der Größenordnung von $(\log n)^{15/2}$ gewählt werden kann [AKS]. Die folgende Version des Satzes geht auf Bernstein und Pomerance zurück, siehe [P, B].

Satz 11.18 (Agrawal/Kayal/Saxena) *Sei $n \in \mathbb{N}$ eine natürliche Zahl. Wir setzen voraus, dass es eine Primzahl r gibt, die n nicht teilt, sowie einen Primfaktor $q \mid r - 1$ mit $q > l = \lceil 2\sqrt{r}\log_2 n \rceil$ und*

$$n^{\frac{r-1}{q}} \not\equiv 1 \mod r.$$

Falls dann für alle $0 \le a < l$ gilt

$$(X + a)^n \equiv X^n + a \mod (n, X^r - 1)$$

und n keine Primfaktoren $\le l$ besitzt, so ist n eine Primzahlpotenz.

Die Unterscheidung, ob eine Zahl n eine Primzahl oder eine Primzahlpotenz ist, ist einfach. Man berechnet für $2 \le k \le \log_2 n$ numerisch $\lfloor \sqrt[k]{n} \rfloor$ und überprüft, ob die k–te Potenz mit n übereinstimmt.

Beweis: Aus den Voraussetzungen folgt, dass ein Primteiler p von n existiert mit

$$p^{\frac{r-1}{q}} \not\equiv 1 \mod r. \qquad (*)$$

Da r kein Teiler von n ist, ist $\mathrm{ggT}(r, p) = 1$ und damit $p \in U_r$. Sei $d = \mathrm{ord}_{U_r} p$. Aus $(*)$ folgt $q \mid d$ und damit $d > l$.

Wir betrachten nun die Einheitengruppe $R^\times$ des endlichen Ringes $R = \mathbb{F}_p[X]/(X^r - 1)$. Auf $R^\times$ haben wir für jedes $m \in \mathbb{N}$ die Endomorphismen (siehe Aufgabe 11.19)

$$\Phi_m : R^\times \longrightarrow R^\times, \qquad \overline{f} \longmapsto \overline{f}^m,$$

$$\sigma_m : R^\times \longrightarrow R^\times, \qquad \overline{f} \longmapsto \overline{f(X^m)}.$$

Für die Homomorphismen gilt

$$\Phi_{mk} = \Phi_m \circ \Phi_k \qquad \text{bzw.} \qquad \sigma_{mk} = \sigma_m \circ \sigma_k,$$

weil

$$\Phi_{mk}(\overline{f}) = \overline{f}^{mk} \quad = (\overline{f}^k)^m \quad = (\Phi_k(\overline{f}))^m \quad = \Phi_m(\Phi_k(\overline{f}))$$

$$\sigma_{mk}(\overline{f}) = \overline{f(X^{mk})} = \overline{f((X^m)^k)} = \sigma_m(\overline{f(X^k)}) = \sigma_m(\sigma_k(\overline{f})).$$

Sei G die von den linearen Polynomen $\overline{X + a}$, $0 \le a < l$, erzeugte Untergruppe von $R^\times$. Offensichtlich gilt $\Phi_m(G) \subseteq G$. Weiter sei

$$I = \{m \in \mathbb{N} \mid \Phi_m(g) = \sigma_m(g) \; \forall g \in G\}.$$

In dieser Menge I liegt die Zahl n nach Voraussetzung und die Primzahl p nach Satz 11.17. Die Menge I ist auch multiplikativ abgeschlossen, denn für $m, k \in I$ ist mit $g \in G$ auch $\Phi_k(g) = \sigma_k(g) \in G$ und somit folgt

$$\Phi_{mk}(g) = \Phi_m(\Phi_k(g)) = \Phi_m(\sigma_k(g)) = \sigma_m(\sigma_k(g)) = \sigma_{mk}(g).$$

Insbesondere enthält I also die Elemente der Form $n^i p^j$.

Das Polynom $X^r - 1$ zerfällt in $\mathbb{F}_p[X]$ in den irreduziblen Faktor $X - 1$ und $(r-1)/d$ irreduzible Faktoren vom Grad d [MS, §3.2.3]. Sei h ein solcher Faktor, dann ist $\mathbb{F}_p[X]/(h)$ der endliche Körper, $\mathbb{F}_{p^d}$, mit p^d Elementen.

Sei nun H das Bild von G unter der Projektion $\pi : R \to \mathbb{F}_p[X]/(h) = \mathbb{F}_{p^d}$. Wegen der Voraussetzung $p > l$ sind die Bilder von $\overline{X+a}$ unter π alle verschieden. Selbst alle 2^l Produkte von bis zu l verschiedenen Faktoren aus den $\pi(\overline{X+a})$ sind verschieden in H, weil $d = \deg h > l$. Somit folgt

$$\#H \geq 2^l \geq 2^{2\sqrt{r}\log_2 n} = n^{2\sqrt{r}}.$$

Seien nun $m_1, m_2 \in I$ mit $m_1 \equiv m_2 \mod r$. Wir behaupten, dass dann sogar $m_1 \equiv m_2 \mod \#H$ gilt. Wir schreiben $m_2 = m_1 + kr$ für ein $k \in \mathbb{N}$ und rechnen unter Ausnutzung von $\overline{X}^r = 1$ in R für ein $\overline{g} \in G$

$$\Phi_{m_2}(\overline{g}) = \Phi_{m_1+kr}(\overline{g}) = \sigma_{m_1+kr}(\overline{g}) = g(\overline{X}^{m_1+kr})$$
$$= g(\overline{X}^{m_1}(\overline{X}^r)^k) = g(\overline{X}^{m_1}) = \sigma_{m_1}(\overline{g}) = \Phi_{m_1}(\overline{g})$$

$$\implies \quad \overline{g}^{m_1+kr} = \overline{g}^{m_1}.$$

Die analoge Gleichung gilt dann auch nach der Projektion unter π in $H \subseteq \mathbb{F}_{p^d}$. In dem Körper können wir kürzen und erhalten $x^{kr} = 1$ für alle $x \in H$. Da H als endliche multiplikative Untergruppe eines Körpers zyklisch ist (Satz 7.2), folgt $\#H | kr = m_2 - m_1$, also $m_1 \equiv m_2 \mod \#H$.

Wir betrachten nun die Elemente $n^i p^j \in I$ für natürliche Zahlen $0 \leq i, j < \sqrt{r}$. Da es davon $(\lfloor \sqrt{r} \rfloor + 1)^2 > r$ Stück gibt, finden wir $(i, j) \neq (i', j')$ mit $n^i p^j \equiv n^{i'} p^{j'} \mod r$. Nach dem eben Gezeigten folgt $n^i p^j \equiv n^{i'} p^{j'} \mod \#H$. Da $n^i p^j, n^{i'} p^{j'} < n^{\sqrt{r}} p^{\sqrt{r}} \leq n^{2\sqrt{r}} \leq \#H$ ist, gilt sogar $n^i p^j = n^{i'} p^{j'}$. Aus der Eindeutigkeit der Primfaktorzerlegung folgt, dass n eine Potenz der Primzahl p ist. $\qquad\square$

Aufgabe 11.19 Beweisen Sie, dass die Abbildungen Φ_m und σ_m im Beweis des Satzes 11.18 wohldefinierte Homomorphismen sind.

Zusatzaufgaben

Aufgabe 11.20 Wenden Sie den Lucas Test jeweils auf $n = 701$ und 7001 an.

Aufgabe 11.21 Zeigen Sie, dass der Pepin Test auch mit 5 statt 3 als Basis funktioniert.

Aufgabe 11.22 (Proth) Sei $n > 1$, $2^k | n - 1$, $2^k > \sqrt{n}$ und $a^{(n-1)/2} \equiv -1 \mod n$ für ein a. Zeigen Sie: n ist prim.

Aufgabe 11.23 Untersuchen Sie mit dem Pepin Test, ob die Zahlen $F_3 = 257$ und $F_4 = 65537$ prim sind. Bei F_4 sollten Sie dazu nach Möglichkeit ein Computeralgebrasystem benutzen.

Aufgabe 11.24 Untersuchen Sie mit dem Lucas–Lehmer Test, ob die Zahl $n = 2^{11} - 1$ prim ist.

12 Faktorisierungsalgorithmen

Sei n eine zusammengesetzte natürliche Zahl. In diesem Abschnitt wollen wir diskutieren, wie man möglichst schnell die Primfaktorzerlegung von n finden kann. Dafür reicht es aus, Algorithmen zu entwickeln, bei denen n nicht–trivial in ein Produkt zweier natürlicher Zahlen zerlegt werden kann. Die rekursive Anwendung des Algorithmus auf die einzelnen Faktoren liefert schließlich die vollständige Zerlegung von n. Die Frage, wie viel Zeit es kostet, eine große Zahl zu faktorisieren, ist hochgradig aktuell, weil viele moderne kryptographische Verfahren auf der Annahme beruhen, dass man bei sehr großen Zahlen die großen Primfaktoren nur mit sehr großem Zeitaufwand finden kann.

Wir werden zwei grundsätzlich verschiedene Ansätze zur Lösung dieses Problems erläutern. Einer davon ist von Shor so weit entwickelt worden, dass er auf Quantencomputern in polynomialer Zeit läuft, jedoch steckt deren praktische Entwicklung noch in den Anfängen [Sh].

Die Probedivision ist das einfachste Verfahren, um einen Faktor zu finden. Dabei teilt man die Zahl n durch die natürlichen Zahlen $a \leq \lfloor \sqrt{n} \rfloor$, bis man einen Faktor findet. Diese Methode ist jedoch sehr langsam. Trotzdem führt man häufig eine Probedivision mit $a \leq \log n$ bei einer Zahl n durch, um kleine Primfaktoren zu finden, bevor man einen komplizierten Faktorisierungsalgorithmus benutzt. Schließlich hat eine zufällig gewählte Zahl n mit hoher Wahrscheinlichkeit einen kleinen Primfaktor.

Bereits Fermat entwarf einen Faktorisierungsalgorithmus, der auf der folgenden Beobachtung beruht.

Lemma 12.1 *Sei n eine natürliche Zahl.*

1. *Ist n eine ungerade zusammengesetzte Zahl, dann ist n die Differenz zweier Quadrate, d.h. $n = x^2 - y^2$ mit $x, y \in \mathbb{Z}$, wobei $x \not\equiv \pm y \bmod n$ gilt.*

2. *Sei $x^2 - y^2 = cn$ mit $x, y, c \in \mathbb{Z}$ und $x \not\equiv \pm y \bmod n$, dann sind $a := \mathrm{ggT}(x - y, n)$ und $b := \mathrm{ggT}(x + y, n)$ echte Teiler von n.*

Beweis: Falls $n = ab$ mit ungeraden Zahlen $a \geq b \geq 3$ ist, setzen wir

$$x := \frac{a+b}{2} \quad \text{und} \quad y := \frac{a-b}{2}.$$

Dann ist $x^2 - y^2 = n$ und $n > x > y \geq 0$. Sollte x kongruent zu $\pm y$ sein, so folgt $x = y$. Dies ist aber äquivalent zu $b = 0$ im Widerspruch zu $b \geq 3$.

Um den zweiten Teil der Aussage zu beweisen, bemerken wir, dass $x \not\equiv \pm y \bmod n$ äquivalent zu $x \pm y \not\equiv 0 \bmod n$ ist. Somit gilt $a, b < n$. Aus der Zerlegung

$$x^2 - y^2 = (x+y)(x-y) = cn$$

und der Existenz und Eindeutigkeit der Primfaktorzerlegung folgt, dass wir c und n so in ganze Zahlen zerlegen können, dass $c = de$ und $n = ml$ mit $x - y = dm$ und $x + y = el$ gilt. Damit sind m und l Teiler von a bzw. b. Wegen $a, b < n$ muss $m, l \neq \pm n$ sein, also auch $m, l \neq \pm 1$. Folglich sind auch a und b echte Teiler von n. □

Warnung Die Voraussetzung $x \not\equiv \pm y \bmod n$ im zweiten Teil des Lemmas ist wichtig, denn für jede ungerade Zahl n gilt mit

$$x = \frac{n+1}{2} \qquad \text{und} \qquad y = \frac{n-1}{2}$$

die Gleichung $x^2 - y^2 = n$, jedoch ist $x + y = n$ und $x - y = 1$. Man findet daher durch $\text{ggT}(x - y, n)$ oder $\text{ggT}(x + y, n)$ keinen echten Teiler.

Um eine Zahl n zu faktorisieren, suchen wir also $x, y \in \mathbb{Z}$ mit $x^2 \equiv y^2 \bmod n$, aber $x \not\equiv \pm y \bmod n$. Wir beschreiben nun verschiedene Möglichkeiten, solche x, y zu finden. Die einfachste Möglichkeit ist der folgende Algorithmus von Fermat:

1. Man berechne $x := \lceil \sqrt{n} \rceil$ und $z := x^2 - n$.

2. Falls $z = y^2$ ein Quadrat ist, bestimmt man $\text{ggT}(x \pm y, n)$ und findet damit Teiler von n. Falls ein echter Teiler von n dabei ist, ist man fertig.

3. Andernfalls erhöhe man x um eins, $x \to x + 1$, und setze entsprechend $z \to z + 2x + 1$, so dass weiter $z = x^2 - n$ gilt. Man fahre mit 2 fort.

Aufgabe 12.2 Zeigen Sie, dass der Algorithmus nach endlich vielen Schritten einen echten Teiler von n findet.

Beispiel Sei $n = 1649$. Wir starten den Algorithmus also mit $x = 41$. Es gilt

x	$z = x^2 - n$
41	$32 = 2^5$
42	$115 = 5 \cdot 23$
43	$200 = 2^3 \cdot 5^2$
44	$287 = 7 \cdot 41$
45	$376 = 2^3 \cdot 47$
$\vdots$	$\vdots$
57	$1600 = 2^6 \cdot 5^2 = 40^2$

Wir finden somit die Teiler $\text{ggT}(57 - 40, 1649) = 17$ und $\text{ggT}(57 + 40, 1649) = 97$. Tatsächlich gilt $17 \cdot 97 = 1649$.

Hierbei haben wir 17 Schritte benötigt, also einen mehr als beim Probedivisionsverfahren nötig gewesen wäre, um den Teiler 17 zu finden. Tatsächlich ist der Fermat Algorithmus in dieser einfachen Form im Allgemeinen langsamer als das Probedivisionsverfahren. Wir hätten aber schon früher (diese) Teiler von n finden können, wenn wir die Primfaktorzerlegungen der z betrachtet hätten. Denn aus $41^2 \equiv 2^5 \bmod n$ und $43^2 \equiv 2^3 \cdot 5^2 \bmod n$ erhalten wir $41^2 \cdot 43^2 \equiv 2^8 \cdot 5^2 \bmod n$, also

$$114^2 \equiv (41 \cdot 43)^2 \equiv (2^4 \cdot 5)^2 = 80^2 \quad \bmod n.$$

Nach dem Lemma erhalten wir dann die Faktoren $\mathrm{ggT}(1649, 114 - 80) = 17$ und $\mathrm{ggT}(1649, 114 + 80) = 97$.

Aus diesem Beispiel erhalten wir eine neue Faktorisierungsstrategie. Wähle geschickt Zahlen $x_i \in \mathbb{Z}$, $i \in I$, berechne $z_i \equiv x_i^2 \bmod n$. Der Fermat Algorithmus suggeriert die Wahl $x_i := \lceil \sqrt{n} \rceil + i$ und $z_i := x_i^2 - n$ für ein Intervall $I = [0, c]$. (Hier könnte man auch andere Repräsentanten von x_i^2 modulo n wählen, z.B. z_i mit $|z_i| \leq n/2$. Diese Wahl hat aber einen entscheidenden Vorteil, wie wir gleich sehen werden.) Danach faktorisieren wir die z_i und suchen eine Teilmenge $J \subseteq I$, so dass $\prod_{i \in J} z_i = y^2$ ein Quadrat ist. Nach Definition der z_i gilt

$$\left(\prod_{i \in J} x_i \right)^2 \equiv y^2 \quad \bmod n.$$

Mit etwas Glück ist $\prod_{i \in J} x_i \not\equiv \pm y \bmod n$, und wir finden nach dem Lemma echte Teiler von n.

Hier müssen noch einige Details geklärt werden, zum Beispiel die Faktorisierung der z_i. Da bereits am Anfang $z_i \approx 2\sqrt{ni}$ gilt, sind die z_i auch noch recht groß. Man scheint daher aus einem Faktorisierungsproblem sehr viele etwas kleinere gemacht zu haben. Man löst dies dadurch, dass man nur solche z_i betrachtet, die das Produkt von vielen kleinen Primzahlen sind. Sollte dies nicht der Fall sein, verwirft man dieses z_i und x_i einfach. Die erlaubten z_i werden durch die folgende Definition festgelegt:

Definition 12.3 *Eine* Faktorbasis *B ist eine endliche Teilmenge von $\mathbb{P} \cup \{-1\}$. Für eine Zahl $b \in \mathbb{N}$ ist*

$$B = \{-1\} \cup \{p \in \mathbb{P} \mid p \leq b\}$$

die Faktorbasis zu b. *Eine Zahl $n \in \mathbb{Z}$ heißt B–glatt, falls sie ein Produkt von Potenzen von Elementen aus B ist, d.h.*

$$n = \prod_{p \in B} p^{r_p} \quad \text{mit } r_p \in \mathbb{N}_0.$$

Entsprechend heißt die Zahl n auch b–glatt, falls sie B–glatt ist, wobei B die Faktorbasis zu b ist.

Wir wählen nun eine Zahl $b \in \mathbb{N}$. Die Faktorisierung der b–glatten Zahlen wird nun durch Probedivision mit den $p \leq b$ realisiert. Die nicht b–glatten z_i werden verworfen. Nun müssen wir eine Teilmenge J von I bestimmen, so dass $\prod_{i \in J} z_i$ ein Quadrat ist. Sei dafür

$$B = \{p_1, \ldots, p_s\} \quad \text{und} \quad z_i = \prod_{j=1}^{s} p_j^{r_{ij}}.$$

Wir definieren die Exponentenmatrix modulo 2 als

$$E = \begin{pmatrix} & r_{i0} & \\ \cdots & r_{i1} & \cdots \\ & \vdots & \\ & r_{is} & \end{pmatrix} \in \mathrm{Mat}(s \times \#I, \mathbb{F}_2).$$

Sei $f = (\overline{f}_i) \in \mathbb{F}_2^{\#I}$, $f_i \in \{0,1\}$, ein Element des Kerns von E, d.h. $\sum_i f_i r_{ij} \equiv 0 \bmod 2$ für alle $j = 1,\ldots,s$. Dann ist

$$z := \prod_{i \in I} z_i^{f_i} = \prod_{j=1}^{s} p_j^{\sum_i f_i r_{ij}}$$

ein Quadrat, da alle Exponenten der p_j gerade sind.

Natürlich sind wir nur an nicht–trivialen Elementen des Kerns interessiert. Diese können wir zum Beispiel mit dem Gauß Algorithmus aus der Linearen Algebra bestimmen, es gibt jedoch dafür auch noch schnellere Algorithmen. Der Kern ist mit Sicherheit nicht–trivial, sobald $\#I \geq s+1$ ist. Wir produzieren also solange x_i und z_i, bis diese Bedingung erfüllt ist. Sollten wir Pech haben und aus

$$\left(\prod_{i \in I} x_i^{f_i} \right)^2 \equiv z \equiv y^2 \quad \bmod n$$

mit dem Lemma 12.1 keine nicht–trivialen Teiler von n bekommen, so produzieren wir einfach weitere x_i und z_i und suchen neue Elemente des Kerns der vergrößerten Exponentenmatrix E.

Wir haben bereits angedeutet, dass die Wahl des Repräsentanten $z_i := x_i^2 - n$ für die Restklasse von x_i^2 modulo n besondere Vorteile bietet. Bei dieser Wahl können nämlich nicht alle Primzahlen in der Primfaktorzerlegung von z_i auftreten. Um das einzusehen, sei p ein Primfaktor von z_i, dann folgt aus $z_i = x_i^2 - n$, dass $x_i^2 \equiv n \bmod p$ ist. Wir dürfen annehmen, dass wir die relativ wenigen Primzahlen in der Faktorbasis darauf getestet haben, ob sie Teiler von n sind. Falls wir einen gefunden hätten, wären wir fertig gewesen. Also gilt $n \not\equiv 0 \bmod p$ und $x_i^2 \equiv n \bmod p$ bedeutet, dass n ein quadratischer Rest modulo p ist. Folglich brauchen wir in die Faktorbasis nur Primzahlen aufnehmen, für die

$$\left(\frac{n}{p} \right) = 1$$

gilt. Dies schließt etwa die Hälfte aller Primzahlen aus.

Für die praktische Ausführung ist die Wahl der Schranke b, bis zu der man Primzahlen in die Faktorbasis B aufnimmt, von entscheidender Bedeutung. Ein zu kleines b bedeutet, dass nur sehr wenige der produzierten Zahlen z_i b–glatt sein werden; ein zu großes b bedeutet einen hohen Aufwand bei der Faktorisierung und der Berechnung des Kerns von E. Durch Untersuchungen über die Dichte von b–glatten Zahlen kommt man zur optimalen Wahl dieses b als

$$b = \exp\left((\log n \log\log n)^{1/2} / 2 \right).$$

Bei dieser Wahl muss man etwa $b^2/\log\log b$ von den x_i produzieren, um genügend b–glatte Zahlen zu finden [CP, 6.1]. Weiter ist es bei dieser Wahl so, dass die z_i kleiner als $n/2$ sind, also vom Betrag her die kleinsten Repräsentanten von x_i^2 modulo n sind.

Bei dem obigen Algorithmus liegen die z_i in der Größenordnung von $n^{1/2+\varepsilon}$ mit $0 < \varepsilon < 1/2$, dadurch entsteht ein hoher Aufwand bei der Faktorisierung durch Probedivision mit den Elementen der Faktorbasis. Man kann auf zwei Arten diesen Aufwand reduzieren: Man produziert durch eine neue Methode nur kleinere z_i oder man verbessert den Teilbarkeitstest durch die Elemente von B. Das erste führt zum *Kettenbruchalgorithmus von Brillhart–Morrison* und das zweite zum *quadratischen Sieb*.

Der Kettenbruchalgorithmus geht auf Methoden von Gauß und Legendre zurück, um Quadrate modulo n zu finden. Sei p_i/q_i ein Näherungsbruch in der Kettenbruchentwicklung von $\sqrt{n}$. Diese erfüllen nach Satz 10.19 die Gleichung

$$p_i^2 \equiv (-1)^{i+1} c_i \mod n,$$

wobei die c_i natürliche Zahlen mit $c_i < 2\sqrt{n}$ sind. Wir wählen also $x_i := p_i$ und $z_i := (-1)^{i+1} c_i$ als Repräsentanten von $x_i^2 \mod n$ und erhalten damit relativ kleine z_i.

Auch hier brauchen wir eine Primzahl p nur dann in die Faktorbasis aufnehmen, wenn für sie $\left(\frac{n}{p}\right) = 1$ gilt. Der Grund ist ein ähnlicher wie beim Fermat Algorithmus. Sei p ein Teiler von z_i, von dem wir auch wieder annehmen, dass er n nicht teilt. Dann folgt aus $z_i = p_i^2 - nq_i^2$ die Kongruenz $p_i^2 \equiv nq_i^2 \mod p$. Da p_i und q_i teilerfremd sind, kann p nicht beide teilen; wegen der Kongruenz damit sogar keinen. q_i ist daher eine Einheit modulo p, und wir erhalten, dass $n \equiv (p_i/q_i)^2 \mod p$ ein quadratischer Rest modulo p ist. Wir haben damit wieder $\left(\frac{n}{p}\right) = 1$.

Falls die Periode der Kettenbruchentwicklung von $\sqrt{n}$ klein ist, bekommt man eventuell nicht genügend viele x_i, z_i, damit die Exponentenmatrix einen nicht–trivialen Kern hat. In diesem Fall benutzt man zusätzlich die Näherungsbrüche der Kettenbruchentwicklungen von $\sqrt{kn}$ für $k \in \mathbb{N}$, denn schließlich folgt aus $p_i^2 - knq_i^2 = (-1)^{i+1} c_i$ ebenfalls $p_i^2 \equiv (-1)^{i+1} c_i \mod n$. Hier entsteht aber ein neues Problem, man kann nicht mehr wie oben folgern, dass in der Primfaktorzerlegung der $z_i = (-1)^{i+1} c_i$ nur Primzahlen auftreten, modulo denen n ein quadratischer Rest ist. Man muss daher jetzt die komplette Faktorbasis zur Schranke b benutzen.

Beispiel Wir wollen hier mit dem Kettenbruchalgorithmus von Brillhart–Morrison die Zahl $n = 4309$ faktorisieren. Einsetzen von n in die obige Formel für b liefert $b \approx 8.2$. Wir nehmen also in die Faktorbasis -1, 2 und die Primzahlen $3 \le p \le 8$ mit $\left(\frac{n}{p}\right) = 1$ auf, also $B = \{-1, 2, 3, 5, 7\}$. Nun starten wir die Kettenbruchentwicklung von $\sqrt{n}$. Wir berechnen dabei neben den a_i für $\sqrt{n} = [a_0, a_1, \dots]$ auch p_i, q_i und $z_i := p_i^2 - nq_i^2$. Die z_i zerlegen wir in ein Produkt von Potenzen von Zahlen aus B und einem Rest, der teilerfremd zu den Zahlen aus B ist. Die ersten Schritte sehen wie folgt aus

i	a_i	p_i	q_i	z_i
0	65	65	1	$-84 = (-1) \cdot 2^2 \cdot 3 \cdot 7$
1	1	66	1	$47 = 47$
2	1	131	2	$-75 = (-1) \cdot 3 \cdot 5^2$
3	1	197	3	$28 = 2^2 \cdot 7$

Wir sehen sofort, dass $z_0z_2z_3 = (-1)^2 2^4 3^2 5^2 7^2 = 420^2$ ein Quadrat ist. Mit $z_i \equiv p_i^2 \bmod n$ erhalten wir die Relation

$$(p_0p_2p_3)^2 \equiv z_0z_2z_3 \mod n \qquad \Longrightarrow \qquad 1254^2 \equiv 420^2 \mod n.$$

Damit finden wir die Teiler $\gcd(1254 \pm 420, n) = 31, 139$ von n, tatsächlich ist $n = 4309 = 31 \cdot 139$.

Wir können auch die Technik mit der Exponentenmatrix an diesem Beispiel demonstrieren. Da wir z_1 nicht mit unserer Faktorbasis faktorisieren konnten, tragen wir nur die Exponenten von z_0, z_2, z_3 als Spalten in der Matrix ein:

$$E = \begin{pmatrix} 1 & 1 & 0 \\ 2 & 0 & 2 \\ 1 & 1 & 0 \\ 0 & 2 & 0 \\ 1 & 0 & 1 \end{pmatrix} \equiv \begin{pmatrix} 1 & 1 & 0 \\ 0 & 0 & 0 \\ 1 & 1 & 0 \\ 0 & 0 & 0 \\ 1 & 0 & 1 \end{pmatrix} \mod 2.$$

Der Kern von E modulo 2 ist aufgespannt von $f := (1,1,1)^t$. Dies bedeutet, dass $z := \prod z_i^{f_i} = z_0z_2z_3$ — die Zahl z_1 wurde ja weggelassen — ein Quadrat ist, was wir oben bereits direkt gesehen haben.

Aufgabe 12.4 Faktorisieren Sie mit dem Kettenbruchalgorithmus von Brillhart–Morrison die Zahl $n = 7729$.

Beim *quadratischen Sieb* versucht man anstatt der Wahl der x_i die Faktorisierung der b–glatten Zahlen z_i zu optimieren. Im Fermat Algorithmus hängen die z_i polynomial von den x_i ab, genauer ist $z_i = f(x_i)$ mit $f = X^2 - n$. Nun gilt $p^r | f(x)$ genau dann, wenn $f(x) \equiv 0 \bmod p^r$ ist, insbesondere hängt dies nur von der Restklasse von x modulo p^r ab! Wir haben bereits in Abschnitt 7 diskutiert, wie man die Nullstellen $\pm x_{p^r}$ von f, also die Wurzeln von n, in U_{p^r} finden kann. Die Techniken des folgenden Abschnittes werden eine schnellere Berechnung von $\pm x_{p^r}$ ermöglichen: Zunächst berechnet man die Wurzeln von n modulo p mit dem Verfahren von Tonelli–Shanks — sie existieren wegen $\left(\frac{n}{p}\right) = 1$. Danach liftet man sie sukzessive zu Wurzeln modulo p^k durch Benutzung des Hilfssatzes 13.14. Zusammenfassend haben wir für $p \neq 2$

$$p^r | x^2 - n \qquad \Longleftrightarrow \qquad x \equiv x_{p^r} \text{ oder } x \equiv -x_{p^r} \mod p^r.$$

Für die Teilbarkeit durch 2^r kann man ähnlich vorgehen, man erhält jedoch auf Grund von $U_{2^r} \cong \mathbb{Z}/2\mathbb{Z} \times \mathbb{Z}/2^{r-2}\mathbb{Z}$ für $r \geq 3$ keine oder vier Wurzeln von n modulo 2^r.

Aufgabe 12.5 Geben Sie einen Algorithmus an, mit dem man alle Wurzeln von n modulo 2^r finden kann.

Das Faktorisieren der b–glatten Zahlen findet jetzt durch einen Siebprozess statt. Man schreibt für ein Intervall $I = [0, c]$, $c = \lfloor b^2 / \log\log b \rfloor$, die $x_i = \lceil \sqrt{n} \rceil + i$ und dazu gehörenden $z_i = x_i^2 - n$ auf. Für jede Primzahl p in der Faktorbasis B zu b und $r \in \mathbb{N}$ mit $r \leq \log_p z_c$ berechnet man die Lösungen $\pm x_{p^r}$ von $x^2 \equiv n \bmod p^r$ (für $p = 2$ gibt es hier bis zu vier Lösungen zu berücksichtigen). Dann ist ein z_i durch p^r teilbar, wenn $x_i \equiv \pm x_{p^r} \bmod p^r$ gilt.

Da die $x_i = \lceil\sqrt{n}\rceil + i$ linear von i abhängen, können wir diese x_i auf die folgende Weise finden: Zuerst suchen wir den kleinsten Repräsentanten von x_{p^r} (bzw. $-x_{p^r}$) der größer oder gleich $\lceil\sqrt{n}\rceil$ ist — dies ist das erste x_i mit $x_i \equiv x_{p^r} \bmod p^r$. Die restlichen solchen x_i finden wir durch wiederholte Addition von p^r. So können wir für jedes z_i die maximale Potenz von p herausfinden, durch die z_i teilbar ist.

Wir notieren uns diese Potenzen für alle z_i und alle Primzahlen der Faktorbasis. Zum Schluss überprüfen wir, ob z_i das Produkt dieser Potenzen ist. Falls ja, dann ist z_i b–glatt und wir haben auch seine Primfaktorzerlegung; falls nein, ist z_i nicht b–glatt. Nun fährt man wie im Fermat Algorithmus fort. Sollte man nicht genügend b–glatte Zahlen gefunden haben, wird das Intervall nachträglich vergrößert.

Beispiel Wir wollen auch das quadratische Sieb an der Zahl $n = 4309$ illustrieren. Aus den Überlegungen für dieses n bei dem Kettenbruchfaktorisierungsalgorithmus wissen wir, dass wir die Faktorbasis $B = \{-1, 2, 3, 5, 7\}$ benutzen können. Als Nächstes sollen wir eine Liste der x_i, z_i anlegen mit $i \in [0, b^2/\log\log b] = [0, 90]$. Für dieses Beispiel wird bereits eine Liste mit elf Zeilen genügen:

i	$x_i = \lceil\sqrt{n}\rceil + i$	$z_i = x_i^2 - n$
0	66	47
1	67	180
2	68	315
3	69	452
4	70	591
5	71	732
6	72	875
7	73	1020
8	74	1167
9	75	1316
10	76	1467

Für die Teilbarkeitstests $p^r | z_i = x_i^2 - n$ benötigen wir nun die Quadratwurzeln von n modulo p^r für $p \in B$ und $r \leq \lfloor\log_p z_{10}\rfloor$. Diese sind modulo den entsprechenden p^r

$p \backslash r$	1	2	3	4	5	6
2	1	± 1	—	—	—	—
3	± 1	± 4	± 4	± 4	± 85	± 85
5	± 2	± 3	± 53	± 303		
7	± 2	± 12	± 86			

Nach dem oben Gesagten ist die Bedeutung der Tabelle die folgende: Ein $z_i = x_i^2 - n$ ist genau dann durch p^r teilbar, falls x_i modulo p^r gleich einem Eintrag der Tabelle an der Stelle (p, r) ist. Nun benötigen wir den jeweils kleinsten Repräsentanten in diesen Restklassen, der größer gleich $x_0 = 66$ ist. Diese sind

$p \backslash r$	1	2	3	4	5	6
2	67	67, 69	—	—	—	—
3	67, 68	67, 68	77, 85	77, 85	85, 158	85, 644
5	67, 68	72, 78	72, 178	303, 322		
7	68, 72	86, 110	86, 257			

Für unsere Liste ergeben sich damit die folgenden Teilbarkeiten:

i	x_i	z_i	teilbar durch	partielle Faktorisierung
0	66	47		47
1	67	180	$2, 2^2, 3, 3^2, 5$	$2^2 \cdot 3^2 \cdot 5$
2	68	315	$3, 3^2, 5, 7$	$3^2 \cdot 5 \cdot 7$
3	69	452	$2, 2^2$	$2^2 \cdot 113$
4	70	591	3	$3 \cdot 197$
5	71	732	$2, 2^2, 3$	$2^2 \cdot 3 \cdot 61$
6	72	875	$5, 5^2, 5^3, 7$	$5^3 \cdot 7$
7	73	1020	$2, 2^2, 3, 5$	$2^2 \cdot 3 \cdot 5 \cdot 17$
8	74	1167	3	$3 \cdot 389$
9	75	1316	$2, 2^2, 7$	$2^2 \cdot 7 \cdot 47$
10	76	1467	$3, 3^2$	$3^2 \cdot 163$

Wir können also mit unserer Faktorbasis z_1, z_2, z_6 faktorisieren und sehen auch sofort, dass $z_2 z_6 = 3^2 5^4 7^2 = 525^2$ ein Quadrat ist. Wir erhalten die Relation

$$(x_2 x_6)^2 \equiv z_2 z_6 \mod n \qquad \Longrightarrow \qquad 587^2 \equiv 525^2 \mod n$$

und damit die Faktoren $\mathrm{ggT}(587 \pm 525, n) = 31, 139$ von $n = 4309 = 31 \cdot 139$.

Aufgabe 12.6 Faktorisieren Sie mit dem quadratischen Sieb die Zahl $n = 7729$.

Das quadratische Sieb ist der schnellste bekannte Faktorisierungsalgorithmus für Zahlen im Bereich von 10^{20} bis 10^{120}, falls sie keine relativ kleinen Primfaktoren enthalten. Für Zahlen mit kleinen Primteilern ist das *Lenstra–Verfahren* schneller, das elliptische Kurven benutzt und dessen Grundprinzip wir weiter unten andeuten. Für Zahlen über 10^{120} ist das *Zahlkörpersieb* schneller, das eine Weiterentwicklung des quadratischen Siebes ist.

Der modernste Faktorisierungsalgorithmus, der auf dem Lemma 12.1 beruht, ist der Algorithmus von Shor, der in polynomialer Zeit auf dem noch zu entwickelnden Quantencomputer läuft. Hier wählt man sogar fest $y = 1$. Man sucht also $x \in \mathbb{Z}$ mit $x^2 \equiv 1 \mod n$. Dies macht man, indem man die Ordnung d eines zufälligen Elementes $\bar{a} \in U_n$ ausrechnet. Es gilt dann $\bar{a}^d = 1$. Falls d ungerade ist, versucht man es mit einem anderen zufälligen Element $\bar{a} \in U_n$. Sollte d gerade sein, setzt man $x := a^{d/2}$. Dann ist $x^2 \equiv 1 \mod n$. Sollte auch noch $x \not\equiv \pm 1 \mod n$ gelten, finden wir mit dem Lemma Teiler von n.

Das Auffinden der Ordnung von $\bar{a} \in U_n$ ist normalerweise eine aufwendige Rechnung, sie lässt sich aber auf einem Quantencomputer mit Hilfe der diskreten Fouriertransformation und geeigneten Algorithmen in polynomialer Zeit durchführen. Das Auftreten der Fouriertransformierten ist deshalb verständlich, weil man an Hand von Fouriertransformierten die Periodizität von Funktionen untersucht und wir ein d mit $x^i \equiv x^{d+i} \mod n$ für alle $i \in \mathbb{Z}$ suchen.

Wir wollen hier am Ende des Abschnittes noch eine weitere Grundstrategie zur Faktorisierung diskutieren, die nicht auf dem Lemma 12.1 aufbaut. Man muss dafür jeder natürlichen Zahl

n eine Gruppe G_n zuordnen können, so dass für einen Primteiler p von n ein kanonischer Homomorphismus

$$\pi : G_n \longrightarrow G_p$$

existiert. Weiter muss eine Möglichkeit gegeben sein, aus einem nicht–trivialen Element des Kerns von π einen Faktor von n konstruieren zu können — ohne das p selbst zu kennen. Sei dann

$$\#G_p = \prod_{i=1}^{s} p_i^{r_i}$$

die Primfaktorzerlegung der Ordnung einer Gruppe G_p mit $p|n$. Damit die Methode funktioniert, müssen wir voraussetzen, dass $p_i^{r_i} \leq b$ für alle i mit einem nicht allzu großen b gilt. Man setzt dann

$$C := \mathrm{kgV}(1, 2, 3, \ldots, b) = \prod_{p^r \leq b} p^r,$$

wobei das Produkt über alle Primzahlpotenzen kleiner gleich b läuft. Wegen $\#G_p | C$ folgt, dass für jedes zufällig gewählte Element $g \in G$ das Element g^C im Kern von π liegt, weil $\pi(g^C) = (\pi(g))^C = e$. Sollte noch $g^C \neq e$ gelten, können wir nach unserer Annahme einen Teiler von n konstruieren.

Wir illustrieren diese Methode am *Pollardschen* $(p-1)$–*Verfahren* Hier ist $G_n := U_n$ und $\pi : U_n \to U_p$ die kanonische Projektion für $p|n$. Falls wir ein nicht–triviales Element $\overline{a}$ des Kerns haben, bedeutet dies

$$a \equiv 1 \quad \mathrm{mod}\, p \qquad \text{und} \qquad a \not\equiv 1 \quad \mathrm{mod}\, n,$$

d.h. $p|a-1$ und $n \nmid a-1$. Daher ist der Teiler $q = \mathrm{ggT}(a-1, n) < n$ von n ein Vielfaches von p, insbesondere also nicht–trivial. Damit haben wir die Voraussetzungen überprüft, um das obige allgemeine Verfahren anwenden zu können.

Der Nachteil der Pollardschen $(p-1)$–Methode ist, dass man voraussetzen muss, dass es zumindest einen Primteiler p von n geben muss, so dass $p-1$ nicht allzu große Primzahlpotenzen als Teiler hat. Falls der Algorithmus in der Praxis scheitert, wiederholt man ihn einfach mit einem größeren b nochmal. Dies hilft dann noch in einigen Fällen. Es ist bekannt, dass etwa 15% der Zahlen in der Größenordnung von 10^{15} mit $b = 10^6$ faktorisiert werden können.

Das $(p+1)$–*Verfahren von Williams* benutzt für die Gruppen G_n Untergruppen der Einheitengruppen von $\mathbb{Z}/n\mathbb{Z}[\sqrt{d}] = \mathbb{Z}/n\mathbb{Z} \oplus \mathbb{Z}/n\mathbb{Z}\sqrt{d}$, $d \in \mathbb{N}$ mit $\mathrm{ggT}(n, d) = 1$. Für eine Primzahl p hat G_p gerade $p+1$ Elemente. Zum erfolgreichen Faktorisieren muss man auch hier voraussetzen, dass $p+1$ nur durch kleine Primzahlpotenzen teilbar ist.

Lenstra hatte die Idee, eine elliptische Kurve über $\mathbb{Z}/n\mathbb{Z}$ für die Gruppen G_n zu benutzen. Eine elliptische Kurve ist eine ebene glatte Kurve vom Grad 3. Sie trägt auf kanonische Weise eine Gruppenstruktur. Der entscheidende Vorteil ist, dass die elliptischen Kurven von einem Parameter λ abhängen und dass die Anzahl ihrer Punkte, also $\#G_p$, mit diesem Parameter variiert. Wenn man also das Pech hatte, dass $\#G_p$ durch eine große Primzahlpotenz teilbar ist, kann man den Parameter λ variieren und es nochmal versuchen. Die Laufzeit des Algorithmus hängt erstaunlicherweise nicht von n, sondern von dem kleinsten Primteiler p von n ab.

Er ist daher besonders gut geeignet, Primfaktoren in der Größenordnung von 10^{10} bis 10^{20} zu finden, größere als 10^{30} werden selten gefunden. Für diese kleinen Primfaktoren ist der Algorithmus der schnellste bekannte [R1].

Zusatzaufgaben

Aufgabe 12.7 Faktorisieren Sie die Zahl 23205 mit der Probedivision.

Aufgabe 12.8 Faktorisieren Sie die Zahl 13199 mit der Fermat–Methode.

Aufgabe 12.9 Sei n ungerade, zusammengesetzt und keine Primzahlpotenz. Zeigen Sie: Mindestens die Hälfte aller Paare (x,y) mit $0 \leq x,y < n$ und $x^2 \equiv y^2 \bmod n$ erfüllt die Ungleichung $1 < \mathrm{ggT}(x-y,n) < n$.

Aufgabe 12.10 Faktorisieren Sie die Zahl 7429 mit dem quadratischen Sieb zur Faktorbasis $B = \{-1,2,3,5,7\}$.

Aufgabe 12.11 Faktorisieren Sie die Zahl $2^{118} + 1$, indem Sie zuerst das Polynom $X^{4a+2} - X^{2a+2} + 2X^{2a+1} + 1$ in zwei Polynome vom Grad $2a + 1$ zerlegen und dann $X = 2$ setzen.

Aufgabe 12.12 Zeigen Sie, dass man mit der Fermat–Methode die RSA–Zahlen $n = pq$ leicht faktorisieren kann, wenn $|p - q|$ klein ist.

13 p–adische Zahlen

Im Abschnitt 8 haben wir quadratische Gleichungen im Körper $\mathbb{F}_p = \mathbb{Z}/p\mathbb{Z}$ gelöst. Wie kann man Gleichungen in den Ringen $\mathbb{Z}/p^k\mathbb{Z}$, die ja noch nicht einmal Integritätsringe sind, lösen?

Betrachten wir als Beispiel die Gleichung

$$X^2 - 2 \equiv 0 \quad \mathrm{mod}\ 7^k.$$

Falls es eine Lösung $x \in \mathbb{Z}$ gibt, erfüllt diese auch

$$x^2 - 2 \equiv 0 \quad \mathrm{mod}\ 7^l \qquad \text{für alle } l \le k.$$

Um die Lösung der Ursprungsgleichung zu finden, suchen wir zuerst Lösungen von $X^2 - 2 \equiv 0 \bmod 7$. Mit den Methoden aus Abschnitt 8 finden wir $x \equiv \pm 3 \bmod 7$. Wir setzen $x_0 = a_0 = 3$. (Mit $x_0 = -3$ könnten wir eine analoge Rechnung durchführen.) Nun versuchen wir die Lösung nach $\mathbb{Z}/7^2\mathbb{Z}$ zu liften, d.h. wir suchen $x_1 \in \mathbb{Z}$ mit

$$x_1^2 - 2 \equiv 0 \quad \mathrm{mod}\ 7^2 \qquad \text{und} \qquad x_1 \equiv x_0 \bmod 7.$$

Die zweite Bedingung legt den Ansatz $x_1 = x_0 + a_1 7$ nahe. Einsetzen in die erste Gleichung ergibt

$$x_1^2 - 2 = (3 + a_1 7)^2 - 2 = 7 + 6 \cdot 7 a_1 + a_1^2 7^2 \equiv 7(1 + 6a_1) \equiv 0 \bmod 7^2.$$
$$\Longleftrightarrow \quad 1 + 6a_1 \equiv 0 \bmod 7 \quad \Longleftrightarrow \quad a_1 \equiv 1 \bmod 7$$
$$\Longleftrightarrow \quad x_1 \equiv 3 + 1 \cdot 7 = 10 \bmod 7^2.$$

Die Eindeutigkeit der Lösung der linearen Gleichung in a_1 ist eine Konsequenz daraus, dass nur noch modulo 7, also eigentlich im Körper $\mathbb{F}_7$, gerechnet wird.

Führen wir nun den allgemeinen Schritt durch. Wir nehmen an, wir haben bereits ein $x_k = \sum_{i=0}^{k} a_i 7^i \in \mathbb{Z}$ gefunden mit $x_k^2 - 2 \equiv 0 \bmod 7^{k+1}$. Dann suchen wir ein x_{k+1} mit

$$x_{k+1}^2 - 2 \equiv 0 \bmod 7^{k+2} \qquad \text{und} \qquad x_{k+1} \equiv x_k \bmod 7^{k+1}.$$

Der Ansatz $x_{k+1} = x_k + a_{k+1} 7^{k+1}$ führt zur Gleichung

$$0 \equiv x_{k+1}^2 - 2 = (x_k + a_{k+1} 7^{k+1})^2 - 2 = x_k^2 - 2 + 2a_{k+1} x_k 7^{k+1} + a_{k+1}^2 7^{2k+2}$$
$$\equiv (x_k^2 - 2) + 2a_{k+1} x_k 7^{k+1} \bmod 7^{k+2}.$$

Nun haben wir $x_k^2 - 2 \equiv 0 \bmod 7^{k+1}$ vorausgesetzt. Es gibt also ein $b_{k+1} \in \mathbb{Z}$ mit $x_k^2 - 2 = b_{k+1}7^{k+1}$. Setzen wir das noch oben ein, bekommen wir

$$0 \equiv b_{k+1}7^{k+1} + 2a_{k+1}x_k7^{k+1} \equiv 7^{k+1}(b_{k+1} + 2a_{k+1}x_k) \bmod 7^{k+2}$$

$$\Longleftrightarrow \quad b_{k+1} + 2a_{k+1}x_k \equiv 0 \bmod 7 \quad \Longleftrightarrow \quad b_{k+1} + 2a_{k+1}x_0 \equiv 0 \bmod 7$$

$$\Longleftrightarrow \quad b_{k+1} + 6a_{k+1} \equiv 0 \bmod 7 \quad \Longleftrightarrow \quad a_{k+1} \equiv -6^{-1}b_{k+1} \equiv b_{k+1} \bmod 7.$$

Wir können also ein eindeutiges $a_{k+1} \in \{0, \ldots, 6\}$ finden, so dass $x_{k+1} = \sum_{i=0}^{k+1} a_i 7^i$ die Gleichung $x^2 - 2 \equiv 0 \bmod 7^{k+2}$ löst. Insgesamt erhalten wir eine Folge $(x_k)_{k \in \mathbb{N}_0}$ von ganzen Zahlen mit $x_{k+1} \equiv x_k \bmod 7^{k+1}$, die $x_k^2 - 2 \equiv 0 \bmod 7^{k+1}$ erfüllen. Ihr Anfang ist

$$x_0 = 3$$
$$x_1 = 3 + 1 \cdot 7 = 10$$
$$x_2 = 3 + 1 \cdot 7 + 2 \cdot 7^2 = 108$$
$$x_3 = 3 + 1 \cdot 7 + 2 \cdot 7^2 + 6 \cdot 7^3 = 2166$$
$$x_4 = 3 + 1 \cdot 7 + 2 \cdot 7^2 + 6 \cdot 7^3 + 1 \cdot 7^4 = 4567$$
$$x_5 = 3 + 1 \cdot 7 + 2 \cdot 7^2 + 6 \cdot 7^3 + 1 \cdot 7^4 + 2 \cdot 7^5 = 38181$$

Wir würden natürlich gerne k gegen unendlich laufen lassen und $x_\infty = \lim_{k \to \infty} x_k = \sum_{i=0}^{\infty} a_i 7^i$ setzen. Damit hätten wir dann sämtliche Gleichungen $X^2 - 2 \equiv 0 \bmod 7^{k+1}$ gleichzeitig gelöst. Es ist jedoch nicht zu erwarten, dass der Grenzwert $\lim_{k \to \infty} x_k$ in $\mathbb{Z}$ existiert, schließlich löst keine Zahl in $\mathbb{Z}$ die Gleichung $X^2 - 2 = 0$. Genau um diese Probleme in den Griff zu bekommen, wurden die p–adischen Zahlen eingeführt.

Definition 13.1 *Die* ganzen p–adischen Zahlen *für eine Primzahl p sind definiert durch*

$$\mathbb{Z}_p = \left\{ (\overline{x_k}) \in \prod_{k=0}^{\infty} \mathbb{Z}/p^{k+1}\mathbb{Z} \mid x_{k+1} \equiv x_k \bmod p^{k+1} \right\}.$$

Mit der komponentenweisen Verknüpfung wird $\mathbb{Z}_p$ zu einem kommutativen Ring mit $0 = (\overline{0})_{k \in \mathbb{N}_0}$ und $1 = (\overline{1})_{k \in \mathbb{N}_0}$. Wir haben die kanonische Abbildung

$$\varepsilon_p : \mathbb{Z} \longrightarrow \mathbb{Z}_p, \quad x \longmapsto (\overline{x})_{k \in \mathbb{N}_0} = (\overline{x}, \overline{x}, \overline{x}, \ldots).$$

Beispiel In $\mathbb{Z}_7$ ist unter Weglassen der Oberstriche:

$$\varepsilon_7(173) = (173, 173, 173, \ldots) = (5, 26, 173, 173, \ldots)$$
$$\varepsilon_7(-1) = (-1, -1, -1, \ldots) = (6, 48, 342, 2400, \ldots)$$
$$\sqrt{\varepsilon_7(2)} = (3, 10, 108, 2166, \ldots).$$

Eine Darstellung $x = (\overline{x_k}) \in \mathbb{Z}_p$ heißt *reduziert*, falls $0 \le x_k < p^{k+1}$. Häufiger noch nutzt man die *Potenzreihendarstellung*. Um diese für x abzuleiten, sei $(\overline{x_k})$ eine reduzierte Darstellung von x. Zur Vereinfachung der Notation setzen wir $x_{-1} := 0$. Aus $x_k \equiv x_{k-1} \bmod p^k$ folgt $p^k | x_k - x_{k-1}$. Wir setzen

$$a_k := \frac{x_k - x_{k-1}}{p^k} \in \mathbb{Z}.$$

Dann ist $x_k = a_k p^k + x_{k-1}$, und wegen $0 \leq x_k < p^{k+1}$ ist $a_k \in \{0, \ldots, p-1\}$. Das Auflösen der Rekursion führt zu

$$x_k = \sum_{i=0}^{k} a_i p^i$$

und man schreibt x formal als Potenzreihe in p

$$x = \sum_{i=0}^{\infty} a_i p^i \qquad \text{mit } a_i \in \{0, \ldots, p-1\}.$$

Die Addition und Multiplikation in $\mathbb{Z}_p$ ist so erklärt, dass man die Potenzreihen wie üblich addiert und multipliziert. Man muss jedoch anschließend noch „Überträge" durchführen, damit die Koeffizienten wieder kleiner als p werden. Betrachten wir ein Beispiel:

$$
\begin{aligned}
&(3 \cdot 7^0 + 4 \cdot 7^1 + 2 \cdot 7^2) + (5 \cdot 7^0 + 3 \cdot 7^1) \\
&= (3+5) \cdot 7^0 + (4+3) \cdot 7^1 + \quad 2 \cdot 7^2 \\
&= (7+1) \cdot 7^0 + \quad 7 \cdot 7^1 + \quad 2 \cdot 7^2 \\
&= \quad 1 \cdot 7^0 + (7+1) \cdot 7^1 + \quad 2 \cdot 7^2 \\
&= \quad 1 \cdot 7^0 + \quad 1 \cdot 7^1 + (2+1) \cdot 7^2 \\
&= \quad 1 \cdot 7^0 + \quad 1 \cdot 7^1 + \quad 3 \cdot 7^2,
\end{aligned}
$$

$$
\begin{aligned}
&(3 \cdot 7^0 + 4 \cdot 7^1 + 2 \cdot 7^2) \cdot (5 \cdot 7^0 + 3 \cdot 7^1) \\
&= \quad (3 \cdot 5) \cdot 7^0 + (3 \cdot 3 + 4 \cdot 5) \cdot 7^1 + (4 \cdot 3 + 2 \cdot 5) \cdot 7^2 + (2 \cdot 3) \cdot 7^3 \\
&= \quad 15 \cdot 7^0 + \quad 29 \cdot 7^1 + \quad 22 \cdot 7^2 + \quad 6 \cdot 7^3 \\
&= (2 \cdot 7 + 1) \cdot 7^0 + (4 \cdot 7 + 1) \cdot 7^1 + (3 \cdot 7 + 1) \cdot 7^2 + \quad 6 \cdot 7^3 \\
&= \quad 1 \cdot 7^0 + (1+2) \cdot 7^1 + (1+4) \cdot 7^2 + (6+3) \cdot 7^3 \\
&= \quad 1 \cdot 7^0 + \quad 3 \cdot 7^1 + \quad 5 \cdot 7^2 + \quad 2 \cdot 7^3 + 1 \cdot 7^4.
\end{aligned}
$$

Besonders interessant mag sein, dass für jede Primzahl p

$$\varepsilon_p(-1) = \sum_{i=0}^{\infty} (p-1) p^i$$

gilt. Dies verifiziert man durch die Addition von $\varepsilon_p(1) = 1$.

Der Ring $\mathbb{Z}_p$ besitzt die folgenden Eigenschaften:

Satz 13.2 *Für den Ring $\mathbb{Z}_p$, $p \in \mathbb{P}$, gilt:*

1. *Der Ring $\mathbb{Z}_p$ ist ein Hauptidealring, insbesondere ein Integritätsring.*

2. *Die Abbildung $\varepsilon_p : \mathbb{Z} \to \mathbb{Z}_p$ ist eine Einbettung. Man fasst damit $\mathbb{Z}$ als Teilmenge von $\mathbb{Z}_p$ auf.*

3. *Die Einheiten des Ringes sind $\mathbb{Z}_p^\times = \mathbb{Z}_p \setminus p\mathbb{Z}_p$, d.h. die Potenzreihen mit konstantem Term ungleich 0.*

4. *Jedes Element $x \in \mathbb{Z}_p \setminus \{0\}$ besitzt eine eindeutige Zerlegung*

$$x = p^n u \qquad \text{mit } n \in \mathbb{N}_0 \text{ und } u \in \mathbb{Z}_p^\times.$$

Insbesondere ist p das einzige Primelement bis auf Assoziiertheit.

5. *$\mathbb{Z}_p$ besitzt nur die Ideale 0 und $p^n\mathbb{Z}_p$ für $n \in \mathbb{N}_0$. Es gilt $\bigcap_{n\in\mathbb{N}_0} p^n\mathbb{Z}_p = 0$ und*

$$\mathbb{Z}_p / p^n\mathbb{Z}_p \cong \mathbb{Z}/p^n\mathbb{Z}.$$

Insbesondere ist $p\mathbb{Z}_p$ das einzige maximale Ideal.

Beweis: Für 1) zeigen wir, dass $\mathbb{Z}_p$ ein Integritätsring ist. Dass $\mathbb{Z}_p$ sogar ein Hauptidealring ist, folgt dann, sobald wir 5) bewiesen haben. Sei also $x = (\overline{x_k}), y = (\overline{y_k}) \in \mathbb{Z}_p \setminus \{0\}$ und $z = (\overline{z_k}) = xy = (\overline{x_k y_k})$. Wegen $x, y \neq 0$ existieren $n, m \in \mathbb{N}_0$ mit $x_n \not\equiv 0 \bmod p^{n+1}$ und $y_m \not\equiv 0 \bmod p^{m+1}$. Wir setzen $l := n + m$. Aus $x_l \equiv x_n \bmod p^{n+1}$ und $y_l \equiv y_m \bmod p^{m+1}$ leiten wir die Existenz der Zerlegungen $x_l = u \cdot p^{n'}$ bzw. $y_l = v \cdot p^{m'}$ mit $\mathrm{ggT}(u,p) = \mathrm{ggT}(v,p) = 1$, $n' \leq n$ und $m' \leq m$ ab. Dann ist wegen $n' + m' < l$ auch

$$z_l = uv p^{n'+m'} \not\equiv 0 \quad \bmod p^{l+1},$$

und damit $z \neq 0$.

Um 2) zu beweisen, sei $x \in \mathbb{Z}$ mit $\varepsilon_p(x) = (\overline{x})_k = 0$, d.h. $x \equiv 0 \bmod p^{k+1}$ für alle $k \in \mathbb{N}_0$. Die einzige ganze Zahl, die durch beliebig hohe p–Potenzen teilbar ist, ist die Null, also gilt $x = 0$. Somit ist ε_p eine Einbettung.

Für 3) bemerken wir zuerst, dass ein Element $x = (\overline{x_k}) \in p\mathbb{Z}_p$ keine Einheit sein kann. Für ein solches x gilt nämlich $x_0 \equiv 0 \bmod p$. Somit hat für jedes $y = (\overline{y_k}) \in \mathbb{Z}_p$ das Produkt xy als 0–te Komponente $\overline{x_0 y_0} = \overline{0 y_0} = 0 \neq 1$ und ist damit ungleich 1. Folglich kann x keine Einheit sein.

Sei nun $x = (\overline{x_k}) \in \mathbb{Z}_p \setminus p\mathbb{Z}_p$, d.h. $\overline{x_0} \neq 0$. Nach der Definition der ganzen p–adischen Zahlen ist damit $x_k \equiv x_0 \not\equiv 0 \bmod p$. Wegen $p \nmid x_k$ ist $\overline{x_k} \in (\mathbb{Z}/p^{k+1}\mathbb{Z})^\times$. Es gibt also eindeutig bestimmte $\overline{y_k} \in \mathbb{Z}/p^{k+1}\mathbb{Z}$ mit $\overline{x_k}\overline{y_k} = \overline{1}$ in $\mathbb{Z}/p^{k+1}\mathbb{Z}$. Nun impliziert $x_{k+1}y_{k+1} \equiv 1 \bmod p^{k+2}$ zusammen mit $x_{k+1} \equiv x_k \bmod p^{k+1}$, dass $x_k y_{k+1} \equiv 1 \bmod p^{k+1}$. Aus der Eindeutigkeit von $\overline{y_k}$ folgt nun $y_{k+1} \equiv y_k \bmod p^{k+1}$. Daher ist $y = (\overline{y_k}) \in \mathbb{Z}_p$ und nach Wahl der $\overline{y_k}$ gilt $xy = (\overline{x_k y_k}) = 1$.

Wir beweisen zuerst für 5) das Teilresultat, dass $\bigcap_{n\in\mathbb{N}_0} p^n\mathbb{Z}_p = 0$ ist. Falls $x = (\overline{x_k}) \in p^n\mathbb{Z}_p$, dann ist $0 = x_k \in \mathbb{Z}/p^{k+1}\mathbb{Z}$ für $k < n$. Folglich gilt für ein x im Schnitt $x_k = 0$ für alle $k \in \mathbb{N}_0$, also $x = 0$.

Für 4) sei nun ein Element $x \in \mathbb{Z}_p \setminus \{0\}$ gegeben. Wegen $\bigcap_{n\in\mathbb{N}_0} p^n\mathbb{Z}_p = 0$ gibt es ein eindeutig bestimmtes $n \in \mathbb{N}_0$ mit $x \in p^n\mathbb{Z}_p \setminus p^{n+1}\mathbb{Z}_p$. Man kann also $x = p^n u$ schreiben, wobei $u \in \mathbb{Z}_p \setminus p\mathbb{Z}_p = \mathbb{Z}_p^\times$ sein muss. Da n eindeutig ist, ist auch u eindeutig, weil $\mathbb{Z}_p$ ein Integritätsring ist.

Wir überlegen nun, dass p prim in $\mathbb{Z}_p$ ist. Sei p ein Teiler von xy mit $x, y \in \mathbb{Z}_p$. Dann ist $xy \in p\mathbb{Z}_p$ und liegt damit nicht in den Einheiten $\mathbb{Z}_p^\times = \mathbb{Z}_p \setminus p\mathbb{Z}_p$. Also ist auch x oder y keine

Einheit und entsprechend ein Element von $p\mathbb{Z}_p$ und durch p teilbar. Es kann neben dem Primelement p keine weiteren Primelemente geben, da jedes Element ein Produkt von einer p–Potenz und einer Einheit ist.

Schließlich sei für 5) ein beliebiges Ideal $I \neq 0$ gegeben. Aus $\bigcap_{n\in\mathbb{N}_0} p^n\mathbb{Z}_p = 0$ folgt auch $\bigcap_{n\in\mathbb{N}_0} I \cap p^n\mathbb{Z}_p = 0$. Wegen $I \cap p^0\mathbb{Z}_p = I$ gibt es ein minimales $n \in \mathbb{N}_0$ mit $I \cap p^n\mathbb{Z}_p = I$, aber $I \cap p^{n+1}\mathbb{Z}_p \subsetneq I$. Wir behaupten $I = p^n\mathbb{Z}_p$. Aus $I \cap p^{n+1}\mathbb{Z}_p \subsetneq I$ folgt die Existenz eines $x = p^n u \in I$ mit $u \in \mathbb{Z}_p^\times$. Damit ist auch $p^n \in I$ und somit $p^n\mathbb{Z}_p \subseteq I$. Da die andere Inklusion nach Wahl von n gilt, ist $I = p^n\mathbb{Z}_p$.

Zum Schluss betrachten wir die kanonische Projektion

$$\pi : \mathbb{Z}_p \subseteq \prod_{k\in\mathbb{N}_0} \mathbb{Z}/p^{k+1}\mathbb{Z} \longrightarrow \mathbb{Z}/p^n\mathbb{Z}.$$

Sie ist offensichtlich surjektiv, weil $\overline{x_{n-1}} \in \mathbb{Z}/p^n\mathbb{Z}$ das Bild von $x_{n-1} \in \mathbb{Z}_p$ ist. Der Kern von π ist ein Ideal und somit von der Form $\operatorname{Ker}\pi = p^l\mathbb{Z}_p$. Da $\pi(p^k) = 0$ genau dann, wenn $k \geq n$ ist, gilt $\operatorname{Ker}\pi = p^n\mathbb{Z}_p$. Mit dem Homomorphiesatz erhalten wir $\mathbb{Z}_p/p^n\mathbb{Z}_p \cong \mathbb{Z}/p^n\mathbb{Z}$. $\square$

Aufgabe 13.3 Zeigen Sie, dass $\frac{1}{2}$ und $\frac{7}{4}$ Elemente in $\mathbb{Z}_5$ sind, und berechnen Sie die ersten vier Stellen der Potenzreihenentwicklung.

Aufgabe 13.4 Entscheiden Sie, ob die folgenden Gleichungen eine Lösung besitzen und berechnen Sie gegebenenfalls die ersten drei Stellen einer Lösung.

$$X^2 = 7 \text{ in } \mathbb{Z}_3, \qquad X^2 = 17 \text{ in } \mathbb{Z}_{5003}, \qquad X^2 = -1 \text{ in } \mathbb{Z}_2.$$

Definition 13.5 *Die p–adischen Zahlen sind der Quotientenkörper der ganzen p–adischen Zahlen*

$$\mathbb{Q}_p := \left\{ \frac{r}{s} \mid r \in \mathbb{Z}_p,\, s \in \mathbb{Z}_p \setminus \{0\} \right\} = \left\{ \frac{r}{p^n} \mid r \in \mathbb{Z}_p,\, n \in \mathbb{N}_0 \right\}$$

$$= \{ p^m u \mid u \in \mathbb{Z}_p^\times,\, m \in \mathbb{Z} \} \cup \{0\}.$$

Die Gleichheit der Mengen ist eine direkte Folgerung aus Satz 13.2.4. Aus der Einbettung von $\mathbb{Z}$ in $\mathbb{Z}_p$ erhalten wir eine Einbettung von $\mathbb{Q}$ in $\mathbb{Q}_p$. Satz 13.2.4 impliziert auch, dass die Zerlegung einer Zahl $x = p^m u \in \mathbb{Q}_p \setminus \{0\}$ eindeutig ist. Dies ermöglicht die folgende Definition.

Definition 13.6 *Die p–adische Bewertung auf $\mathbb{Q}_p$ ist die Abbildung*

$$\begin{aligned} v_p : \quad \mathbb{Q}_p \quad &\longrightarrow \quad \mathbb{Z} \cup \{\infty\} \\ p^m u \quad &\longmapsto \quad m \qquad\qquad \textit{für } m \in \mathbb{Z},\, u \in \mathbb{Z}_p^\times, \\ 0 \quad &\longmapsto \quad \infty. \end{aligned}$$

Lemma 13.7 *Für die p–adische Bewertung auf $\mathbb{Q}_p$ und $x, y \in \mathbb{Q}_p$ gilt:*

1. $v_p(x) = \infty \iff x = 0.$

2. $v_p(xy) = v_p(x) + v_p(y)$.

3. $v_p(x+y) \geq \min\{v_p(x), v_p(y)\}$.

   Für $v_p(x) \neq v_p(y)$ gilt Gleichheit in der obigen Ungleichung.

4. $\mathbb{Z}_p = \{z \in \mathbb{Q}_p \mid v_p(z) \geq 0\}$.

5. $\mathbb{Z}_p^\times = \{z \in \mathbb{Q}_p \mid v_p(z) = 0\}$.

Allgemein ist eine Bewertung eine Abbildung von einem Körper nach $\mathbb{Z} \cup \{\infty\}$, die die ersten drei Aussagen des Lemmas erfüllt. Die Bewertung, die alle Elemente ungleich 0 auf 0 abbildet, wird dabei als trivial bezeichnet.

Beweis: Die Aussagen sind alle offensichtlich bis vielleicht auf 3). Wir können uns beim Beweis auf $x, y \neq 0$ beschränken. Sei $x = p^n u$ und $y = p^m v$ mit $n, m \in \mathbb{Z}$ und $u, v \in \mathbb{Z}_p^\times$. Wir nehmen ohne Einschränkung $n \leq m$ an. Dann ist

$$x + y = p^n u + p^m v = p^n(u + p^{m-n} v).$$

Wegen $m - n \geq 0$ ist $u + p^{m-n} v \in \mathbb{Z}_p$ und hat eine Bewertung größer oder gleich Null, daher gilt $v_p(x+y) \geq n = v_p(x)$. Falls $n = v_p(x) \neq v_p(y) = m$ ist, ist $p^{m-n}v \in p\mathbb{Z}_p$ und damit $u + p^{m-n}v \in \mathbb{Z}_p^\times$. Somit ist $v_p(u + p^{m-n}v) = 0$ und $v_p(x+y) = n = v_p(x)$. $\qquad\square$

Neben der p–adischen Bewertung nutzt man auch den äquivalenten Begriff der p–Norm.

Definition 13.8 *Auf $\mathbb{Q}_p$ ist die p–Norm definiert durch*

$$|\cdot|_p: \quad \mathbb{Q}_p \quad \longrightarrow \quad \mathbb{R}$$
$$x \quad \longmapsto \quad p^{-v_p(x)},$$

wobei man $p^{-\infty} := 0$ setzt.

Etwas gewöhnungsbedürftig ist, dass die p–Norm genau „verkehrt herum" ist, $|p^n|_p = 1/p^n$. Die Umformulierung des vorangehenden Lemmas für die p–Norm lautet:

Lemma 13.9 *Für die p–Norm auf $\mathbb{Q}_p$ und $x, y \in \mathbb{Q}_p$ gilt:*

1. $|x|_p \geq 0;\ |x|_p = 0 \iff x = 0$.

2. $|xy|_p = |x|_p \cdot |y|_p$.

3. $|x+y|_p \leq \max\{|x|_p, |y|_p\} \leq |x|_p + |y|_p$.

   Für $|x|_p \neq |y|_p$ gilt $|x+y|_p = \max\{|x|_p, |y|_p\}$.

4. $\mathbb{Z}_p = \{z \in \mathbb{Q}_p \mid |z|_p \leq 1\}$.

5. $\mathbb{Z}_p^\times = \{z \in \mathbb{Q}_p \mid |z|_p = 1\}$.

Insbesondere ist die p–Norm tatsächlich eine Norm.

Von der üblichen Betragsnorm auf $\mathbb{R} \supset \mathbb{Q}$ sind wir gewohnt, dass für jedes $r \in \mathbb{R}$ ein $n \in \mathbb{N}$ existiert, so dass $|n \cdot 1| > |r|$ gilt. Die Norm auf $\mathbb{R}$ wird deshalb als *archimedisch* bezeichnet. Die *p*–Normen sind alle nicht archimedisch. Denn nach Lemma 13.9.4 ist $|n \cdot 1| \leq 1$, aber es gilt $|p^{-n}|_p = p^n$ für $n \in \mathbb{N}$.

Die $\mathbb{Q}_p$ teilen mit $\mathbb{R}$ die folgende wichtige Eigenschaft.

Satz 13.10 *Die p–adischen Zahlen sind vollständig bezüglich der p–Norm, d.h. jede Cauchy–Folge konvergiert.*

Beweis: Sei $(x_i)_i \in \mathbb{N}$ eine Cauchy–Folge in $\mathbb{Q}_p$. Wir wollen zuerst dafür argumentieren, dass wir ohne Einschränkung $x_i \in \mathbb{Z}_p$ annehmen dürfen. Betrachten wir dazu die Menge $\{|x_i|_p \mid i \in \mathbb{N}\} \subseteq \mathbb{R}$. Wir behaupten, dass sie nach oben beschränkt ist. Falls nicht, gibt es für alle $m \in \mathbb{N}$ und $N \in \mathbb{N}$ zwei Indizes $i, j \geq N$ mit $|x_i|_p > |x_j|_p \geq p^m$. Nach Lemma 13.9.3 ist somit $|x_i - x_j|_p = |x_i|_p > p^m$. Dies ist jedoch für eine Cauchy–Folge unmöglich. Nun wählen wir $m \in \mathbb{N}$ mit $p^m \geq \max\{|x_i|_p \mid i \in \mathbb{N}_0\}$. Dann ist $(p^m x_i)_i$ eine Cauchy–Folge mit $|p^m x_i|_p \leq 1$ $\Rightarrow p^m x_i \in \mathbb{Z}_p$. Sie konvergiert genau dann, wenn $(x_i)_i$ konvergiert.

Wir brauchen daher nur noch eine Cauchy–Folge $(x_i)_i$ in $\mathbb{Z}_p$ zu betrachten. Wir wollen zeigen, dass sie konvergiert und ihren Grenzwert $z \in \mathbb{Z}_p$ bestimmen. Für jedes $k \in \mathbb{N}$ wählen wir ein $N_k \in \mathbb{N}$, so dass

$$|x_i - x_j|_p < p^{-k} \quad \text{für } i, j \geq N_k.$$

Wir dürfen annehmen, dass N_k eine aufsteigende Folge ist. Die obige Ungleichung können wir auch als $v_p(x_i - x_j) > k$ oder $x_i - x_j \in p^{k+1}\mathbb{Z}_p$ lesen. Wir finden daher ein $z_k \in \mathbb{Z}$ mit

$$z_k \equiv x_i \equiv x_j \mod p^{k+1}\mathbb{Z}_p \quad \text{für } i, j \geq N_k.$$

Wegen $N_{k+1} \geq N_k$ ist

$$z_{k+1} \equiv x_{N_{k+1}} \equiv x_{N_k} \equiv z_k \mod p^{k+1}\mathbb{Z}_p,$$

d.h. $z = (\overline{z_k})_k \in \prod \mathbb{Z}/p^{k+1}\mathbb{Z}$ ist ein Element aus $\mathbb{Z}_p$. Weiter gilt für $i \geq N_k$

$$x_i \equiv z_k \equiv z \mod p^{k+1}\mathbb{Z}_p \quad \Longrightarrow \quad |x_i - z|_p < p^{-k},$$

also konvergieren die x_i gegen z. $\qquad \square$

Durch die Einbettung $\mathbb{Q} \subseteq \mathbb{Q}_p$ erben die rationalen Zahlen die *p*–Norm. Zur Vereinheitlichung bezeichnet man den Absolutbetrag auch als ∞–Norm und schreibt $|\cdot|_\infty := |\cdot|$.

Die *p*–adischen Zahlen können auch analog zur Konstruktion der reellen Zahlen als Cauchy–Folgen in $\mathbb{Q}$ bezüglich der *p*–Norm modulo den Nullfolgen definiert werden. Dies bezeichnet man als Vervollständigung der rationalen Zahlen bezüglich der *p*–Norm. Dann folgt bereits aus der Definition, dass die *p*–adischen Zahlen vollständig sind.

Nachdem wir so viele neue Normen gefunden haben, stellt sich natürlich die Frage, ob es noch weitere Normen auf $\mathbb{Q}$ gibt. Wir erinnern, dass zwei Normen $|\cdot|$ und $\|\cdot\|$ auf einem Körper K äquivalent sind, wenn es $0 < c, C \in \mathbb{R}$ gibt mit $c|x| \leq \|x\| \leq C|x|$ für alle $x \in K$. Eine Norm heißt trivial, falls sie äquivalent ist zu der Norm $|\cdot|$ mit $|x| = 1$ für alle $x \neq 0$.

Satz 13.11 (Ostrowski) *Jede nicht–triviale Norm auf $\mathbb{Q}$ ist äquivalent zu einer der p–Normen oder dem Absolutbetrag.*

Beweis: [F, Satz 6.5]. □

Man weiß, dass es bis auf Äquivalenz nur eine nicht–triviale Norm auf $\mathbb{R}$ und $\mathbb{Q}_p$ gibt. Man bezeichnet sie deshalb als *lokale Körper*.Weil $\mathbb{R}$ und die $\mathbb{Q}_p$ alle Körper sind, die aus den rationalen Zahlen durch Vervollständigung entstehen, nennt man sie die lokalen Körper zum *globalen Körper* $\mathbb{Q}$.

Schließen wir die Normbetrachtungen mit einer fast trivialen Bemerkung ab.

Bemerkung 13.12 *Sei $x \in \mathbb{Q}^\times$, dann gilt*

$$\prod_{p \in \mathbb{P} \cup \{\infty\}} |x|_p = 1.$$

Beweis: Wir schreiben

$$x = \pm \prod_{i=1}^{s} p_i^{n_i} \quad \text{mit } n_i \in \mathbb{Z} \text{ und } p_i \in \mathbb{P} \text{ paarweise verschieden.}$$

Somit sind die Normen von x

$$|x|_\infty = \prod_{i=1}^{s} p_i^{n_i}, \quad |x|_{p_i} = p_i^{-n_i} \quad \text{und} \quad |x|_p = 1 \text{ für alle } p \in \mathbb{P} \setminus \{p_1, \ldots, p_s\}.$$

Damit ist die Behauptung offensichtlich. □

Kehren wir zu unserer ursprünglichen Motivation für die Betrachtung der p–adischen Zahlen zurück, dem Lösen von Gleichungen modulo Potenzen von Primzahlen. Leider funktioniert das nicht immer so gut wie im Eingangsbeispiel, wo die Lösungen modulo p auf eindeutige Weise zu Lösungen modulo p^k geliftet werden konnten.

Betrachten wir zum Beispiel unsere Ursprungsgleichung $X^2 - 2 = 0$ modulo 2^k. Diese hat modulo 2 die Lösung 0, aber keine Lösung modulo 2^k für $k \geq 2$, weil

$$x^2 - 2 \equiv 0 \bmod 2^k \implies x^2 \equiv 2 \equiv 0 \bmod 2 \implies$$

$$x \equiv 0 \bmod 2 \implies x^2 \equiv 0 \bmod 4 \implies x^2 - 2 \not\equiv 0 \bmod 2^k.$$

Noch schlimmer ist die Situation für die Gleichung

$$X^2 + 7 \equiv 0 \quad \bmod 2^k.$$

Hier gibt es die Lösungen

k	Lösungen mod 2^k	Zahlen links mod 2^{k-1}
1	1	
2	1,3	1,1
3	1,3,5,7	1,3,1,3
4	3,5,11,13	3,5,3,5
5	5,11,21,27	5,11,5,11
6	11,21,43,53	11,21,11,21
7	11,53,75,117	11,53,11,53
8	53,75,181,203	53,75,53,75
9	75,181,331,437	75,181,75,181
10	181,331,693,843	181,331,181,331

Das Bemerkenswerte ist, dass es für $k \geq 3$ immer vier Lösungen gibt. Diese sind jeweils zwei Liftungen von zwei Lösungen modulo 2^{k-1}. Das bedeutet, dass wir in $\mathbb{Z}_2$ nur zwei Lösungen erhalten. Schließlich ist $x = (x_k) \in \mathbb{Z}_2$ eine Lösung von $X^2 + 7 = 0$, wenn neben $x_k^2 + 7 \equiv 0 \bmod 2^{k+1}$ auch noch $x_k \equiv x_{k-1} \bmod 2^k$ gilt. So können wir zwei Lösungen mit $x = (1,1,\ldots)$ und $y = (1,3,\ldots)$ beginnen. Die 1 (bzw. 3) können wir zu der Lösung 1 oder 5 (bzw. 3 oder 7) von $X^2 + 7 \equiv 0 \bmod 8$ liften. Wir sehen jedoch am rechten Eintrag der vierten Zeile der Tabelle, dass nur 5 (bzw. 3) weiter geliftet werden kann. Also müssen die Lösungen weitergehen als $x = (1,1,5,\ldots)$ und $y = (1,3,3,\ldots)$. Mehrfaches Wiederholen dieses Argumentes führt zu

$$x = (1,1,5,5,21,53,53,181,181,\ldots)$$
$$y = (1,3,3,11,11,11,75,75,331,\ldots).$$

Wir hätten direkt von Anfang an sehen können, dass es nur zwei Lösungen von $X^2 + 7 = 0$ über $\mathbb{Z}_2$ geben kann, denn ein quadratisches Polynom kann über dem Körper $\mathbb{Q}_2$ — und damit auch über $\mathbb{Z}_2$ — höchstens zwei Nullstellen haben.

Wir wollen das oben beschriebene Verhalten beweisen: Dass eine Lösung entweder gar nicht oder gleich zu zwei Lösungen geliftet werden kann, ist leicht zu sehen. Nehmen wir an, dass $x \in \mathbb{Z}$ die Kongruenz $x^2 + 7 \equiv 0 \bmod 2^{k-1}$ erfüllt. x kann nur zu x oder $x + 2^{k-1}$ modulo 2^k geliftet werden. Es gilt

$$(x + 2^{k-1})^2 + 7 \equiv x^2 + 2^k x + 2^{2k-2} + 7 \equiv x^2 + 7 \mod 2^k \quad \text{für } k \geq 2,$$

somit ist entweder x und $x + 2^{k-1}$ eine Lösung oder keins von beiden.

Wir wollen dafür argumentieren, dass es für $k \geq 3$ immer genau vier Lösungen gibt. Sobald wir das gezeigt haben, folgt das oben beschriebene Verhalten unmittelbar. Wir machen das mit einem ad hoc Argument, eine etwas systematischere Vorgehensweise würde den nachfolgenden Satz und Hilfssatz nutzen. Untersuchen wir $\overline{-7} \in U_{2^k}$. Wegen $(-7)^2 \equiv 1 \bmod 16$ ist $\text{ord}_{U_{2^4}} \overline{-7} = 2$. Aufgabe 7.6 zeigt, dass $\text{ord}_{U_{2^r}} \overline{x} | 2\text{ord}_{U_{2^{r-1}}} \overline{x}$ für alle $x \in \mathbb{Z}$ mit $x \equiv 1 \bmod 4$ und weiter $\text{ord}_{U_{2^r}} \overline{x} = 2\text{ord}_{U_{2^{r-1}}} \overline{x} x$ für x mit $2|\text{ord}_{U_{2^{r-1}}} \overline{x}$. Folglich ist $\text{ord}_{U_{2^k}} \overline{-7} = 2^{k-3}$. Aus dem Beweis von Satz 7.9 folgt, dass $\overline{-7}$ unter dem Isomorphismus $U_{2^k} \cong \mathbb{Z}/2\mathbb{Z} \times \mathbb{Z}/2^{k-2}\mathbb{Z}$ einem Element entspricht, das in der vorderen Komponente eine $\overline{0}$ hat. Auf Grund der Ordnung muss es von der Form $(\overline{0}, \overline{2x})$ mit $2 \nmid x$ sein. Dem Wurzelziehen aus $\overline{-7} \in U_{2^k}$ entspricht das

Teilen von $(\overline{0}, \overline{2x})$ durch 2 in $\mathbb{Z}/2\mathbb{Z} \times \mathbb{Z}/2^{k-2}\mathbb{Z}$. Nach Satz 4.8 finden wir je zwei Lösungen in den Komponenten und somit insgesamt vier Lösungen.

Die Hoffnung, dass das oben an Beispielen gezeigte Ausnahmeverhalten nur bei der Primzahl 2 auftritt, trügt leider, wie die folgende Aufgabe zeigt.

Aufgabe 13.13 Beschreiben Sie die Lösungen von

$$X^4 - 3X^2 + 27 \equiv 0 \quad \text{mod } 5^k \qquad \text{bzw.} \qquad X^4 - X^3 - 8 \equiv 0 \quad \text{mod } 5^k.$$

Berechnen Sie Lösungen zumindest bis $k = 5$. Um das allgemeine Schema zu beweisen, mag der folgende Hilfssatz und Satz hilfreich sein.

Das wirkliche Problem bei diesen Beispielen ist, dass die Ableitung der Polynome an den approximativen Lösungen gleich 0 modulo p ist. Falls dies nicht der Fall ist, läuft das Verfahren wie am Anfang des Abschnittes. Dies wollen wir jetzt beweisen. Ein einzelner Liftungsschritt wird durch den folgenden Hilfssatz beschrieben. Dabei bezeichnet f' die formale Ableitung von f.

Hilfssatz 13.14 *Sei* $f \in \mathbb{Z}_p[X]$ *und* $\tilde{x} \in \mathbb{Z}_p$ *mit*

$$f(\tilde{x}) \equiv 0 \quad \text{mod } p^k \quad \text{für ein } k \in \mathbb{N}.$$

Weiter sei $l \in \mathbb{N}$ *mit* $l \leq k$. *Dann gilt für* $a \in \mathbb{Z}$

$$f(\tilde{x} + ap^k) \equiv 0 \text{ mod } p^{k+l} \quad \Longleftrightarrow \quad f'(\tilde{x})a \equiv \frac{-f(\tilde{x})}{p^k} \text{ mod } p^l.$$

Beweis: Wir schreiben f als Polynom in $X - \tilde{x}$,

$$f = \sum_{i=0}^{d} c_i(X - \tilde{x})^i \quad \text{mit } c_i \in \mathbb{Z}_p.$$

Per Definition ist $c_0 = f(\tilde{x})$ und $c_1 = f'(\tilde{x})$, damit ist

$$f(\tilde{x} + ap^k) = \sum_{i=0}^{d} c_i(ap^k)^i = f(\tilde{x}) + f'(\tilde{x})ap^k + p^{2k} \sum_{i=2}^{d} c_i a^i p^{(i-2)k}.$$

Modulo p^{k+l} ergibt das

$$f(\tilde{x} + ap^k) \equiv f(\tilde{x}) + f'(\tilde{x})ap^k \quad \text{mod } p^{k+l}.$$

Folglich gilt

$$f(\tilde{x} + ap^k) \equiv 0 \quad \text{mod } p^{k+l}$$

$$\Longleftrightarrow \quad f(\tilde{x}) + f'(\tilde{x})ap^k \equiv 0 \quad \text{mod } p^{k+l}$$

$$\Longleftrightarrow \quad \left(\frac{f(\tilde{x})}{p^k} + f'(\tilde{x})a\right) p^k \equiv 0 \quad \text{mod } p^{k+l}$$

$$\Longleftrightarrow \quad f'(\tilde{x})a \equiv -\frac{f(\tilde{x})}{p^k} \quad \text{mod } p^l. \qquad \square$$

Satz 13.15 (Henselsches Lemma) *Sei* $f \in \mathbb{Z}_p[X]$ *ein Polynom und* $\tilde{x} \in \mathbb{Z}_p$. *Weiter sei* $l :=$ $v_p(f'(\tilde{x}))$. *Falls* $f(\tilde{x}) \equiv 0 \mod p^{2l+1}$, *dann existiert ein eindeutig bestimmtes* $x \in \mathbb{Z}_p$ *mit*

$$f(x) = 0 \qquad und \qquad x \equiv \tilde{x} \mod p^{l+1}.$$

Beweis: Wir konstruieren $x \in \mathbb{Z}_p$ als Folge $x = (\overline{x_k})_{k \in \mathbb{N}_0}$, $x_k \in \mathbb{Z}$, mit

1. $x_k \equiv \tilde{x} \mod p^{\min\{l+1, k+1\}}$.

2. $x_k \equiv x_{k-1} \mod p^k$.

3. $f(x_k) \equiv 0 \mod p^{k+l+1}$.

Nach dem Isomorphismus aus Satz 13.2 gibt es ein $z \in \mathbb{Z}$ mit $z \equiv \tilde{x} \mod p^{2l+1}$. Um $x_k \equiv \tilde{x} \mod p^{\min\{l+1, k+1\}}$ zu erfüllen, setzen wir $x_0 := x_1 := \ldots := x_l := z$. Diese Bedingung bestimmt diese x_k auch eindeutig modulo p^{k+1}.

Nehmen wir nun an, wir hätten x_{k-1} mit $k - 1 \geq l$ schon gefunden, dann machen wir den Ansatz $x_k = x_{k-1} + ap^k$ mit $a \in \mathbb{Z}$. Nach dem Hilfssatz folgt

$$f(x_k) = f(x_{k-1} + ap^k) \equiv 0 \mod p^{k+l+1}$$

aus

$$f'(x_{k-1})a \equiv -\frac{f(x_{k-1})}{p^k} \mod p^{l+1}.$$

Nach Konstruktion ist $x_{k-1} \equiv \tilde{x} \mod p^{l+1}$. Es folgt $f'(x_{k-1}) \equiv f'(\tilde{x}) \equiv 0 \mod p^l$ und $f'(x_{k-1}) \equiv f'(\tilde{x}) \not\equiv 0 \mod p^{l+1}$, also $v_p(f'(x_{k-1})) = l$. Da $f(x_{k-1}) \equiv 0 \mod p^{k+l}$, gilt $p^k f'(x_{k-1}) | f(x_{k-1})$. Daher sind nach dem Satz 4.8 die Lösungen für a in der obigen Kongruenz

$$a \equiv -\frac{f(x_{k-1})}{f'(x_{k-1})p^k} \mod p.$$

Dies bestimmt das gesuchte $x_k = x_{k-1} + ap^k$ eindeutig modulo p^{k+1}. Insgesamt erhalten wir ein eindeutiges $x \in \mathbb{Z}_p$ mit den geforderten Eigenschaften. $\square$

Fast immer wird das Henselsche Lemma für $l = 0$ benutzt, also in der Form:

Korollar 13.16 *Sei* $f \in \mathbb{Z}_p[X]$ *ein Polynom und* $\tilde{x} \in \mathbb{Z}_p$ *mit* $f(\tilde{x}) \equiv 0 \mod p$ *und* $f'(\tilde{x}) \not\equiv 0 \mod p$. *Dann existiert ein eindeutig bestimmtes* $x \in \mathbb{Z}_p$ *mit*

$$f(x) = 0 \qquad und \qquad x \equiv \tilde{x} \mod p.$$

Die Interpretation des Korollars ist klar: Jede einfache Nullstelle von f modulo p lässt sich eindeutig zu einer einfachen Nullstelle von f in $\mathbb{Z}_p$ liften. Den allgemeinen Satz kann man so verstehen: Gegeben ein $\tilde{x} \in \mathbb{Z}_p$ mit $l = v_p(f'(\tilde{x}))$. Dann lässt sich aus $\tilde{x}$ genau dann eine Lösung $x \in \mathbb{Z}_p$ von f mit $x \equiv \tilde{x} \mod p^{l+1}$ konstruieren, wenn man aus $\tilde{x}$ eine Lösung z von f modulo p^{2l+1} mit $z \equiv \tilde{x} \mod p^{l+1}$ konstruieren kann.

Das Unbefriedigende an dieser Aussage ist, dass man schon fordern muss, dass $x \equiv \tilde{x} \mod p^{l+1}$ gelten soll. Vielleicht wäre man ja schon mit einer schlechteren Annäherung an $\tilde{x}$ zufrieden gewesen. Jedoch ist es gerade diese Bedingung, die $v_p(f'(x_{k-1})) = v_p(f'(\tilde{x}))$

während der Konstruktion von x sichert. Falls man sie weg lässt, könnte $v_p(f'(x_{k-1}))$ größer werden und der entsprechende Konstruktionsschritt wäre eventuell unmöglich.

Wir kehren zu einem unserer Hauptthemen zurück:

Lösen von Polynomgleichungen modulo n

Sei ein $f \in \mathbb{Z}[X]$ und ein $n \in \mathbb{N}$ gegeben. Wir suchen Lösungen von f modulo n. Dazu zerlegen wir n in seine Primfaktoren $n = \prod_{i=1}^{s} p_i^{r_i}$. Nach dem chinesischen Restsatz ist $f(x) \equiv 0 \bmod n$ genau dann, wenn $f(x) \equiv 0 \bmod p_i^{r_i}$ für alle $i = 1, \dots, s$. Um diese Gleichungen zu lösen, suchen wir zunächst $\tilde{x}_i$ mit $f(\tilde{x}_i) \equiv 0 \bmod p_i$. Dies ist der schwierigste Schritt. Falls keines der bisher beschriebenen Verfahren anwendbar ist, muss man alle Zahlen $0, 1, \dots, p_i - 1$ ausprobieren. Dann wenden wir einige Liftungsschritte wie im Hilfssatz 13.14 beschrieben an, um Lösungen x_i von $f(x_i) \equiv 0 \bmod p_i^{r_i}$ zu finden. Durch den chinesischen Restsatz erhalten wir ein $x \in \mathbb{Z}$ mit $x \equiv x_i \bmod p_i^{r_i}$, dieses erfüllt damit $f(x) \equiv 0 \bmod n$.

Beispiel Wir lösen

$$f := X^4 + 8X^3 - 6X^2 + 16X - 16 \equiv 0 \quad \bmod 50 = 2 \cdot 5^2.$$

Betrachten wir diese Gleichung zuerst modulo 2, also $X^4 \equiv 0 \bmod 2$. Dies hat nur die Lösung $x_1 \equiv 0 \bmod 2$.

Modulo 5 haben wir das Polynom $X^4 + 3X^3 + 4X^2 + X + 4$. Da uns im Augenblick kein Verfahren zur Lösung dieser Gleichung einfällt, setzen wir die Werte $0, 1, 2, 3, 4$ ein:

x	0	1	2	3	4
$f(x) \bmod 5$	4	3	2	0	0

Wir finden daher $x_2 \equiv 3 \bmod 5$ und $x_2 \equiv 4 \bmod 5$ als Lösungen von f modulo 5. Es gilt $f'(3) \equiv 4 \bmod 5$ und $f'(4) \equiv 3 \bmod 5$, damit wird das Liften nach dem Hilfssatz 13.14 einfach. Wir liften 3 zu $3 + a5$, wobei a festgelegt ist durch

$$f'(3)a \equiv -f(3)/5 \bmod 5 \quad \Longleftrightarrow \quad 4a \equiv -275/5 \bmod 5 \quad \Longleftrightarrow \quad a \equiv 0 \bmod 5.$$

Daher können wir als Liftung der Lösung 3 von f modulo 5 wieder 3 als Lösung von f modulo 25 wählen. Analog liften wir die Lösung 4 von f modulo 5 zu 14 als Lösung von f modulo 25.

Jetzt finden wir alle Lösungen von f modulo 50, indem wir mit dem chinesischen Restsatz die Kongruenzen

$$x \equiv 0 \bmod 2 \quad \text{und} \quad x \equiv 3 \bmod 25 \quad \text{bzw.} \quad x \equiv 0 \bmod 2 \quad \text{und} \quad x \equiv 14 \bmod 25$$

lösen. Die Lösungen sind $x \equiv 28 \bmod 50$ bzw. $x \equiv 14 \bmod 50$.

Da wir nicht in einem Körper rechnen, wären auch a priori mehr als vier Lösungen von f möglich gewesen.

Zusatzaufgaben

Aufgabe 13.17 Untersuchen Sie die folgenden quadratischen Kongruenzen auf ihre Lösbarkeit:

1. $x^2 \equiv 811 \bmod 851$.

2. $x^2 + 27x + 52 \equiv 0 \bmod 13^3$.

Aufgabe 13.18 Gegeben sei das Polynom $f := X^3 - 3X - 5$. Bestimmen Sie alle Lösungen der Kongruenz $f(x) \equiv 0 \bmod 7^4$.

Aufgabe 13.19 Sei $n \in \mathbb{N}$, $n \geq 2$. Wir definieren den Ring der n–adischen Zahlen durch

$$\mathbb{Z}_n = \left\{ (\bar{x}_k) \in \prod_{k=0}^{\infty} \mathbb{Z}/n^{k+1}\mathbb{Z} \mid x_{k+1} \equiv x_k \quad \bmod n^{k+1} \right\}.$$

1. Zeigen Sie: Sind $n, m \geq 2$ teilerfremde natürliche Zahlen, dann ist $\mathbb{Z}_{nm} \cong \mathbb{Z}_n \times \mathbb{Z}_m$.

2. Beweisen Sie, dass für jede natürliche Zahl $n \geq 2$ und jedes $r \in \mathbb{N}$ ein natürlicher Isomorphismus $\mathbb{Z}_{n^r} \cong \mathbb{Z}_n$ existiert.

Aufgabe 13.20 Gegeben seien die Polynome

$$f := X^3 + X^2 + 20X + 3 \qquad \text{und} \qquad g := X^4 - X^3 - 8$$

in $\mathbb{Z}[X]$. Zeigen Sie:

1. Das Polynom f besitzt zwei Nullstellen modulo 5, sechs Nullstellen modulo 25 und 11 Nullstellen modulo 5^k für $k \geq 3$, aber nur drei Nullstellen in $\mathbb{Z}_5$.

2. Das Polynom g besitzt eine Nullstelle modulo 5, fünf Nullstellen modulo 25 und 10 Nullstellen modulo 5^k für $k \geq 3$, aber nur zwei Nullstellen in $\mathbb{Z}_5$.

Aufgabe 13.21 Zeigen Sie: Ist $(x_i)_{i\in\mathbb{N}}$ eine Nullfolge in $\mathbb{Q}_p$, dann ist die Reihe $\sum_{i=0}^{\infty} x_i$ konvergent.

Aufgabe 13.22 Sei K ein Körper, der $\mathbb{Q}$ enthält. Eine *Anordnung* auf K ist eine Teilmenge $P \subseteq K$ mit den Eigenschaften

1. $0 \notin P$ und $(x \notin P \Rightarrow -x \in P)$ für alle $x \in K \setminus \{0\}$.

2. Sind $x, y \in P$, dann auch $x + y$ und xy.

Die Schreibweise $x < y$ ist gleichbedeutend mit $y - x \in P$.

1. Zeigen Sie: Existiert ein $m \in \mathbb{N}$, so dass $-m$ ein Quadrat in K ist, dann gibt es auf K keine Anordnung.

2. Beweisen Sie, dass der Körper $\mathbb{Q}_p$ für keine Primzahl p eine Anordnung besitzt.

Aufgabe 13.23 Zeigen Sie, dass das Polynom

$$f := (X^2 - 13)(X^2 - 17)(X^2 - 13 \cdot 17) \in \mathbb{Z}[X]$$

modulo jeder natürlichen Zahl $n \in \mathbb{N}$ eine Nullstelle hat, aber keine Nullstelle in $\mathbb{Z}$ besitzt.

Aufgabe 13.24 Zeigen Sie, dass $\frac{1}{2}$ und $\frac{5}{3}$ Elemente in $\mathbb{Z}_7$ sind und berechnen Sie jeweils die ersten vier Stellen der Potenzreihenentwicklung.

Aufgabe 13.25 Berechnen Sie den p–adischen Absolutbetrag von $\frac{1}{p^7 - p^5 + p^3}$.

Aufgabe 13.26 Sei p eine Primzahl und $b = p^n u \in \mathbb{Q}_p^\times$ mit $u \in \mathbb{Z}_p^\times$ und $n \in \mathbb{Z}$. Zeigen Sie:

1. Die Gleichung $x^3 = b$ besitzt genau dann eine Lösung in $\mathbb{Q}_p^\times$, wenn n durch 3 teilbar ist und $x^3 = u$ eine Lösung in $\mathbb{Z}_p^\times$ besitzt.

2. Sei $p \neq 3$. Die Gleichung $x^3 = u$ ist genau dann in $\mathbb{Z}_p^\times$ lösbar, wenn $x^3 \equiv u \bmod p$ eine Lösung besitzt.

Aufgabe 13.27 Sei $m \in \mathbb{Z}$. Zeigen Sie, dass es unendlich viele Primzahlen p gibt, so dass $\sqrt{m} \in \mathbb{Q}_p$. Ist umgekehrt $p \in \mathbb{P}$ eine feste ungerade Primzahl, so zeige man, dass es unendlich viele $m \in \mathbb{Z}$ gibt, so dass $\sqrt{m} \in \mathbb{Q}_p$. Hinweis: Sie dürfen benutzen, dass in jeder arithmetischen Progression unendlich viele Primzahlen existieren (*Satz von Dirichlet*).

Aufgabe 13.28 Sei n eine natürliche Zahl und $n = a_0 + a_1 p + \cdots + a_{r-1} p^{r-1}$ ihre p–adische Entwicklung, wobei $0 \leq a_i < p$. Zeigen Sie, dass

$$v_p(n!) = \frac{n - (a_0 + a_1 + \cdots + a_{r-1})}{p - 1}.$$

Aufgabe 13.29 Für welche Primzahlen p hat die Gleichung $x^2 - 75y^2 = 0$ eine nicht–triviale Lösung in $\mathbb{Z}_p \times \mathbb{Z}_p$?

Aufgabe 13.30 Zeigen Sie, dass $\mathbb{Z}_p$ als metrischer Raum mit der p–adischen Metrik kompakt ist. Zeigen Sie auch, dass $\mathbb{Q}_p$ lokalkompakt ist, d.h. jeder Punkt eine kompakte Umgebung besitzt.

14 Quadratrestklassen und Hilbert–Symbole

In Abschnitt 8 haben wir das Legendre– und Jacobi–Symbol eingeführt, um zu entscheiden, ob die Gleichung

$$X^2 = d \qquad \text{mit } d \in \mathbb{F}_p$$

eine Lösung in $\mathbb{F}_p$ hat. Eine Besonderheit dieser Körper ist, dass in ihnen das Produkt zweier quadratischer Nichtreste immer ein quadratischer Rest ist. Das ist in $\mathbb{Q}$ und $\mathbb{Q}_p$ zum Beispiel nicht der Fall, deshalb kann man in diesen Körpern das Legendre–Symbol nicht einfach analog einführen. Wir gehen daher einen anderen Weg.

Für einen Körper K bezeichnen wir die Menge seiner Quadrate mit

$$K^{\times 2} := \left\{ a^2 \mid a \in K^{\times} \right\} \subseteq K^{\times}.$$

Diese bilden eine Untergruppe von $K^{\times}$, und wir können daher die Quotientengruppe $K^{\times}/K^{\times 2}$ betrachten. Ihre Elemente sind die Mengen

$$bK^{\times 2} = \left\{ ba^2 \in K^{\times} \mid a \in K^{\times} \right\} \subseteq K^{\times}.$$

Die Verknüpfung dieser Elemente geschieht über die Repräsentanten.

Die Frage, ob ein $d \in K$ ein Quadrat ist, ist nun äquivalent zur Frage, ob die Restklasse $dK^{\times 2}$ von d gleich der Einheitsklasse $1 \cdot K^{\times 2} = K^{\times 2}$ ist, denn

$$dK^{\times 2} = K^{\times 2} \quad \Longleftrightarrow \quad d \in K^{\times 2}.$$

Die Elemente von $K^{\times}/K^{\times 2}$ entsprechen den verschiedenen Arten, kein Quadrat zu sein.

Wir wollen diese Gruppe $K^{\times}/K^{\times 2}$ für alle bisher aufgetretenen Körper bestimmen. Dazu definieren wir den folgenden Isomorphismus von Gruppen:

$$\log_{-1} : (\{\pm 1\}, \cdot) \longrightarrow (\mathbb{Z}/2\mathbb{Z}, +), \quad 1 \longmapsto \overline{0}, \ -1 \longmapsto \overline{1}.$$

Satz 14.1 *Für jede ungerade Primzahl $p \in \mathbb{P}$ ist*

$$\Phi_{\mathbb{F}_p} : \mathbb{F}_p^{\times}/\mathbb{F}_p^{\times 2} \longrightarrow \mathbb{Z}/2\mathbb{Z}, \quad x\mathbb{F}_p^{\times 2} \longmapsto \log_{-1}\left(\frac{x}{p}\right),$$

ein Isomorphismus. Für $p = 2$ ist $\mathbb{F}_2^{\times}/\mathbb{F}_2^{\times 2} = \{1\}$.

Beweis: Wegen $\mathbb{F}_2^\times = \{1\}$ ist die Aussage für $p = 2$ trivial. Für $p \geq 3$ betrachten wir zuerst die Abbildung $\log_{-1}\left(\frac{\cdot}{p}\right) : \mathbb{F}_p^\times \to \mathbb{Z}/2\mathbb{Z}$. Per Definition liegt $\mathbb{F}_p^{\times\,2}$ in ihrem Kern. Da nach Lemma 8.3 jeweils die Hälfte der Elemente von $\mathbb{F}_p^\times$ Quadrate und Nichtquadrate sind, ist die Abbildung surjektiv und $\#\mathbb{F}_p^\times / \mathbb{F}_p^{\times\,2} = 2$. Also ist die induzierte Abbildung $\Phi_{\mathbb{F}_p} : \mathbb{F}_p^\times / \mathbb{F}_p^{\times\,2} \to \mathbb{Z}/2\mathbb{Z}$ ein Isomorphismus. $\qquad\square$

Auch für reelle Zahlen ist die Situation einfach.

Satz 14.2 *Die Abbildung*

$$\Phi_{\mathbb{R}} : \mathbb{R}^\times / \mathbb{R}^{\times\,2} \longrightarrow \mathbb{Z}/2\mathbb{Z}, \quad x \longmapsto \log_{-1}(\operatorname{sgn} x),$$

ist ein Isomorphismus. Insbesondere ist $\{\pm 1\}$ ein vollständiges Repräsentantensystem von $\mathbb{R}^\times / \mathbb{R}^{\times\,2}$.

Beweis: Die Aussage ist offensichtlich, da -1 in $\mathbb{R}$ kein Quadrat ist und jedes $x \in \mathbb{R}$ sich schreiben lässt als $x = \operatorname{sgn}(x) \sqrt{|x|}^2$. $\qquad\square$

In Analogie zu den Körpern $\mathbb{F}_p$ definiert man daher auch auf $\mathbb{R} = \mathbb{Q}_\infty$ ein Legendre–Symbol

$$\left(\frac{\cdot}{\infty}\right) : \mathbb{R} \longrightarrow \{\pm 1, 0\}, \quad x \longmapsto \operatorname{sgn}(x).$$

Für die rationalen Zahlen ist die Gruppe $\mathbb{Q}^\times / \mathbb{Q}^{\times\,2}$ sehr groß.

Satz 14.3 *Die Abbildung*

$$\Phi_{\mathbb{Q}} : \mathbb{Q}^\times / \mathbb{Q}^{\times\,2} \longrightarrow \mathbb{Z}/2\mathbb{Z} \times \bigoplus_{p \in \mathbb{P}} \mathbb{Z}/2\mathbb{Z}, \quad x\mathbb{Q}^{\times\,2} \longmapsto (\log_{-1} \operatorname{sgn} x, (v_p(x) + 2\mathbb{Z})_{p \in \mathbb{P}}),$$

ist ein Isomorphismus.

Wir erinnern uns, dass die direkte Summe von Gruppen G_i, $i \in I$, definiert ist durch

$$\bigoplus_{i \in I} G_i = \left\{ (g_i) \in \prod_{i \in I} G_i \mid \text{nur endlich viele } g_i \neq 0 \right\}.$$

Beweis: Wir betrachten zunächst die Abbildung $\tilde{\Phi}_{\mathbb{Q}} : \mathbb{Q}^\times \to \mathbb{Z}/2\mathbb{Z} \times \bigoplus_{p \in \mathbb{P}} \mathbb{Z}/2\mathbb{Z}$, die analog zu $\Phi_{\mathbb{Q}}$ definiert ist. $\tilde{\Phi}_{\mathbb{Q}}$ bildet tatsächlich in die direkte Summe ab und nicht nur in das direkte Produkt, weil nur endlich viele verschiedene Primzahlen in den Primfaktorzerlegungen des Nenners und Zählers der rationalen Zahl x vorkommen. Dass $\tilde{\Phi}_{\mathbb{Q}}$ ein Homomorphismus ist, ist eine Folge der Rechengesetze für die p–adischen Bewertungen. Auch die Surjektivität ist klar. Ein gegebenes $(i + 2\mathbb{Z}, (r_p + 2\mathbb{Z})_{p \in \mathbb{P}})$ ist das Bild von $(-1)^i \prod_{p \in \mathbb{P}} p^{r_p}$.

Berechnen wir den Kern von $\tilde{\Phi}_{\mathbb{Q}}$. Es gilt $\mathbb{Q}^{\times 2} \subseteq \mathrm{Ker}\,\tilde{\Phi}_{\mathbb{Q}}$, da $x^2 > 0$ und $v_p(x^2) = 2v_p(x)$. Tatsächlich ist $\mathrm{Ker}\,\tilde{\Phi}_{\mathbb{Q}} = \mathbb{Q}^{\times 2}$. Für ein $x \in \mathrm{Ker}\,\tilde{\Phi}_{\mathbb{Q}}$ gilt $x > 0$ und in einer Primfaktorzerlegung $x = \prod_{p \in \mathbb{P}} p^{r_p}$ von x müssen alle Exponenten r_p gerade sein. Daher ist

$$x = \left(\prod_{p \in \mathbb{P}} p^{\frac{r_p}{2}} \right)^2$$

ein Quadrat. Die Anwendung des Homomorphiesatzes liefert die Behauptung. $\qquad\square$

Wenden wir uns schließlich den p–adischen Zahlen zu.

Satz 14.4 *Für eine ungerade Primzahl $p \in \mathbb{P}$ ist*

$$\Phi_p : \mathbb{Q}_p^{\times} / \mathbb{Q}_p^{\times 2} \longrightarrow \mathbb{Z}/2\mathbb{Z} \times \mathbb{Z}/2\mathbb{Z}$$

$$u p^n \mathbb{Q}_p^{\times 2} \longmapsto \left(\log_{-1}\left(\tfrac{u}{p} \right), n + 2\mathbb{Z} \right) \qquad \text{mit } u \in \mathbb{Z}_p^{\times}$$

ein Isomorphismus. Insbesondere gilt, dass für jedes $\varepsilon \in \mathbb{Z}_p^{\times}$ mit $\left(\frac{\varepsilon}{p} \right) = -1$ die Menge $\{1, \varepsilon, p, \varepsilon p\}$ ein vollständiges Repräsentantensystem von $\mathbb{Q}_p^{\times} / \mathbb{Q}_p^{\times 2}$ ist.

Dabei ist das Symbol $\left(\frac{u}{p} \right)$ für $u \in \mathbb{Z}_p^{\times}$ so zu verstehen, dass man u modulo p betrachtet und somit als Element von $\mathbb{Z}/p\mathbb{Z}$ auffasst.

Beweis: Wir betrachten wieder zuerst den Homomorphismus $\tilde{\Phi}_p : \mathbb{Q}_p^{\times} \to \mathbb{Z}/2\mathbb{Z} \times \mathbb{Z}/2\mathbb{Z}$, der genau wie in der Aussage nur direkt auf den Elementen statt auf den Restklassen definiert ist. Für die Surjektivität von $\tilde{\Phi}_p$ brauchen wir nur zu merken, dass $\tilde{\Phi}_p(p) = (\overline{0}, \overline{1})$ und $\tilde{\Phi}_p(\varepsilon) = (\overline{1}, \overline{0})$ für jedes $\varepsilon \in \mathbb{Z}_p^{\times}$ mit $\left(\frac{\varepsilon}{p} \right) = -1$ gilt.

Berechnen wir nun den Kern von $\tilde{\Phi}_p$. Zuerst bemerken wir, dass $\mathbb{Q}_p^{\times 2} \subseteq \mathrm{Ker}\,\tilde{\Phi}_p$. Nämlich für ein $x = u p^n$ ist $x^2 = u^2 p^{2n}$ und damit

$$\tilde{\Phi}_p(x^2) = \left(\log_{-1}\left(\frac{u^2}{p} \right), 2n + 2\mathbb{Z} \right) = (\log_{-1} 1, \overline{0}) = (\overline{0}, \overline{0}).$$

Sei nun $u p^n$ ein Element des Kerns von $\tilde{\Phi}_p$. Dann ist $\left(\frac{u}{p} \right) = 1$ und $2 | n$. u ist damit ein Quadrat modulo p. Es gibt also eine Lösung $\tilde{v} \in \mathbb{Z} \setminus \{0\}$ der Gleichung $X^2 - u \equiv 0 \bmod p$. Nach dem Henselschen Lemma kann $\tilde{v}$ zu einer Lösung $v \in \mathbb{Z}_p$ von $X^2 - u = 0$ geliftet werden. Nun gilt $(v p^{n/2})^2 = v^2 p^n = u p^n$, d.h. jedes Element des Kerns ist ein Quadrat. Mit Hilfe des Homomorphiesatzes ergibt sich die Aussage. $\qquad\square$

Satz 14.5 *Die Abbildung*

$$\Phi_2 : \mathbb{Q}_2^{\times} / \mathbb{Q}_2^{\times 2} \longrightarrow U_8 \times \mathbb{Z}/2\mathbb{Z} \cong \mathbb{Z}/2\mathbb{Z} \times \mathbb{Z}/2\mathbb{Z} \times \mathbb{Z}/2\mathbb{Z}$$

$$u 2^n \mathbb{Q}_2^{\times 2} \longmapsto (u \bmod 8, n + 2\mathbb{Z}) \qquad \text{mit } u \in \mathbb{Z}_2^{\times}$$

ist ein Isomorphismus. Insbesondere ist $\{\pm 1, \pm 5, \pm 2, \pm 10\}$ ein vollständiges Repräsentantensystem von $\mathbb{Q}_2^{\times} / \mathbb{Q}_2^{\times 2}$.

Beweis: Wie immer betrachten wir zuerst die analog definierte Abbildung

$$\tilde{\Phi}_2 : \mathbb{Q}_2^\times \to U_8 \times \mathbb{Z}/2\mathbb{Z}.$$

$\tilde{\Phi}_2$ ist offensichtlich surjektiv. Man sieht fast genauso einfach, dass jedes Quadrat im Kern von $\tilde{\Phi}_2$ liegt, schließlich ist jedes Quadrat in U_8 gleich 1 wegen $U_8 \cong \mathbb{Z}/2\mathbb{Z} \times \mathbb{Z}/2\mathbb{Z}$.

Sei nun ein Element $u2^n$ des Kerns gegeben, d.h. $u \equiv 1 \bmod 8$ und $2|n$. Wir wollen zeigen, dass es ein Quadrat ist. Dazu suchen wir eine Quadratwurzel mit dem Henselschen Lemma. Für das Polynom

$$f = X^2 - u \in \mathbb{Z}_2[X]$$

gilt $l := v_2(f'(u)) = v_2(2u) = 1$ und $f(u) = u^2 - u = u(u-1) \equiv 0 \bmod 2^{2l+1} = 8$. Somit gibt es nach dem Henselschen Lemma ein $w \in \mathbb{Z}_2$ mit $w^2 = u$. Folglich ist das Element $u2^n$ des Kerns von $\tilde{\Phi}_2$ das Quadrat von $w2^{n/2}$. Wir haben somit $\mathrm{Ker}(\tilde{\Phi}_2) = \mathbb{Q}_2^{\times 2}$ gezeigt und der Homomorphiesatz impliziert jetzt die Aussage. $\qquad\square$

Aufgabe 14.6 Eine Quadratwurzel von u lässt sich im obigen Beweis auch durch die Benutzung des Korollars 13.16 aus dem Henselschen Lemmas mit $l = 0$ konstruieren. Dazu muss man jedoch das Polynom $f = 2X^2 + X - \frac{u-1}{8} \in \mathbb{Z}_2[X]$ an der Stelle 0 betrachten. Falls w eine Lösung von f in $\mathbb{Z}_2$ ist, so ist $4w + 1$ eine Quadratwurzel von u. Arbeiten Sie das aus.

Beispiel Wir wollen entscheiden, ob $x = 833$ ein Quadrat in $\mathbb{Q}_7$ ist. Es gilt $x = 7^2 \cdot 17$ und

$$\left(\frac{17}{7}\right) = \left(\frac{3}{7}\right) = -\left(\frac{7}{3}\right) = -\left(\frac{1}{3}\right) = -1.$$

Daher ist $\Phi_7 = (\bar{1}, \bar{0})$ und x kein Quadrat in $\mathbb{Q}_7$.

Wir haben jetzt $K^\times/K^{\times 2}$ für alle uns bekannten Körper ausgerechnet. Auffällig ist, dass dies alles recht einfache Gruppen sind — mit Ausnahme von $\mathbb{Q}^\times/\mathbb{Q}^{\times 2}$. Dies ist wieder ein Merkmal der lokal–global Beziehung von $\mathbb{Q}$ zu $\mathbb{Q}_p$ und $\mathbb{R}$. Typisch ist auch der folgende Satz.

Satz 14.7 (Hasse–Minkowski, Teil 0) *Die Gleichung*

$$X^2 = d \quad \text{mit } d \in \mathbb{Q}^\times$$

hat eine Lösung in $\mathbb{Q}$ genau dann, wenn sie eine Lösung in allen Körpern $\mathbb{R}$ und $\mathbb{Q}_p$, $p \in \mathbb{P}$, hat.

Beweis: Wegen $\mathbb{Q} \subseteq \mathbb{R}, \mathbb{Q}_p$ ist eine Lösung in $\mathbb{Q}$ auch eine Lösung in den anderen Körpern. Die Eigenschaft von d in den Körpern $\mathbb{R}$ und $\mathbb{Q}_p$, $p \in \mathbb{P}$, ein Quadrat zu sein, impliziert nach den Sätzen 14.2, 14.4 und 14.5, dass $2|v_p(d)$ und $d > 0$. Nach Satz 14.3 folgt nun, dass d ein Quadrat in $\mathbb{Q}$ ist. $\qquad\square$

Anstatt nach der Lösbarkeit von $X^2 = d$, $d \neq 0$, zu fragen, hätten wir auch nach der Existenz einer nicht–trivialen Lösung $(y,z) \neq 0$ von $dY^2 = Z^2$ fragen können. Schließlich bekommen wir aus $x^2 = d$ die Gleichung $d \cdot 1^2 = x^2$ und umgekehrt aus $dy^2 = z^2$ die Gleichung $(z/y)^2 = d$, weil wegen $d \neq 0$ sowohl y als auch z ungleich Null sein müssen.

In dieser Form verallgemeinern sich die Ergebnisse besser. Wir werden die Lösbarkeit von

$$aX^2 + bY^2 = Z^2$$

untersuchen.

Definition 14.8 *Sei $p \in \mathbb{P} \cup \{\infty\}$ und $a, b \in \mathbb{Q}_p^\times$, wobei $\mathbb{Q}_\infty := \mathbb{R}$. Dann ist das* Hilbert–Symbol

$$\left(\frac{a, b}{p} \right) \in \{+1, -1\}$$

genau dann gleich 1, wenn die Gleichung

$$aX^2 + bY^2 = Z^2$$

ein Lösung $0 \neq (x, y, z) \in (\mathbb{Q}_p)^3$ besitzt.

Obwohl das quadratische Polynom $aX^2 + bY^2 - Z^2$ recht einfach ist, stellt sich die Frage, warum wir gerade seine Nullstellen untersuchen. Tatsächlich ist das aber gar keine Einschränkung. Aus der linearen Algebra ist der folgende Satz bekannt [L, XIV, §3].

Satz 14.9 *Sei $Q = \sum_{i,j=1}^n a_{ij} X_i X_j$, $a_{ij} = a_{ji} \in K$, eine quadratische Form in n Variablen über einem Körper K mit $2 \neq 0$. Dann gibt es eine lineare Transformation der Koordinaten, so dass anschließend Q die Form*

$$Q = \sum_{i=1}^r a_i X_i^2 \quad \text{mit } a_i \neq 0 \text{ für } i = 1, \ldots, r$$

hat. Die Invariante r ist dabei der Rang der quadratischen Form Q.

Also kann jede quadratische Form vom Rang 3 über $\mathbb{Q}, \mathbb{Q}_p, \mathbb{R}$ durch lineare Koordinatentransformation auf die Form $aX^2 + bY^2 + cZ^2$ mit $abc \neq 0$ gebracht werden. Wenn uns nur die Nullstellen von Q interessieren, können wir auch

$$-\frac{1}{c} Q = -\frac{a}{c} X^2 - \frac{b}{c} Y^2 - Z^2$$

betrachten, und dies ist gerade die in der Definition des Hilbert–Symbols verwendete Form.

Für die reellen Zahlen lässt sich das Hilbert–Symbol unmittelbar berechnen.

Lemma 14.10 *Für $a, b \in \mathbb{R}^\times$ gilt*

$$\left(\frac{a, b}{\infty} \right) = 1 \quad \Longleftrightarrow \quad a > 0 \text{ oder } b > 0.$$

Beweis: Für $a > 0$ gilt

$$a \cdot 1^2 + b \cdot 0^2 = (\sqrt{a})^2 \quad \Longrightarrow \quad \left(\frac{a,b}{\infty}\right) = 1.$$

Für $b > 0$ argumentiert man analog. Wenn $a < 0$ und $b < 0$ gilt, ist der Ausdruck $ax^2 + by^2$ für jedes $(x,y) \neq 0$ negativ und damit kein Quadrat. Somit besitzt $aX^2 + bY^2 = Z^2$ in diesem Fall keine nicht–triviale Lösung. □

Um das Hilbert–Symbol für die Körper $\mathbb{Q}_p$ berechnen zu können, benötigen wir einige elementare Eigenschaften:

Lemma 14.11 *Für $p \in \mathbb{P} \cup \{\infty\}$ und $a,b,c,d \in \mathbb{Q}_p^\times$ gilt:*

1. $\left(\dfrac{a,b}{p}\right) = \left(\dfrac{b,a}{p}\right).$

2. $\left(\dfrac{a,1}{p}\right) = \left(\dfrac{a,-a}{p}\right) = 1.$

3. $\left(\dfrac{a,1-a}{p}\right) = 1$ *für $a \neq 1$.*

4. $\left(\dfrac{a,b}{p}\right) = \left(\dfrac{ac^2,bd^2}{p}\right),$

   d.h. das Hilbert–Symbol hängt nur von den Restklassen von a und b in $\mathbb{Q}_p^\times / \mathbb{Q}_p^{\times\,2}$ ab.

5. $\left(\dfrac{ab,ac}{p}\right) = \left(\dfrac{ab,-bc}{p}\right).$

6. *Für* $\left(\dfrac{a,c}{p}\right) = 1$ *gilt* $\left(\dfrac{a,b}{p}\right) = \left(\dfrac{a,bc}{p}\right).$

Beweis: Die Symmetrie des Hilbert–Symbols folgt unmittelbar aus seiner Definition. Die Punkte 2) und 3) sind durch die Gleichungen

$$a \cdot 0^2 + 1 \cdot 1^2 = 1^2, \quad a \cdot 1^2 + (-a) \cdot 1^2 = 0^2 \quad \text{und} \quad a \cdot 1^2 + (1-a) \cdot 1^2 = 1^2$$

bewiesen. Für 4) bemerken wir, dass die Gleichung

$$ac^2 X^2 + bd^2 Y^2 = a(cX)^2 + b(dY)^2 = Z^2$$

durch die Variablensubstitution $\tilde{X} = cX$ und $\tilde{Y} = dY$ in die Gleichung $a\tilde{X}^2 + b\tilde{Y}^2 = Z^2$ übergeht. Daher können die Lösungen der beiden Gleichungen ineinander umgerechnet werden.

Für 5) formen wir die Gleichung $abX^2 + acY^2 = Z^2$ äquivalent um:

$$abX^2 + acY^2 = Z^2 \quad \Longleftrightarrow \quad -Z^2 + acY^2 = -abX^2 \quad \Longleftrightarrow \quad \tfrac{1}{ab}Z^2 - \tfrac{c}{b}Y^2 = X^2.$$

Somit gilt mit Hilfe von 4)

$$\left(\frac{ab,ac}{p}\right) = \left(\frac{\frac{1}{ab},-\frac{c}{b}}{p}\right) = \left(\frac{ab,-bc}{p}\right).$$

Da die Hilbert–Symbole nur zwei Werte annehmen, können wir die Gleichheit in Aussage 6) auch formulieren als

$$\left(\frac{a,b}{p}\right) = 1 \quad\Longleftrightarrow\quad \left(\frac{a,bc}{p}\right) = 1.$$

Sei zunächst neben $\left(\frac{a,c}{p}\right) = 1$ auch $\left(\frac{a,b}{p}\right) = 1$. Wir finden daher $(x,y,z) \neq 0$ und $(\tilde{x},\tilde{y},\tilde{z}) \neq 0$ mit

$$ax^2 + by^2 = z^2 \quad\text{und}\quad a\tilde{x}^2 + c\tilde{y}^2 = \tilde{z}^2. \tag{$*$}$$

Sollte $y = 0$ oder $\tilde{y} = 0$ sein, so haben wir sofort die gesuchte Lösung von $aX^2 + bcY^2 = Z^2$. Wir könnten nun direkt nachrechnen, dass sonst $(x\tilde{z} + \tilde{x}z, y\tilde{y}, ax\tilde{x} + z\tilde{z})$ eine nicht–triviale Lösung dieser Gleichung ist. Jedoch wäre dann immer noch unklar, woher diese Lösung kommt. Wir gehen daher einen anderen Weg. Nach Division der Gleichungen $(*)$ durch y^2 bzw. $\tilde{y}^2$ können wir annehmen, dass ohne Einschränkung $y = \tilde{y} = 1$ gilt. Wir haben also $b = z^2 - ax^2$ und $c = \tilde{z}^2 - a\tilde{x}^2$. Wir rechnen in dem Erweiterungskörper $\mathbb{Q}_p[\sqrt{a}] = \mathbb{Q}_p + \mathbb{Q}_p\sqrt{a}$ (Diese Summe kann auch $\mathbb{Q}_p$ sein.):

$$bc = (z^2 - ax^2)(\tilde{z}^2 - a\tilde{x}^2)$$
$$= (z + \sqrt{a}x)(z - \sqrt{a}x)(\tilde{z} + \sqrt{a}\tilde{x})(\tilde{z} - \sqrt{a}\tilde{x})$$
$$= ((z + \sqrt{a}x)(\tilde{z} + \sqrt{a}\tilde{x}))((z - \sqrt{a}x)(\tilde{z} - \sqrt{a}\tilde{x}))$$
$$= ((z\tilde{z} + ax\tilde{x}) + \sqrt{a}(x\tilde{z} + \tilde{x}z))((z\tilde{z} + ax\tilde{x}) - \sqrt{a}(x\tilde{z} + \tilde{x}z))$$
$$= (z\tilde{z} + ax\tilde{x})^2 - a(x\tilde{z} + \tilde{x}z)^2$$

$$\implies\quad a(x\tilde{z} + \tilde{x}z)^2 + bc \cdot 1^2 = (z\tilde{z} + ax\tilde{x})^2 \quad\implies\quad \left(\frac{a,bc}{p}\right) = 1.$$

Falls umgekehrt $\left(\frac{a,bc}{p}\right) = 1$ ist, nutzen wir das gerade Bewiesene um

$$1 = \left(\frac{a,bc}{p}\right) = \left(\frac{a,bcc}{p}\right) = \left(\frac{a,b}{p}\right)$$

zu folgern. $\qquad\square$

Nun sind wir bereit, die Hilbert–Symbole zu berechnen.

Satz 14.12 *Sei $p \in \mathbb{P}$ eine ungerade Primzahl, $n,m \in \mathbb{Z}$ und $u,v \in \mathbb{Z}_p^\times$. Dann gilt:*

$$\left(\frac{u,v}{p}\right) = 1, \ \left(\frac{u,vp}{p}\right) = \left(\frac{vp,u}{p}\right) = \left(\frac{u}{p}\right) \ und \ \left(\frac{up,vp}{p}\right) = \left(\frac{-uv}{p}\right).$$

In geschlossener Form ist das

$$\left(\frac{up^n, vp^m}{p}\right) = (-1)^{nm\frac{p-1}{2}}\left(\frac{u}{p}\right)^m\left(\frac{v}{p}\right)^n$$

oder in Tabellenform

$p \equiv 1 \bmod 4$

	1	ε	p	εp
1	+1	+1	+1	+1
ε	+1	+1	-1	-1
p	+1	-1	+1	-1
εp	+1	-1	-1	+1

$p \equiv 3 \bmod 4$

	1	ε	p	εp
1	+1	+1	+1	+1
ε	+1	+1	-1	-1
p	+1	-1	-1	+1
εp	+1	-1	+1	-1

wobei $1, \varepsilon, p, \varepsilon p$ *das Repräsentantensystem von* $\mathbb{Q}_p^\times / \mathbb{Q}_p^{\times 2}$ *aus Satz 14.4 ist.*

Beweis: Wir zeigen zuerst $\left(\frac{u,v}{p}\right) = 1$. Wir suchen daher nach einer Lösung $(x,y,z) \neq 0$ von $uX^2 + vY^2 = Z^2$. Schränken wir uns auf Lösungen mit $y = 1$ ein und suchen zunächst Lösungen in $\mathbb{F}_p$. Wir betrachten die folgenden Mengen in $\mathbb{F}_p$

$$M_1 = \{u\tilde{x}^2 + v \bmod p \mid \tilde{x} \in \mathbb{F}_p\} \subseteq \mathbb{F}_p$$
$$M_2 = \{\quad\quad \tilde{z}^2 \bmod p \mid \tilde{z} \in \mathbb{F}_p\} \subseteq \mathbb{F}_p.$$

Da wir wissen, dass $\#\mathbb{F}_p^{\times 2} = \frac{p-1}{2}$ ist, gilt $\#M_1 = \#M_2 = 1 + \#\mathbb{F}_p^{\times 2} = \frac{p+1}{2}$. Also ist $\#M_1 + \#M_2 = p + 1 > \#\mathbb{F}_p$, d.h. M_1 und M_2 haben ein gemeinsames Element $w \in \mathbb{F}_p$, für das es $\tilde{x}, \tilde{z} \in \mathbb{F}_p$ gibt mit

$$u\tilde{x}^2 + v = w = \tilde{z}^2 \quad \bmod p.$$

$\tilde{x}$ und $\tilde{z}$ können nicht beide 0 sein. Nehmen wir $\tilde{x} \neq 0$ an, andernfalls führt man das Argument mit vertauschten Rollen von $\tilde{x}$ und $\tilde{z}$. Für $\tilde{z}$ wählen wir irgendeine Liftung nach $\mathbb{Z}_p$. Eine passende Liftung x für $\tilde{x}$ finden wir durch die Anwendung des Henselschen Lemmas auf das Polynom $f = uX^2 + v - z^2$, weil $\tilde{x}$ eine Nullstelle von f modulo p ist und $f'(\tilde{x}) = 2u\tilde{x} \not\equiv 0 \bmod p$ ist. Insgesamt gilt nun $u \cdot x^2 + v \cdot 1^2 = z^2$, und das Hilbert–Symbol $\left(\frac{u,v}{p}\right)$ ist eins.

Wenden wir uns jetzt $\left(\frac{u,vp}{p}\right) = \left(\frac{u}{p}\right)$ zu. Angenommen es gibt eine nicht–triviale Lösung (x,y,z) von

$$uX^2 + vpY^2 = Z^2.$$

Wenn wir x,y,z mit dem gleichen Faktor multiplizieren, erhalten wir eine weitere Lösung. Wir dürfen daher nach Multiplikation mit der richtigen p–Potenz annehmen, dass x,y,z in $\mathbb{Z}_p$ und mindestens eins davon in $\mathbb{Z}_p^\times$ liegt. Wir wollen zeigen, dass $x \in \mathbb{Z}_p^\times$ gilt. Sollte $x \in p\mathbb{Z}_p$ sein, teilt p^2 den Term $z^2 - vpy^2$. Insbesondere teilt p dann z und damit teilt p^2 auch vpy^2. Dies führt zu $p|y$ und $x,y,z \in p\mathbb{Z}_p$ und somit zu einem Widerspruch.

Betrachten wir jetzt die Gleichung modulo p, also $0 \not\equiv ux^2 \equiv z^2 \bmod p$. Insbesondere ist also auch $z \in \mathbb{Z}_p^\times$. Wir folgern weiter $u \equiv (z/x)^2 \bmod p$, damit ist $u \bmod p$ ein quadratischer Rest, d.h. $\left(\frac{u}{p}\right) = 1$.

Wenn wir damit starten, dass u ein quadratischer Rest modulo p ist, können wir die obige Rechnung umkehren. Zunächst finden wir $\tilde{z} \in \mathbb{F}_p^\times$ mit $u \equiv \tilde{z}^2 \bmod p$. Dieses $\tilde{z}$ liften wir mit dem Henselschen Lemma zu einem $z \in \mathbb{Z}_p^\times$ mit $z^2 = u$, somit gilt die Gleichung $u \cdot 1^2 + vp \cdot 0^2 = z^2$. Damit ist das Hilbert–Symbol $\left(\frac{u,vp}{p}\right)$ gleich eins.

Bei $\left(\frac{up,vp}{p}\right) = \left(\frac{-uv}{p}\right)$ nutzen wir Lemma 14.11.5 und das eben Gezeigte

$$\left(\frac{up,vp}{p}\right) = \left(\frac{up,-uv}{p}\right) = \left(\frac{-uv}{p}\right).$$

Die geschlossene Form und die Tabelle verifiziert man durch die Betrachtung aller möglichen Fälle unter Ausnutzung von $\left(\frac{-1}{p}\right) = (-1)^{\frac{p-1}{2}}$. $\qquad\square$

Satz 14.13 *Für* $u2^n, v2^m \in \mathbb{Q}_2^\times$ *mit* $u, v \in \mathbb{Z}_2^\times$ *gilt*

$$\left(\frac{u2^n, v2^m}{2}\right) = (-1)^{\frac{u-1}{2} \cdot \frac{v-1}{2}} (-1)^{n\frac{v^2-1}{8}} (-1)^{m\frac{u^2-1}{8}},$$

wobei die Ausdrücke $\frac{u-1}{2}, \frac{v-1}{2}, \frac{v^2-1}{8}, \frac{u^2-1}{8}$ *jeweils modulo 2 zu verstehen sind. Mit dem vollständigen Repräsentantensystem* $\{\pm 1, \pm 5, \pm 2, \pm 10\}$ *von* $\mathbb{Q}_2^\times / {\mathbb{Q}_2^\times}^2$ *lässt sich das durch die folgende Tabelle ausdrücken:*

	1	−1	5	−5	2	−2	10	−10
1	+1	+1	+1	+1	+1	+1	+1	+1
−1	+1	−1	+1	−1	+1	−1	+1	−1
5	+1	+1	+1	+1	−1	−1	−1	−1
−5	+1	−1	+1	−1	−1	+1	−1	+1
2	+1	+1	−1	−1	+1	+1	−1	−1
−2	+1	−1	−1	+1	+1	−1	−1	+1
10	+1	+1	−1	−1	−1	−1	+1	+1
−10	+1	−1	−1	+1	−1	+1	+1	−1

Beweis: Während des Beweises nutzen wir die kompaktere Schreibweise $(a,b)_2$ für das Hilbert–Symbol. Unsere Aufgabe ist die Tabelle zu verifizieren. Die Symmetrie der Hilbert–Symbole reduziert den Aufwand um fast die Hälfte. Die erste Zeile ist Lemma 14.11.2. Für die zweite Zeile beweisen wir die $+1$ durch Hinschreiben der entsprechenden Gleichheiten:

$$(-1,2)_2 = 1, \quad \text{weil} \ -1 \cdot 1^2 + 2 \cdot 1^2 = 1^2$$
$$(-1,5)_2 = 1, \quad \text{weil} \ -1 \cdot 1^2 + 5 \cdot 1^2 = 2^2$$
$$(-1,10)_2 = 1, \quad \text{weil} \ -1 \cdot 1^2 + 10 \cdot 1^2 = 3^2.$$

Wir zeigen nun $(-1,-2)_2 = -1$. Angenommen, das gelte nicht und wir hätten eine nicht-triviale Lösung (x,y,z) der Gleichung

$$-X^2 - 2Y^2 = Z^2.$$

Wir können wie im Beweis vorher bei der Gleichung $uX^2 + vpY^2 = Z^2$ zeigen, dass wir $x, y, z \in \mathbb{Z}_2$ und $x, z \in \mathbb{Z}_2^\times$ annehmen dürfen. Nun folgt $x^2 \equiv z^2 \equiv 1 \bmod 8$ wegen $U_8 \cong \mathbb{Z}/2\mathbb{Z} \times \mathbb{Z}/2\mathbb{Z}$. Daher gilt

$$-2y^2 \equiv z^2 + x^2 \equiv 2 \quad \bmod 8 \quad \implies \quad y^2 \equiv -1 \quad \bmod 4,$$

was unmöglich ist.

Nun folgen die weiteren Einträge der zweiten Zeile aus Lemma 14.11.6:

$$(-1, -1)_2 = \quad (-1, -4)_2 = (-1, -2 \cdot 2)_2 = (-1, -2)_2 = -1$$
$$(-1, -5)_2 = (-1, -1 \cdot 5)_2 = \quad (-1, -1)_2 = -1$$
$$(-1, -10)_2 = (-1, -1 \cdot 10)_2 = \quad (-1, -1)_2 = -1.$$

Die restlichen Einträge der Tabelle sind nun einfach zu berechnen. Nach Lemma 14.11.2 haben wir

$$(5, -5)_2 = (2, -2)_2 = (10, -10)_2 = 1.$$

Nach Satz 14.5 gilt $-5\mathbb{Q}_2^{\times 2} = 3\mathbb{Q}_2^{\times 2} = 11\mathbb{Q}_2^{\times 2}$ in $\mathbb{Q}_2^\times / \mathbb{Q}_2^{\times 2}$, und mit Lemma 14.11.3 folgt

$$(-5, -2)_2 = (3, -2)_2 = 1 \quad \text{und} \quad (-5, -10)_2 = (11, -10)_2 = 1.$$

Mit Lemma 14.11.5 erhalten wir

$$(-2, -10)_2 = (-2 \cdot 1, -2 \cdot 5)_2 = (-2, -5)_2 = 1.$$

Nun können wir die Hilbert–Symbole, die sich von den obigen nur um ein Vorzeichen unterscheiden, durch Anwendung von Lemma 14.11.6 mit den Hilbert–Symbolen der zweiten Zeile berechnen:

$$(5, 5)_2 = \quad (5, -1 \cdot (-5))_2 = \quad (5, -1)_2 = \quad 1$$
$$(-5, -5)_2 = \quad (-1 \cdot 5, -5)_2 = \quad (-1, -5)_2 = -1$$
$$(2, 2)_2 = \quad (2, -1 \cdot (-2))_2 = \quad (2, -1)_2 = \quad 1$$
$$(-2, -2)_2 = \quad (-1 \cdot 2, -2)_2 = \quad (-1, -2)_2 = -1$$
$$(10, 10)_2 = (10, -1 \cdot (-10))_2 = \quad (10, -1)_2 = \quad 1$$
$$(-10, -10)_2 = \quad (-1 \cdot 10, -10)_2 = (-1, -10)_2 = -1$$
$$(-5, 2)_2 = \quad (-5, -1 \cdot (-2))_2 = \quad (-5, -1)_2 = -1$$
$$(5, -2)_2 = \quad (-1 \cdot (-5), -2)_2 = \quad (-1, -2)_2 = -1$$
$$(5, -10)_2 = (-1 \cdot (-5), -10)_2 = (-1, -10)_2 = -1$$
$$(-5, 10)_2 = (-5, -1 \cdot (-10))_2 = \quad (-5, -1)_2 = -1$$
$$(2, -10)_2 = (-1 \cdot (-2), -10)_2 = (-1, -10)_2 = -1$$
$$(-2, 10)_2 = (-2, -1 \cdot (-10))_2 = \quad (-2, -1)_2 = -1.$$

Die letzten drei Einträge der Tabelle berechnen wir mit Hilfe von Lemma 14.11.5

$$(2,10)_2 = (2 \cdot 1, 2 \cdot 5)_2 = (2,-5)_2 = -1$$
$$(2,5)_2 = (1 \cdot 2, 1 \cdot 5)_2 = (2,-10)_2 = -1$$
$$(5,10)_2 = (5 \cdot 1, 5 \cdot 2)_2 = (5,-2)_2 = -1 .$$

Die geschlossene Form für das Hilbert–Symbol wird an Hand der Tabelle verifiziert.   □

Korollar 14.14 *Das Hilbert–Symbol ist bimultiplikativ.*

Beweis: Für $p \in \mathbb{P}$ ergibt sich das unmittelbar aus den geschlossenen Formen für die Hilbert–Symbole. Wir haben nämlich bereits im Beweis von Satz 8.12 gezeigt, dass deren Faktoren multiplikativ bzw. bimultiplikativ sind.

Für $p = \infty$, also für den Körper $\mathbb{R}$, reicht es den Fall

$$\left(\frac{-1,-1}{\infty}\right) \cdot \left(\frac{-1,-1}{\infty}\right) = (-1) \cdot (-1) = 1 = \left(\frac{-1,1}{\infty}\right) = \left(\frac{-1,(-1) \cdot (-1)}{\infty}\right)$$

nachzurechnen — die restlichen folgen durch Symmetrie und aus Lemma 14.11.6.   □

Satz 14.15 *Für $a,b \in \mathbb{Q}^\times$ gilt die Produktformel*

$$\prod_{p \in \mathbb{P} \cup \{\infty\}} \left(\frac{a,b}{p}\right) = 1.$$

Beweis: Das Hilbert–Symbol hängt nur von den Klassen von a und b in $\mathbb{Q}_p^\times / \mathbb{Q}_p^{\times 2}$ ab. Wir dürfen nach Multiplikation mit den Quadraten der Nenner annehmen, dass a und b Elemente von $\mathbb{Z}$ sind. Wir bemerken nun, dass nur endlich viele der Faktoren in dem Produkt der Hilbert–Symbole ungleich 1 sind. Dies liegt daran, dass nach Satz 14.12 für alle $p \in \mathbb{P} \setminus \{2\}$, die nicht in der Primfaktorzerlegung von a und b auftreten, das Hilbert–Symbol $\left(\frac{a,b}{p}\right)$ eins ist.

Wegen der Bimultiplikativität der Symbole und $\left(\frac{1,a}{p}\right) = 1$ können wir uns beim Beweis der Aussage auf die Fälle

$$(a,b) = (-1,-1), \; (-1,2), \; (-1,q), \; (2,2), \; (2,q), \; (q,q), \; (q,r)$$

mit ungeraden $q \neq r \in \mathbb{P}$ beschränken. Mit Lemma 14.11.5 können wir noch die Fälle $(2,2)$ und (q,q) auf die anderen zurückführen:

$$\left(\frac{2,2}{p}\right) = \left(\frac{2 \cdot 1, 2 \cdot 1}{p}\right) = \left(\frac{2,-1}{p}\right) \quad \text{und} \quad \left(\frac{q,q}{p}\right) = \left(\frac{q \cdot 1, q \cdot 1}{p}\right) = \left(\frac{q,-1}{p}\right).$$

Es bleiben also 5 Fälle übrig:

(a,b)	$\left(\frac{a,b}{\infty}\right)$	$\left(\frac{a,b}{2}\right)$	$\left(\frac{a,b}{q}\right)$	$\left(\frac{a,b}{r}\right)$
$(-1,-1)$	-1	-1	$+1$	$+1$
$(-1,2)$	$+1$	$+1$	$+1$	$+1$
$(-1,q)$	$+1$	$(-1)^{\frac{q-1}{2}}$	$\left(\frac{-1}{q}\right)$	$+1$
$(2,q)$	$+1$	$(-1)^{\frac{q^2-1}{8}}$	$\left(\frac{2}{q}\right)$	$+1$
(q,r)	$+1$	$(-1)^{\frac{q-1}{2}\frac{r-1}{2}}$	$\left(\frac{r}{q}\right)$	$\left(\frac{q}{r}\right)$

Nun folgt die Behauptung aus dem quadratischen Reziprozitätsgesetz. $\qquad\square$

Als unmittelbare Folgerung erhalten wir:

Korollar 14.16 *Die quadratische Gleichung $aX^2 + bY^2 = Z^2$ habe Lösungen in $\mathbb{R}$ und $\mathbb{Q}_p$ für alle Primzahlen p bis auf q. Dann hat sie auch eine Lösung in $\mathbb{Q}_q$.*

Die Bilinearität des Hilbert–Symbols kann noch anders interpretiert und verschärft werden. Wir haben gesehen, dass $\mathbb{Q}_p^\times/\mathbb{Q}_p^{\times\,2}$ isomorph zu $(\mathbb{Z}/2\mathbb{Z})^n$ mit $n \in \{1,2,3\}$ ist. Wir erinnern uns, dass wir abelsche Gruppen als $\mathbb{Z}$–Modul betrachten können. Da hier alle Elemente multipliziert mit 2 das neutrale Element ergeben, haben wir eigentlich eine Operation von $\mathbb{Z}/2\mathbb{Z} = \mathbb{F}_2$ auf diesen abelschen Gruppen, d.h. wir haben $\mathbb{F}_2$–Vektorräume. Da bei den Isomorphismen $\mathbb{Q}_p^\times/\mathbb{Q}_p^{\times\,2} \cong \mathbb{F}_2^n$ aus den Multiplikationen Additionen werden, bedeutet das vorangehende Korollar, dass das Hilbert–Symbol additiv in beiden Argumenten und somit auch automatisch $\mathbb{F}_2$–bilinear ist.

Korollar 14.17 *Für jedes $p \in \mathbb{P} \cup \{\infty\}$ ist das Hilbert–Symbol eine nicht–degenerierte symmetrische Bilinearform auf dem $\mathbb{F}_2$–Vektorraum $\mathbb{Q}_p^\times/\mathbb{Q}_p^{\times\,2}$.*

Beweis: Es bleibt nur noch die Nicht–Degeneriertheit zu zeigen, d.h. wir müssen zeigen, dass die zur symmetrischen Bilinearform gehörende symmetrische Matrix den maximalen Rang hat. Dazu schreiben wir einfach die Matrizen für das Hilbert–Symbol in einer Basis von $\mathbb{Q}_p^\times/\mathbb{Q}_p^{\times\,2}$ hin. Wir müssen nur beachten, dass wir im Augenblick wegen den Isomorphismen in die Tabelle $\log_{-1}\left(\frac{a,b}{p}\right)$ und nicht $\left(\frac{a,b}{p}\right)$ selbst schreiben.

$$p = \infty \qquad\qquad p \in \mathbb{P}\setminus\{2\} \qquad\qquad p = 2$$

	-1
-1	1

	ε	p
ε	0	1
p	1	$\log_{-1}\left(\frac{-1}{p}\right)$

	-1	5	2
-1	1	0	0
5	0	0	1
2	0	1	0

Man sieht sofort, dass die Determinante sämtlicher Matrizen ± 1 ist, somit haben diese Matrizen alle den vollen Rang. $\qquad\square$

Wir kommen zum abschließenden Höhepunkt des Abschnittes.

Satz 14.18 (Hasse–Minkowski, Teil 1) *Die Gleichung*

$$aX^2 + bY^2 = Z^2 \quad \textit{mit } a, b \in \mathbb{Q}^\times$$

hat genau dann eine nicht–triviale Lösung über $\mathbb{Q}$, wenn sie nicht–triviale Lösungen für $\mathbb{R}$ und alle $\mathbb{Q}_p$, $p \in \mathbb{P}$, besitzt.

Beweis: Wegen $\mathbb{Q} \subseteq \mathbb{Q}_p, \mathbb{R}$ ist jede Lösung über $\mathbb{Q}$ auch eine Lösung in den anderen Körpern. Zum Beweis der anderen Richtung können wir wieder annehmen, dass a, b quadratfreie ganze Zahlen sind, da ja das Hilbert–Symbol nur von den Restklassen von a, b in $\mathbb{Q}^\times / \mathbb{Q}^{\times\,2}$ abhängt. Weiter setzen wir $|a| \leq |b|$ voraus. Der Beweis ist nun eine Induktion nach $n = |a| + |b|$.

Beim Induktionsanfang für $n = 2$ sind bis auf Symmetrie nur die Gleichungen

$$X^2 + Y^2 = Z^2, \quad X^2 - Y^2 = Z^2 \quad \text{und} \quad -X^2 - Y^2 = Z^2$$

möglich. Die letzte Gleichung hat keine nicht–triviale Lösung über $\mathbb{R}$ und erfüllt daher unsere Voraussetzungen nicht. Die beiden anderen haben die nicht–triviale Lösung $(1, 0, 1)$ über $\mathbb{Q}$.

Für $n \geq 3$ ist $|b| \geq 2$ und damit insbesondere $b \neq \pm 1$. Wir wollen zeigen, dass a ein Quadrat modulo b ist. Dazu zeigen wir zuerst, dass a ein Quadrat modulo jedem Primteiler p von b ist. Sei (x, y, z) eine nicht–triviale Lösung der Gleichung über $\mathbb{Q}_p$. Mit den gleichen Argumenten wie im Beweis von Satz 14.12 sehen wir, dass wir $x, y, z \in \mathbb{Z}_p$ und $x, z \in \mathbb{Z}_p^\times$ annehmen dürfen. Modulo p ist also

$$ax^2 \equiv z^2 \mod p \implies a \equiv \left(\frac{z}{x}\right)^2 \not\equiv 0 \mod p.$$

Somit ist a ein Quadrat modulo p. Da b quadratfrei ist, ist seine Primfaktorzerlegung $b = \pm \prod_{i=1}^s p_i$ mit paarweise verschiedenen $p_i \in \mathbb{P}$. Daher gilt nach dem chinesischen Restsatz

$$\mathbb{Z}/b\mathbb{Z} \cong \prod_{i=1}^s \mathbb{Z}/p_i\mathbb{Z}.$$

Da a ein Quadrat in allen $\mathbb{Z}/p_i\mathbb{Z}$ ist, ist es auch ein Quadrat modulo b. Wir finden daher $t, b' \in \mathbb{Z}$ mit

$$t^2 = a + bb' \quad \text{und} \quad |t| \leq \frac{|b|}{2}.$$

Sollte $b' = 0$ sein, also $a = t^2$ gelten, haben wir schon mit $(1, 0, t)$ die gesuchte Lösung der Ausgangsgleichung gefunden. Ansonsten zerlegen wir b' in $b' = b'' c^2$ mit $b'', c \in \mathbb{Z}$ und b'' quadratfrei. Wir können die obige Gleichung sehen als

$$a \cdot 1^2 + bb'' \cdot c^2 = t^2 \implies \left(\frac{a, bb''}{p}\right) = 1 \quad \text{für alle } p \in \mathbb{P} \cup \{\infty\}.$$

Mit der Voraussetzung $\left(\frac{a, b}{p}\right) = 1$ und der Multiplikativität des Hilbert–Symbols bekommen wir

$$\left(\frac{a, b''}{p}\right) = \left(\frac{a, bb''}{p}\right) = 1.$$

Nun gilt

$$|b''| \le |b'| = \left| \frac{t^2 - a}{b} \right| \le \frac{|t|^2}{|b|} + \frac{|a|}{|b|} \le \frac{|b|}{4} + 1 < |b|,$$

also gibt es nach Induktionsvoraussetzung rationale Zahlen $\tilde{x}, \tilde{y}, \tilde{z}$, nicht alle gleich 0, mit

$$a\tilde{x}^2 + b''\tilde{y}^2 = \tilde{z}^2.$$

Sollte hierbei $\tilde{y} = 0$ sein, ist $(\tilde{x}, \tilde{y}, \tilde{z}) \in \mathbb{Q}^3$ schon eine nicht–triviale Lösung der Ausgangsgleichung. Ansonsten gewinnen wir genau wie im Beweis von Lemma 14.11.6 aus dieser Gleichung und der Gleichung $a \cdot 1^2 + bb'' \cdot c^2 = t^2$ die nicht–triviale Lösung $(t\tilde{x} + \tilde{z}, c\tilde{y}, a\tilde{x} + t\tilde{z})$ von

$$aX^2 + b(b'')^2 Y^2 = Z^2$$

und somit ist $(t\tilde{x} + \tilde{z}, b''c\tilde{y}, a\tilde{x} + t\tilde{z})$ eine nicht–triviale Lösung der Ausgangsgleichung. □

Beispiel Wir wollen zeigen, dass die Gleichung

$$\frac{1}{8}X^2 + \frac{23}{9}Y^2 = Z^2$$

eine nicht–triviale Lösung über $\mathbb{Q}$ besitzt. Da diese Frage nur von den Quadratrestklassen abhängt, können wir wegen $1/8 = 2/4^2$ und $23/9 = 23/3^2$ auch die Gleichung

$$2X^2 + 23Y^2 = Z^2$$

betrachten. Offensichtlich ist die Gleichung über $\mathbb{R}$ lösbar, zum Beispiel nach Lemma 14.10. Die Hilbert–Symbole $\left(\frac{2,23}{p} \right)$ für $p \in \mathbb{P} \setminus \{2, 23\}$ sind alle eins nach Satz 14.12. Die zwei verbleibenden können wir auch leicht berechnen: Nach Satz 14.12 und Lemma 8.6 gilt

$$\left(\frac{2,23}{23} \right) = \left(\frac{2}{23} \right) = +1$$

und nach Satz 14.5 und der Tabelle in Satz 14.13 ist auch

$$\left(\frac{2,23}{2} \right) = \left(\frac{2,-1}{2} \right) = +1.$$

Da alle Hilbert–Symbole eins sind, besitzt die Gleichung über allen Körpern $\mathbb{Q}_p, \mathbb{R}$ eine nicht–triviale Lösung, folglich nach dem Satz von Hasse–Minkowski auch über $\mathbb{Q}$. Hier in diesem einfachen Beispiel sieht man die Lösung $(1, 1, 5)$ von $2X^2 + 23Y^2 = Z^2$ natürlich auch direkt, und somit auch die Lösung $(4, 3, 5)$ von $\frac{1}{8}X^2 + \frac{23}{9}Y^2 = Z^2$.

Tatsächlich hätten wir gar nicht alle Hilbert–Symbole ausrechnen müssen, denn es reicht nach Satz 14.15 zu zeigen, dass alle Symbole bis auf eins $+1$ sind — das letzte ist dann auch $+1$. Im obigen Fall hätte es sich angeboten, das Hilbert–Symbol für $p = 2$ oder $p = 23$ nicht auszurechnen, sondern zu erschließen.

Zusatzaufgaben

Aufgabe 14.19 Bestimmen Sie für die Zahlen $r \in \{-1, 2, 6, \frac{4}{5}\}$ jeweils die Menge der Primzahlen p, so dass r ein Quadrat im Körper $\mathbb{Q}_p$ ist.

Aufgabe 14.20 Zeigen Sie direkt — ohne Verwendung von Sätzen: Die Gleichung $X^2 + bX + c = 0$ mit $b, c \in \mathbb{Q}$ hat eine Lösung in $\mathbb{Q}$ genau dann, wenn sie eine reelle Lösung sowie eine Lösung in $\mathbb{Q}_p$ für alle p besitzt.

Aufgabe 14.21 Zwei der folgenden Gleichungen besitzen nur die triviale Lösung $(x, y, z) = (0, 0, 0)$ über $\mathbb{Z}$. Welche sind das? Bestimmen Sie eine nicht–triviale Lösung der dritten.

$$3x^2 + 5y^2 = 7z^2, \quad 5x^2 + 7y^2 = 3z^2, \quad 3x^2 + 7y^2 = 5z^2.$$

Aufgabe 14.22 Zeigen Sie: Sind p und q zwei verschiedene Primzahlen, dann sind $\mathbb{Q}_p$ und $\mathbb{Q}_q$ nicht isomorph.

Aufgabe 14.23 Sei p eine ungerade Primzahl. Zeigen Sie:

1. Ein Element $x \in \mathbb{Q}_p$ ist genau dann in $\mathbb{Z}_p$ enthalten, wenn $1 + px^2$ ein Quadrat in $\mathbb{Q}_p$ ist.

2. Der Körper $\mathbb{Q}_p$ besitzt keine Automorphismen außer der Identität.

3. Auch der Körper $\mathbb{Q}_2$ besitzt keine nicht–trivialen Automorphismen.

Aufgabe 14.24 Beweisen Sie durch Verwendung von Hilbert–Symbolen und ohne auf den Zwei–Quadrate–Satz 9.2 zurückzugreifen, dass eine Zahl $n \in \mathbb{N}$ genau dann als Summe von zwei Quadraten in $\mathbb{Q}$ darstellbar ist, wenn alle Primteiler p von n mit $p \equiv 3 \mod 4$ nur mit geradem Exponenten vorkommen.

Aufgabe 14.25 Sei K ein Körper, in dem $2 \neq 0$ ist, $a, b \in K^\times$ und $(x_0, y_0) \in K^2$ eine Lösung der Gleichung

$$aX^2 + bY^2 = 1.$$

Zeigen Sie, dass dann für jede weitere, von (x_0, y_0) verschiedene Lösung (x, y) der Gleichung eine der folgenden Aussagen zutrifft:

1. Es gibt ein $t \in K$, so dass $at^2 + b \neq 0$ und

$$\begin{pmatrix} x \\ y \end{pmatrix} = \begin{pmatrix} x_0 \\ y_0 \end{pmatrix} + (-2) \frac{ax_0 t + by_0}{at^2 + b} \begin{pmatrix} t \\ 1 \end{pmatrix}.$$

2. Es ist $x = -x_0$ und $y = y_0$.

Aufgabe 14.26 Untersuchen Sie, ob die folgenden Gleichungen Lösungen $(x, y) \in \mathbb{Z}_p^2$ besitzen, so dass $x \equiv y \equiv 0 \mod p$ gilt:

1. $x^4 + y^3 + p^2 = 0$.

2. $y^2 = x^3 + p$.

Aufgabe 14.27 Sei $l \geq 3$ eine Primzahl. Untersuchen Sie, ob die *Fermatsche Gleichung* $X^l + Y^l = Z^l$ (mit $XYZ \neq 0$) Lösungen in $\mathbb{R}$ und $\mathbb{Q}_p$ besitzt.

15 Der Satz von Hasse–Minkowski

In diesem Abschnitt wollen wir die quadratischen Formen vom Rang größer als drei untersuchen und insbesondere den Satz von Hasse–Minkowski für sie beweisen. Nach Satz 14.9 können wir immer annehmen, dass die quadratische Form von dem Typ

$$Q = a_1 X_1^2 + a_2 X_2^2 + \ldots + a_r X_r^2 \qquad \text{mit } a_i \neq 0$$

ist, wobei r der Rang von Q ist.

In der Theorie der quadratischen Formen sind die folgenden Definitionen üblich:

Definition 15.1 *Sei Q eine quadratische Form über K vom Rang r in r Variablen. Ein $b \in K$ wird von Q dargestellt, wenn es ein $0 \neq x \in K^r$ gibt mit $Q(x) = b$. Q heißt isotrop, falls 0 von Q dargestellt wird, sonst anisotrop.*

Bemerkung Für ein Q in der Form $Q = \sum_{i=1}^r a_i X_i^2$ hängen die Fragen nach der Isotropie oder der Darstellbarkeit von Elementen nur von den Quadratrestklassen der a_i in $K^\times / K^{\times 2}$ ab, weil wir für $a_i c_i^2 X_i^2$ auch $a_i (c_i X_i)^2$ schreiben können. Ebenso hängt die Darstellbarkeit eines $b \neq 0$ nur von seiner Quadratrestklasse ab, da $Q(\lambda x_1, \lambda x_2, \ldots, \lambda x_r) = \lambda^2 Q(x_1, \ldots, x_r)$ für $\lambda \in K$.

Bemerkung 15.2 *Offensichtlich ist die quadratische Form $Q = \sum_{i=1}^r a_i X_i^2$ über $\mathbb{R}$ genau dann isotrop, wenn nicht alle a_i das gleiche Vorzeichen haben.*

Satz 15.3 *Sei $Q = \sum_{i=1}^r a_i X_i^2$ eine isotrope quadratische Form über einem Körper mit $2 \neq 0$, dann ist jedes $b \in K$ von Q darstellbar.*

Beweis: Sei $Q(x_1, \ldots, x_r) = 0$ für geeignete $x_i \in K$ und ohne Einschränkung $x_1 \neq 0$. Mit $\lambda \in K$ machen wir den Ansatz

$$y_1 := x_1(1 + \lambda) \quad \text{und} \quad y_i := x_i(1 - \lambda) \ \text{für } i = 2, \ldots, r.$$

Dann gilt

$$
\begin{aligned}
\sum_{i=1}^r a_i y_i^2 &= a_1 x_1^2 (1 + \lambda)^2 - a_1 x_1^2 (1 - \lambda)^2 + (1 - \lambda)^2 \sum_{i=1}^r a_i x_i^2 \\
&= a_1 x_1^2 \left((1 + \lambda)^2 - (1 - \lambda)^2 \right) + (1 - \lambda)^2 \cdot 0 \\
&= 4 a_1 x_1^2 \lambda.
\end{aligned}
$$

Mit $\lambda = b / (4 a_1 x_1^2)$ erhalten wir $Q(y_1, \ldots, y_r) = b$. $\qquad \square$

Machmal braucht man nicht nur eine nicht–triviale Nullstelle $x = (x_i) \neq 0$ einer quadratischen Form, sondern man will auch noch, dass bestimmte x_i ungleich 0 sind. Dabei hilft das folgende Lemma.

Lemma 15.4 *Jede isotrope quadratische Form $Q = \sum_{i=1}^{r} a_i X_i^2$ über einem Körper K mit $\#K \geq 6$ besitzt eine Nullstelle $x = (x_i)$ mit $x_i \neq 0$ für alle $i = 1, \ldots, r$.*

Beweis: Da Q isotrop ist, gibt es zumindest eine Nullstelle $(y_1, \ldots, y_r) \neq 0$. Nach Umnummerierung können wir annehmen, dass $y_1, \ldots, y_n \neq 0$ und $y_{n+1}, \ldots, y_r = 0$. Es reicht zu zeigen, dass wir für $n < r$ eine Nullstelle $x = (x_1, \ldots, x_r)$ mit $x_1, \ldots, x_{n+1} \neq 0$ finden können, dann folgt die Aussage durch Induktion.

Wir wählen $x_i = y_i$ für $i \in \{1, \ldots, r\} \setminus \{n, n+1\}$ und suchen $x_n, x_{n+1} \neq 0$ mit

$$a_n x_n^2 + a_{n+1} x_{n+1}^2 = a_n y_n^2 = a_n y_n^2 + a_{n+1} y_{n+1}^2,$$

dann ist x offensichtlich die gesuchte Nullstelle von Q mit $n+1$ Einträgen ungleich Null.

Diese x_n, x_{n+1} finden wir ausgehend von der Gleichung

$$\frac{(1-\lambda)^2}{(1+\lambda)^2} + \frac{4\lambda}{(1+\lambda)^2} = 1.$$

Multiplikation mit $a_n y_n^2$ führt zu

$$a_n y_n^2 = a_n \left(\frac{(1-\lambda)y_n}{1+\lambda}\right)^2 + a_n \lambda \left(\frac{2y_n}{1+\lambda}\right)^2$$

$$= a_n \left(\frac{(1-\lambda)y_n}{1+\lambda}\right)^2 + a_{n+1} \frac{a_n \lambda}{a_{n+1}} \left(\frac{2y_n}{1+\lambda}\right)^2.$$

Nun setzt man $\lambda = \mu^2 a_{n+1}/a_n$, wobei μ ein Element aus K mit $\mu \neq 0$ und $\mu^2 \neq \pm a_n/a_{n+1}$ ist. Dies existiert, da $\#K \geq 6$, und garantiert, dass $\lambda \neq \pm 1$ ist. Nun gilt für

$$x_n := \frac{(1-\lambda)y_n}{1+\lambda} \neq 0 \qquad \text{und} \qquad x_{n+1} := \frac{2y_n \mu}{1+\lambda} \neq 0$$

die gewünschte Gleichheit $a_n x_n^2 + a_{n+1} x_{n+1}^2 = a_n y_n^2$. $\qquad\qquad\square$

Eine typische Anwendung des Lemmas ist, eine Nullstelle von Q zu finden, wobei eines der x_i gleich 1 ist. Wenn wir zum Beispiel eine Nullstelle $(x_1, \ldots, x_r)$ mit $x_r = 1$ haben wollen, garantiert das Lemma zumindest eine Nullstelle $(y_1, \ldots, y_r)$ mit $y_r \neq 0$, dann ist aber $(y_1/y_r, \ldots, y_{r-1}/y_r, 1)$ die gesuchte Nullstelle.

Jetzt wollen wir untersuchen, wann die quadratischen Formen über $\mathbb{Q}_p$ isotrop sind.

Lemma 15.5 *Sei p eine ungerade Primzahl und $Q = \sum_{i=1}^{r} a_i X_i^2$ eine quadratische Form über $\mathbb{Q}_p$. Falls $r \geq 3$ und $a_1, a_2, a_3 \in \mathbb{Z}_p^{\times}$ gilt, ist Q isotrop.*

Beweis: Es ist zu zeigen, dass $a_1 X_1^2 + a_2 X_2^2 + a_3 X_3^2 = 0$ eine nicht–triviale Lösung besitzt. Diese Gleichung ist äquivalent zu

$$-\frac{a_1}{a_3} X_1^2 - \frac{a_2}{a_3} X_2^2 = X_3^2.$$

Wegen $-a_1/a_3, -a_2/a_3 \in \mathbb{Z}_p^\times$ besitzt sie nach Satz 14.12 eine nicht–triviale Lösung.   □

Satz 15.6 *Für jede Primzahl p ist jede quadratische Form vom Rang ≥ 5 über $\mathbb{Q}_p$ isotrop.*

Beweis: Sei $Q = \sum_{i=1}^r a_i X_i^2$ eine quadratische Form vom Rang ≥ 5 über $\mathbb{Q}_p$. Da die Isotropie nur von den Quadratrestklassen der a_i abhängt, dürfen wir annehmen, dass die a_i in $\mathbb{Z}_p$ liegen und quadratfrei sind, d.h. $a_i = u_i$ oder $a_i = u_i p$ mit $u_i \in \mathbb{Z}_p^\times$. Nach eventueller Multiplikation von Q mit p können wir auch noch annehmen, dass mindestens die Hälfte der a_i von der Form u_i sind, also nach Umnummerierung

$$Q = u_1 X_1^2 + u_2 X_2^2 + \ldots + u_s X_s^2 + p(u_{s+1} X_{s+1}^2 + \ldots + u_r X_r^2) \quad \text{mit } s \geq 3.$$

Für $p \neq 2$ ist nach dem vorangegangenen Lemma bereits $u_1 X_1^2 + u_2 X_2^2 + u_3 X_3^2$ isotrop und damit auch Q.

Sei daher für den Rest des Beweises $p = 2$. Wir versuchen zuerst eine Nullstelle modulo 8 zu finden. Wir müssen dabei zwei Fälle unterscheiden:

Im ersten Fall ist $s \leq 4 < r$. Wir setzen $\tilde{x}_1 = x_2 = 1$ und $x_4 = \ldots = x_{r-1} = 0$. Wegen $u_i \in \mathbb{Z}_2^\times$ ist $u_i \equiv 1 \bmod 2$. Insbesondere ist $u_1 + u_2 \equiv 0 \bmod 2$ und daher $x_r := (u_1 + u_2)/2 \in \mathbb{Z}_2$. Schließlich setzen wir noch $x_3 := x_r + u_r x_r^2 \in \mathbb{Z}_2$. Da $x_r \equiv x_r^2 \bmod 2$, gilt sogar $x_3 \in 2\mathbb{Z}_2$. Wir rechnen

$$\begin{aligned}
Q(\tilde{x}_1, x_2, \ldots, x_r) &= u_1 \tilde{x}_1^2 + u_2 x_2^2 + u_3 x_3^2 + 2u_r x_r^2 \\
&= u_1 + u_2 + u_3 x_3^2 + 2u_r x_r^2 \\
&= 2x_r + 2u_r x_r^2 + u_3 x_3^2 \\
&= 2x_3 + u_3 x_3^2 = x_3(2 + u_3 x_3).
\end{aligned}$$

Wir behaupten, dass dieser Term Null modulo 8 ist. Wir wissen bereits, dass $x_3 \in 2\mathbb{Z}_2$ ist. Sollte sogar $x_3 \in 4\mathbb{Z}_2$ gelten, ist $x_3(2 + u_3 x_3) \equiv 0 \bmod 8$ offensichtlich. Falls $x_3 \in 2\mathbb{Z}_2 \setminus 4\mathbb{Z}_2$ gilt, dann ist $x_3 = 2 + 4x_3'$ mit $x_3' \in \mathbb{Z}_2$ und somit

$$x_3(2 + u_3 x_3) \equiv (2 + 4x_3')(2 + u_3(2 + 4x_3')) \equiv 4 + 4u_3 \equiv 0 \quad \bmod 8,$$

da $u_3 \equiv 1 \bmod 2$.

Im zweiten Fall ist $s \geq 5$. Da die Isotropie von Q nur von den Quadratrestklassen der u_i abhängt, dürfen wir $u_i \in \{\pm 1, \pm 5\}$ annehmen, d.h. $u_i \equiv \pm 1 \bmod 4$. Wir finden daher $\tilde{x}_1, x_2, x_3, x_4 \in \{0, 1\}$, nicht alle gleich 0, so dass

$$u_1 \tilde{x}_1^2 + u_2 x_2^2 + u_3 x_3^2 + u_4 x_4^2 \equiv 0 \quad \bmod 4.$$

Nach Umnummerierung können wir $\tilde{x}_1 = 1$ voraussetzen. Wir setzen

$$b := (u_1 \tilde{x}_1^2 + u_2 x_2^2 + u_3 x_3^2 + u_4 x_4^2)/4 \in \mathbb{Z}_2 \qquad \text{und} \qquad x_5 := 2b.$$

Dann gilt

$$u_1 \tilde{x}_1^2 + u_2 x_2^2 + \ldots + u_5 x_5^2 = 4b + u_5 4b^2 \equiv 4b(1 + u_5 b) \pmod 8.$$

Dieser Term ist wieder 0, weil für $b \equiv 1 \bmod 2$ der Term $1 + u_5 b \equiv 0 \bmod 2$ ist.

Wir haben daher in beiden Fällen eine nicht–triviale Nullstelle $(\tilde{x}_1, x_2, \ldots, x_r)$ von Q modulo 8 mit $\tilde{x}_1 = 1$ gefunden. Wenn wir

$$c := \frac{-1}{u_1} \left(\sum_{i=2}^{r} a_i x_i^2 \right)$$

setzen, gilt $c \equiv \tilde{x}_1^2 \equiv 1 \bmod 8$. Wir können daher nach Satz 14.5 die Wurzel von c in $\mathbb{Q}_2$ ziehen, nennen wir sie x_1. Dann gilt schließlich $0 = \sum_{i=1}^{r} a_i x_i^2 = Q(x_1, \ldots, x_r)$. $\qquad \square$

Korollar 15.7 *Jede quadratische Form vom Rang 4 über $\mathbb{Q}_p$, $p \in \mathbb{P}$, stellt jedes Element von $\mathbb{Q}_p^\times$ dar.*

Beweis: Sei $Q = \sum_{i=1}^{4} a_i X_i^2$ die quadratische Form und $b \in \mathbb{Q}_p^\times$. Dann hat die quadratische Form $Q - b X_5^2$ Rang 5 und ist damit isotrop. Nach Lemma 15.4 finden wir auch eine Nullstelle $(x_1, \ldots, x_5)$ mit $x_5 \neq 0$, somit ist

$$Q(x_1/x_5, x_2/x_5, x_3/x_5, x_4/x_5) = b. \qquad \square$$

Satz 15.8 (Hasse–Minkowski) *Eine quadratische Form über $\mathbb{Q}$ ist genau dann isotrop über $\mathbb{Q}$, wenn sie isotrop über $\mathbb{R}$ und allen $\mathbb{Q}_p$, $p \in \mathbb{P}$, ist.*

Beweis: Falls die quadratische Form über $\mathbb{Q}$ eine nicht–triviale Nullstelle besitzt, dann ist diese Nullstelle auch eine Nullstelle in allen anderen Körpern, weil $\mathbb{Q} \subseteq \mathbb{R}, \mathbb{Q}_p$. Starten wir also mit einer quadratischen Form Q, die isotrop über $\mathbb{R}$ und allen $\mathbb{Q}_p$ ist. Wir können wieder ohne Einschränkung annehmen, dass Q von der Form

$$Q = a_1 X_1^2 + a_2 X_2^2 + \ldots + a_r X_r^2 \quad \text{mit } a_i \neq 0$$

ist. Der Fall $r = 1$ ist trivial, da $a_1 X_1^2$ über keinem der Körper $\mathbb{Q}, \mathbb{Q}_p, \mathbb{R}$ eine Nullstelle hat. Die Fälle $r = 2$ und $r = 3$ sind die Sätze 14.7 und 14.18. Wir werden daher $r \geq 4$ annehmen.

Da Q über $\mathbb{R}$ eine nicht–triviale Nullstelle besitzt, können die a_i nicht alle das gleiche Vorzeichen haben. Durch Umnummerierung können wir erreichen, dass $a_1 > 0$ und $a_3 < 0$ ist. Der Grundgedanke des Beweises ist, die quadratische Form Q in zwei Teile zu teilen, auf die dann der Satz per Induktion nach r angewendet werden kann. Sei daher

$$f := a_1 X_1^2 + a_2 X_2^2 \quad \text{und} \quad g := -a_3 X_3^2 - a_4 X_4^2 - \ldots - a_r X_r^2.$$

Unser Ziel ist ein $b \in \mathbb{Q}$ und $0 \neq (x_1, \ldots, x_r) \in \mathbb{Q}^r$ zu finden mit

$$b = f(x_1, x_2) = g(x_3, \ldots, x_r),$$

weil wir dann wegen $Q(x_1, \ldots, x_r) = f(x_1, x_2) - g(x_3, \ldots, x_r) = 0$ eine nicht–triviale Nullstelle von Q gefunden haben.

Sei P die Menge aller ungeraden Primzahlen, die Teiler eines der $a_1, \ldots, a_r$ sind. Für jede Primzahl $p \in P \cup \{2\}$ finden wir eine nicht–triviale Nullstelle $0 \neq (y_1, \ldots, y_r) \in \mathbb{Q}_p^r$ von Q, d.h.

$$b_p := f(y_1, y_2) = a_1 y_1^2 + a_2 y_2^2 = -a_3 y_3^2 - \ldots - a_r y_r^2 = g(y_3, \ldots, y_r).$$

Nach Lemma 15.4 können wir $(y_1, y_2) \neq 0$ und $(y_3, \ldots, y_r) \neq 0$ annehmen. Weiter soll $b_p \neq 0$ sein. Sollte zufällig $b_p = 0$ sein, sind die quadratischen Formen f, g isotrop und stellen nach Satz 15.3 alle Elemente von $\mathbb{Q}_p$ dar, zum Beispiel auch $b_p = 1$. Schließlich wollen wir auch noch $b_p \in \mathbb{Z}_p \setminus p^2 \mathbb{Z}_p$ voraussetzen. Dies ist möglich, da die Darstellbarkeit von b_p nur von seiner Quadratrestklasse in $\mathbb{Q}_p^\times / \mathbb{Q}_p^{\times 2}$ abhängt.

Nach dem chinesischen Restsatz 4.11 besitzen die simultanen Kongruenzen

$$x \equiv b_2 \bmod 16 \quad \text{und} \quad x \equiv b_p \bmod p^2 \text{ für } p \in P$$

eine eindeutige Lösung b modulo $m := 16 \prod_{p \in P} p^2$. Wir wählen $b > 0$.

Betrachten wir nun die quadratischen Formen

$$F = -bY^2 + f \quad \text{und} \quad G = -bY^2 + g.$$

Wir wollen zeigen, dass diese Formen isotrop sind. Dann können wir nämlich nach Lemma 15.4 Nullstellen (y, x_1, x_2) und $(z, x_3, \ldots, x_r)$ von F und G finden mit $y = z = 1$. Es gilt dann wie gefordert $b = f(x_1, x_2) = g(x_3, \ldots, x_r)$, und der Satz ist bewiesen. Um diese Nullstellen von F und G über $\mathbb{Q}$ zu finden, können wir Induktion benutzen, da F und G kleineren Rang als Q haben. Wir müssen daher nur zeigen, dass F und G isotrop über $\mathbb{R}$ und $\mathbb{Q}_p$, $p \in \mathbb{P}$, sind.

Über $\mathbb{R}$ ist das klar, weil $-b < 0$ und $a_1, -a_3 > 0$. Für die Körper $\mathbb{Q}_p$, $p \in P \cup \{2\}$, folgt das aus der Wahl von b: Nach den Konstruktionsbedingungen und $b_p \in \mathbb{Z}_p \setminus p^2 \mathbb{Z}_p$ gilt nämlich

$$b_2 b^{-1} \equiv 1 \mod 8 \quad \text{und} \quad b_p b^{-1} \equiv 1 \mod p \text{ für } p \in P.$$

Nach den Sätzen 14.5 und 14.4 sind die $b_p b^{-1} \in \mathbb{Q}_p^\times$ Quadrate, also mit der ursprünglichen Nullstelle $(y_1, \ldots, y_r)$ von Q über $\mathbb{Q}_p$ gilt

$$-b(\sqrt{b_p b^{-1}})^2 + f(y_1, y_2) = -b_p + f(y_1, y_2) = 0$$
$$-b(\sqrt{b_p b^{-1}})^2 + g(y_3, \ldots, y_r) = -b_p + g(y_3, \ldots, y_r) = 0,$$

d.h. F und G sind isotrop über $\mathbb{Q}_p$ für $p \in P \cup \{2\}$.

Es bleibt, die Körper $\mathbb{Q}_p$ für die Primzahlen $\mathbb{P} \setminus (P \cup \{2\})$ zu betrachten. Teilt eine solche Primzahl p die Zahl b nicht, dann sind F und G nach Lemma 15.5 isotrop. Für $r \geq 5$ ist der Rang von g gleich oder größer als 3, und wir können das Lemma 15.5 auf g anwenden, somit ist g — und damit auch G — isotrop.

Der verbleibende Problemfall sind Primzahlen $p \notin P \cup \{2\}$ mit $p | b$ für die Form F. (Im Fall $r = 4$ wird die Form G analog behandelt.) Die Idee ist nun, die Zahl b, die nur eindeutig modulo m ist, so geschickt zu wählen, dass nur eine Problemprimzahl q übrig bleibt und diese mit dem Lokal–Global–Prinzip abzuhandeln.

Sei $d := \mathrm{ggT}(b, m)$, dann sind b/d und m/d teilerfremd. Nach dem Primzahlsatz 1.3 von Dirichlet gibt es ein $k \in \mathbb{N}$, so dass $b/d + k \cdot m/d =: q$ eine Primzahl ist. Somit ist $dq = b + km$, und wir dürfen annehmen, dass wir dieses dq schon ursprünglich für b gewählt haben. Es gibt also nur einen Primteiler, nämlich q, der b teilt, aber nicht in $P \cup \{2\}$ liegt. Nun wissen wir, dass $F/b = -Y^2 + \frac{a_1}{b}X_1^2 + \frac{a_2}{b}X_2^2$ isotrop über allen Körpern $\mathbb{R}$ und $\mathbb{Q}_p$, $p \in \mathbb{P} \setminus \{q\}$, ist, und damit auch über $\mathbb{Q}_q$ nach Korollar 14.16.

Zusammenfassend haben wir gesehen, dass F und G isotrop über allen $\mathbb{Q}_p$ und $\mathbb{R}$ sind, und somit auch über $\mathbb{Q}$. Nach den bereits gemachten Bemerkungen schließt das den Beweis ab. $\square$

Korollar 15.9 *Eine quadratische Form über $\mathbb{Q}$ vom Rang größer oder gleich 5 ist isotrop über $\mathbb{Q}$ genau dann, wenn sie isotrop über $\mathbb{R}$ ist.*

Beweis: Das folgt unmittelbar aus Satz 15.6. $\square$

Warnung Für Formen vom höheren Grad gilt kein analoger Satz zum Satz von Hasse–Minkowski.

Aufgabe 15.10 (Selmer) Zeigen Sie: Das Polynom $3X^3 + 4Y^3 + 5Z^3$ hat eine nicht–triviale Nullstelle in $\mathbb{R}$ und in allen $\mathbb{Q}_p$. Es hat jedoch keine nicht–triviale Nullstelle in $\mathbb{Q}$, dies ist aber viel schwieriger zu beweisen. Eine zum Satz von Hasse–Minkowski analoge Aussage gilt daher nicht für kubische Polynome.

Wir wollen nun mit dem Satz von Hasse–Minkowski den Drei–Quadrate–Satz 9.4 beweisen. Wir müssen zeigen, dass die quadratische Form $Q = X_1^2 + X_2^2 + X_3^2$ über $\mathbb{Z}$ alle natürlichen Zahlen — außer denen von der Form $4^i(7 + 8k)$ — darstellt.

Überlegen wir zuerst, welche Zahlen Q über den Körpern $\mathbb{R}$, $\mathbb{Q}_p$ und $\mathbb{Q}$ darstellt. Offensichtlich stellt Q über $\mathbb{R}$ alle positiven Zahlen dar. Für die $\mathbb{Q}_p$, $p \in \mathbb{P} \setminus \{2\}$, ist die Form nach Lemma 15.5 isotrop und stellt somit jedes Element von $\mathbb{Q}_p$ dar. Für $\mathbb{Q}_2$ ist die Situation komplizierter.

Hilfssatz 15.11 *Ein Element $b \in \mathbb{Q}_2^\times$ wird genau dann von $Q = X_1^2 + X_2^2 + X_3^2$ dargestellt, wenn $b\mathbb{Q}_2^{\times 2} \neq 7\mathbb{Q}_2^{\times 2}$ in $\mathbb{Q}_2^\times / \mathbb{Q}_2^{\times 2}$ ist.*

Beweis: Ob b darstellbar ist, hängt nur von seiner Quadratrestklasse in $\mathbb{Q}_2^\times / \mathbb{Q}_2^{\times 2}$ ab. Wir können uns also nach dem Satz 14.5 auf $b = u2^n$ mit $u \in \{1,3,5,7\}$ und $n \in \{0,1\}$ beschränken. Wir sehen sofort

$$1 = 1^2 + 0^2 + 0^2 \qquad 2 = 1^2 + 1^2 + 0^2$$
$$3 = 1^2 + 1^2 + 1^2 \qquad 6 = 2^2 + 1^2 + 1^2$$
$$5 = 2^2 + 1^2 + 0^2 \qquad 10 = 3^2 + 1^2 + 0^2$$
$$14 = 3^2 + 2^2 + 1^2.$$

Wir müssen noch zeigen, dass 7 nicht darstellbar ist. Angenommen, es gelte $x_1^2 + x_2^2 + x_3^2 = 7$ in $\mathbb{Q}_2$. Sei 4^i, $i \in \mathbb{N}_0$, der Hauptnenner der x_1^2, x_2^2, x_3^2. Multiplikation der vorherigen Gleichung mit diesem führt zu einer Gleichung

$$z_1^2 + z_2^2 + z_3^2 = 7 \cdot 4^i \quad \text{mit } z_1, z_2, z_3 \in \mathbb{Z}_2.$$

Nach den Eigenschaften des Hauptnenners muss mindestens eines der $z_1^2, z_2^2, z_3^2, 7 \cdot 4^i$ in $\mathbb{Z}_2^\times$ liegen. Tatsächlich müssen mindestens zwei davon in $\mathbb{Z}_2^\times$ liegen, denn wenn wir die Gleichung modulo 2 betrachten, muss es eine gerade Anzahl von Termen geben, die gleich 1 modulo 2 sind. Insbesondere liegt eins der z_1^2, z_2^2, z_3^2 in $\mathbb{Z}_2^\times$, sagen wir ohne Einschränkung z_1^2. Schauen wir uns nun die Gleichung modulo 8 an, also

$$z_1^2 + z_2^2 + z_3^2 \equiv 7 \cdot 4^i \quad \text{mod } 8,$$

wobei $7 \cdot 4^i$ modulo 8 gleich 7, 4 oder 0 ist. Die Quadrate modulo 8 sind nur $(\pm 1)^2 = 1$, $(\pm 2)^2 = 4$, $(\pm 3)^2 \equiv 1$, $4^2 \equiv 0$. Insbesondere ist daher $z_1^2 \equiv 1$ mod 8. Nun ist es aber offensichtlich, dass

$$1 + z_2^2 + z_3^2 \in \{0, 4, 7\} \quad \text{modulo } 8$$

mit $z_2^2, z_3^2 \in \{0, 1, 4\}$ keine Nullstelle hat. $\qquad \square$

Mit dem Satz von Hasse–Minkowski können wir nun den Körper $\mathbb{Q}$ behandeln.

Lemma 15.12 *Eine Zahl $b \in \mathbb{Q}$ ist genau dann durch die quadratische Form $Q = X_1^2 + X_2^2 + X_3^2$ darstellbar, wenn $b > 0$ und $b\mathbb{Q}_2^{\times\,2} \neq 7\mathbb{Q}_2^{\times\,2}$ in $\mathbb{Q}_2^\times / \mathbb{Q}_2^{\times\,2}$ gilt.*

Beweis: $b \in K$ kann genau dann von Q über K dargestellt werden, wenn die quadratische Form $Q - bY^2$ isotrop über K ist, denn nach Lemma 15.4 können wir für eine Nullstelle $0 \neq (x_1, x_2, x_3, y) \in K^4$ dieser quadratischen Form ohne Einschränkung $y = 1$ annehmen. Jetzt folgt das Lemma aus dem Satz von Hasse–Minkowski und den vorangegangenen Untersuchungen von Q über den Körpern $\mathbb{R}$ und $\mathbb{Q}_p$. $\qquad \square$

Nun müssen wir von der Darstellbarkeit über den rationalen Zahlen zu der Darstellbarkeit über den ganzen Zahlen kommen. Dies geht in unserem Fall mit dem folgenden Lemma:

Lemma 15.13 (Davenport–Cassels) *Sei $B(X, Y) = \sum_{i,j=1}^r a_{ij} X_i Y_j$ eine positiv definite symmetrische Bilinearform über $\mathbb{Z}$. Die zugehörige quadratische Form $Q(X) = B(X, X)$ besitze die folgende Eigenschaft:*

Für jedes $x \in \mathbb{Q}^r$ existiert ein $y \in \mathbb{Z}^r$ mit $Q(x - y) < 1$.

Dann stellt Q jedes Element $b \in \mathbb{Z}$, das über $\mathbb{Q}$ darstellbar ist, auch über $\mathbb{Z}$ dar.

Beweis: Sei $x = (x_i) \in \mathbb{Q}^r \setminus \{0\}$ mit $Q(x) = b$ und $k \in \mathbb{N}$ der Hauptnenner der x_i. Wir benutzen die Beweismethode des Abstiegs nach k. Falls $k = 1$ ist, sind wir fertig. Andernfalls versuchen wir ein x' zu finden, so dass der Hauptnenner der Komponenten von x' kleiner als k ist.

Nach Voraussetzung existiert ein $y \in \mathbb{Z}^r$ mit $Q(x - y) < 1$. Sei $z := x - y \in \mathbb{Q}^r \setminus \mathbb{Z}^r$. Da B positiv definit ist, gilt $0 < Q(z) < 1$. Wir setzen

$$n = Q(y) - b \in \mathbb{Z} \qquad m = 2k(b - B(x, y)) = 2kb - 2B(kx, y) \in \mathbb{Z}$$

$$k' = nk + m \in \mathbb{Z} \qquad x' = \frac{nkx + my}{k'}, \text{ wobei } nkx + my \in \mathbb{Z}^r.$$

Wir werden gleich zeigen, dass $k' \neq 0$ und x' damit definiert ist. Zunächst bemerken wir aber, dass $Q(x') = b$ gilt, weil

$$Q(x') = B(x',x') = \left(n^2k^2Q(x) + 2knmB(x,y) + m^2Q(y)\right)/k'^2$$

$$= \left(n^2k^2b + 2knm\left(b - \frac{m}{2k}\right) + m^2(n+b)\right)/k'^2$$

$$= \left(n^2k^2b + 2knmb + m^2b\right)/k'^2$$

$$= b(nk+m)^2/k'^2 = b.$$

Wegen $nkx + my \in \mathbb{Z}^r$ ist der Hauptnenner von x' ein Teiler von k'. Zur Vervollständigung des Arguments reicht es daher zu zeigen, dass $0 < k' < k$ gilt. Dies ergibt sich aus

$$k'/k = (nk+m)/k = (Q(y) - b) + 2(b - B(x,y)) = b - 2B(x,y) + Q(y)$$

$$= Q(x) - 2B(x,y) + Q(y) = Q(x-y) = Q(z) \in \ ]0,1[. \qquad \square$$

Beweis (Drei–Quadrate–Satz): Nach Lemma 15.12 ist eine natürliche Zahl $n \in \mathbb{N}$ durch $Q = X_1^2 + X_2^2 + X_3^2$ über $\mathbb{Q}$ darstellbar, falls $n\mathbb{Q}_2^{\times 2} \neq 7\mathbb{Q}_2^{\times 2}$ in $\mathbb{Q}_2^\times/\mathbb{Q}_2^{\times 2}$ gilt. Diese Bedingung ist nach Satz 14.5 äquivalent zu $n \neq 4^i(7 + 8k)$ für alle $i, k \in \mathbb{N}_0$.

Es bleibt zu überprüfen, dass $B(X,Y) = X_1Y_1 + X_2Y_2 + X_3Y_3$ die Voraussetzungen des vorangegangenen Lemmas erfüllt. Dies ist aber klar: Zu gegebenen $(x_1,x_2,x_3) \in \mathbb{Q}^3$ wählen wir $y = (y_i) \in \mathbb{Z}^3$ mit $|x_i - y_i| \leq 1/2$, dann gilt

$$Q(x-y) = (x_1 - y_1)^2 + (x_2 - y_2)^2 + (x_3 - y_3)^2 \leq 3 \cdot \tfrac{1}{4} < 1. \qquad \square$$

Den Vier–Quadrate–Satz kann man nicht direkt aus Satz 15.6 mit dem Davenport–Cassels–Lemma beweisen, weil hier die analoge Abschätzung nicht gilt, aber wir können den Vier–Quadrate–Satz unmittelbar aus dem Drei–Quadrate–Satz folgern.

Beweis (Vier–Quadrate–Satz): Wir schreiben $n = 4^i m$ mit $i \in \mathbb{N}_0$, $m \in \mathbb{N}$ und $4 \nmid m$. Falls $m \not\equiv 7 \bmod 8$ ist, sind m und damit n die Summe dreier Quadrate. Ansonsten ist $m - 1$ die Summe dreier Quadrate und somit $m = 1^2 + (m - 1)$ sowie n die Summe vierer Quadrate. $\square$

Zusatzaufgaben

Aufgabe 15.14 Geben Sie eine Beschreibung aller rationalen Zahlen, die sich durch die Form $2x^2 - 5y^2$ darstellen lassen.

Aufgabe 15.15 (Legendre) Seien a, b, c paarweise teilerfremde, quadratfreie ganze Zahlen, die nicht alle positiv oder alle negativ sind. Dann ist die Gleichung $aX^2 + bY^2 + cZ^2 = 0$ in $\mathbb{Q}$ nicht–trivial lösbar genau dann, wenn die Kongruenzen $u^2 \equiv -bc \bmod a$, $v^2 \equiv -ac \bmod b$ und $w^2 \equiv -ab \bmod c$ lösbar sind.

Aufgabe 15.16 Untersuchen Sie die Isotropie der quadratischen Formen vom Rang 4 über $\mathbb{Q}_p$, $p \in \mathbb{P} \setminus \{2\}$.

16 Zahlkörper

Zahlkörper sind der Hauptgegenstand für Überlegungen in der algebraischen Zahlentheorie.

Definition 16.1 *Ein* Zahlkörper K *ist ein Zwischenkörper* $\mathbb{Q} \subseteq K \subseteq \mathbb{C}$, *so dass die Dimension von K als $\mathbb{Q}$–Vektorraum endlich ist. Die Zahlkörper* $K = \mathbb{Q}(\sqrt{d}) = \mathbb{Q} \oplus \mathbb{Q}\sqrt{d}$ *für ein $d \in \mathbb{Z}$, d kein Quadrat, werden* quadratische Zahlkörper *genannt.*

Aufgabe 16.2 Zeigen Sie, dass die quadratischen Zahlkörper genau die Zahlkörper sind, deren Dimension als $\mathbb{Q}$–Vektorraum zwei ist.

Zu jedem Zahlkörper K gehört sein Ring der ganzen Zahlen $\mathcal{O}_K$, der der eigentliche Gegenstand bei der Untersuchung von Zahlkörpern ist. Bevor wir diesen definieren, wollen wir an einem Beispiel zeigen, wie die zu entwickelnde Theorie zur Lösung von diophantischen Gleichungen benutzt werden kann. In diesem Beispiel ist der benutzte Zahlkörper $K = \mathbb{Q}(\sqrt{-2})$. Sein Ring der ganzen Zahlen ist $\mathcal{O}_K = \mathbb{Z}[\sqrt{-2}]$, von dem wir bereits in Aufgabe 2.7 gezeigt haben, dass er euklidisch ist.

Satz 16.3 (Fermat) *Die einzigen ganzzahligen Lösungen der Gleichung*

$$x^2 + 2 = y^3$$

sind $(x,y) = (\pm 5, 3)$.

Beweis: Angenommen wir haben eine ganzzahlige Lösung (x,y) der Gleichung, dann faktorisieren wir diese Gleichung in $\mathbb{Z}[\sqrt{-2}]$ folgendermaßen

$$(x + \sqrt{-2})(x - \sqrt{-2}) = y^3.$$

Wir behaupten, dass $x + \sqrt{-2}$ und $x - \sqrt{-2}$ teilerfremd sind. Ein gemeinsamer Teiler $w = a + b\sqrt{-2} \in \mathbb{Z}[\sqrt{-2}]$ würde auch die Summe und Differenz von $x + \sqrt{-2}$ und $x - \sqrt{-2}$, also $2x$ und $2\sqrt{-2}$, teilen. Somit teilt seine Norm $N(w) = a^2 + 2b^2$ die Normen $N(2x) = 4x^2$ und $N(2\sqrt{-2}) = 8$.

Jetzt bemerken wir, dass x nicht gerade sein kann. Nämlich, für gerades x muss wegen $y^3 = x^2 + 2$ auch y gerade sein. Dann wird aus $x^2 + 2 = y^3$ modulo 4 die Kongruenz $2 \equiv 0 \bmod 4$, was ein Widerspruch ist.

Folglich ist $\mathrm{ggT}(4x^2, 8) = 4$ und $N(w) = a^2 + 2b^2$ teilt somit 4. Für (a,b) ergeben sich daraus die Möglichkeiten $(\pm 1, 0)$, $(\pm 2, 0)$ und $(0, \pm 1)$. Entsprechend haben wir $w \in \{\pm 1, \pm 2, \pm\sqrt{-2}\}$. Dies sind jedoch keine echten Teiler von $x + \sqrt{-2}$, daher sind $x + \sqrt{-2}$ und $x - \sqrt{-2}$ teilerfremd.

Nun kann in einem faktoriellen Ring wegen der Eindeutigkeit der Primfaktorzerlegung das Produkt zweier teilerfremder Zahlen nur dann eine dritte Potenz sein, wenn bereits die einzelnen Faktoren dritte Potenzen sind, d.h. also hier

$$x + \sqrt{-2} = (c + d\sqrt{-2})^3 \qquad \text{mit } c, d \in \mathbb{Z}.$$

Ausrechnen führt zu

$$x + \sqrt{-2} = (c^3 - 6cd^2) + (3c^2d - 2d^3)\sqrt{-2}$$
$$\implies \quad x = c(c^2 - 6d^2) \quad \text{und} \quad 1 = d(3c^2 - 2d^2).$$

Wir finden $(c, d) = (\pm 1, 1)$ und somit $x = \mp 5$. Schließlich ergibt sich $y = 3$. $\qquad\square$

Das wesentliche Element des vorangehenden Beweises war, dass $\mathcal{O}_K = \mathbb{Z}[\sqrt{-2}]$ ein faktorieller Ring ist. Allgemein soll der Ring der ganzen Zahlen $\mathcal{O}_K$ eines Zahlkörpers K ein Unterring von K mit möglichst guten Eigenschaften sein, so dass in etwa die gleiche Beziehung wie im Fall $\mathbb{Z} \subseteq \mathbb{Q}$ besteht. $\mathcal{O}_K$ soll also möglichst viele Primelemente besitzen und sein Quotientenkörper soll K sein. Bei einem quadratischen Zahlkörper denkt man wohl zuerst daran, einfach immer $\mathcal{O}_K = \mathbb{Z}[\sqrt{d}]$ zu setzen; dies war schließlich bei $d = -2$ erfolgreich. Wir haben jedoch bereits in Aufgabe 2.27 gezeigt, dass $\mathbb{Z}[\sqrt{-7}]$ kein faktorieller Ring ist, aber der minimal größere Ring $\mathbb{Z}[(1 + \sqrt{-7})/2]$ faktoriell ist. Dieser wäre also wesentlich nützlicher. Die richtige Definition ist die folgende:

Definition 16.4 *Seien $R \subseteq S$ zwei Ringe.*

- *Ein Element $x \in S$ heißt ganz über R, falls es eine Nullstelle eines normierten Polynoms über R ist, d.h.*

$$x^n + r_{n-1}x^{n-1} + \ldots + r_0 = 0 \qquad \text{für } n \in \mathbb{N}, \ r_i \in R \text{ geeignet.}$$

- *Der Ring S heißt ganz über R, wenn jedes seiner Elemente ganz über R ist.*

- *Die Menge aller ganzen Elemente über R heißt der ganze Abschluss $\overline{R}$ von R in S.*

- *Ein Integritätsring heißt ganz–abgeschlossen, wenn er gleich seinem ganzen Abschluss in seinem Quotientenkörper ist.*

- *Der Ring der ganzen Zahlen $\mathcal{O}_K$ eines Zahlkörpers K ist der ganze Abschluss von $\mathbb{Z}$ in K.*

Natürlich ist jedes Element $x \in R$ ganz über R, weil es die Gleichung $x + r_0 = 0$ mit $r_0 = -x \in R$ erfüllt.

Damit die Bezeichnung von $\mathcal{O}_K$ als Ring gerechtfertigt ist, wollen wir zeigen, dass der ganze Abschluss eines Ringes wirklich ein Ring ist. Dafür benötigen wir jedoch noch eine andere Beschreibung für die Ganzheit eines Elementes.

Satz 16.5 *Seien $R \subseteq S$ zwei Ringe. Für ein Element $x \in S$ sind äquivalent:*

1. Das Element x ist ganz über R.

2. *Der Ring*

$$R[x] := \left\{ \sum_{j=0}^{m} \lambda_j x^j \;\middle|\; m \in \mathbb{N}, \; \lambda_j \in R \right\} \subseteq S$$

ist als R–Modul endlich erzeugt.

3. *Das Element x ist in einem Unterring $T \subseteq S$ enthalten, der als R–Modul endlich erzeugt ist.*

Beweis: Falls x ganz mit Ganzheitsgleichung

$$x^n + \sum_{i=0}^{n-1} r_i x^i = 0$$

ist, ist der R–Modul $R[x]$ von $1, x, \ldots, x^{n-1}$ erzeugt. Denn in einer Summe $\sum \lambda_j x^j$ können wir die Potenzen mit einem Exponenten größer gleich n mit Hilfe der Gleichung

$$x^n = - \sum_{i=0}^{n-1} r_i x^i$$

durch kleinere ersetzen. Nach genügend vielen Wiederholungen erhält man eine Summe, die nur noch Potenzen mit Exponenten kleiner als n enthält.

Für die Folgerung von 2) nach 3) reicht es, für T den Ring $R[x]$ zu wählen.

Schließlich folgern wir 1) aus 3). Seien $e_1 = 1, e_2, \ldots, e_n$ die Erzeuger des Ringes T als R–Modul. Dann gibt es $\lambda_{kl} \in R$ mit

$$x \cdot e_k = \sum_{l=1}^{n} \lambda_{kl} e_l \qquad \text{für } k = 1, \ldots, n.$$

Mit dem Kronecker δ–Symbol ist dies

$$\sum_{l=1}^{n} (\delta_{kl} x - \lambda_{kl}) e_l = 0 \qquad \text{für } k = 1, \ldots, n.$$

Wir bezeichen die Koeffizientenmatrix $(\delta_{kl} x - \lambda_{kl})_{kl}$ dieses linearen Gleichungssystems mit A. Dann gilt mit $e = (e_1, \ldots, e_n)^t$ und der zu A adjungierten Matrix $A^\sharp$ nach der Cramerschen Regel

$$A \cdot e = 0 \quad \Longrightarrow \quad A^\sharp \cdot A \cdot e = 0 \quad \Longrightarrow \quad \det A \cdot e = 0.$$

Da $e_1 = 1$ ist, folgt $\det A = 0$. Die Entwicklung der Determinante von A führt zu einer Ganzheitsgleichung $x^n + \ldots = 0$ für x. $\qquad\qquad\qquad\qquad\qquad\qquad\qquad\qquad$ $\square$

Insbesondere ist also mit x auch jedes Element aus $R[x]$ ganz.

Aufgabe 16.6 Benutzen Sie das Verfahren des Beweises, um zu zeigen, dass neben $\sqrt{3}$ und $\sqrt[3]{2}$ auch $\sqrt{3} + \sqrt[3]{2}$ ganz über $\mathbb{Z}$ ist.

Korollar 16.7 *Seien $T \supseteq S \supseteq R$ drei Ringe. Dann ist T ganz über R genau dann, wenn T über S und S über R ganz ist.*

Beweis: Falls T ganz über R ist, ist auch S ganz über R, einfach weil $S \subseteq T$ ist. Ebenso ist die Erweiterung $S \subseteq T$ ganz, weil eine Ganzheitsgleichung für ein Element $x \in T$ über R auch eine Ganzheitsgleichung von x über $S \supseteq R$ ist.

Beweisen wir nun die Umkehrung. Sei $x \in T$ und

$$x^n + \sum_{i=0}^{n-1} s_i x^i = 0 \qquad \text{mit } s_i \in S$$

seine Ganzheitsgleichung über S. Weiter seien

$$(s_i)^{m_i} + \sum_{j=0}^{m_i-1} r_{ij}(s_i)^j = 0 \qquad \text{mit } r_{ij} \in R$$

die Ganzheitsgleichungen der s_i über R. Wir behaupten jetzt, dass der Ring

$$R[s_0, \ldots, s_{n-1}, x] := \left\{ \sum_{\text{endl.}} \lambda_{l_0 \ldots l_{n-1} k} s_0^{l_0} \cdots s_{n-1}^{l_{n-1}} x^k \,\middle|\, \lambda_{l_0 \ldots l_{n-1} k} \in R \right\}$$

als R–Modul endlich erzeugt ist. Damit ist dann x ganz über R.

Tatsächlich ist $R[s_0, \ldots, s_{n-1}, x]$ von den Elementen

$$s_0^{l_0} \cdots s_{n-1}^{l_{n-1}} x^k \qquad \text{mit } 0 \le l_i < m_i, \ 0 \le k < n$$

erzeugt. Das zeigen wir mit dem gleichen Argument wie im Beweis des Satzes. Wenn wir eine Summe

$$\sum_{\text{endl.}} \lambda_{l_0 \ldots l_{n-1} k} s_0^{l_0} \cdots s_{n-1}^{l_{n-1}} x^k$$

haben, können wir unter Ausnutzung der Gleichung

$$x^n = - \sum_{i=0}^{n-1} s_i x^i$$

die Potenzen von x mit Exponenten größer gleich n durch kleinere Potenzen ersetzen. Nach genügend vielen Wiederholungen sind schließlich nur noch Potenzen von x mit Exponenten kleiner als n übrig. Danach machen wir dasselbe mit den Potenzen der s_i mit Hilfe der Gleichungen

$$(s_i)^{m_i} = - \sum_{j=0}^{m_i-1} r_{ij}(s_i)^j.$$

Am Ende erhalten wir eine R–Linearkombination mit den oben beschriebenen Erzeugern. $\square$

Korollar 16.8 *Seien $R \subseteq S$ zwei Ringe. Dann ist der ganze Abschluss $\overline{R}$ von R in S ein Ring.*

Beweis: Wir müssen zeigen: Wenn $x, y \in \overline{R}$, dann liegen auch $x + y$ und xy in $\overline{R}$. Da x ganz über R ist, ist $R[x]$ ganz über R. Weil y ganz über R — und damit auch über $R[x]$ — ist, ist $R[x, y] = R[x][y]$ dann ganz über $R[x]$. Nach dem vorangehenden Korollar ist $R[x, y]$ ganz über R, insbesondere sind seine Elemente $x + y$ und xy ganz über R. $\qquad \square$

Korollar 16.9 *Seien $R \subseteq S$ zwei Ringe und $\overline{R}$ der ganze Abschluss von R in S. Dann ist der ganze Abschluss von $\overline{R}$ in S wieder $\overline{R}$.*

Beweis: Sei $\overline{\overline{R}}$ der ganze Abschluss von $\overline{R}$ in S. Nach Korollar 16.7 ist $\overline{\overline{R}}$ ganz über R. Dann sind die Elemente von $\overline{\overline{R}}$ ganz über R und per Definition in $\overline{R}$ enthalten. $\qquad \square$

Angewandt auf die Situation bei den Zahlkörpern ergibt sich:

Satz 16.10 *Sei K ein Zahlkörper. Dann ist K der Quotientenkörper des Ringes $\mathcal{O}_K$ der ganzen Zahlen von K. Der Ring $\mathcal{O}_K$ ist ganz–abgeschlossen. Weiter gibt es für jedes Element $x \in K$ eine natürliche Zahl k, so dass kx ganz über $\mathbb{Z}$ ist.*

Beweis: Wir zeigen zunächst die letzte Aussage. Sei $0 \neq x \in K$ beliebig. Setzen wir $n = \dim_{\mathbb{Q}} K$. Dann sind die $n + 1$ Elemente

$$x^n, x^{n-1}, \ldots, x^2, x, 1$$

linear abhängig über $\mathbb{Q}$. Es gibt daher ein $m \in \mathbb{N}$ und $\lambda_i \in \mathbb{Q}$ mit

$$x^m + \sum_{i=0}^{m-1} \lambda_i x^i = 0.$$

Sei k der Hauptnenner der λ_i. Multiplikation der obigen Gleichung mit k^m ergibt

$$(kx)^m + \sum_{i=0}^{m-1} (k^{m-i} \lambda_i)(kx)^i = 0.$$

Wegen $k^{m-i} \lambda_i \in \mathbb{Z}$ ist dies eine Ganzheitsgleichung von kx über $\mathbb{Z}$. Insbesondere liegt kx in $\mathcal{O}_K$.

Wir können also jedes $x \in K$ schreiben als $x = (kx)/k$ mit $kx \in \mathcal{O}_K$ und $k \in \mathbb{Z} \subseteq \mathcal{O}_K$. Also liegt K im Quotientenkörper von $\mathcal{O}_K$. Da K bereits ein Körper ist, muss der Quotientenkörper von $\mathcal{O}_K$ der Zahlkörper K sein.

Nach Korollar 16.9 ist $\mathcal{O}_K$ ganz–abgeschlossen. $\qquad \square$

Dass sich die teilbarkeitstheoretischen Eigenschaften eines Ringes durch Abschluss verbessern, deutet der folgende Satz an:

Satz 16.11 *Jeder faktorielle Ring ist ganz–abgeschlossen.*

Beweis: Wir bezeichnen den Ring wieder mit R. Sei x ein ganzes Element des Quotientenkörpers. Wir schreiben $x = a/b$ mit teilerfremden $a, b \in R$. Für a/b haben wir eine Ganzheitsgleichung

$$\left(\frac{a}{b}\right)^n + r_{n-1}\left(\frac{a}{b}\right)^{n-1} + \ldots + r_1\left(\frac{a}{b}\right) + r_0 = 0.$$

Multiplikation mit b^n führt zu

$$a^n + r_{n-1}ba^{n-1} + \ldots + r_1 b^{n-1}a + r_0 b^n = 0$$

$$\implies \quad a^n = -b(r_{n-1}a^{n-1} + \ldots + r_1 b^{n-2}a + r_0 b^{n-1}).$$

Wegen $\mathrm{ggT}(a, b) = 1$ muss b eine Einheit in R sein, also ist $a/b \in R$. Folglich ist R abgeschlossen in seinem Quotientenkörper. □

Im Allgemeinen ist es nicht einfach zu entscheiden, ob ein Element ganz ist. Im Fall von Zahlkörpern gibt es jedoch eine einfache Möglichkeit. Wir erinnern uns daran, dass das Minimalpolynom über $\mathbb{Q}$ eines Elementes $x \in K$ das normierte Polynom kleinsten Grades ist, welches x als Nullstelle hat. Man kann es leicht durch Betrachten der linearen Abhängigkeiten unter den Potenzen von x finden.

Aufgabe 16.12 Zeigen Sie: Das Minimalpolynom von x ist der eindeutig bestimmte normierte Erzeuger des Ideals

$$I = \{f \in \mathbb{Q}[X] \mid f(x) = 0\}.$$

Satz 16.13 *Ein Element eines Zahlkörpers ist genau dann ganz über $\mathbb{Z}$, wenn die Koeffizienten seines Minimalpolynoms in $\mathbb{Z}$ liegen.*

Beweis: Für die nicht–triviale Richtung sei $f \in \mathbb{Z}[X]$ das normierte Polynom aus der Ganzheitsbedingung für x. Nach der vorangegangenen Aufgabe liegt f in dem vom Minimalpolynom m erzeugten Ideal. Es gibt also ein notwendigerweise normiertes Polynom $g \in \mathbb{Q}[X]$ mit $f = mg$. Der Satz von Gauß [Wü, Satz 12.17] besagt nun, dass wegen $f \in \mathbb{Z}[X]$ auch g, m in $\mathbb{Z}[X]$ liegen. □

Für den Spezialfall der quadratischen Zahlkörper kann man das Minimalpolynom direkt angeben. Wir bezeichnen mit σ den Körperautomorphismus

$$\sigma : \mathbb{Q}(\sqrt{d}) \longrightarrow \mathbb{Q}(\sqrt{d}), \qquad a + b\sqrt{d} \longmapsto a - b\sqrt{d}.$$

Aufgabe 16.14 Zeigen Sie: Ein quadratischer Zahlkörper $\mathbb{Q}(\sqrt{d})$ hat nur zwei Einbettungen $\mathbb{Q}(\sqrt{d}) \to \mathbb{C}$ in den Körper der komplexen Zahlen, die Identität auf $\mathbb{Q}(\sqrt{d})$ und σ verknüpft mit der Inklusion $\mathbb{Q}(\sqrt{d}) \subseteq \mathbb{C}$.

Wir definieren die *Spur–* und *Norm–*Abbildung als

$$\mathrm{Sp} : \mathbb{Q}(\sqrt{d}) \longrightarrow \mathbb{Q}, \qquad x \longmapsto x + \sigma(x)$$

$$N : \mathbb{Q}(\sqrt{d}) \longrightarrow \mathbb{Q}, \qquad x \longmapsto x \cdot \sigma(x).$$

Dass die Bilder dieser Abbildungen wirklich in $\mathbb{Q}$ liegen, erkennt man aus der folgenden alternativen Darstellung dieser Abbildungen

$$\mathrm{Sp}(a+b\sqrt{d}) = (a+b\sqrt{d}) + \sigma(a+b\sqrt{d}) = a+b\sqrt{d}+a-b\sqrt{d} \quad = 2a$$

$$N(a+b\sqrt{d}) = (a+b\sqrt{d}) \cdot \sigma(a+b\sqrt{d}) = (a+b\sqrt{d}) \cdot (a-b\sqrt{d}) = a^2 - db^2.$$

Offensichtlich ist die Spur additiv und die Norm multiplikativ.

Lemma 16.15 *Sei* $x \in \mathbb{Q}(\sqrt{d}) \setminus \mathbb{Q}$. *Dann ist sein Minimalpolynom über* $\mathbb{Q}$:

$$X^2 - \mathrm{Sp}(x)X + N(x).$$

Insbesondere ist x *genau dann ganz, wenn* $\mathrm{Sp}(x)$ *und* $N(x)$ *in* $\mathbb{Z}$ *liegen.*

Beweis: Das Minimalpolynom von x kann nicht linear sein, weil $x \notin \mathbb{Q}$. Da x eine Nullstelle von

$$(X-x)(X-\sigma(x)) = X^2 - (x+\sigma(x))X + x\sigma(x) = X^2 - \mathrm{Sp}(x)X + N(x) \in \mathbb{Q}[X]$$

ist, muss dies bereits das Minimalpolynom sein.   □

Aus der Galois–Theorie ist die Verallgemeinerung dieses Satzes auf beliebige Zahlkörper bekannt. Sei K ein Zahlkörper, aber nicht notwendig galoissch, und

$$\mathrm{Hom}(K,\mathbb{C}) = \{\sigma : K \to \mathbb{C} \mid \sigma \text{ Körperhomomorphismus}\}$$

die Menge der Einbettungen von K in $\mathbb{C}$. Es gibt davon genau $\dim_{\mathbb{Q}} K$ Stück. Das Minimalpolynom eines Elementes $x \in K$ kann dann berechnet werden als

$$\prod_{y \in S}(X-y) \quad \text{mit } S = \{\sigma(x) \mid \sigma \in \mathrm{Hom}(K,\mathbb{C})\}.$$

Man beachte, dass diese Formel auch richtig ist, wenn der von x erzeugt Unterkörper von K nicht mit K übereinstimmt. Die *Spur* und *Norm* eines Elementes sind definiert durch

$$\mathrm{Sp}(x) := \sum_{\sigma \in \mathrm{Hom}(K,\mathbb{C})} \sigma(x) \in \mathbb{Q} \quad \text{und} \quad N(x) := \prod_{\sigma \in \mathrm{Hom}(K,\mathbb{C})} \sigma(x) \in \mathbb{Q}.$$

Etwas allgemeiner definiert man für zwei Zahlkörper $L \supseteq K \supseteq \mathbb{Q}$ Norm und Spur eines Elementes $x \in L$ durch

$$\mathrm{Sp}_{L/K}(x) := \sum_{\sigma \in \mathrm{Hom}_K(L,\mathbb{C})} \sigma(x) \in K \quad \text{und} \quad N_{L/K}(x) := \prod_{\sigma \in \mathrm{Hom}_K(L,\mathbb{C})} \sigma(x) \in K,$$

wobei die Menge $\mathrm{Hom}_K(L,\mathbb{C})$ diejenigen Körperhomomorphismen $\sigma : L \to \mathbb{C}$ bezeichnet, die auf K die Identität sind. Es gilt $N = N_{K/\mathbb{Q}}$ und $\mathrm{Sp} = \mathrm{Sp}_{K/\mathbb{Q}}$.

Aufgabe 16.16 Sei $K = \mathbb{Q}(\sqrt[4]{3})$. Berechnen Sie nach der oben beschriebenen Methode das Minimalpolynom, die Spur und die Norm von

$$\sqrt{3} \quad \text{und} \quad 3\sqrt[4]{3} + 2\sqrt{27}.$$

Lemma 16.17 *Sei x ein ganzes Element in einem Zahlkörper K. Dann ist auch $\sigma(x)$ für jedes $\sigma \in \mathrm{Hom}(K, \mathbb{C})$ ganz. Weiter ist*

$$\mathrm{Sp}(x) \in \mathbb{Z} \qquad \text{und} \qquad N(x) \in \mathbb{Z}.$$

Beweis: Sei

$$x^n + \sum_{i=0}^{n-1} r_i x^i = 0 \qquad \text{mit } r_i \in \mathbb{Z}$$

eine Ganzheitsgleichung von x. Dann ergibt sich durch Anwenden eines Körperhomomorphismus $\sigma \in \mathrm{Hom}(K, \mathbb{C})$ wegen $\sigma|_{\mathbb{Q}} = \mathrm{id}_{\mathbb{Q}}$

$$(\sigma(x))^n + \sum_{i=0}^{n-1} r_i \, (\sigma(x))^i = 0.$$

Dies ist eine Ganzheitsgleichung für $\sigma(x)$.

Da die ganzen Zahlen einen Ring bilden, sind auch $\mathrm{Sp}(x)$ und $N(x)$ als algebraische Ausdrücke in den $\sigma(x)$ ganz über $\mathbb{Z}$. Weil $\mathrm{Sp}(x)$ und $N(x)$ bereits in $\mathbb{Q}$ liegen, folgt aus Satz 16.11, dass sie ganzzahlig sind. □

Für späteren Gebrauch beweisen wir noch das folgende Korollar.

Korollar 16.18 *Sei K ein Zahlkörper und $x \neq 0$ ein Element des Ringes ganzer Zahlen von K. Dann gilt:*

$$N(x) \in \mathscr{O}_K x.$$

Insbesondere enthält jedes nicht–triviale Ideal eine ganze Zahl ungleich Null.

Beweis: Nach Definition der Norm gilt:

$$N(x) = x \prod_{\substack{\sigma \in \mathrm{Hom}(K, \mathbb{C}) \\ \sigma \neq \mathrm{id}}} \sigma(x).$$

Wegen $N(x) \in \mathbb{Z} \subseteq K$ und $x \in K$ ist

$$y := \prod_{\substack{\sigma \in \mathrm{Hom}(K, \mathbb{C}) \\ \sigma \neq \mathrm{id}}} \sigma(x) = \frac{N(x)}{x} \in K.$$

Da die $\sigma(x)$ ganz über $\mathbb{Z}$ sind, ist auch y ganz, d.h. $y \in \mathscr{O}_K$. Somit ist $N(x) = yx \in \mathscr{O}_K x$.

Für die Zusatzaussage wählen wir in einem Ideal $I \neq 0$ ein Element $0 \neq x \in I$, dann gilt $N(x) \in \mathscr{O}_K x \subseteq I$. □

Für nicht–quadratische Zahlkörper sind die Bedingungen $\mathrm{Sp}(x), N(x) \in \mathbb{Z}$ nicht mehr hinreichend für die Ganzheit von x.

Aufgabe 16.19 Finden Sie einen Zahlkörper K, der ein Element enthält, dessen Spur und Norm ganzzahlig ist, es selbst jedoch nicht ganz ist.

Für quadratische Zahlkörper können wir die Ringe der ganzen Zahlen allgemein bestimmen:

Satz 16.20 *Sei $K = \mathbb{Q}(\sqrt{d})$, $d \in \mathbb{Z}$ quadratfrei, ein quadratischer Zahlkörper. Dann ist der Ring der ganzen Zahlen*

$$\mathcal{O}_K = \begin{cases} \mathbb{Z}\left[\sqrt{d}\right] & \text{für } d \equiv 2, 3 \bmod 4 \\[2ex] \mathbb{Z}\left[\frac{1+\sqrt{d}}{2}\right] & \text{für } d \equiv 1 \bmod 4. \end{cases}$$

Ein beliebiges Element aus $\mathbb{Z}[(1+\sqrt{d})/2]$ ist von der Form

$$a \cdot 1 + b \cdot \frac{1+\sqrt{d}}{2} = \frac{(2a+b)+b\sqrt{d}}{2} \qquad \text{mit } a, b \in \mathbb{Z}.$$

Daher kann man die Elemente auch schreiben als

$$\frac{c+b\sqrt{d}}{2} \qquad \text{mit } c, b \in \mathbb{Z} \text{ und } b \equiv c \bmod 2.$$

Beweis: Offensichtlich ist $\sqrt{d}$ als Nullstelle des Polynoms $X^2 - d \in \mathbb{Z}[X]$ immer ganz. Im Fall $d \equiv 1 \bmod 4$ ist auch $\omega := (1+\sqrt{d})/2$ ganz, weil

$$\mathrm{Sp}(\omega) = \frac{1+\sqrt{d}}{2} + \frac{1-\sqrt{d}}{2} = 1 \in \mathbb{Z}$$

$$N(\omega) = \frac{1+\sqrt{d}}{2} \cdot \frac{1-\sqrt{d}}{2} = \frac{1-d}{4} \in \mathbb{Z}.$$

Da die ganzen Zahlen einen Ring bilden, folgt jetzt $\mathbb{Z}[\sqrt{d}] \subseteq \mathcal{O}_K$ bzw. $\mathbb{Z}[\omega] \subseteq \mathcal{O}_K$.

Sei nun umgekehrt $x = a + b\sqrt{d}$ mit $a, b \in \mathbb{Q}$ eine ganze Zahl, d.h.

$$\mathrm{Sp}(x) = 2a \in \mathbb{Z} \qquad \text{und} \qquad N(x) = a^2 - db^2 \in \mathbb{Z}.$$

Dann ist auch $4N(x) = (2a)^2 - d(2b)^2 \in \mathbb{Z}$, also $d(2b)^2 \in \mathbb{Z}$. Da d quadratfrei ist, folgt $2b \in \mathbb{Z}$. Falls $a \in \mathbb{Z}$, folgt aus $a^2 - db^2 \in \mathbb{Z}$ wie eben $db^2 \in \mathbb{Z}$ und $b \in \mathbb{Z}$.

Bleibt der Fall $a = c/2$ mit ungeradem c zu betrachten. Hier ist

$$N(x) = \frac{c^2 - d(2b)^2}{4} \in \mathbb{Z} \qquad \Longrightarrow \qquad c^2 - d(2b)^2 \equiv 0 \mod 4.$$

Aus c ungerade folgt $1 \equiv c^2 \equiv d(2b)^2 \bmod 4$. Somit muss $2b \equiv 1 \bmod 2$ sein, d.h. auch b ist von der Form $e/2$ mit $e \in \mathbb{Z}$ ungerade. Aus $2b \equiv 1 \bmod 2$ erhalten wir auch $(2b)^2 \equiv 1 \bmod 4$. Einsetzen in $1 \equiv d(2b)^2 \bmod 4$ zeigt, dass dies nur mit $d \equiv 1 \bmod 4$ möglich ist. $\qquad \square$

Wir sehen insbesondere, dass der Ring der ganzen Zahlen eines quadratischen Zahlkörpers als abelsche Gruppe isomorph zu $\mathbb{Z}^2$ ist. Ein analoger Satz gilt auch für beliebige Zahlkörper. Um dies zu beweisen, führen wir die Diskriminante ein.

Definition 16.21 *Sei $B = (b_1, \ldots, b_n)$ eine $\mathbb{Q}$-Basis eines Zahlkörpers K und*

$$\mathrm{Hom}(K, \mathbb{C}) = \{\sigma_1 = \mathrm{id}_K, \sigma_2, \ldots, \sigma_n\}$$

die Menge seiner Einbettungen in $\mathbb{C}$. Dann ist die Diskriminante *der Basis B*

$$\Delta(B) = \det \begin{pmatrix} b_1 & \sigma_2(b_1) & \cdots & \sigma_n(b_1) \\ b_2 & \sigma_2(b_2) & \cdots & \sigma_n(b_2) \\ \vdots & \cdots & & \vdots \\ b_n & \sigma_2(b_n) & \cdots & \sigma_n(b_n) \end{pmatrix}^2 .$$

Wir berechnen zunächst die Abhängigkeit der Diskriminante von der Wahl der Basis.

Lemma 16.22 *Seien B und B' zwei $\mathbb{Q}$-Basen eines Zahlkörpers K der $\mathbb{Q}$-Dimension n. Weiter sei $T \in \mathrm{GL}(n, \mathbb{Q})$ die Transformationsmatrix, die die Basis B in die Basis B' überführt. Dann gilt*

$$\Delta(B') = (\det T)^2 \cdot \Delta(B).$$

Beweis: Scheiben wir die Basen als $B = (b_1, \ldots, b_n)$ und $B' = (b'_1, \ldots, b'_n)$, dann gilt per Definition

$$\begin{pmatrix} b'_1 \\ \vdots \\ b'_n \end{pmatrix} = T \cdot \begin{pmatrix} b_1 \\ \vdots \\ b_n \end{pmatrix} .$$

Da ein $\sigma \in \mathrm{Hom}(K, \mathbb{C})$ linear über $\mathbb{Q}$ ist, folgt

$$\begin{pmatrix} \sigma(b'_1) \\ \vdots \\ \sigma(b'_n) \end{pmatrix} = T \cdot \begin{pmatrix} \sigma(b_1) \\ \vdots \\ \sigma(b_n) \end{pmatrix}$$

und schließlich wegen der Multiplikativität der Determinante

$$\Delta(B') = \det \left(T \cdot \begin{pmatrix} b_1 & \sigma_2(b_1) & \cdots & \sigma_n(b_1) \\ b_2 & \sigma_2(b_2) & \cdots & \sigma_n(b_2) \\ \vdots & \cdots & & \vdots \\ b_n & \sigma_2(b_n) & \cdots & \sigma_n(b_n) \end{pmatrix} \right)^2 = (\det T)^2 \cdot \Delta(B).$$

$\square$

Lemma 16.23 *Sei $B = (b_1, \ldots, b_n)$ eine $\mathbb{Q}$-Basis eines Zahlkörpers K. Dann gilt*

$$\Delta(B) \in \mathbb{Q}^{\times}.$$

Falls alle b_i ganz sind, dann gilt sogar

$$\Delta(B) \in \mathbb{Z} \setminus \{0\}.$$

Beweis: Für zwei $\mathbb{Q}$-Basen eines Zahlkörpers K unterscheiden sich nach Lemma 16.22 die Diskriminanten nur um einen Faktor aus $\mathbb{Q}^\times$, daher reicht es, die erste Aussage für eine spezielle Basis des Zahlkörpers zu beweisen.

Sei wieder n die $\mathbb{Q}$-Dimension von K. Nach dem Satz vom primitiven Element [Wü, Satz 14.11] gibt es ein $\alpha \in K$, so dass $K = \mathbb{Q}(\alpha)$. Also ist $B = (1, \alpha, \alpha^2, \ldots, \alpha^{n-1})$ eine $\mathbb{Q}$-Basis von K. Per Definition ist

$$\Delta(B) = \det \begin{pmatrix} 1 & 1 & \cdots & 1 \\ \alpha & \sigma_2(\alpha) & \cdots & \sigma_n(\alpha) \\ \alpha^2 & (\sigma_2(\alpha))^2 & \cdots & (\sigma_n(\alpha))^2 \\ \vdots & \vdots & & \vdots \\ \alpha^{n-1} & (\sigma_2(\alpha))^{n-1} & \cdots & (\sigma_n(\alpha))^{n-1} \end{pmatrix}^2 .$$

Dies ist das Quadrat einer *Vandermondeschen Determinante*, also

$$\Delta(B) = \prod_{1 \le i < j \le n} (\sigma_i(\alpha) - \sigma_j(\alpha))^2 = (-1)^{\frac{n(n-1)}{2}} \prod_{i \ne j} (\sigma_i(\alpha) - \sigma_j(\alpha)) .$$

Zuerst beweisen wir $\Delta(B) \ne 0$, d.h., wir müssen $\sigma_i(\alpha) \ne \sigma_j(\alpha)$ für $i \ne j$ zeigen. Nun ist der Grad des Minimalpolynoms von α gleich der $\mathbb{Q}$-Dimension von $K = \mathbb{Q}(\alpha)$, also n. Wir haben bereits vorher bemerkt, dass das Minimalpolynom von α als

$$\prod_{y \in S} (X - y) \qquad \text{mit} \quad \begin{aligned} S &= \{\sigma(\alpha) | \sigma \in \mathrm{Hom}(K, \mathbb{C})\} \\ &= \{\sigma_1(\alpha) = \alpha, \sigma_2(\alpha), \ldots, \sigma_n(\alpha)\} \end{aligned}$$

berechnet werden kann. Es folgt $\#S = n$. Dies zeigt, dass die $\sigma_i(\alpha)$ alle paarweise verschieden sind.

Der Ausdruck für $\Delta(B)$ ist symmetrisch in den $\sigma_i(\alpha)$, d.h. invariant unter Permutationen der $\sigma_i(\alpha)$. Dann folgt sofort aus der Galois–Theorie, dass $\Delta(B)$ im Grundkörper $\mathbb{Q}$ liegt.

Nehmen wir nun zusätzlich an, dass die b_i alle ganz sind. Nach Lemma 16.17 sind damit auch die $\sigma(b_i)$ mit $\sigma \in \mathrm{Hom}(K, \mathbb{C})$ ganz. Also sind alle Einträge der Matrix, die zur Berechnung der Diskriminante benutzt werden, ganz. Somit ist auch $\Delta(B)$, das Quadrat ihrer Determinante, als algebraischer Ausdruck in den Einträgen ganz über $\mathbb{Z}$. Da $\mathbb{Z}$ nach Satz 16.11 ganz–abgeschlossen in $\mathbb{Q}$ ist, folgt $\Delta(B) \in \mathbb{Z} \setminus \{0\}$. $\qquad \square$

Mit Hilfe der Diskriminante studieren wir die Struktur von $\mathscr{O}_K$ als abelsche Gruppe.

Satz 16.24 *Sei K ein Zahlkörper und $n = \dim_{\mathbb{Q}} K$. Dann ist der Ring ganzer Zahlen $\mathscr{O}_K$ als abelsche Gruppe isomorph zu $\mathbb{Z}^n$.*

Beweis: Wir bemerken zuerst, dass es $\mathbb{Q}$-Basen von K gibt, deren Elemente in $\mathscr{O}_K$ liegen. Denn sei $(b_1, \ldots, b_n)$ eine $\mathbb{Q}$-Basis von K, dann existieren nach Satz 16.10 ganze Zahlen $0 \ne k_i \in \mathbb{Z}$, so dass $k_i b_i$ Elemente von $\mathscr{O}_K$ sind. Natürlich ist auch $(k_1 b_1, \ldots, k_n b_n)$ eine $\mathbb{Q}$-Basis von K.

Sei daher nun $B = (b_1, \ldots, b_n)$ eine $\mathbb{Q}$-Basis von K mit $b_i \in \mathscr{O}_K$. Wir betrachten die von $b_1, \ldots, b_n$ erzeugte additive Untergruppe Γ von $\mathscr{O}_K$. Da die b_i über $\mathbb{Q}$ linear unabhängig sind,

sind sie es auch über $\mathbb{Z}$, d.h. aus $\sum \lambda_i b_i = 0$ folgt $\lambda_i = 0$ für alle i. Dies bedeutet, dass der per Definition surjektive Homomorphismus

$$\mathbb{Z}^n \longrightarrow \Gamma, \quad (\lambda_i) \longmapsto \sum_{i=1}^{n} \lambda_i b_i,$$

auch injektiv ist. Somit ist $\Gamma \cong \mathbb{Z}^n$.

Wir betrachten jetzt unter allen Basen $B = (b_1, \ldots, b_n)$ mit $b_i \in \mathcal{O}_K$ eine, deren Diskriminante vom Betrag her minimal ist. Wir behaupten, dass die von dieser Basis erzeugte Untergruppe Γ bereits ganz $\mathcal{O}_K$ ist, und somit $\mathcal{O}_K = \Gamma \cong \mathbb{Z}^n$ ist.

Angenommen, $\mathcal{O}_K \neq \Gamma$. Sei dann $x \in \mathcal{O}_K \setminus \Gamma$. Da B über $\mathbb{Q}$ ganz K erzeugt, gibt es $\lambda_i \in \mathbb{Q}$ mit

$$x = \sum_{i=1}^{n} \lambda_i b_i.$$

Wegen $x \notin \Gamma$ können nicht alle λ_i ganzzahlig sein. Sei ohne Einschränkung $\lambda_1 \notin \mathbb{Z}$. Wir setzen $\alpha := \lambda_1 - \lfloor \lambda_1 \rfloor \in\,]0, 1[$ und betrachten die Basis

$$B' = (x - \lfloor \lambda_1 \rfloor b_1, b_2, b_3, \ldots, b_n).$$

Die Transformationsmatrix, die die Basis B in die Basis B' überführt, ist

$$T = \begin{pmatrix} \alpha & \lambda_2 & \cdots & \lambda_n \\ & 1 & & 0 \\ & & \ddots & \\ 0 & & & 1 \end{pmatrix}.$$

Ihre Determinante ist $\det T = \alpha$. Nach der Formel aus Lemma 16.22 gilt für die Beträge der Diskriminanten

$$|\Delta(B')| = \alpha^2 \cdot |\Delta(B)| < |\Delta(B)|,$$

im Widerspruch zur Wahl von B. Somit ist $\mathcal{O}_K = \Gamma \cong \mathbb{Z}^n$. $\qquad \square$

Korollar 16.25 *In der Situation des Satzes ist auch jedes Ideal $I \neq 0$ von $\mathcal{O}_K$ isomorph zu $\mathbb{Z}^n$.*

Beweis: Da $I \subseteq \mathcal{O}_K \cong \mathbb{Z}^n$ ist, gilt für jede natürliche Zahl $m \geq 2$, dass für jedes $x \in I$ ungleich 0 auch mx ungleich 0 ist. I kann also keine zu $\mathbb{Z}/m\mathbb{Z}$ isomorphe Untergruppe enthalten und muss daher nach der Klassifikation der endlich erzeugten abelschen Gruppen isomorph zu $\mathbb{Z}^k$ für ein $k \in \mathbb{N}_0$ sein. Nun enthält I die Untergruppe $x\mathcal{O}_K \cong \mathbb{Z}^n$ für ein $0 \neq x \in I$ und ist selbst in $\mathcal{O}_K \cong \mathbb{Z}^n$ enthalten, daher muss $k = n$ sein, also $I \cong \mathbb{Z}^n$. $\qquad \square$

Somit ist die Inklusion $0 \neq I \subseteq \mathcal{O}_K$ eine Einbettung einer zu $\mathbb{Z}^n$ isomorphen Gruppe in eine zu $\mathbb{Z}^n$ isomorphe Gruppe. Folglich ist $\mathcal{O}_K/I$ eine endliche Gruppe.

Definition 16.26 *Sei $\mathcal{O}_K$ der Ring der ganzen Zahlen eines Zahlkörpers K und $I \neq 0$ ein Ideal darin. Dann ist die* Norm *$N(I)$ des Ideal I gleich $\#\mathcal{O}_K/I$.*

Die Norm ist eine wichtige Invariante, die jedoch in diesem Buch wenig gebraucht wird, weil wir hauptsächlich quadratische Zahlkörper betrachten. Wir begnügen uns daher mit einer Zusammenstellung ihrer Eigenschaften — teilweise ohne Beweis.

Satz 16.27 *Seien $I, J \neq 0$ zwei Ideale in einem Ring ganzer Zahlen eines Zahlkörpers K. Dann gilt:*

1. $N(I) = 1 \iff I = \mathcal{O}_K.$

2. $N(I)$ *ist eine Primzahl* $\implies$ *I ist ein Primideal.*

3. *Die Norm ist multiplikativ, d.h. $N(I \cdot J) = N(I) \cdot N(J)$.*

4. *Falls I ein Hauptideal ist, also $I = (x)$ für ein $0 \neq x \in \mathcal{O}_K$, dann ist die Norm von I gleich dem Betrag der Körpernorm von x, d.h.*

$$N(I) = |N(x)|.$$

Beweis: Wegen $N(I) = \# \mathcal{O}_K / I$ ist 1) klar nach Definition. Für 2) betrachten wir den Ringhomomorphimus

$$\varphi : \mathbb{Z} \longrightarrow \mathcal{O}_K / I.$$

Mit $p := N(I) = \# \mathcal{O}_K / I$ gilt $p\mathbb{Z} \subseteq \operatorname{Ker} \varphi$, weil $p \cdot (\mathcal{O}_K / I) = 0$. Nun ist $\mathbb{Z}$ ein Hauptidealring, somit wird $\operatorname{Ker} \varphi$ von einem Element x erzeugt. Aus $p \in \operatorname{Ker} \varphi$ folgt $x | p$. Weil p nach Voraussetzung eine Primzahl ist, ergibt sich $x = \pm p$ oder $x = \pm 1$. Letztes ist unmöglich, da $\operatorname{Ker} \varphi = \mathbb{Z}$ bedeutet, dass φ die Nullabbildung ist. Somit ist $\mathcal{O}_K / I \cong \mathbb{Z}/x\mathbb{Z} = \mathbb{Z}/p\mathbb{Z}$ ein Körper und I ein (maximales) Primideal.

Für 3) und 4) verweisen wir auf Satz D.2 in Anhang D $\square$

Zu $\mathbb{Z}^n$ isomorphe Gruppen erhalten eine besondere Bezeichnung.

Definition 16.28 *Eine abelsche Gruppe G, die isomorph zu $\mathbb{Z}^n$ für ein $n \in \mathbb{N}_0$ ist, heißt* freie abelsche Gruppe vom Rang n. *Eine $\mathbb{Z}$–Basis von G ist ein n–Tupel $B = (b_1, \ldots, b_n)$ mit $b_i \in G$, so dass die $b_1, \ldots, b_n$ die Gruppe G erzeugen.*

Jede freie abelsche Gruppe G besitzt eine $\mathbb{Z}$–Basis, nämlich die Bilder der Einheitsvektoren von $\mathbb{Z}^n$ unter dem Isomorphismus $\mathbb{Z}^n \cong G$. Seien nun zwei $\mathbb{Z}$–Basen $B = (b_1, \ldots, b_n)$ und $B' = (b'_1, \ldots, b'_n)$ einer freien abelschen Gruppe G gegeben. Weil beide die Gruppe G erzeugen, gibt es Matrizen $T, S \in \operatorname{Mat}(n, \mathbb{Z})$ mit

$$\begin{pmatrix} b'_1 \\ \vdots \\ b'_n \end{pmatrix} = T \cdot \begin{pmatrix} b_1 \\ \vdots \\ b_n \end{pmatrix} \quad \text{und} \quad \begin{pmatrix} b_1 \\ \vdots \\ b_n \end{pmatrix} = S \cdot \begin{pmatrix} b'_1 \\ \vdots \\ b'_n \end{pmatrix}.$$

Durch ineinander Einsetzen folgt $TS = ST = E_n$, also $T = S^{-1} \in \operatorname{GL}(n, \mathbb{Z})$. Die $\mathbb{Z}$–Basen einer freien abelschen Gruppe werden also durch Elemente von $\operatorname{GL}(n, \mathbb{Z})$ aufeinander abgebildet. Für eine Matrix $T \in \operatorname{GL}(n, \mathbb{Z})$ folgt aus $T \cdot T^{-1} = E_n$ die Gleichung $\det T \cdot \det T^{-1} = 1$. Wegen $\det T, \det T^{-1} \in \mathbb{Z}$ ist also $\det T = \pm 1$. Dies können wir jetzt nutzen, um die Diskriminante des Zahlkörpers selbst, also nicht nur von einer Basis desselben, zu definieren.

Definition 16.29 *Sei $B = (b_1, \ldots, b_n)$ eine $\mathbb{Z}$–Basis des Ringes der ganzen Zahlen eines Zahlkörpers K. Dann heißt*

$$\Delta_K = \Delta(B)$$

die Diskriminante *des Zahlkörpers K.*

Die Definition ist nach Lemma 16.22 unabhängig von der Wahl der Basis B.

Für die quadratischen Zahlkörper ist die Berechnung der Diskriminante einfach und führt zu einer einheitlichen Beschreibung des Ringes der ganzen Zahlen.

Lemma 16.30 *Für einen quadratischen Zahlkörper $K = \mathbb{Q}(\sqrt{d})$, $d \in \mathbb{Z}$ quadratfrei, ist die Diskriminante*

$$\Delta = \begin{cases} 4d & \text{für } d \equiv 2,3 \bmod 4 \\[2mm] d & \text{für } d \equiv 1 \bmod 4. \end{cases}$$

Beweis: Der Körper K hat neben der Identität nur σ mit $\sigma(a + b\sqrt{d}) = a - b\sqrt{d}$ als Einbettung in $\mathbb{C}$. Für $d \equiv 2,3 \bmod 4$ ist $(1, \sqrt{d})$ eine Basis von $\mathcal{O}_K = \mathbb{Z}[\sqrt{d}]$, und wir berechnen

$$\Delta = \det \begin{pmatrix} 1 & 1 \\ \sqrt{d} & -\sqrt{d} \end{pmatrix}^2 = \left(-\sqrt{d} - \sqrt{d} \right)^2 = 4d.$$

Analog ergibt sich bei $d \equiv 1 \bmod 4$ mit der Basis $(1, (1+\sqrt{d})/2)$ für $\mathcal{O}_K = \mathbb{Z}[(1+\sqrt{d})/2]$

$$\Delta = \det \begin{pmatrix} 1 & 1 \\ \frac{1+\sqrt{d}}{2} & \frac{1-\sqrt{d}}{2} \end{pmatrix}^2 = \left(\frac{1-\sqrt{d}}{2} - \frac{1+\sqrt{d}}{2} \right)^2 = d.$$

$\square$

Korollar 16.31 *Für einen quadratischen Zahlkörper K und seine Diskriminante Δ gilt:*

$$K = \mathbb{Q}(\sqrt{\Delta}) \qquad \text{und} \qquad \mathcal{O}_K = \mathbb{Z}\left[\frac{\Delta + \sqrt{\Delta}}{2} \right].$$

Beweis: Wir nutzen die Bezeichnungen wie im Lemma. Wegen $\Delta \in \{d, 4d\}$ ist $K = \mathbb{Q}(\sqrt{d}) = \mathbb{Q}(\sqrt{\Delta})$ offensichtlich. Wir berechnen

$$\frac{\Delta + \sqrt{\Delta}}{2} = \begin{cases} \dfrac{4d + \sqrt{4d}}{2} = 2d + \sqrt{d} & \text{für } d \equiv 2,3 \bmod 4 \\[4mm] \dfrac{d + \sqrt{d}}{2} = \dfrac{d-1}{2} + \dfrac{1+\sqrt{d}}{2} & \text{für } d \equiv 1 \bmod 4. \end{cases}$$

Modulo $\mathbb{Z}$ ist dies $\sqrt{d}$ bzw. $(1+\sqrt{d})/2$, also hat $\mathcal{O}_K$ die behauptete Form. $\square$

Zum Abschluss des Abschnittes wollen wir einen Algorithmus beschreiben, mit dem der Ring ganzer Zahlen eines beliebigen Zahlkörpers bestimmt werden kann. Sei $n = \dim_{\mathbb{Q}} K$. Die Grundidee des Algorithmus ist, dass man n linear unabhängige Elemente $(b_1, \ldots, b_n) =: B$

aus $\mathscr{O}_K$ wählt, von denen man hofft, dass sie eine $\mathbb{Z}$–Basis von $\mathscr{O}_K$ bilden. Zumindest ist die von ihnen erzeugte Untergruppe Γ eine freie abelsche Gruppe vom Rang n, so dass $\mathscr{O}_K/\Gamma$ endlich ist. Man versucht dann ein $x \in \mathscr{O}_K \setminus \Gamma$ zu finden. Wenn es das nicht gibt, ist man fertig, sonst vergrößert man Γ mit Hilfe von x und wiederholt das Verfahren.

Wir werden die Diskriminante von B als Maß für die Größe von $\mathscr{O}_K/\Gamma$ verwenden.

Satz 16.32 *Sei K ein Zahlkörper mit $n = \dim_{\mathbb{Q}} K$ und $\mathscr{O}_K$ sein Ring ganzer Zahlen. Sei Γ eine freie additive Untergruppe von $\mathscr{O}_K$ mit $\mathbb{Z}$–Basis*

$$B = (b_1, \ldots, b_n).$$

Dann gilt für die Diskriminanten von B und des Zahlkörpers:

$$\Delta(B) = \Delta_K \cdot (\#\mathscr{O}_K/\Gamma)^2.$$

Beweis: Wir wenden auf die Inklusion

$$\Gamma \cong \mathbb{Z}^n \longrightarrow \mathscr{O}_K \cong \mathbb{Z}^n$$

den Diagonalisierungsalgorithmus aus Abschnitt 6 an. Dadurch erhalten wir eine Basis $B' = (b'_1, \ldots, b'_n)$ von Γ und eine Basis $C = (c_1, \ldots, c_n)$ von $\mathscr{O}_K$, so dass die Inklusion als Diagonalmatrix

$$\begin{pmatrix} m_1 & & 0 \\ & \ddots & \\ 0 & & m_n \end{pmatrix} \quad \text{mit } m_i \in \mathbb{Z} \setminus \{0\}$$

gegeben ist, d.h. $b'_i = m_i c_i$. Somit ist einerseits

$$\mathscr{O}_K/\Gamma \cong \prod_{i=1}^n \mathbb{Z}/m_i\mathbb{Z}, \quad \text{also } \#\mathscr{O}_K/\Gamma = \prod_{i=1}^n m_i,$$

und andererseits

$$\Delta(B) = \Delta(B') = \det(\sigma_i(b'_j))^2 = \det(\sigma_i(m_j c_j))^2$$

$$= \det \begin{pmatrix} m_1 c_1 & m_1 \sigma_2(c_1) & \cdots & m_1 \sigma_n(c_1) \\ m_2 c_2 & m_2 \sigma_2(c_2) & \cdots & m_2 \sigma_n(c_2) \\ \vdots & & \cdots & \vdots \\ m_n c_n & m_n \sigma_2(c_n) & \cdots & m_n \sigma_n(c_n) \end{pmatrix}^2$$

$$= \left(\textstyle\prod_{j=1}^n m_j^2 \right) \det(\sigma_i(c_j))^2 = \left(\textstyle\prod_{j=1}^n m_j^2 \right) \cdot \Delta_K.$$

Beides zusammen impliziert die Aussage. $\square$

Das folgende Korollar zeigt, wo wir nach Elementen von $\mathscr{O}_K \setminus \Gamma$ suchen müssen.

Korollar 16.33 *Sei K ein Zahlkörper mit $n = \dim_{\mathbb{Q}} K$ und $\mathcal{O}_K$ sein Ring ganzer Zahlen. Sei Γ eine freie additive Untergruppe von $\mathcal{O}_K$ mit $\mathbb{Z}$–Basis $B = (b_1, \ldots, b_n)$. Falls $\Gamma \neq \mathcal{O}_K$ ist, dann existiert eine Primzahl p mit $p^2 | \Delta(B)$ zusammen mit einem Element*

$$x = \frac{1}{p} \sum_{i=1}^{n} \lambda_i b_i \qquad \text{mit } \lambda_i \in \mathbb{Z}, \, 0 \leq \lambda_i < p,$$

so dass ein $i_0 \in \{1, \ldots, n\}$ existiert mit $\lambda_{i_0} = 1$. Weiter ist

$$B' := (b_1, \ldots, b_{i_0-1}, x, b_{i_0+1}, \ldots, b_n)$$

die $\mathbb{Z}$–Basis einer Untergruppe Γ' von $\mathcal{O}_K$, die Γ echt enthält.

Beweis: Sei p ein Teiler der Gruppenordnung von $\mathcal{O}_K / \Gamma$. Nach dem Satz teilt dann p^2 die Diskriminante $\Delta(B)$. Die Gruppe $\mathcal{O}_K / \Gamma$ enthält ein Element $y + \Gamma$ der Ordnung p, also $py \in \Gamma$, aber $y \notin \Gamma$. Wir schreiben

$$py = \sum_{i=1}^{n} \mu_i b_i$$

für geeignete $\mu_i \in \mathbb{Z}$. Wegen $y \notin \Gamma$ existiert ein $i_0 \in \{1, \ldots, n\}$ mit $p \nmid \mu_{i_0}$. Wir wählen $\alpha, \beta \in \mathbb{Z}$ mit

$$\alpha \mu_{i_0} + \beta p = \mathrm{ggT}(\mu_{i_0}, p) = 1$$

und betrachten

$$p \alpha y = \sum_{i=1}^{n} (\alpha \mu_i) b_i.$$

Die Koeffizienten $\alpha \mu_i$ werden zerlegt als

$$\alpha \mu_i = \gamma_i p + \lambda_i \qquad \text{mit } \gamma_i, \lambda_i \in \mathbb{Z}, \, 0 \leq \lambda_i < p.$$

Auf Grund von $\alpha \mu_{i_0} \equiv 1 \bmod p$ ist $\lambda_{i_0} = 1$. Schließlich definieren wir

$$x := \frac{1}{p} \sum_{i=1}^{n} \lambda_i b_i = \alpha y - \sum_{i=1}^{n} \gamma_i b_i \in \mathcal{O}_K \setminus \Gamma$$

und setzen B' wie in der Aussage des Korollars. Da

$$b_{i_0} = px - \sum_{\substack{i=1 \\ i \neq i_0}}^{n} \lambda_i b_i$$

ist, enthält die von B' erzeugte Untergruppe Γ' die Untergruppe Γ. Sie ist echt größer, weil $x \in \Gamma' \setminus \Gamma$. $\qquad \square$

Das Korollar liefert den Korrektheitsbeweis des folgenden

Algorithmus zur Bestimmung von $\mathcal{O}_K$

1. Errate eine $\mathbb{Z}$–Basis $B = (b_1, \ldots, b_n)$ einer Untergruppe $\Gamma \subseteq \mathcal{O}_K$ vom Rang $n = \dim_{\mathbb{Q}} K$.

2. Für alle Primzahlen p mit $p^2 | \Delta(B)$ überprüfe die Elemente

$$x = \frac{1}{p} \sum_{i=1}^{n} \lambda_i b_i,$$

wobei $\lambda_i \in \{0, \ldots, p-1\}$ und eines davon 1 ist, auf Ganzheit.

Falls keins gefunden wird, gilt $\Gamma = \mathcal{O}_K$, und wir sind fertig. Ansonsten bildet man wie im Korollar mit Hilfe von x eine neue größere Untergruppe, mit der man diesen Schritt wiederholt.

Aufgabe 16.34 Beweisen Sie Satz 16.20 nochmal, indem Sie den Algorithmus anwenden.

Beispiel Wir bestimmen den Ring der ganzen Zahlen von $K = \mathbb{Q}(\sqrt{2}, i)$. Die offensichtliche Wahl für eine $\mathbb{Z}$–Basis einer Untergruppe $\Gamma \subseteq \mathcal{O}_K$ vom Rang 4 ist:

$$B = \left(1, \sqrt{2}, i, i\sqrt{2} \right).$$

Die Einbettungen von K nach $\mathbb{C}$ sind bestimmt durch

$$\sigma_1 : \begin{matrix} \sqrt{2} \mapsto \sqrt{2} \\ i \mapsto i \end{matrix} \qquad \sigma_2 : \begin{matrix} \sqrt{2} \mapsto -\sqrt{2} \\ i \mapsto i \end{matrix} \qquad \sigma_3 : \begin{matrix} \sqrt{2} \mapsto \sqrt{2} \\ i \mapsto -i \end{matrix} \qquad \sigma_4 : \begin{matrix} \sqrt{2} \mapsto -\sqrt{2} \\ i \mapsto -i \end{matrix}.$$

Somit ist die Diskriminante von B

$$\Delta(B) = \det \begin{pmatrix} 1 & 1 & 1 & 1 \\ \sqrt{2} & -\sqrt{2} & \sqrt{2} & -\sqrt{2} \\ i & i & -i & -i \\ i\sqrt{2} & -i\sqrt{2} & -i\sqrt{2} & i\sqrt{2} \end{pmatrix}^2 = (-32)^2 = 1024.$$

Wir suchen nach Elementen $x \in \mathcal{O}_K \setminus \Gamma$ der Form

$$x = \frac{1}{2} \left(\lambda_1 1 + \lambda_2 \sqrt{2} + \lambda_3 i + \lambda_4 i\sqrt{2} \right)$$

mit $\lambda_j \in \{0,1\}$. Da x ganz sein soll, müssen insbesondere seine Spur und Norm ganzzahlig sein:

$$\mathrm{Sp}(x) = 2\lambda_1 \in \mathbb{Z}$$

$$N(x) = \tfrac{1}{16} \left[(\lambda_1^2 - 2\lambda_2^2 - \lambda_3^2 + 2\lambda_4^2)^2 + 4(\lambda_1\lambda_3 - 2\lambda_2\lambda_4)^2 \right] \in \mathbb{Z}.$$

Durch Probieren findet man, dass die Norm für $\lambda_1 = \lambda_3 = 0$ und $\lambda_2 = \lambda_4 = 1$ ganzzahlig ist. Dies entspricht

$$x = \frac{\sqrt{2}}{2}(1+i).$$

Wegen $x^4 = -1$ ist x tatsächlich ganz, und wir erhalten

$$B' = \left(1, \sqrt{2}, i, \frac{\sqrt{2}}{2}(1+i) \right)$$

als Basis einer größeren Untergruppe Γ' von $\mathcal{O}_K$. Weil Γ'/Γ isomorph zu $\mathbb{Z}/2\mathbb{Z}$ ist, gilt

$$\Delta(B') = \Delta(B)/4 = 256$$

nach Satz 16.32, angewandt auf B und B'. Jetzt sucht man nach Elementen

$$x = \frac{1}{2}\left(\lambda_1 1 + \lambda_2\sqrt{2} + \lambda_3 i + \lambda_4 \frac{\sqrt{2}}{2}(1+i)\right)$$

mit $\lambda_j \in \{0,1\}$. Eine Rechnung analog zur bisherigen zeigt, dass keines dieser Elemente ungleich 0 eine ganzzahlige Norm besitzt, somit ist B' eine $\mathbb{Z}$–Basis von $\mathcal{O}_K$.

Zusatzaufgaben

Aufgabe 16.35 Zeigen Sie, dass die Zahl $z = \sum_{k=1}^{\infty} 10^{-k!} = 0.110001000\dots$ keine algebraische Zahl über $\mathbb{Q}$ ist.

Aufgabe 16.36 Untersuchen Sie die folgenden komplexen Zahlen daraufhin, ob sie ganz über $\mathbb{Z}$ oder zumindest algebraisch über $\mathbb{Q}$ sind:

$$\frac{23}{5}, \ \frac{1+\sqrt[3]{5}}{3}, \ \frac{1+\sqrt{7}}{\sqrt{5}}, \ \exp(2\pi i/13).$$

Aufgabe 16.37 Sei $B = (b_1,\dots,b_n)$ eine Basis eines Zahlkörpers K mit $b_i \in \mathcal{O}_K$. Zeigen Sie: Falls $\Delta(B)$ eine quadratfreie ganze Zahl ist, dann ist B eine $\mathbb{Z}$–Basis von $\mathcal{O}_K$.

Aufgabe 16.38 Bestimmen Sie den Ring der ganzen Zahlen des Zahlkörpers $K = \mathbb{Q}(\sqrt[3]{5})$.

Aufgabe 16.39 Sei $K = \mathbb{Q}(\alpha)$ mit $\alpha = \sqrt[3]{2}$. Berechnen Sie die Spur von α und α^2.

Aufgabe 16.40 Seien p und q Primzahlen mit $p \equiv 1 \bmod 4$ und $q \equiv 3 \bmod 4$. Bestimmen Sie den Ganzheitsring von $\mathbb{Q}(\sqrt{p}, \sqrt{q})$.

Aufgabe 16.41 Sei $\mathcal{O}_K$ der Ring ganzer Zahlen des quadratischen Zahlkörpers $K = \mathbb{Q}(\sqrt{d})$. Sei $N(x) = x\sigma(x)$ wie üblich die Norm auf K. Sei $d(x) := |N(x)|$. Zeigen Sie: Falls es für jedes $x \in K$ ein $y \in \mathcal{O}_K$ gibt mit $d(x-y) < 1$, dann ist $\mathcal{O}_K$ euklidisch mit Norm–Funktion d.

Aufgabe 16.42 Sei $\mathcal{O}_K$ der Ring ganzer Zahlen des quadratischen Zahlkörpers K mit Diskriminante Δ. Sei B eine $\mathbb{Z}$–Basis eines Ideals $I \neq 0$ in $\mathcal{O}_K$. Zeigen Sie: Die Norm des Ideals I ist

$$N(I) = \sqrt{\left|\frac{\Delta(B)}{\Delta}\right|}.$$

Aufgabe 16.43 Sei $1 \neq \zeta_p \in \mathbb{C}$ eine Nullstelle des Polynoms $X^p - 1$ für $p \in \mathbb{P}$. Der Körper $K = \mathbb{Q}(\zeta_p)$ heißt Kreisteilungskörper. Zeigen Sie, dass der Ring ganzer Zahlen von K gleich $\mathbb{Z}[\zeta_p]$ ist. Folgern Sie, dass die Diskriminante Δ gleich $(-1)^{(p-1)/2} p^{p-2}$ ist.

Aufgabe 16.44 Sei $K = \mathbb{Q}(\alpha)$ ein Zahlkörper, wobei α das irreduzible Minimalpolynom $f = X^3 - X - 4$ besitzt. Berechnen Sie:

1. Norm und Spur von α.

2. Die Diskriminante der $\mathbb{Q}$-Basis $1, \alpha, \alpha^2$.

3. Eine Ganzheitsbasis von $\mathscr{O}_K$.

4. Die Diskriminante Δ_K von K.

Aufgabe 16.45 Ist $a \in \mathbb{Q}$ und K ein Zahlkörper der Dimension n, so gilt $N(a) = a^n$ und $\mathrm{Sp}(a) = na$.

Aufgabe 16.46 Sind $L \supseteq K \supseteq \mathbb{Q}$ Zahlkörper, so gilt

$$N_{K/\mathbb{Q}} \circ N_{L/K} = N_{L/\mathbb{Q}}, \quad \mathrm{Spur}_{K/\mathbb{Q}} \circ \mathrm{Spur}_{L/K} = \mathrm{Spur}_{L/\mathbb{Q}}.$$

Aufgabe 16.47 Sei K ein Zahlkörper und $\alpha \in \mathscr{O}_K$. Weiterhin sei $m : \mathscr{O}_K \to \mathscr{O}_K$ die $\mathbb{Z}$–lineare Abbildung, die durch Multiplikation mit α gegeben ist. Bezüglich einer $\mathbb{Z}$–Basis von $\mathscr{O}_K$ sei M die darstellende Matrix von m. Zeigen Sie, dass $N(\alpha) = \det(M)$ und $\mathrm{Sp}(\alpha) = \mathrm{Spur}(M)$ gilt und dies nicht von der Wahl der $\mathbb{Z}$–Basis abhängt.

17 Teilertheorie im Ring ganzer Zahlen

In diesem Abschnitt wollen wir die Einheiten des Ringes ganzer Zahlen eines Zahlkörpers bestimmen — oder zumindest Aussagen über die Struktur dieser Gruppe machen. Wir werden das für quadratische Zahlkörper genau durchführen und die Ergebnisse über beliebige Zahlkörper zitieren.

Lemma 17.1 *Für ein Element $x \in \mathcal{O}_K$ des Ringes der ganzen Zahlen eines Zahlkörpers K gilt:*

$$x \in \mathcal{O}_K^\times \iff N(x) = \pm 1.$$

Beweis: Falls x invertierbar ist, folgt

$$1 = N(1) = N(x \cdot x^{-1}) = N(x) \cdot N(x^{-1}).$$

Nach Lemma 16.17 sind die Werte $N(x)$ und $N(x^{-1})$ ganzzahlig. Daher muss $N(x) = N(x^{-1}) = \pm 1$ sein.

Setzen wir nun $\pm 1 = N(x)$ voraus. Nach Definition ist

$$\pm 1 = N(x) = x \prod_\sigma \sigma(x),$$

wobei σ die Menge $\mathrm{Hom}(K, \mathbb{C}) \setminus \{\mathrm{id}\}$ durchläuft. Also ist zunächst $\pm \prod_\sigma \sigma(x)$ das Inverse zu x im Körper K. Weil mit x auch die $\sigma(x)$ ganz sind, liegt $\pm \prod_\sigma \sigma(x)$ sogar in $\mathcal{O}_K$. $\qquad\square$

Für die genauere Bestimmung der Einheiten eines quadratischen Zahlkörpers $\mathbb{Q}(\sqrt{d})$ wird das Vorzeichen von d wichtig.

Definition 17.2 *Ein quadratischer Zahlkörper $K = \mathbb{Q}(\sqrt{d})$ heißt*

$$\begin{array}{ll} \text{reell–quadratisch,} & \textit{falls } d > 0, \\ \text{imaginär–quadratisch,} & \textit{falls } d < 0. \end{array}$$

Satz 17.3 *Die Einheiten $\mathcal{O}_K^\times$ des Ringes der ganzen Zahlen eines imaginär–quadratischen Zahlkörpers $K = \mathbb{Q}(\sqrt{d})$, $d \in \mathbb{Z}$ quadratfrei, sind*

$$\mathcal{O}_K^\times = \begin{cases} \{\pm 1, \pm i\} & \textit{für } d = -1 \\ \{\pm 1, \pm \rho, \pm \rho^2\} \text{ mit } \rho = \exp\frac{2\pi i}{3} & \textit{für } d = -3 \\ \{\pm 1\} & \textit{sonst.} \end{cases}$$

Beweis: Nach dem Lemma müssen wir die $x \in \mathcal{O}_K$ mit $N(x) = \pm 1$ bestimmen. Wir schreiben $x = a + b\sqrt{d}$ mit $a, b \in \frac{1}{2}\mathbb{Z}$. Dann ist $N(x) = a^2 - db^2 \geq 0$, weil $d < 0$. Es gibt also keine x mit $N(x) = -1$, und wir müssen nur die Gleichung

$$1 = N(x) = a^2 + (-d)b^2$$

betrachten.

Wir haben immer die Lösungen $(a, b) = (\pm 1, 0)$, also $x = \pm 1$. Sind $a, b \in \mathbb{Z}$, so können nur noch für $d = -1$ die Lösungen $(a, b) = (0, \pm 1)$, entsprechend $x = \pm i$, hinzukommen. Es bleibt, den Fall $a, b \in \frac{1}{2}\mathbb{Z}$ für $d \equiv 1 \bmod 4$ zu betrachten. Hier setzen wir $A = 2a \in \mathbb{Z}$ und $B = 2b \in \mathbb{Z}$ und betrachten nun die Gleichung

$$A^2 + (-d)B^2 = 4.$$

Für $-d \geq 5$ muss $B = 0$ sein und $A = \pm 2$, entsprechend den bekannten $x = \pm 1$. Im Falle $-d < 5$ impliziert $d \equiv 1 \bmod 4$ bereits $d = -3$. Dafür kann B auch noch ± 1 sein. Somit finden wir $A = \pm\sqrt{4 + dB^2} = \pm 1$. Insgesamt erhalten wir für $K = \mathbb{Q}(\sqrt{-3})$

$$\mathcal{O}_K^\times = \left\{ \pm 1, \frac{\pm 1 \pm \sqrt{-3}}{2} \right\}.$$

Dies sind gerade die sechsten Einheitswurzeln in $\mathbb{C}$. $\qquad\square$

Satz 17.4 *Sei $K = \mathbb{Q}(\sqrt{d})$ ein reell–quadratischer Zahlkörper. Dann existiert ein eindeutiges Element $\eta \in \mathcal{O}_K$, $\eta > 1$, im Ring der ganzen Zahlen, so dass jede Einheit dieses Ringes auf eindeutige Weise als $\pm\eta^n$ mit $n \in \mathbb{Z}$ geschrieben werden kann.*

Insbesondere ist $\mathcal{O}_K^\times$ isomorph zu $\mathbb{Z}/2\mathbb{Z} \times \mathbb{Z}$.

Das η im vorangehenden Satz wird *Fundamentaleinheit* genannt. Manche Autoren verzichten auf die Bedingung $\eta > 1$. Dann ist die Fundamentaleinheit nicht ganz eindeutig. Neben η sind auch $-\eta$, η^{-1} und $-\eta^{-1}$ Fundamentaleinheiten.

Beweis: Wir haben im Satz 10.22 gesehen, dass die Gleichung $x^2 - dy^2 = 1$ eine ganzzahlige Lösung (a, b) mit $a, b > 0$ hat. Also ist $x := a + b\sqrt{d}$ wegen $N(x) = 1$ eine Einheit und die Einheitengruppe besteht nicht nur aus ± 1.

Nun behaupten wir, dass die Menge $\mathcal{O}_K^\times \setminus \{1\} \subseteq \mathbb{R}$ keinen Häufungspunkt bei 1 hat. Angenommen, 1 wäre ein Häufungspunkt. Sei

$$x_n = \frac{a_n + b_n\sqrt{d}}{2} \in \mathcal{O}_K^\times \qquad \text{mit } a_n, b_n \in \mathbb{Z}$$

eine Folge in $\mathcal{O}_K^\times \setminus \{1\}$, die dagegen konvergiert. Die Folgen a_n und b_n können nicht beschränkt sein, weil sonst nur endlich viele verschiedene Werte in der Folge auftreten und die Folge damit gegen einen dieser Werte ungleich 1 konvergiert. Es gibt also eine Teilfolge, bei der (a_n, b_n) gegen $(+\infty, -\infty)$ oder $(-\infty, +\infty)$ konvergiert. Auf dieser Teilfolge konvergiert aber $\sigma(x_n) = (a_n - b_n\sqrt{d})/2$ gegen $+\infty$ bzw. $-\infty$. Dies widerspricht

$$|\sigma(x_n)| = \left| \frac{N(x_n)}{x_n} \right| = \frac{1}{|x_n|} \xrightarrow{n \to \infty} 1.$$

Da 1 kein Häufungspunkt von $\mathscr{O}_K^\times \setminus \{1\} \subseteq \mathbb{R}$ ist, gibt es ein minimales $\eta \in \mathscr{O}_K$ mit $\eta > 1$. Wir müssen zeigen, dass jedes Element von $\mathscr{O}_K^\times$ auf eindeutige Weise als $\pm\eta^n$ mit $n \in \mathbb{Z}$ geschrieben werden kann. Da diese Elemente offensichtlich alle verschieden sind, ist die Eindeutigkeit klar. Sei nun $x \in \mathscr{O}_K^\times$ gegeben. Wir können ohne Einschränkung $x > 0$ annehmen. Da die Folge η^n streng monoton wächst und für $n \to -\infty$ gegen 0 sowie für $n \to \infty$ gegen ∞ konvergiert, gibt es ein $n \in \mathbb{Z}$ mit

$$\eta^n \leq x < \eta^{n+1}.$$

Jetzt folgt $1 \leq x/\eta^n < \eta$. Weil das Element x/η^n wieder in $\mathscr{O}_K^\times$ liegt, muss es nach Wahl von η sogar 1 sein, d.h. $x = \eta^n$.

Insgesamt erhalten wir folgenden Isomorphismus

$$\mathbb{Z}/2\mathbb{Z} \times \mathbb{Z} \longrightarrow \mathscr{O}_K^\times, \qquad (\bar{j}, n) \longmapsto (-1)^j \eta^n.$$

Die Eindeutigkeit von η ist einfach. Sei η' ein weiteres Element mit den Eigenschaften der Aussage. Sei ohne Einschränkung $\eta' \geq \eta > 1$. Es gibt ein $n \in \mathbb{Z}$ mit $(\eta')^n = \eta$. Wegen $(\eta')^n = \eta > 1$ folgt $n \geq 1$. Aus der strengen Monotonie von $(\eta')^n$ und $\eta' \geq \eta$ folgt $n = 1$ und somit $\eta = \eta'$. □

Wir wollen nun einen Algorithmus zum Auffinden der Fundamentaleinheit beschreiben. Zunächst beschreiben wir die allgemeine Form einer Einheit, die größer als 1 ist.

Lemma 17.5 *Für eine Einheit*

$$\varepsilon = \frac{a + b\sqrt{\Delta}}{2} > 1$$

im Ring ganzer Zahlen eines reell–quadratischen Zahlkörpers mit Diskriminante Δ gilt:

$$a \geq 1 \qquad und \qquad b \geq 1.$$

Beweis: Auf Grund von $\varepsilon > 1$ sind die vier Zahlen $\pm\varepsilon, \pm\varepsilon^{-1}$ paarweise verschieden. Wegen $\varepsilon^{-1} = N(\varepsilon) \cdot \sigma(\varepsilon)$ haben sie die Form

$$\frac{\pm a \pm b\sqrt{\Delta}}{2}.$$

Die einzige Zahl größer als eins — und somit die größte — unter ihnen ist ε selbst. Folglich muss $a, b \geq 1$ sein. □

Satz 17.6 *Sei K ein reell–quadratischer Zahlkörper mit Diskriminante Δ und $\mathscr{O}_K = \mathbb{Z}[\omega]$ mit $\omega = (\Delta + \sqrt{\Delta})/2$ sein Ring ganzer Zahlen. Sei schließlich*

$$\vartheta = \frac{1}{\omega - \lfloor \omega \rfloor}.$$

Dann ist ϑ reduziert, d.h. $\vartheta > 1$ und $-1 < \sigma(\vartheta) < 0$, und hat somit eine rein–periodische Kettenbruchentwicklung

$$\vartheta = [\overline{a_0, \ldots, a_{h-1}}],$$

wobei die Periodenlänge minimal gewählt sein soll. Die Folge q_n sei wie im Abschnitt 10 definiert. Dann ist

$$\eta = q_{h-1}\vartheta + q_{h-2}$$

die Fundamentaleinheit von $\mathscr{O}_K$.

Beweis: Wir zeigen zuerst, dass ϑ reduziert ist. Wegen $0 < \omega - \lfloor \omega \rfloor < 1$ ist $\vartheta > 1$. Aus $\Delta \geq 4$ folgt

$$\sigma(\omega - \lfloor \omega \rfloor) = \sigma(\omega) - \lfloor \omega \rfloor = \omega - \sqrt{\Delta} - \lfloor \omega \rfloor \leq \omega - \lfloor \omega \rfloor - 2 < -1$$

und somit auch $0 > \sigma(\vartheta) > -1$.

Als Nächstes beweisen wir, dass η wirklich in $\mathscr{O}_K$ liegt und eine Einheit ist. Aus der Periodizität der Kettenbruchentwicklung folgt mit Lemma 10.6

$$\vartheta = [a_0, \ldots, a_{h-1}, \vartheta] = \frac{\vartheta p_{h-1} + p_{h-2}}{\vartheta q_{h-1} + q_{h-2}} \tag{$*$}$$

und weiter

$$q_{h-1}\vartheta^2 + (q_{h-2} - p_{h-1})\vartheta - p_{h-2} = 0.$$

Multiplizieren dieser Gleichung mit q_{h-1} und substituieren mit $\vartheta = (\eta - q_{h-2})/q_{h-1}$ führt zu

$$\eta^2 - (q_{h-2} + p_{h-1})\eta + p_{h-1}q_{h-2} - p_{h-2}q_{h-1} = 0.$$

Mit dem Lemma 10.7 ergibt sich

$$\eta^2 - (q_{h-2} + p_{h-1})\eta + (-1)^h = 0.$$

Dies ist eine Ganzheitsgleichung für η. Wenn wir sie als

$$\eta(\eta - q_{h-2} - p_{h-1}) = -(-1)^h$$

schreiben, erkennen wir, dass η eine Einheit im Ring ganzer Zahlen ist.

Wir zeigen nun, dass η die Fundamentaleinheit ist. Dafür müssen wir zeigen, dass für jede Einheit $\varepsilon \in \mathscr{O}_K$ mit $\varepsilon > 1$ eine natürliche Zahl n existiert mit $\varepsilon = \eta^n$.

Wir schreiben gemäß Lemma 17.5

$$\varepsilon = \frac{r + s\sqrt{\Delta}}{2} \qquad \text{mit } r, s \in \mathbb{N}.$$

Wir wollen ε und $\vartheta\varepsilon$ in der Form

$$\begin{aligned} \vartheta\varepsilon &= p\vartheta + p' \\ \varepsilon &= q\vartheta + q', \end{aligned} \qquad \text{also} \qquad \begin{pmatrix} \vartheta\varepsilon \\ \varepsilon \end{pmatrix} = \begin{pmatrix} p & p' \\ q & q' \end{pmatrix} \begin{pmatrix} \vartheta \\ 1 \end{pmatrix},$$

darstellen. Dazu suchen wir ein Polynom in $\mathbb{Z}[X]$ mit ϑ als Nullstelle. Für $\omega - \lfloor \omega \rfloor$ haben wir nach Lemma 16.15

$$(\omega - \lfloor \omega \rfloor)^2 + (2\lfloor \omega \rfloor - \Delta)(\omega - \lfloor \omega \rfloor) + \frac{(2\lfloor \omega \rfloor - \Delta)^2 - \Delta}{4} = 0.$$

Wir teilen diese Gleichung durch $-(\omega - \lfloor \omega \rfloor)^2$ und substituieren $(\omega - \lfloor \omega \rfloor) = 1/\vartheta$

$$\frac{\Delta - (2\lfloor \omega \rfloor - \Delta)^2}{4}\vartheta^2 - (2\lfloor \omega \rfloor - \Delta)\vartheta - 1 = 0.$$

Zur Abkürzung setzen wir

$$\beta := 2\lfloor \omega \rfloor - \Delta \in \mathbb{Z}$$

$$\alpha := \frac{\Delta - \beta^2}{4} \in \mathbb{Z}.$$

Insbesondere gilt also $\Delta = \beta^2 + 4\alpha$ und die obige Gleichung ist nun

$$\alpha\vartheta^2 - \beta\vartheta - 1 = 0. \tag{+}$$

Aus

$$\beta = 2\left\lfloor \frac{\Delta + \sqrt{\Delta}}{2} \right\rfloor - \Delta$$

erhalten wir die Abschätzungen

$$0 < \beta < \sqrt{\Delta} \qquad \text{und somit} \qquad \alpha = \frac{\Delta - \beta^2}{4} > 0.$$

Multiplikation der Gleichung $(+)$ mit α führt zu

$$(\alpha\vartheta)^2 - \beta(\alpha\vartheta) - \alpha = 0.$$

Durch das Lösen dieser Gleichung unter Berücksichtigung von $\alpha > 0$ und $\vartheta > 1$ erhalten wir

$$\alpha\vartheta = \frac{\beta + \sqrt{\beta^2 + 4\alpha}}{2} = \frac{\beta + \sqrt{\Delta}}{2}.$$

Lesen wir dies als $\sqrt{\Delta}/2 = \alpha\vartheta - \beta/2$, dann ergibt sich unmittelbar die Darstellung

$$\varepsilon = \frac{r + s\sqrt{\Delta}}{2} = \frac{r}{2} + s\left(\alpha\vartheta - \frac{\beta}{2}\right) = \alpha s\vartheta + \frac{r - \beta s}{2}$$

$$= q\vartheta + q' \qquad \text{mit } q = \alpha s \in \mathbb{N} \text{ und } q' = \frac{r - \beta s}{2} \in \mathbb{Z}$$

sowie auch mit Hilfe von $(+)$

$$\varepsilon\vartheta = \left(\alpha s\vartheta + \frac{r - \beta s}{2}\right)\vartheta = \alpha s\vartheta^2 + \frac{r - \beta s}{2}\vartheta$$

$$= s(\beta\vartheta + 1) + \frac{r - \beta s}{2}\vartheta = \frac{r + \beta s}{2}\vartheta + s$$

$$= p\vartheta + p' \qquad \text{mit } p = \frac{r + \beta s}{2} \in \mathbb{N} \text{ und } p' = s \in \mathbb{N}.$$

Durch Division der beiden Darstellungen erhalten wir

$$\vartheta = \frac{p\vartheta + p'}{q\vartheta + q'}.$$

Dies sieht genau wie die Formel aus, die wir von der Kettenbruchentwicklung kennen. Angenommen, dies ist wirklich der Fall, d.h. es gibt ein k-Tupel von natürlichen Zahlen $B = (b_0, b_1, \ldots, b_{k-1})$, so dass für die zugehörigen Folgen der $\bar{p}_i$ und $\bar{q}_i$ gilt

$$\bar{p}_{k-1} = p, \quad \bar{p}_{k-2} = p', \quad \bar{q}_{k-1} = q \quad \text{und} \quad \bar{q}_{k-2} = q'.$$

Dann gilt nach Lemma 10.6

$$\vartheta = [b_0, \ldots b_{k-1}, \vartheta].$$

Aus der Eindeutigkeit der Kettenbruchentwicklung von ϑ folgt, dass das k–Tupel B gerade aus k/h-Kopien des h–Tupels $(a_0, \ldots, a_{h-1})$ besteht. Es folgt in der Matrizenschreibweise

$$\begin{pmatrix} p & p' \\ q & q' \end{pmatrix} = \prod_{n=0}^{k-1} \begin{pmatrix} b_n & 1 \\ 1 & 0 \end{pmatrix} = \left(\prod_{n=0}^{h-1} \begin{pmatrix} a_n & 1 \\ 1 & 0 \end{pmatrix} \right)^{k/h} = \begin{pmatrix} p_{h-1} & p_{h-2} \\ q_{h-1} & q_{h-2} \end{pmatrix}^{k/h}.$$

Aus $(*)$ erhalten wir

$$\begin{pmatrix} p_{h-1} & p_{h-2} \\ q_{h-1} & q_{h-2} \end{pmatrix} \begin{pmatrix} \vartheta \\ 1 \end{pmatrix} = \begin{pmatrix} p_{h-1}\vartheta + p_{h-2} \\ q_{h-1}\vartheta + q_{h-2} \end{pmatrix} = (q_{h-1}\vartheta + q_{h-2}) \begin{pmatrix} \vartheta \\ 1 \end{pmatrix}$$

$$= \eta \begin{pmatrix} \vartheta \\ 1 \end{pmatrix}.$$

und weiter

$$\varepsilon \begin{pmatrix} \vartheta \\ 1 \end{pmatrix} = \begin{pmatrix} p & p' \\ q & q' \end{pmatrix} \begin{pmatrix} \vartheta \\ 1 \end{pmatrix} = \begin{pmatrix} p_{h-1} & p_{h-2} \\ q_{h-1} & q_{h-2} \end{pmatrix}^{k/h} \begin{pmatrix} \vartheta \\ 1 \end{pmatrix} = \eta^{k/h} \begin{pmatrix} \vartheta \\ 1 \end{pmatrix}.$$

Insbesondere folgt die gewünschte Gleichung $\varepsilon = \eta^{k/h}$.

Wir wollen nun die ganzen Zahlen p, p', q, q' abschätzen. Dazu starten wir mit den Abschätzungen

$$\sqrt{\Delta} = 2\alpha\vartheta - \beta > 2\alpha - \beta \qquad \text{aus } \vartheta > 1$$

$$-\sqrt{\Delta} = 2\alpha\sigma(\vartheta) - \beta > -2\alpha - \beta \qquad \text{aus } 0 > \sigma(\vartheta) > -1.$$

Wir erkennen, dass $\sqrt{\Delta}$ in dem offenen Intervall $]2\alpha - \beta, 2\alpha + \beta[$ liegt. Damit erhalten wir nun

$$q' = \frac{r - s\beta}{2} > \frac{r - s\sqrt{\Delta}}{2} = \sigma(\varepsilon) = N(\varepsilon)\varepsilon^{-1} > -1$$

$$q - q' = \frac{-r + s(2\alpha + \beta)}{2} > \frac{-r + s\sqrt{\Delta}}{2} = -\sigma(\varepsilon) = -N(\varepsilon)\varepsilon^{-1} > -1$$

$$p - q = \frac{r - s(2\alpha - \beta)}{2} > \frac{r - s\sqrt{\Delta}}{2} = \sigma(\varepsilon) = N(\varepsilon)\varepsilon^{-1} > -1.$$

Mit der Ganzzahligkeit der Werte ergibt sich

$$q \geq q' \geq 0 \qquad \text{und} \qquad p \geq q.$$

Des Weiteren haben wir die Gleichheit

$$pq' - qp' = \frac{r+s\beta}{2} \cdot \frac{r-s\beta}{2} - \alpha s^2 = \frac{r^2 - (\beta^2 + 4\alpha)s^2}{4} = \frac{r^2 - s^2\Delta}{4} = N(\varepsilon),$$

insbesondere sind p und q teilerfremd.

Wir behandeln zunächst einige Spezialfälle. Für $q' = 0$ folgt aus $\pm 1 = N(\varepsilon) = pq' - qp' = -qp'$ bereits $q = p' = 1$. Benutzen wir für B das 1–Tupel (p) so ergibt sich wie gefordert

$$\overline{p}_{-1} = 1 = p', \quad \overline{p}_0 = p, \quad \overline{q}_{-1} = 0 = q', \quad \overline{q}_0 = 1 = q.$$

Für $q = q' \geq 1$ folgt aus $\pm 1 = N(\varepsilon) = pq' - qp' = q(p - p')$ diesmal $q = q' = 1$ und $p = p' \pm 1$. Aus $1 = q = \alpha s$ folgt $p' = s = 1$ und damit $p = p' + 1 = 2$. Hier benutzen wir für B das 2–Tupel $(1,1)$, dann ist wie gewünscht

$$\overline{p}_0 = 1, \quad \overline{p}_1 = 1 \cdot \overline{p}_0 + 1 = 2 = p, \quad \overline{q}_0 = 1 = q', \quad \overline{q}_1 = 1 \cdot \overline{q}_0 = 1 = q.$$

Als letzten Spezialfall betrachten wir $p = q$. Wegen der Teilerfremdheit muss nun $p = q = 1$ gelten. Aus $1 = q \geq q' \geq 0$ folgt $q = q'$ oder $q' = 0$. Beides haben wir schon behandelt.

Wir dürfen nun die folgende Situation annehmen

$$q > q' > 0 \quad \text{und} \quad \frac{p}{q} > 1.$$

Wir entwickeln nun p/q in einen Kettenbruch

$$\frac{p}{q} = [b_0, \ldots, b_{k-1}]$$

und wählen natürlich $B = (b_0, \ldots, b_{k-1})$. Wegen $q \geq 2$ ist $k \geq 2$. Auf Grund der Bemerkung nach Satz 10.4 können wir die Kettenbruchentwicklung entweder um eins verlängern oder verkürzen und dürfen daher $(-1)^k = N(\varepsilon)$ annehmen. Dann gilt nach Lemma 10.7

$$pq' - qp' = N(\varepsilon) = (-1)^k = \overline{p}_{k-1}\overline{q}_{k-2} - \overline{p}_{k-2}\overline{q}_{k-1} \qquad (\dagger)$$

und nach Lemma 10.6

$$\frac{p}{q} = \frac{\overline{p}_{k-1}}{\overline{q}_{k-1}}.$$

Da sowohl p und q sowie $\overline{p}_{k-1}$ und $\overline{q}_{k-1}$ teilerfremd sind, folgt

$$p = \overline{p}_{k-1} \quad \text{und} \quad q = \overline{q}_{k-1}.$$

Einsetzen in $(\dagger)$ ergibt

$$p(q' - \overline{q}_{k-2}) = q(p' - \overline{p}_{k-2}) \quad \Longrightarrow \quad q | (q' - \overline{q}_{k-2}).$$

Mit $q = \overline{q}_{k-1} \geq q', \overline{q}_{k-2} > 0$ folgt $q' = \overline{q}_{k-2}$. Einsetzen der drei bisher gefundenen Gleichheiten in $(\dagger)$ impliziert schließlich auch die letzte $p' = \overline{p}_{k-2}$. $\qquad \square$

Beispiel Wir bestimmen die Fundamentaleinheit des Ringes ganzer Zahlen des reell–quadratischen Zahlkörpers $K = \mathbb{Q}(\sqrt{17})$. Hier haben wir die Invarianten

$$\Delta = 17, \quad \omega = \frac{17 + \sqrt{17}}{2} \quad \text{und} \quad \vartheta = \frac{1}{\omega - \lfloor \omega \rfloor} = \frac{2}{-3 + \sqrt{17}} = \frac{3 + \sqrt{17}}{4}.$$

Die Zahl ϑ ist als Kettenbruch $[\overline{1,1,3}]$. Damit berechnen sich die q_i als

$$q_{-1} = 0, \quad q_0 = 1, \quad q_1 = 1q_0 + 0 = 1, \quad q_2 = 3q_1 + 1 = 4.$$

Nach dem Satz ist

$$\eta := 4\vartheta + 1 = 4 + \sqrt{17}$$

die Fundamentaleinheit des Ringes der ganzen Zahlen von $\mathbb{Q}(\sqrt{17})$.

Aufgabe 17.7 Bestimmen Sie die Fundamentaleinheit des Ringes ganzer Zahlen von dem Zahlkörper $\mathbb{Q}(\sqrt{47})$.

Der Satz kann auch zum Auffinden der ganzzahligen Lösungen der *Pellschen Gleichung*

$$x^2 - dy^2 = 1 \qquad \text{für } d \in \mathbb{N} \text{ quadratfrei}$$

benutzt werden. Falls N die Norm des quadratischen Zahlkörpers $K = \mathbb{Q}(\sqrt{d})$ bezeichnet, ist diese Gleichung nämlich äquivalent zu

$$N(x + y\sqrt{d}) = 1 \qquad \text{mit } x, y \in \mathbb{Z}.$$

Die Lösungen der Pellschen Gleichung entsprechen also den Einheiten in $\mathscr{O}_K$, deren Norm 1 ist und die in $\mathbb{Z}[\sqrt{d}]$ liegen. Welche das genau sind, sagt der folgende Satz.

Satz 17.8 *Sei $d \in \mathbb{N}$ quadratfrei und η die Fundamentaleinheit des Ringes ganzer Zahlen des reell–quadratischen Zahlkörpers $K = \mathbb{Q}(\sqrt{d})$. Dann entsprechen die ganzzahligen Lösungen $(x, y) \in \mathbb{Z}^2$ der Pellschen Gleichung*

$$x^2 - dy^2 = 1$$

den Elementen

$$x + y\sqrt{d} = \pm\eta^n \qquad \text{mit} \qquad \begin{array}{ll} 2|n & \text{falls } N(\eta) = -1 \\ 3|n & \text{falls } \eta \notin \mathbb{Z}[\sqrt{d}]. \end{array}$$

Beweis: Da — wie oben bemerkt — jede ganzzahlige Lösung (x, y) von $x^2 - dy^2 = 1$ zu einer Einheit $x + y\sqrt{d}$ korrespondiert und η eine Fundamentaleinheit ist, gibt es ein $n \in \mathbb{Z}$ mit

$$x + y\sqrt{d} = \pm\eta^n.$$

Die Normbedingung $N(x + y\sqrt{d}) = 1$ bedeutet daher

$$1 = N(x + y\sqrt{d}) = N(\pm\eta^n) = N(\eta)^n.$$

Somit ist diese Bedingung immer für $N(\eta) = 1$ erfüllt und im Fall von $N(\eta) = -1$ muss n gerade sein.

Betrachten wir nun die zweite Bedingung

$$x + y\sqrt{d} = \pm\eta^n \in \mathbb{Z}[\sqrt{d}].$$

Dies ist natürlich trivialerweise im Fall von $\eta \in \mathbb{Z}[\sqrt{d}]$ erfüllt. Dies gilt zum Beispiel, wenn $\mathcal{O}_K = \mathbb{Z}[\sqrt{d}]$, also $d \not\equiv 1 \bmod 4$, ist. Sei daher nun $d \equiv 1 \bmod 4$. Nehmen wir für das Folgende daher $\eta \notin \mathbb{Z}[\sqrt{d}]$ an und schreiben

$$\eta = \frac{a + b\sqrt{d}}{2} \qquad \text{mit ungeraden } a, b \in \mathbb{Z}.$$

Für η^2 ergibt sich

$$\eta^2 = \frac{(a^2 + db^2) + 2ab\sqrt{d}}{4}.$$

Wegen $4 \nmid 2ab$ ist auch $\eta^2 \notin \mathbb{Z}[\sqrt{d}]$. Nun ist jedoch $N(\eta^2) = 1$, und wir haben eine gebrochene Lösung der Pellschen Gleichung. Schreiben wir dies als

$$N\left(\frac{x + y\sqrt{d}}{2}\right) = 1 \qquad \text{mit ungeraden } x, y \in \mathbb{Z}.$$

Dann folgt

$$x^2 - dy^2 = 4.$$

Modulo 8 ist das Quadrat jeder ungeraden Zahl eins und somit ist $1 - d \equiv 4 \bmod 8$, d.h. $d \equiv 5 \bmod 8$.

Nun betrachten wir die dritte Potenz von η

$$\eta^3 = \frac{(a^3 + 3dab^2) + (3ba^2 + db^3)\sqrt{d}}{8}.$$

Modulo 8 ist $a^2 \equiv b^2 \equiv 1$ und somit

$$a^3 + 3dab^2 \equiv a(1 + 3d) \equiv 0 \bmod 8 \qquad \text{und}$$
$$3ba^2 + db^3 \equiv b(3 + d) \equiv 0 \bmod 8.$$

Wir können also den Bruch kürzen und sehen $\eta^3 \in \mathbb{Z}[\sqrt{d}]$, folglich $\eta^{3n} \in \mathbb{Z}[\sqrt{d}]$ für $n \in \mathbb{N}$. Tatsächlich gilt das für $n \in \mathbb{Z}$, weil wir das Inverse einer solchen Potenz als $\eta^{-3n} = N(\eta^{3n})\sigma(\eta^{3n})$ berechnen können. Nehmen wir nun an, dass $\eta^k \in \mathbb{Z}[\sqrt{d}]$ für ein $k \in \mathbb{Z}$ ist. Wir wollen $3 | k$ zeigen. Wir wählen $n \in \mathbb{Z}$ und $r \in \{0, 1, 2\}$ mit $k = 3n + r$. Dann ist mit $\eta^k \in \mathbb{Z}[\sqrt{d}]$ auch

$$\eta^k \cdot \eta^{-3n} = \eta^{k-3n} = \eta^r \in \mathbb{Z}[\sqrt{d}].$$

Da $\eta, \eta^2 \notin \mathbb{Z}[\sqrt{d}]$, folgt $r = 0$, also $k = 3n$.   □

Wir wollen ein Zwischenergebnis des Beweises festhalten.

Bemerkung 17.9 *Die Fundamentaleinheit des Ringes ganzer Zahlen vom reell–quadratischen Zahlkörper $\mathbb{Q}(\sqrt{d})$ liegt in $\mathbb{Z}[\sqrt{d}]$, falls $d \not\equiv 5 \bmod 8$ ist.*

Nun wollen wir umgekehrt die Lösungstechniken für die Pellsche Gleichung aus Abschnitt 10 dazu nutzen, um nochmal auf eine andere Weise die Fundamentaleinheit des Ringes ganzer Zahlen von $K = \mathbb{Q}(\sqrt{d})$ zu bestimmen. Eine Einheit $x + y\sqrt{d}$, $x, y \in \mathbb{N}$, des Ringes $\mathscr{O}_K$ entspricht einer Lösung $(x, y) \in \mathbb{N}$ von

$$x^2 - dy^2 = \pm 1.$$

Sie kommt damit nach Satz 10.21 in der Form x/y als Näherungsbruch in der Kettenbruchentwicklung von $\sqrt{d}$ vor und ist wegen $\mathrm{ggT}(x, y) = 1$ daraus berechenbar. Im Fall von $d \equiv 5 \bmod 8$ gibt es auch noch Einheiten von der Form

$$\varepsilon = \frac{x + y\sqrt{d}}{2} > 1 \qquad \text{mit } x, y \in \mathbb{N} \text{ und } x \equiv y \equiv 1 \bmod 2.$$

Diese entsprechen den Lösungen $(x, y) \in \mathbb{N}^2$ der Gleichung

$$\pm 1 = N(\varepsilon) = \frac{x^2 - dy^2}{4} \qquad \Longleftrightarrow \qquad x^2 - dy^2 = \pm 4.$$

Auch diese kommen nach Satz 10.21 für $d \geq 5 + 2 \cdot 8 = 21$ in der Form x/y als Näherungsbruch in der Kettenbruchentwicklung von $\sqrt{d}$ vor. (Die beiden Fälle $d = 5, 13$ werden wir später als Sonderfall betrachten.) Aus $x^2 - dy^2 = \pm 4$ folgt $\mathrm{ggT}(x, y) | 2$, mit $x \equiv y \equiv 1 \bmod 2$ sogar $\mathrm{ggT}(x, y) = 1$. Daher können wir wieder x und y eindeutig aus x/y berechnen.

Das Auffinden der Lösungen von $x^2 - dy^2 = \pm 4$ wird durch Satz 10.19 besonders einfach gemacht, weil dort für die Näherungsbrüche p_n/q_n von $\sqrt{d}$ die Gleichung

$$p_n^2 - dq_n^2 = (-1)^{n+1} c_n$$

zusammen mit einer Rekursionsformel für c_n bewiesen wurde. Es bleibt damit nur die Frage, wann die Fundamentaleinheit als Lösung auftritt. Der Leser wird schon vermuten, dass dies der Fall ist, wenn zum ersten Mal die Gleichung

$$p_n^2 - dq_n^2 = (-1)^{n+1} c_n \in \{\pm 1, \pm 4\}$$

erfüllt ist. Um dies zu zeigen, werden wir nutzen, dass nach Lemma 10.7

$$q_0 \leq q_1 < q_2 < q_3 < q_4 < \cdots$$

und auch $q_0 < q_1$ für $a_0 > 1$ gilt. Zeigen wir etwas Analoges für die Potenzen der Fundamentaleinheit:

Satz 17.10 *Sei η die Fundamentaleinheit des Ringes ganzer Zahlen eines reell–quadratischen Zahlkörpers $\mathbb{Q}(\sqrt{d})$. Weiter seien $a_n, b_n \in \frac{1}{2}\mathbb{N}$ so gewählt, dass*

$$\eta^n = a_n + b_n \sqrt{d}$$

ist. Dann gilt

$$\eta^n < \eta^m \qquad \Longleftrightarrow \qquad n < m \qquad \Longleftrightarrow \qquad a_n < a_m \qquad \Longleftrightarrow \qquad b_n < b_m$$

mit Ausnahme von $d = 5$, $n = 1$ und $m = 2$, wo wegen

$$\eta = \frac{1 + \sqrt{5}}{2} \qquad \Longleftrightarrow \qquad \eta^2 = \frac{3 + \sqrt{5}}{2}$$

die letzte Äquivalenz nicht hält.

Beweis: Weil $\eta > 1$ ist, ist η^n eine streng monoton wachsende Folge, d.h. $\eta^n < \eta^m \Leftrightarrow n < m$. Dasselbe wollen wir nun von den Folgen a_n und b_n zeigen. Es reicht $a_n < a_{n+1}$ und $b_n < b_{n+1}$ zu zeigen. Wir rechnen

$$\eta^{n+1} = \eta^n \cdot \eta = (a_n + b_n\sqrt{d})(a_1 + b_1\sqrt{d}) = (a_na_1 + b_nb_1d) + (a_nb_1 + b_na_1)\sqrt{d}$$

$$\implies \quad a_{n+1} = a_na_1 + b_nb_1d \quad \text{und} \quad b_{n+1} = a_nb_1 + b_na_1.$$

Somit folgt $a_n < a_{n+1}$ und $b_n < b_{n+1}$, falls $a_1 \geq 1$ ist, insbesondere also im Fall von $\eta \in \mathbb{Z}[\sqrt{d}]$. Die möglichen Ausnahmen stellen die $d \in \mathbb{N}$ dar, für die

$$\eta = \frac{1 + v\sqrt{d}}{2}$$

mit einem $v \in \mathbb{N}$ ist. Da Einheiten die Norm ± 1 haben, erhalten wir

$$\pm 1 = \frac{1 - dv^2}{4} \quad \implies \quad 1 - dv^2 = \pm 4.$$

Es folgt $d = 5$ und $\eta = (1 + \sqrt{5})/2$. Dafür müssen wir

$$a_{n+1} = \frac{a_n + 5b_n}{2} > a_n \quad \text{und} \quad b_{n+1} = \frac{a_n + b_n}{2} > b_n$$

nur für $n \geq 2$ beweisen. Diese beiden Aussagen sind äquivalent zu

$$5b_n > a_n > b_n.$$

Nach den obigen Formeln ist das äquivalent zu

$$5\frac{a_{n-1} + b_{n-1}}{2} > \frac{a_{n-1} + 5b_{n-1}}{2} > \frac{a_{n-1} + b_{n-1}}{2},$$

was wegen $a_{n-1}, b_{n-1} \in \mathbb{N}$ wahr ist. $\qquad\square$

Der Satz sagt, dass wir für $d \neq 5$ die Fundamentaleinheit $\eta = a + b\sqrt{d}$ als die Einheit mit minimalem b finden können. Im Fall $\eta \in \mathbb{Z}[\sqrt{d}]$ liefert uns der Kettenbruchalgorithmus diese Einheiten als $p_n + q_n\sqrt{d}$ für gewisse n mit aufsteigenden q_n. Die Fundamentaleinheit ist somit die erste, die auftritt. Für $\eta \notin \mathbb{Z}[\sqrt{d}]$ haben wir das Problem, dass die Monotonie der q_n nicht ganz ausreicht, denn wir finden die Einheiten als

$$\frac{p_n + q_n\sqrt{d}}{\sqrt{|c_n|}}$$

für die n, wo

$$p_n^2 - dq_n^2 = (-1)^{n+1}c_n \in \{\pm 1, \pm 4\}$$

gilt. Wir müssen dafür das Folgende zeigen:

Lemma 17.11 *Sei η die Fundamentaleinheit des Ringes ganzer Zahlen eines reell-quadratischen Zahlkörpers $\mathbb{Q}(\sqrt{d})$, so dass $\eta \notin \mathbb{Z}[\sqrt{d}]$. Weiter seien $a_n, b_n \in \mathbb{N}$ und $c_n \in \{1, 2\}$ so gewählt, dass*

$$\eta^n = \frac{a_n + b_n\sqrt{d}}{c_n} \qquad \text{mit } \text{ggT}(a_n, b_n, c_n) = 1$$

ist. Dann gilt

$$\eta^n < \eta^m \quad \Longleftrightarrow \quad n < m \quad \Longleftrightarrow \quad a_n < a_m \quad \Longleftrightarrow \quad b_n < b_m.$$

Für $d = 5$ ist die Aussage falsch, weil

n	1	2	3	4	5	6
η^n	$\frac{1+\sqrt{5}}{2}$	$\frac{3+\sqrt{5}}{2}$	$2+\sqrt{5}$	$\frac{7+3\sqrt{5}}{2}$	$\frac{11+5\sqrt{5}}{2}$	$9+4\sqrt{5}$

n	7	8	9	10	11	12
η^n	$\frac{29+13\sqrt{5}}{2}$	$\frac{47+21\sqrt{5}}{2}$	$38+17\sqrt{5}$	$\frac{123+55\sqrt{5}}{2}$	$\frac{199+89\sqrt{5}}{2}$	$161+72\sqrt{5}$

ist.

Beweis: Das Vorgehen beim Beweis ist analog zum Beweis des vorangehenden Satzes. Mit $\eta = (a_1 + b_1\sqrt{d})/2$ berechnen wir

$$\eta^{n+1} = \eta^n \cdot \eta = \frac{a_n + b_n\sqrt{d}}{c_n} \cdot \frac{a_1 + b_1\sqrt{d}}{2} = \frac{a_n a_1 + b_n b_1 d}{2c_n} + \frac{a_n b_1 + b_n a_1}{2c_n}\sqrt{d}$$

$$\implies \quad \frac{a_{n+1}}{c_{n+1}} = \frac{a_n a_1 + b_n b_1 d}{2c_n} \quad \text{und} \quad \frac{b_{n+1}}{c_{n+1}} = \frac{a_n b_1 + b_n a_1}{2c_n}.$$

Für die strenge Monotonie der a_n und b_n müssen wir

$$a_{n+1} = \frac{c_{n+1}}{c_n} \cdot \frac{a_n a_1 + b_n b_1 d}{2} > a_n \quad \text{und} \quad b_{n+1} = \frac{c_{n+1}}{c_n} \cdot \frac{a_n b_1 + b_n a_1}{2} > b_n$$

zeigen. Wegen $c_{n+1}/c_n \geq 1/2$ ist das für $a_1 \geq 5$ klar. Es bleibt, die Fälle $a_1 = 1$ und $a_1 = 3$ zu betrachten. Die Bedingung $a_1 = 1$ impliziert wie im Beweis des Satzes $d = 5$, was wir ausgeschlossen hatten. Für $a_1 = 3$ erhalten wir

$$\pm 1 = N(\eta) = \frac{9 - b_1^2 d}{4} \quad \implies \quad b_1^2 d = 9 \pm 4.$$

Neben $d = 5$ ist hier auch $d = 13$ mit $b_1 = 1$ möglich. Diesen Fall mit Fundamentaleinheit $\eta = (3 + \sqrt{13})/2$ müssen wir genauer betrachten, zu zeigen ist

$$a_{n+1} = \frac{c_{n+1}}{c_n} \cdot \frac{3a_n + 13b_n}{2} > a_n \quad \text{und} \quad b_{n+1} = \frac{c_{n+1}}{c_n} \cdot \frac{a_n + 3b_n}{2} > b_n.$$

Wegen $c_{n+1}/c_n \geq 1/2$ reicht es

$$3a_n + 13b_n > 4a_n \quad \text{bzw.} \quad a_n + 3b_n > 4b_n, \quad \text{also} \quad 13b_n > a_n > b_n,$$

zu beweisen. Für $n = 1$ ist das wegen $a_1 = 3$ und $b_1 = 1$ trivial. Für $n \geq 2$ ist das mit den obigen Formeln äquivalent zu

$$13\frac{c_n}{c_{n-1}} \cdot \frac{a_{n-1} + 3b_{n-1}}{2} > \frac{c_n}{c_{n-1}} \cdot \frac{3a_{n-1} + 13b_{n-1}}{2} > \frac{c_n}{c_{n-1}} \cdot \frac{a_{n-1} + 3b_{n-1}}{2}$$

$$\iff \quad 13a_{n-1} + 13 \cdot 3b_{n-1} > 3a_{n-1} + 13b_{n-1} > a_{n-1} + 3b_{n-1}.$$

Letzteres ist wegen $a_{n-1}, b_{n-1} \in \mathbb{N}$ erfüllt. $\qquad \square$

Wir betrachten noch die Spezialfälle $d = 5$ und $d = 13$, bei denen wir nicht gezeigt haben, dass alle Einheiten größer als eins in der Kettenbruchentwicklung von $\sqrt{d}$ auftreten. Die Kettenbruchentwicklungen sind

$$\sqrt{5} = [2, \overline{4}] \quad \text{und} \quad \sqrt{13} = [3, \overline{1, 1, 1, 1, 6}].$$

Wir erhalten für $d = 5$ die Werte

$$\begin{aligned} p_0 &= 2 \\ q_0 &= 1 \quad , \text{ also } \quad 2^2 - 5 \cdot 1^2 = -1. \\ c_0 &= 1 \end{aligned}$$

Hier finden wir also $2 + \sqrt{5} = \eta^3$ als erste Einheit durch die Kettenbruchentwicklung. Man kann also in diesem Fall nicht alle Einheiten von $\mathscr{O}_K$, $K = \mathbb{Q}(\sqrt{5})$, durch die Kettenbruchentwicklung finden.

Für $d = 13$ haben wir die Werte

$$\begin{aligned} p_0 &= 3 \\ q_0 &= 1 \quad , \text{ also } \quad 3^2 - 13 \cdot 1^2 = -4. \\ c_0 &= 4 \end{aligned}$$

Hier erhalten wir bereits im ersten Schritt die Fundamentaleinheit $\eta = (3 + \sqrt{13})/2$. Insgesamt ergibt sich der folgende

Algorithmus zur Bestimmung der Fundamentaleinheit

1. Für $d = 5$ ist $\eta = (1 + \sqrt{5})/2$, fertig.

2. Entwickle $\sqrt{d}$ als Kettenbruch und berechne p_n, q_n, c_n (letzteres nach Satz 10.19), solange bis das erste n mit $c_n \in \{\pm 1, \pm 4\}$ gefunden wird. Die Fundamentaleinheit ist dann

$$\eta = \frac{p_n + q_n \sqrt{d}}{\sqrt{|c_n|}}.$$

Wir wollen noch ohne Beweis beschreiben, wie die Einheitengruppe $\mathscr{O}_K^\times$ bei einem beliebigen Zahlkörper aussieht. Bei den quadratischen Zahlkörpern mussten wir zwischen den reell- und imaginär-quadratischen Zahlkörpern unterscheiden, allgemeiner führen wir die folgenden Invarianten ein:

$$r_{\mathbb{R}} := \#\{\sigma \in \text{Hom}(K, \mathbb{C}) \mid \sigma(K) \subseteq \mathbb{R}\}$$
$$r_{\mathbb{C}} := \#\{\sigma \in \text{Hom}(K, \mathbb{C}) \mid \sigma(K) \not\subseteq \mathbb{R}\}/2.$$

Man beachte, dass auch $r_{\mathbb{C}}$ eine natürliche Zahl ist, weil mit jedem $\sigma \in \text{Hom}(K, \mathbb{C})$ auch sein komplex konjugiertes $\overline{\sigma}$ in $\text{Hom}(K, \mathbb{C})$ liegt. Wir hatten bereits bemerkt, dass aus der Galois-Theorie $\dim_{\mathbb{Q}} K = \#\text{Hom}(K, \mathbb{C})$ folgt, hier also

$$\dim_{\mathbb{Q}} K = r_{\mathbb{R}} + 2r_{\mathbb{C}}.$$

Satz 17.12 (Einheitensatz von Dirichlet) *Ist K ein Zahlkörper und $r_{\mathbb{R}}, r_{\mathbb{C}}$ wie oben, dann gilt*

$$\mathscr{O}_K^\times \cong H \times \mathbb{Z}^{r_{\mathbb{R}}+r_{\mathbb{C}}-1},$$

wobei H eine endliche zyklische Gruppe gerader Ordnung ist.

Beweis: Siehe Satz D.25 in Anhang D. □

Die Menge H entspricht unter dem Isomorphismus den Elementen endlicher Ordnung in $\mathscr{O}_K^\times$. Dies sind genau die Einheitswurzeln in dem Körper K. Denn einerseits erfüllt jedes Element x endlicher Ordnung eine Gleichung $x^d = 1$ und ist somit eine Einheitswurzel, andererseits liegt jede Einheitswurzel $x \in K$ mit $x^d = 1$ bereits in $\mathscr{O}_K$, weil sie die Ganzheitsgleichung $x^d - 1 = 0$ erfüllt. Da H mit -1 ein Element der Ordnung 2 enthält, muss H eine gerade Anzahl von Elementen haben.

Zum Abschluss des Abschnittes wollen wir uns der Teilbarkeitstheorie von $\mathscr{O}_K$ zuwenden. Im Allgemeinen ist $\mathscr{O}_K$ kein faktorieller Ring, besitzt aber eine für faktorielle Ringe typische Eigenschaft.

Lemma 17.13 *Jedes Element $x \neq 0$ des Ringes der ganzen Zahlen eines Zahlkörpers kann in ein Produkt von irreduziblen Elementen zerlegt werden.*

Beweis: Wir führen eine Induktion nach dem Betrag der Norm von x. Für $N(x) = \pm 1$ ist x eine Einheit. Sei also $|N(x)| \geq 2$ und x nicht irreduzibel. Dann können wir x zerlegen in $x = yz$, wobei y, z keine Einheiten sind, also $|N(y)|, |N(z)| \geq 2$. Folglich ist $|N(x)| > |N(y)|, |N(z)|$, und nach Induktionsvoraussetzung können y und z — und somit auch x — in ein Produkt von irreduziblen Elementen zerlegt werden. □

In dem Ring $\mathscr{O}_K$ muss eine Primzahl $p \in \mathbb{P}$ nicht mehr prim sein, zum Beispiel zerlegt sich 2 in $\mathbb{Z}[i]$ als

$$2 = (1+i)(1-i).$$

Satz 17.14 *Sei $\mathscr{O}_K$ der Ring der ganzen Zahlen eines quadratischen Zahlkörpers $K = \mathbb{Q}(\sqrt{d})$. Sei $p \in \mathbb{P}$ eine Primzahl in $\mathbb{Z}$.*

1. Falls $p \mid d$, dann ist p nicht prim in $\mathscr{O}_K$.

2. Die Primzahl 2 ist genau dann prim in $\mathscr{O}_K$, wenn $d \equiv 5 \bmod 8$.

3. Sei $p \nmid 2d$. Dann ist p genau dann prim in $\mathscr{O}_K$, wenn $\left(\frac{d}{p}\right) = -1$.

Beweis: Wenn $p \mid d$, dann kann p nicht prim sein, weil

$$p \mid d = \sqrt{d} \cdot \sqrt{d}, \quad \text{aber } p \nmid \sqrt{d}.$$

Dies zeigt auch, dass 2 nicht prim für $d \equiv 0 \bmod 2$ ist. Für $d \equiv 3 \bmod 4$ ist 2 im Ring $\mathbb{Z}[\sqrt{d}]$ nicht prim, weil

$$2 \mid 1 - d = (1 + \sqrt{d}) \cdot (1 - \sqrt{d}), \quad \text{aber } 2 \nmid 1 \pm \sqrt{d}.$$

Es bleibt für $d \equiv 1 \bmod 4$ die Zahl 2 im Ring $\mathbb{Z}[(1+\sqrt{d})/2]$ zu betrachten. Im Fall $d \equiv 1 \bmod 8$ zeigt

$$2 \Big| \frac{1-d}{4} = \frac{1+\sqrt{d}}{2} \cdot \frac{1-\sqrt{d}}{2}, \quad \text{aber } 2 \nmid \frac{1 \pm \sqrt{d}}{2},$$

dass auch hier 2 nicht prim ist.

Sei schließlich $d \equiv 5 \bmod 8$. Wir wollen zeigen, dass 2 dann prim ist. Gegeben seien $x, y \in \mathcal{O}_K$ mit $2|xy$. Dann gilt $4 = N(2)|N(x)N(y)$. Wir nehmen ohne Einschränkung $2|N(x)$ an. Falls x von der Form

$$x = \frac{a+b\sqrt{d}}{2} \quad \text{mit } a, b \in \mathbb{Z} \text{ ungerade}$$

ist, dann ist $2|N(x)$ äquivalent zu $8|a^2 - b^2 d$. Da aber das Quadrat einer ungeraden Zahl 1 modulo 8 ist, ist dies unmöglich. Also muss x von der Form $x = a + b\sqrt{d}$ mit $a, b \in \mathbb{Z}$ sein. Die Teilbarkeit von $N(x)$ durch 2 bedeutet nun $2|a^2 - b^2 d$. Da d ungerade ist, müssen a und b entweder beide gerade oder ungerade sein. In beiden Fällen ist $x/2$ ein Element von $\mathcal{O}_K$ und x daher durch 2 teilbar.

Bei Punkt 3 setzen wir zuerst $\left(\frac{d}{p}\right) = 1$ voraus. Die Zahl d ist also ein quadratischer Rest modulo p, d.h. es gibt ein $a \in \mathbb{Z}$ mit $a^2 \equiv d \bmod p$. p kann dann nicht prim in $\mathcal{O}_K$ sein, weil

$$p|a^2 - d = (a+\sqrt{d}) \cdot (a-\sqrt{d}), \quad \text{aber } p \nmid a \pm \sqrt{d}.$$

Sei nun $\left(\frac{d}{p}\right) = -1$. Wir wollen zeigen, dass p prim ist. Seien $x, y \in \mathcal{O}_K$ mit $p|xy$. Es folgt $p^2 = N(p)|N(x)N(y)$. Wir nehmen ohne Einschränkung $p|N(x)$ an. Schreiben wir x als

$$x = \frac{a+b\sqrt{d}}{2} \quad \text{mit } a, b \in \mathbb{Z},$$

dann bedeutet dies

$$p \left| \frac{a^2 - b^2 d}{4} \right. .$$

Insbesondere $p|a^2 - b^2 d$ oder äquivalent dazu $a^2 \equiv b^2 d \bmod p$. Falls $b \not\equiv 0 \bmod p$ ist, gilt $(a/b)^2 \equiv d \bmod p$, im Widerspruch dazu, dass d kein quadratischer Rest ist. Somit ist $b \equiv 0 \bmod p$ und damit auch $a \equiv 0 \bmod p$. Folglich ist $x/p = ((a/p) + (b/p)\sqrt{d})/2$ ein Element in $\mathcal{O}_K$, und daher ist p ein Teiler von x. $\qquad \square$

Falls $\mathcal{O}_K$ faktoriell ist, kann man seine Primelemente gut charakterisieren, wie wir es bereits in Abschnitt 2 bei dem Ring $\mathbb{Z}[i]$ gemacht haben. Zum besseren Verständnis dieser Charakterisierung und zur späteren Verwendung erwähnen wir noch das folgende allgemeine Lemma.

Lemma 17.15 *Sei $\mathcal{O}_K$ der Ring der ganzen Zahlen eines quadratischen Zahlkörpers K. Eine Primzahl $p \in \mathbb{P}$ ist genau dann reduzibel in $\mathcal{O}_K$, wenn ein $x \in \mathcal{O}_K$ existiert mit $N(x) = \pm p$.*

Beweis: Ist $\pm p = N(x) = x \cdot \sigma(x)$, so ist dies bereits eine Zerlegung von p, weil x und $\sigma(x)$ wegen $N(x) = N(\sigma(x)) = \pm p$ keine Einheiten sind.

Nehmen wir nun an, dass die Zahl $\pm p$ reduzibel in $\mathscr{O}_K$ ist. Sie kann also als $\pm p = xy$ mit $x, y \in \mathscr{O}_K$ und $N(x), N(y) \neq \pm 1$ zerlegt werden. Dann folgt aus der Zerlegung der Norm als

$$p^2 = N(\pm p) = N(x)N(y),$$

dass $N(x), N(y) = \pm p$. $\qquad\qquad\qquad\qquad\qquad\qquad\qquad\qquad\qquad\qquad\qquad\qquad\qquad$ □

Satz 17.16 *Sei $\mathscr{O}_K$ der Ring der ganzen Zahlen eines quadratischen Zahlkörpers $K = \mathbb{Q}(\sqrt{d})$. Weiter sei $\mathscr{O}_K$ faktoriell. Dann gilt:*

Ein Element $x \in \mathscr{O}_K$ ist genau dann prim in $\mathscr{O}_K$, wenn $N(x)$ prim in $\mathbb{Z}$ ist oder x assoziiert zu einer Primzahl $p \in \mathbb{P}$ ist, die auch prim in $\mathscr{O}_K$ ist.

Insbesondere ist jedes Primelement in $\mathscr{O}_K$ ein Teiler einer Primzahl in $\mathbb{Z}$.

Beweis: Ist $N(x)$ eine Primzahl in $\mathbb{Z}$, so ist x irreduzibel in $\mathscr{O}_K$, da jede nicht–triviale Zerlegung von x eine nicht–triviale Zerlegung von $N(x)$ impliziert. Nehmen wir jetzt an, dass x prim in $\mathscr{O}_K$ ist. x teilt seine Norm $N(x) = x\sigma(x)$. Zerlegen wir die Norm $N(x)$ in $\mathbb{Z}$ in ihre Primfaktoren, so muss x auf Grund seiner Primeigenschaft einen dieser Faktoren teilen. Nennen wir diesen p. Falls x assoziiert zu p ist, sind wir fertig. Sonst existiert eine Nicht–Einheit y mit $p = xy$. Anwenden der Normfunktion liefert

$$p^2 = N(p) = N(x) \cdot N(y).$$

Da x, y keine Einheiten sind, folgt $N(x), N(y) = \pm p$.

Weil jedes Element seine Norm teilt, ist der Zusatz in der Aussage des Satzes trivial. $\qquad$ □

Um zu beweisen, dass $\mathscr{O}_K$ ein faktorieller Ring ist, müssen wir zeigen, dass jedes irreduzible Element von $\mathscr{O}_K$ prim ist. Der folgende Satz reduziert diesen Nachweis bei quadratischen Zahlkörpern auf die irreduziblen Elemente aus $\mathscr{O}_K \cap \mathbb{Z}$.

Satz 17.17 *Für den Ring der ganzen Zahlen $\mathscr{O}_K$ eines quadratischen Zahlkörpers sind äquivalent:*

1. *$\mathscr{O}_K$ ist faktoriell.*

2. *Jede Primzahl $p \in \mathbb{P}$, die irreduzibel in $\mathscr{O}_K$ ist, ist auch prim in $\mathscr{O}_K$.*

3. *Jede Primzahl $p \in \mathbb{P}$ ist entweder prim in $\mathscr{O}_K$ oder es existiert ein $x \in \mathscr{O}_K$ mit $N(x) = \pm p$.*

Beweis: Der erste Punkt impliziert den zweiten nach Definition. Wir zeigen nun den dritten unter Annahme des zweiten. Sei $p \in \mathbb{P}$ nicht prim in $\mathscr{O}_K$, dann ist $p \in \mathbb{P}$ nach Voraussetzung sogar reduzibel. Lemma 17.15 impliziert die Existenz eines $x \in \mathscr{O}_K$ mit $N(x) = \pm p$.

Setzen wir schließlich Punkt 3 voraus und zeigen 1. Nach Lemma 17.13 müssen wir nur zeigen, dass jedes irreduzible Element $y \in \mathscr{O}_K$ auch prim ist. Sei $p \in \mathbb{P}$ ein Primteiler von $N(y)$ über $\mathbb{Z}$. Wenn p auch prim in $\mathscr{O}_K$ ist, dann folgt aus $p|N(y) = y\sigma(y)$, dass $p|y$ oder $p|\sigma(y)$. Letzteres impliziert $p = \sigma(p)|\sigma^2(y) = y$. Also ist auf jeden Fall p ein Teiler von y. Da y irreduzibel ist, ist es damit assoziiert zu dem Primelement p in $\mathscr{O}_K$.

Falls p nicht prim in $\mathscr{O}_K$ ist, wählen wir $x \in \mathscr{O}_K$ mit $N(x) = \pm p$. Wir wollen zeigen, dass x und damit auch $\sigma(x)$ prim ist. Da $x\sigma(x) = \pm p$ ist, haben wir echte Inklusionen $\mathscr{O}_K p \subsetneq \mathscr{O}_K x \subsetneq \mathscr{O}_K$ und $\mathscr{O}_K/\mathscr{O}_K x$ ist ein echter Quotientenring von $\mathscr{O}_K/\mathscr{O}_K p$. Da $\mathscr{O}_K = \mathbb{Z} \oplus \mathbb{Z}(\Delta + \sqrt{\Delta})/2$ ist, ist der Ring $\mathscr{O}_K/\mathscr{O}_K p$ isomorph zu $\mathbb{Z}/p\mathbb{Z} \times \mathbb{Z}/p\mathbb{Z}$. Der einzige echte nicht–triviale Quotienten-ring davon ist $\mathbb{Z}/p\mathbb{Z}$, wie man schon durch Betrachtungen auf Gruppenniveau sieht. Also ist $\mathscr{O}_K/\mathscr{O}_K x$ isomorph zum Körper $\mathbb{Z}/p\mathbb{Z}$. Nehmen wir nun an, dass x das Produkt wz von Elementen aus $\mathscr{O}_K$ teilt. Modulo $\mathscr{O}_K x$ — also im Körper $\mathscr{O}_K/\mathscr{O}_K x$ — heißt das

$$(w + \mathscr{O}_K x) \cdot (z + \mathscr{O}_K x) = 0.$$

Wegen der Nullteilerfreiheit eines Körpers muss $w + \mathscr{O}_K x = 0$ oder $z + \mathscr{O}_K x = 0$ sein. Also gilt $w \in \mathscr{O}_K x$ oder $z \in \mathscr{O}_K x$. Dies entspricht $x|w$ oder $x|z$ und x ist somit prim.

Jetzt können wir den Beweis ähnlich wie im Fall p prim abschließen. Aus $x|N(x) = \pm p$ und $p|N(y) = y\sigma(y)$ folgern wir $x|y\sigma(y)$. Aus der Primeigenschaft von x folgt $x|y$ oder $x|\sigma(y)$. Letzteres impliziert $\sigma(x)|\sigma^2(y) = y$. Da y irreduzibel ist, ist y also zu einem der Primelemente $x, \sigma(x)$ assoziiert. $\qquad\square$

Korollar 17.18 *Der Ring $\mathscr{O}_K$ der ganzen Zahlen eines imaginär–quadratischen Zahlkörpers $K = \mathbb{Q}(\sqrt{d})$, $d \in \mathbb{Z}$ quadratfrei, kann höchstens dann ein faktorieller Ring sein, wenn d prim oder -1 ist.*

Beweis: Wir nehmen an, dass das $d < -1$ nicht prim ist und wählen einen Primfaktor $p \geq 3$ von d. Nach Satz 17.14.1 ist p nicht prim in $\mathscr{O}_K$. Wir behaupten, dass $\pm p$ auch nicht im Bild der Normabbildung liegt. Dann ist $\mathscr{O}_K$ nach dem Satz kein faktorieller Ring.

Angenommen, es gibt ein $x \in \mathscr{O}_K$ mit $N(x) = \pm p$. Schreiben wir $x = (a + b\sqrt{d})/2$ mit $a, b \in \mathbb{Z}$, so bedeutet dies

$$a^2 - db^2 = \pm 4p.$$

Wegen $p|d$ folgt $p|a^2$, also $p|a$. Weiter muss $b \neq 0$ sein. Dann ist aber wegen $a^2/p \geq |a| \geq p \geq 3$ und $-d/p \geq 2$

$$N(x) = p \cdot \frac{a^2/p + (-d/p)b^2}{4} > p,$$

im Widerspruch zu $N(x) = \pm p$. $\qquad\square$

Aufgabe 17.19 Zeigen Sie, dass der Ring der ganzen Zahlen des quadratischen Zahlkörpers $\mathbb{Q}(\sqrt{-13})$ nicht faktoriell ist.

Zusatzaufgaben

Aufgabe 17.20 Bestimmen Sie zwei Elemente mit Norm -1 im Ring $\mathscr{O}_K$ der ganzen Zahlen im quadratischen Zahlkörper $K = \mathbb{Q}(\sqrt{29})$. Die Kettenbruchentwicklung von $\sqrt{29}$ ist $[5, \overline{2, 1, 1, 2, 10}]$.

Aufgabe 17.21 Sei K ein Zahlkörper und $x \in K$. Gilt die Implikation

$$N_K(x) = \pm 1 \Rightarrow x \in \mathcal{O}_K^\times?$$

Beweisen Sie die Aussage oder geben Sie ein Gegenbeispiel an.

Aufgabe 17.22 Sei $K = \mathbb{Q}(\sqrt{d})$ ein quadratischer Zahlkörper. Die Einheiten von $\mathcal{O}_K$ mit Norm 1 bilden eine Untergruppe von $\mathcal{O}_K^\times$, die wir mit $\mathcal{O}_{K,1}^\times$ bezeichnen. Zeigen Sie: Falls es eine Primzahl p gibt mit $p \mid d$ und $p \equiv 3 \bmod 4$, dann gilt $\mathcal{O}_K^\times = \mathcal{O}_{K,1}^\times$.

Aufgabe 17.23 Sei $p \geq 3$ eine Primzahl, $K = \mathbb{Q}(\sqrt{p})$ und η die Fundamentaleinheit von $\mathcal{O}_K$. Zeigen Sie, dass die folgenden Aussagen äquivalent sind:

1. $N(\eta) = -1$.

2. Die Gleichung $x^2 - py^2 = -1$ ist ganzzahlig lösbar.

3. Die Gleichung $x^2 - py^2 = -4$ ist ganzzahlig lösbar.

4. $p \equiv 1 \bmod 4$.

Aufgabe 17.24 Bestimmen Sie mit Hilfe des Einheitensatzes von Dirichlet die Struktur der Einheitengruppe von folgenden Körpern:

1. $\mathbb{Q}(\sqrt[3]{5})$.

2. $\mathbb{Q}(\zeta)$, wobei ζ eine primitive elfte Einheitswurzel ist.

3. $\mathbb{Q}(\alpha)$, wobei $\alpha \in \mathbb{C}$ eine Nullstelle des Polynoms $X^3 - X^2 - 5X - 1 \in \mathbb{Z}[X]$ ist.

Aufgabe 17.25 Bestimmen Sie, welche der folgenden Elemente in $\mathbb{Z}[\sqrt{3}]$ irreduzibel sind:

$$1 + 2\sqrt{3}, -2, 37, 17.$$

18 Die Idealklassengruppe

Wir haben bereits gesehen, dass nicht alle Ringe ganzer Zahlen faktoriell sind, d.h. ihre Elemente besitzen keine eindeutige Zerlegung in ein Produkt irreduzibler Elemente. Betrachten wir noch einmal zwei Beispiele:

$$6 = 2 \cdot 3 = -\sqrt{-6} \cdot \sqrt{-6} \qquad \text{in } \mathbb{Z}[\sqrt{-6}]$$
$$6 = 2 \cdot 3 = (6 + \sqrt{30}) \cdot (6 - \sqrt{30}) \quad \text{in } \mathbb{Z}[\sqrt{30}].$$

Die eindeutige Zerlegbarkeit eines Elementes hat sich jedoch als so nützlich erwiesen, dass man sie gerne irgendwie retten will. Kroneckers Idee war nun, die Elemente des Ringes der ganzen Zahlen $\mathscr{O}_K$ nicht in $\mathscr{O}_K$ zu zerlegen, sondern in einem etwas größeren Ring R, so dass sich dort die Elemente eindeutig zerlegen lassen. Da man nur diese eindeutige Zerlegbarkeit der Elemente aus $\mathscr{O}_K$ verlangt, muss R nicht notwendig faktoriell sein. Wir betrachten dies in unseren Beispielen nur für die Zahl 6. Im ersten Beispiel wählen wir den Ring $\mathbb{Z}[\sqrt{2}, \sqrt{-3}] \supseteq \mathbb{Z}[\sqrt{-6}]$. Dort haben wir die irreduzible Zerlegung

$$6 = -\sqrt{2} \cdot \sqrt{2} \cdot \sqrt{-3} \cdot \sqrt{-3}.$$

Wir erhalten die bisherigen Zerlegungen durch Zusammenfassen von jeweils zwei Faktoren. Ebenso gilt im zweiten Beispiel im Ring $\mathbb{Z}[\sqrt{2}, \sqrt{3}, \sqrt{5}] \supseteq \mathbb{Z}[\sqrt{30}]$

$$6 = \sqrt{2}^2 \cdot \sqrt{3}^2 \cdot (\sqrt{6} + \sqrt{5}) \cdot (\sqrt{6} - \sqrt{5}),$$

wobei die letzten beiden Faktoren Einheiten sind. Wieder finden wir durch zusammenfassen von Faktoren die beiden bisherigen Zerlegungen.

Obwohl dieser Ansatz von Kronecker prinzipiell zum Erfolg führt, ist die Beteiligung eines schwer zu bestimmenden größeren Ringes unangenehm. Dedekind hatte die Idee, statt den Ring zu vergrößern, besser den Begriff der Zahl zu verallgemeinern. Dazu definierte er die Ideale, die heute in allen Bereichen der Mathematik bekannt sind.

Wir erinnern uns, dass auf der Menge der Ideale eines Ringes R durch

$$I \cdot J = \left\{ \sum_{i=1}^{n} x_i y_i \,\middle|\, n \in \mathbb{N},\, x_i \in I,\, y_i \in J \right\}$$

eine Multiplikation definiert ist. Offensichtlich ist das Ideal R ein neutrales Element bezüglich dieser Operation.

Aufgabe 18.1 Zeigen Sie: Für zwei Ideale I, J gilt $I \cdot J \subseteq I \cap J$.

Als erstes motivierendes Beispiel bemerken wir, dass eine Zerlegung eines Elementes x in

$$x = y_1 \cdots y_n$$

einer Zerlegung des Hauptideals (x) in das Produkt der Hauptideale (y_i) entspricht

$$(x) = (y_1) \cdots (y_n).$$

Ein sofort auffallender Vorteil der Sprache mit den Idealen ist, dass zwei Elemente x und x' genau dann assoziiert sind, wenn $(x) = (x')$. Der lästige Zusatz „bis auf Assoziiertheit" wird also in den Sätzen entfallen.

Die Rolle der Primzahlen wird von den Primidealen übernommen. Diese lassen sich durch drei äquivalente Eigenschaften charakterisieren:

Satz 18.2 *Ein echtes Ideal $\mathfrak{p} \subsetneq R$ heißt Primideal, wenn es eine der folgenden drei äquivalenten Bedingungen erfüllt:*

1. Für alle $x, y \in R$ mit $x \cdot y \in \mathfrak{p}$ folgt $x \in \mathfrak{p}$ oder $y \in \mathfrak{p}$.

2. Für alle Ideale $I, J \subseteq R$ mit $I \cdot J \subseteq \mathfrak{p}$ folgt $I \subseteq \mathfrak{p}$ oder $J \subseteq \mathfrak{p}$.

3. $R/\mathfrak{p}$ ist ein Integritätsring.

Beweis: Zunächst zeigen wir, dass aus der ersten Bedingung die zweite folgt. Sei $I \cdot J \subseteq \mathfrak{p}$, aber $J \not\subseteq \mathfrak{p}$. Wir wählen $y \in J \setminus \mathfrak{p}$. Dann gilt für jedes $x \in I$, dass $xy \in I \cdot J \subseteq \mathfrak{p}$. Nach Voraussetzung folgt $x \in \mathfrak{p}$. Dies zeigt $I \subseteq \mathfrak{p}$.

Für die umgekehrte Schlussfolgerung seien $x, y \in R$ mit $xy \in \mathfrak{p}$ gegeben. Dann folgt aus $(x) \cdot (y) \subseteq \mathfrak{p}$ bereits $(x) \subseteq \mathfrak{p}$ oder $(y) \subseteq \mathfrak{p}$, d.h. $x \in \mathfrak{p}$ oder $y \in \mathfrak{p}$.

Um die Eigenschaft 3 aus 1 abzuleiten, sei für $x, y \in R$

$$0 = (x + \mathfrak{p}) \cdot (y + \mathfrak{p}) = xy + \mathfrak{p} \qquad \text{in } R/\mathfrak{p}.$$

Dies bedeutet $xy \in \mathfrak{p}$. Nach Bedingung 1 folgt $x \in \mathfrak{p}$ oder $y \in \mathfrak{p}$ und entsprechend $x + \mathfrak{p} = 0$ oder $y + \mathfrak{p} = 0$. $R/\mathfrak{p}$ ist also nullteilerfrei.

Setzen wir schließlich die Nullteilerfreiheit von $R/\mathfrak{p}$ voraus und zeigen die Bedingung 1. Seien $x, y \in R$ mit $xy \in \mathfrak{p}$ gegeben, dann ist

$$(x + \mathfrak{p}) \cdot (y + \mathfrak{p}) = xy + \mathfrak{p} = 0.$$

Aus der Nullteilerfreiheit folgt $x + \mathfrak{p} = 0$ oder $y + \mathfrak{p} = 0$, d.h. $x \in \mathfrak{p}$ oder $y \in \mathfrak{p}$. □

Dass die Beziehung zwischen Primidealen und Primelementen sehr eng ist, zeigt auch das folgende Lemma.

Lemma 18.3 *Sei R ein Integritätsring. Ein Hauptideal $\mathfrak{p} = (p)$ ist genau dann ein Primideal, wenn p prim in R ist.*

Beweis: Sei p prim in R und $x,y \in R$ mit $xy \in \mathfrak{p} = (p)$, d.h. $p|xy$. Da p prim ist, folgt $p|x$ oder $p|y$. Dies ist äquivalent zu $x \in (p) = \mathfrak{p}$ oder $y \in (p) = \mathfrak{p}$. Das Ideal $\mathfrak{p}$ ist also ein Primideal.

Setzen wir dies nun voraus. Seien $x,y \in R$ gegeben mit $p|xy$. Dies können wir als $(x) \cdot (y) \subseteq (p) = \mathfrak{p}$ sehen. Da $\mathfrak{p}$ ein Primideal ist, folgt $(x) \subseteq (p)$ oder $(y) \subseteq (p)$, d.h. $p|x$ oder $p|y$. Das Element p ist daher prim. $\qquad\square$

Unter den Primidealen sind die maximalen besonders wichtig. Für sie haben wir zwei Charakterisierungsmöglichkeiten.

Satz 18.4 *Ein Ideal* $\mathfrak{m} \neq R$ *heißt maximales Ideal, wenn es eine der folgenden äquivalenten Bedingungen erfüllt:*

1. *Für jedes Ideal I mit $\mathfrak{m} \subsetneq I$ folgt $I = R$.*

2. *$R/\mathfrak{m}$ ist ein Körper.*

Beweis: Das Ideal besitze die erste Eigenschaft. Da $R/\mathfrak{m}$ ein Ring ist, müssen wir nur zeigen, dass jedes $0 \neq x + \mathfrak{m} \in R/\mathfrak{m}$ ein inverses Element besitzt. Das Ideal $(x) + \mathfrak{m}$ ist echt größer als $\mathfrak{m}$ und somit bereits ganz R. Es gibt also ein $y \in R$ und $z \in \mathfrak{m}$ mit $1 = xy + z$. Dies heißt

$$1 = (x + \mathfrak{m}) \cdot (y + \mathfrak{m}),$$

und $y + \mathfrak{m}$ ist invers zu $x + \mathfrak{m}$.

Setzen wir nun voraus, dass $R/\mathfrak{m}$ ein Körper ist. Sei I ein Ideal mit $I \supsetneq \mathfrak{m}$. Wir wählen $x \in I \setminus \mathfrak{m}$ und dazu ein $y \in R$ mit $1 = (x + \mathfrak{m}) \cdot (y + \mathfrak{m})$. Es gibt also ein $z \in \mathfrak{m}$ mit $xy + z = 1$. Wegen $x \in I$ und $z \in \mathfrak{m} \subseteq I$ folgt $1 \in I$ und somit $I = R$. $\qquad\square$

Aus den jeweils letzten Bedingungen der Sätze 18.2 und 18.4 folgt insbesondere, dass jedes maximale Ideal ein Primideal ist.

Unser Ziel ist es zu zeigen, dass in dem Ring ganzer Zahlen eines Zahlkörpers jedes Ideal in ein bis auf Reihenfolge eindeutiges Produkt von Primidealen zerlegt werden kann.

Betrachten wir unter diesen Gesichtspunkten unsere Eingangsbeispiele erneut. Im Ring $\mathbb{Z}[\sqrt{-6}]$ hatten wir die folgenden zwei Zerlegungen der 6 in irreduzible Elemente:

$$6 = 2 \cdot 3 = -\sqrt{-6} \cdot \sqrt{-6}.$$

Nach Satz 17.14 sind 2 und 3 nicht prim, somit sind nach Lemma 18.3 die Hauptideale (2) und (3) keine Primideale. Die obige Zerlegung legt nahe, die Ideale $\mathfrak{p}_1 := (2, \sqrt{-6})$ und $\mathfrak{p}_2 := (3, \sqrt{-6})$ zu betrachten. Diese sind tatsächlich (maximale) Primideale, da $\mathbb{Z}[\sqrt{-6}]/\mathfrak{p}_1 \cong \mathbb{Z}/2\mathbb{Z}$ und $\mathbb{Z}[\sqrt{-6}]/\mathfrak{p}_2 \cong \mathbb{Z}/3\mathbb{Z}$ Körper sind. Es gilt

$$\mathfrak{p}_1 \cdot \mathfrak{p}_1 = (2, \sqrt{-6}) \cdot (2, \sqrt{-6}) = (4, 2\sqrt{-6}, -6) = (2) \quad \text{und}$$

$$\mathfrak{p}_2 \cdot \mathfrak{p}_2 = (3, \sqrt{-6}) \cdot (3, \sqrt{-6}) = (9, 3\sqrt{-6}, -6) = (3).$$

Daher ist

$$(6) = (\mathfrak{p}_1)^2 \cdot (\mathfrak{p}_2)^2$$

die eindeutige Zerlegung des Hauptideals (6) als Produkt von Primidealen.

Die Zerlegung $6 = -\sqrt{-6} \cdot \sqrt{-6}$ erhalten wir, wenn wir das Produkt als

$$(6) = (\mathfrak{p}_1 \mathfrak{p}_2) \cdot (\mathfrak{p}_1 \mathfrak{p}_2)$$

zusammenfassen, da

$$\mathfrak{p}_1 \mathfrak{p}_2 = (2, \sqrt{-6}) \cdot (3, \sqrt{-6}) = (6, 2\sqrt{-6}, 3\sqrt{-6}, -6) = (\sqrt{-6}).$$

Beim zweiten Beispiel hatten wir im Ring $\mathbb{Z}[\sqrt{30}]$ die Zerlegungen

$$6 = 2 \cdot 3 = (6 + \sqrt{30})(6 - \sqrt{30}).$$

Hier ist die Zerlegung des Hauptideals (6) als Produkt von Primidealen

$$(6) = \mathfrak{p}_1^2 \cdot \mathfrak{p}_2^2 \quad \text{mit} \quad \begin{aligned} \mathfrak{p}_1 &= (2, 6 + \sqrt{30}) = (2, 6 - \sqrt{30}) = (2, \sqrt{30}) \\ \mathfrak{p}_2 &= (3, 6 + \sqrt{30}) = (3, 6 - \sqrt{30}) = (3, \sqrt{30}). \end{aligned}$$

Es gilt

$$\mathfrak{p}_1^2 = (2), \qquad \mathfrak{p}_2^2 = (3), \qquad \mathfrak{p}_1 \mathfrak{p}_2 = (6, 2\sqrt{30}, 3\sqrt{30}, 30) = (6, \sqrt{30}) = (6 \pm \sqrt{30}).$$

Die Zerlegung von allen Idealen in ein Produkt von Primidealen ist jedoch nicht in jedem Ring möglich, sondern nur in den sogenannten Dedekind–Ringen. (Für die Eigenschaft noethersch siehe Anhang B.6.)

Definition 18.5 *Ein* Dedekind–Ring *ist ein ganz–abgeschlossener, noetherscher Integritäts-ring, in dem jedes Primideal $\mathfrak{p} \neq 0$ schon maximal ist.*

Satz 18.6 *Der Ring der ganzen Zahlen $\mathcal{O}_K$ eines Zahlkörpers K ist ein Dedekind–Ring.*

Beweis: Wir erinnern uns, dass $\mathcal{O}_K$ nach Satz 16.10 ganz–abgeschlossen ist. Wir zeigen nun, dass $\mathcal{O}_K$ noethersch ist. Wir wissen, dass $\mathcal{O}_K$ als additive Gruppe isomorph zu $\mathbb{Z}^n$ mit $n = \dim_{\mathbb{Q}} K$ ist. Jedes Ideal $I \subseteq \mathcal{O}_K$ ist nach Aufgabe 6.23 als additive Gruppe isomorph zu $\mathbb{Z}^k$ mit $k \leq n$. Insbesondere ist es bereits als abelsche Gruppe von endlich vielen Elementen erzeugt.

Sei $\mathfrak{p} \neq 0$ ein Primideal. Wir wollen zeigen, dass $\mathfrak{p}$ maximal ist. Nach Korollar 16.18 enthält $\mathfrak{p}$ eine ganze Zahl $m \neq 0$. Der Ring $\mathcal{O}_K / m\mathcal{O}_K$ ist auf Grund des Isomorphismus $\mathcal{O}_K \cong \mathbb{Z}^n$ als abelsche Gruppe isomorph zu $\mathbb{Z}^n / m\mathbb{Z}^n \cong (\mathbb{Z}/m\mathbb{Z})^n$. Insbesondere ist $\mathcal{O}_K / m\mathcal{O}_K$ endlich. Dies muss wegen $\mathfrak{p} \supseteq m\mathcal{O}_K$ auch für den Quotienten $\mathcal{O}_K / \mathfrak{p}$ gelten. Als endlicher Integritätsring ist $\mathcal{O}_K / \mathfrak{p}$ bereits ein Körper, und somit ist $\mathfrak{p}$ maximal. $\qquad \square$

Bevor wir zeigen, dass jedes Ideal ein Produkt von Primidealen ist, erweitern wir noch den Begriff des Ideals und zeigen, dass wir dadurch eine Gruppenstruktur auf dieser Menge erhalten.

Definition 18.7 *Sei K der Quotientenkörper eines Integritätsrings R. Ein gebrochenes Ideal I ist eine Teilmenge von K ungleich* $\{0\}$, *für die ein* $0 \neq r \in R$ *existiert, so dass* $rI \subseteq R$ *ein Ideal in R ist.*

Ein gebrochenes Ideal $(x) := Rx$ *mit* $x \in K^{\times}$ *heißt* gebrochenes Hauptideal.

Ein Ideal $I \neq 0$ *in R bezeichnet man als* ganzes Ideal.

$I(R)$ *bezeichnet die Menge der gebrochenen Ideale,* $H(R)$ *die Menge der gebrochenen Hauptideale.*

Beispiel Jedes gebrochene Hauptideal (x) ist ein gebrochenes Ideal, weil $x^{-1}(x) = R$.

Auf den gebrochenen Idealen definieren wir ein Produkt durch die gleiche Formel wie bei den ganzen Idealen. Dass das Produkt zweier gebrochener Ideale I, J wieder ein gebrochenes Ideal ist, ist eine einfache Überlegung: Nach Definition existieren $0 \neq r, s \in R$, so dass $rI, sJ \subseteq R$ Ideale sind. Dann ist auch $(rI) \cdot (sJ) = rs(IJ) \subseteq R$ ein Ideal und somit IJ ein gebrochenes Ideal.

Offensichtlich wird durch dieses Produkt die Menge $H(R)$ zu einer abelschen Gruppe, in der das Inverse zum gebrochenen Hauptideal (x) durch (x^{-1}) gegeben ist. Um zu zeigen, dass auch $I(R)$ mit diesem Produkt zu einer Gruppe wird, müssen wir das Inverse eines gebrochenen Ideals konstruieren. Der Kandidat ist der folgende

$$I^{-1} := \{x \in K \mid xI \subseteq R\}.$$

Per Definition gilt dann $I^{-1} \cdot I \subseteq R$. Die Menge I^{-1} ist auch wirklich ein gebrochenes Ideal. Um dies zu sehen, wählen wir ein $0 \neq r \in I \cap R$. Dann ist $rI^{-1} \subseteq I \cdot I^{-1} \subseteq R$. Die Abgeschlossenheit von I^{-1} — und damit auch von rI^{-1} — bezüglich der Addition und der Multiplikation mit Elementen aus R ist klar, somit ist rI^{-1} ein Ideal und I^{-1} ein gebrochenes Ideal.

Der Beweis, dass in einem Dedekind–Ring die Gleichung $I^{-1} \cdot I = R$ gilt, erfordert etwas Vorbereitung.

Aufgabe 18.8 Berechnen Sie im Ring der ganzen Zahlen des Zahlkörpers $\mathbb{Q}(\sqrt{2})$ die Inversen der Ideale
$$I = (3, 1 + 2\sqrt{2}) \qquad \text{und} \qquad J = (7, 1 + 2\sqrt{2}).$$

Lemma 18.9 *Sei R ein Dedekind–Ring und I ein ganzes Ideal. Dann gibt es maximale Primideale* $\mathfrak{p}_1, \ldots, \mathfrak{p}_n$ *mit*
$$\mathfrak{p}_1 \cdot \mathfrak{p}_2 \cdots \mathfrak{p}_n \subseteq I.$$

Das leere Produkt (also $n = 0$) ist nach Konvention R.

Beweis: Sei M die Menge der Ideale, die das Lemma nicht erfüllen. Wir müssen zeigen, dass M leer ist. Angenommen, dies ist nicht der Fall. In M gibt es ein Ideal I, das maximal bezüglich der Inklusion ist; denn sollte es zu jedem Ideal in M immer ein größeres geben, dann erhalten wir eine echt aufsteigende Kette von Idealen, im Widerspruch zu R noethersch.

Das Ideal I kann kein Primideal sein, weil Primideale das Lemma trivialerweise erfüllen. Wir können daher $x, y \in R \setminus I$ wählen mit $xy \in I$. Seien
$$I_x := I + (x) \qquad \text{und} \qquad I_y := I + (y).$$

Beide Ideale liegen nicht in der Menge M, weil sie größer als I sind und I maximal in M ist. Sie enthalten daher beide ein Produkt von Primidealen, also

$$\mathfrak{p}_1 \cdots \mathfrak{p}_n \subseteq I_x \qquad \text{und} \qquad \mathfrak{q}_1 \cdots \mathfrak{q}_m \subseteq I_y.$$

Nun gilt

$$I_x \cdot I_y = I \cdot I + I \cdot (y) + (x) \cdot I + (xy) \subseteq I$$
$$\implies \quad \mathfrak{p}_1 \cdots \mathfrak{p}_n \cdot \mathfrak{q}_1 \cdots \mathfrak{q}_m \subseteq I$$

Folglich ist I nicht in M, im Widerspruch zu unserer Annahme. $\qquad\qquad\square$

Satz 18.10 *Sei R ein Dedekind–Ring. Dann ist die Menge aller gebrochenen Ideale $\mathrm{I}(R)$ eine multiplikative, abelsche Gruppe.*

Insbesondere ist I^{-1} das zu einem gebrochenen Ideal I inverse Ideal.

Beweis: Es reicht zu zeigen, dass I^{-1} das Inverse zu I ist. Sei zunächst I ein ganzes Primideal. Wegen $R \subseteq I^{-1}$ gilt

$$I = I \cdot R \subseteq I \cdot I^{-1} \subseteq R.$$

Weil das Primideal I in einem Dedekind–Ring auch ein maximales Ideal ist, gilt $I \cdot I^{-1} = I$ oder $I \cdot I^{-1} = R$. Das zweite ist unsere Behauptung, also müssen wir zeigen, dass das erste unmöglich ist.

Nehmen wir an, es gelte $I \cdot I^{-1} = I$. Wir wählen $0 \neq x \in I$ und $\mathfrak{p}_1, \ldots, \mathfrak{p}_n$ nach dem Lemma, so dass

$$\mathfrak{p}_1 \cdots \mathfrak{p}_n \subseteq (x) \subseteq I$$

und n minimal unter diesen Bedingungen ist. Nach Satz 18.2 ist eines der Primideale $\mathfrak{p}_i$ in I enthalten. Sei dies ohne Einschränkung $\mathfrak{p}_1$. Da I und $\mathfrak{p}_1$ maximale Ideale sind, gilt sogar $\mathfrak{p}_1 = I$. Weiter gilt

$$\mathfrak{p}_2 \cdots \mathfrak{p}_n \not\subseteq (x)$$

wegen der Minimalität von n.

Sei nun $y \in \mathfrak{p}_2 \cdots \mathfrak{p}_n \setminus (x)$ und $z := y/x$. Durch diese Wahl ist $yI = y\mathfrak{p}_1 \subseteq (x)$, also $zI \subseteq R$ und folglich $z \in I^{-1}$. Das Element z kann nicht in R liegen, weil sonst $y = xz \in (x)$ wäre, im Widerspruch zu unserer Wahl von y. Nach unserer Annahme $I^{-1} \cdot I = I$ haben wir jetzt die folgende Situation

$$zI \subseteq I^{-1} \cdot I = I.$$

Wir zeigen nun ähnlich wie im Beweis von Satz 16.5, dass z ganz über R ist. Sei $(e_1, \ldots, e_m)$ ein Erzeugendensystem von I über R. Dann gibt es $\lambda_{ij} \in R$ mit

$$ze_i = \sum_{j=1}^{m} \lambda_{ij} e_j \qquad \text{für } i = 1, \ldots, m$$

$$\implies \quad 0 = \sum_{j=1}^{m} (\delta_{ij} z - \lambda_{ij}) e_j \quad \text{für } i = 1, \ldots, m$$

$$\implies \quad 0 = \det(\delta_{ij} z - \lambda_{ij}).$$

Die Entwicklung der Determinante liefert eine Ganzheitsgleichung vom Grad m für z. Somit ist z ganz über R und folglich $z \in R$ wegen der Abgeschlossenheit von R in seinem Quotientenkörper. Dies widerspricht dem eben gezeigten $z \notin R$. Insgesamt erhalten wir $I \cdot I^{-1} = R$.

Wir wollen jetzt $I \cdot I^{-1} = R$ für ein beliebiges ganzes Ideal I zeigen. Sei wieder M die Menge der Ideale, für die das nicht gilt und I ein bezüglich der Inklusion maximales Ideal in M. Dies ist in einem Primideal $\mathfrak{p}$ enthalten, welches selbst nach dem eben Gezeigten invertierbar ist. Für das Ideal $\mathfrak{p}^{-1}I$ gilt daher wegen $R \subseteq \mathfrak{p}^{-1}$

$$I = R \cdot I \subseteq \mathfrak{p}^{-1} \cdot I \subseteq \mathfrak{p}^{-1} \cdot \mathfrak{p} = R,$$

insbesondere ist $\mathfrak{p}^{-1}I$ ein ganzes Ideal.

Wir wollen die Gleichheit $I = \mathfrak{p}^{-1}I$ ausschließen. Sollte sie gelten, so hätten wir $zI \subseteq I$ für jedes $z \in \mathfrak{p}^{-1}$. Wie oben sieht man, dass z ganz über R ist, also in R liegt. Es würde $\mathfrak{p}^{-1} \subseteq R$ und somit $\mathfrak{p} \cdot \mathfrak{p}^{-1} \subseteq \mathfrak{p}$ im Widerspruch zu $\mathfrak{p}^{-1} \cdot \mathfrak{p} = R$ folgen.

Wir haben also $I \subsetneq \mathfrak{p}^{-1}I$. Da I maximal in M ist, liegt $J := \mathfrak{p}^{-1}I$ nicht in M, erfüllt also $J \cdot J^{-1} = R$. Es folgt die Invertierbarkeit von I:

$$I \cdot (\mathfrak{p}^{-1}J^{-1}) = (\mathfrak{p}^{-1}I) \cdot J^{-1} = J \cdot J^{-1} = R.$$

Wir müssen noch zeigen, dass das Inverse von I das oben definierte Ideal I^{-1} ist. Nach Definition von I^{-1} folgt aus der vorangehenden Gleichung $\mathfrak{p}^{-1} \cdot J^{-1} \subseteq I^{-1}$ und daher

$$R = I \cdot (\mathfrak{p}^{-1}J^{-1}) \subseteq I \cdot I^{-1} \subseteq R,$$

somit gilt auch die Gleichheit $I \cdot I^{-1} = R$.

Zum Abschluss sei I ein beliebiges gebrochenes Ideal. Nach Definition existiert ein $x \neq 0$ im Quotientenkörper, so dass $xI \subseteq R$. Aus dem eben Gezeigten folgt $(xI) \cdot (xI)^{-1} = R$ und somit

$$I \cdot \left(x(xI)^{-1} \right) = R.$$

Das gebrochene Ideal ist also invertierbar und wie oben schließen wir, dass I^{-1} sein Inverses ist. □

Satz 18.11 *Sei R ein Dedekind–Ring. Jedes ganze Ideal in R kann in ein Produkt von Primidealen zerlegt werden. Diese Zerlegung ist bis auf Reihenfolge eindeutig.*

Jedes gebrochene Ideal I kann als endliches Produkt

$$I = \prod \mathfrak{p}^{v_\mathfrak{p}(I)}$$

von ganzzahligen Potenzen von Primidealen geschrieben werden.

Die eindeutigen Exponenten $v_\mathfrak{p}(I)$ heißen Bewertungen *von I.*

Beweis: Sei I ein ganzes Ideal. Wir beweisen zunächst die Existenz der Primidealzerlegung. Falls es Ideale gibt, für die das nicht möglich ist, wählen wir unter diesen ein bezüglich der Inklusion maximales Ideal I. Sei $\mathfrak{p}_1$ ein (maximales) Primideal, welches I enthält. Aus $I \subseteq \mathfrak{p}_1$

folgt $\mathfrak{p}_1^{-1}I \subseteq R$. Das gebrochene Ideal $\mathfrak{p}_1^{-1}I$ ist also ganz. Es gilt $I \subsetneq \mathfrak{p}_1^{-1}I$, weil aus $I = \mathfrak{p}_1^{-1}I$ wegen der Gruppeneigenschaft von $I(R)$ die Gleichheit $\mathfrak{p}_1^{-1} = R$, also $\mathfrak{p}_1 = R$ folgen würde.

Für das Ideal $\mathfrak{p}_1^{-1}I$ gibt es wegen $\mathfrak{p}_1^{-1}I \supsetneq I$ nach Wahl von I eine Produktzerlegung

$$\mathfrak{p}_1^{-1}I = \mathfrak{p}_2 \cdots \mathfrak{p}_n,$$

somit besitzt I die Produktzerlegung

$$I = \mathfrak{p}_1 \cdots \mathfrak{p}_n,$$

im Widerspruch zur Wahl von I.

Um die Eindeutigkeit der Produktzerlegung bis auf Reihenfolge einzusehen, starten wir mit zwei Zerlegungen eines ganzen Ideals

$$I = \mathfrak{p}_1 \cdots \mathfrak{p}_n = \mathfrak{q}_1 \cdots \mathfrak{q}_m.$$

Aus $\mathfrak{p}_1 \supseteq I = \mathfrak{q}_1 \cdots \mathfrak{q}_m$ folgt nach der Primidealeigenschaft von $\mathfrak{p}_1$, dass es ein $\mathfrak{q}_i$ gibt mit $\mathfrak{p}_1 \supseteq \mathfrak{q}_i$. Sei dies ohne Einschränkung $\mathfrak{q}_1$. Da $\mathfrak{p}_1$ und $\mathfrak{q}_1$ maximale Ideale sind, gilt bereits $\mathfrak{p}_1 = \mathfrak{q}_1$. Nach Satz 18.10 können wir jetzt $\mathfrak{p}_1$ aus der Produktzerlegung kürzen. Wir erhalten

$$\mathfrak{p}_2 \cdots \mathfrak{p}_n = \mathfrak{q}_2 \cdots \mathfrak{q}_m.$$

Nach endlich vielen Wiederholungen sehen wir, dass die $\mathfrak{p}_i$ und $\mathfrak{q}_j$ bis auf Reihenfolge gleich sind.

Betrachten wir jetzt den Fall eines gebrochenen Ideals I. Dann existiert ein $r \in R \setminus \{0\}$, so dass $rI \subseteq R$ ein ganzes Ideal ist. Falls $\mathfrak{p}_1 \cdots \mathfrak{p}_n$ und $\mathfrak{q}_1 \cdots \mathfrak{q}_m$ die Produktzerlegungen von rI bzw. (r) sind, dann hat I die Zerlegung

$$I = (r)^{-1}(rI) = \mathfrak{q}_1^{-1} \cdots \mathfrak{q}_m^{-1} \cdot \mathfrak{p}_1 \cdots \mathfrak{p}_n.$$

Zusammenfassen von gleichen Idealen zu einer Potenz führt zur gewünschten Gestalt in der Aussage des Satzes.

Solche Darstellungen müssen auch eindeutig sein. Haben wir zwei Darstellungen eines gebrochenen Ideals, dann multiplizieren wir beide so mit Potenzen der Primideale, die mit negativen Exponenten in den Darstellungen vorkommen, dass wir zwei Darstellungen eines ganzen Ideals J bekommen. Die Eindeutigkeit der Darstellung von J als Produkt von Primidealen impliziert, dass die Primidealzerlegungen des gebrochenen Ideals I bis auf Reihenfolge gleich sind. □

Die Eigenschaften der Dedekind–Ringe, die in den letzten beiden Sätzen gezeigt wurden, charakterisieren diese, d.h. ein Integritätsring, für den die Folgerung des Satzes 18.10 oder 18.11 gilt, ist ein Dedekind–Ring [R2, §7.1].

Aufgabe 18.12 Sei $K = \mathbb{Q}(\sqrt{d})$ ein quadratischer Zahlkörper. Zerlegen Sie die Hauptideale (p), $p \in \mathbb{P}$, in Primideale.

Um in der multiplikativen Sprache der Produktzerlegung bleiben zu können, definiert man die Teilbarkeit von Idealen. Wir werden aber unmittelbar im Anschluss an die Definition sehen, dass die Definition nur eine andere Schreibweise für die Inklusion ist.

Definition 18.13 *Seien I, J zwei ganze Ideale in einem Integritätsring. Dann teilt das Ideal I das Ideal J (geschrieben als $I|J$) genau dann, wenn es ein ganzes Ideal L gibt mit $I \cdot L = J$.*

Lemma 18.14 *Für zwei ganze Ideale in einem Dedekind–Ring gilt:*

$$I|J \iff J \subseteq I.$$

Beweis: Wenn I das Ideal J teilt, gibt es ein ganzes Ideal L mit $I \cdot L = J$. Wegen $L \subseteq R$ folgt $I \supseteq J$. Setzen wir andererseits $J \subseteq I$ voraus, so ist $I^{-1} \cdot J \subseteq I^{-1} \cdot I = R$ ein ganzes Ideal. Die triviale Gleichheit

$$I \cdot (I^{-1} \cdot J) = J$$

impliziert nun, dass I das Ideal J teilt. $\square$

Für die ganzen Ideale eines Dedekind–Ringes kann man jetzt durch die gleichen Formeln wie bei einem faktoriellen Ring den größten gemeinsamer Teiler und das kleinste gemeinsame Vielfache definieren. Man erhält auch analoge Aussagen:

Lemma 18.15 *Sind $I = \prod_{\mathfrak{p}} \mathfrak{p}^{n_{\mathfrak{p}}}, J = \prod_{\mathfrak{p}} \mathfrak{p}^{m_{\mathfrak{p}}}$ zwei ganze Ideale in einem Dedekind–Ring, so gilt*

$$I + J = \mathrm{ggT}(I, J) = \prod_{\mathfrak{p}} \mathfrak{p}^{\min\{n_{\mathfrak{p}}, m_{\mathfrak{p}}\}} \qquad \text{und}$$

$$I \cap J = \mathrm{kgV}(I, J) = \prod_{\mathfrak{p}} \mathfrak{p}^{\max\{n_{\mathfrak{p}}, m_{\mathfrak{p}}\}}.$$

Sind I, J teilerfremd, so gilt

$$I \cap J = I \cdot J \qquad \text{und} \qquad I + J = R.$$

Beweis: Die Formeln

$$\mathrm{ggT}(I, J) = \prod_{\mathfrak{p}} \mathfrak{p}^{\min\{n_{\mathfrak{p}}, m_{\mathfrak{p}}\}} \qquad \text{und} \qquad \mathrm{kgV}(I, J) = \prod_{\mathfrak{p}} \mathfrak{p}^{\max\{n_{\mathfrak{p}}, m_{\mathfrak{p}}\}}$$

folgen genau wie Fall der faktoriellen Ringe.

Die Formel $I + J = \mathrm{ggT}(I, J) =: L$ leiten wir wie folgt ab: Die Teilbarkeiten $L|I$ und $L|J$ bedeuten $I \subseteq L$ und $J \subseteq L$. Also haben wir notwendigerweise $I + J \subseteq L$. Das Ideal $I + J$ ist per Definition das kleinste Ideal, das I und J enthält, und damit der größte gemeinsame Teiler der Ideale I und J.

Die Formel $I \cap J = \mathrm{kgV}(I, J)$ wird analog bewiesen. Für teilerfremde I und J, also $n_{\mathfrak{p}} m_{\mathfrak{p}} = 0$ für alle $\mathfrak{p}$, ist

$$I \cap J = \prod_{\mathfrak{p}} \mathfrak{p}^{\max\{n_{\mathfrak{p}}, m_{\mathfrak{p}}\}} = I \cdot J$$

$$I + J = \prod_{\mathfrak{p}} \mathfrak{p}^{\min\{n_{\mathfrak{p}}, m_{\mathfrak{p}}\}} = \prod_{\mathfrak{p}} \mathfrak{p}^0 = R.$$

$\square$

Durch Untersuchung der Gruppe der invertierbaren Ideale kann man entscheiden, ob ein Dedekind–Ring faktoriell ist. Dafür machen wir zunächst die folgende erstaunliche Beobachtung:

Satz 18.16 *Sei R ein Dedekind–Ring. Dann ist R genau dann ein faktorieller Ring, wenn er ein Hauptidealring ist.*

Beweis: Nach Satz 2.18 sind Hauptidealringe immer faktoriell. Nehmen wir daher an, dass R faktoriell ist. Es reicht zu zeigen, dass jedes Primideal ein Hauptideal ist, denn dann ist jedes ganze Ideal als Produkt von Primidealen auch ein Hauptideal. Sei also $\mathfrak{p} \neq 0$ ein Primideal. Wir wählen ein $0 \neq x \in \mathfrak{p}$ und zerlegen es im Ring R in Primfaktoren

$$x = p_1 \cdots p_n \in \mathfrak{p}.$$

Auf Idealebene bedeutet dies

$$\mathfrak{p} | (x) = (p_1) \cdot (p_2) \cdots (p_n).$$

Da $\mathfrak{p}$ ein Primideal ist, folgt $\mathfrak{p} | (p_i)$ für ein geeignetes i. Nun ist auch (p_i) nach Lemma 18.3 ein (maximales) Primideal, so dass bereits $\mathfrak{p} = (p_i)$ gelten muss. Insbesondere ist $\mathfrak{p}$ ein Hauptideal. □

Um die Abweichung eines Dedekind–Ringes von einem Hauptidealring zu messen, definieren wir:

Definition 18.17 *Sei R ein Dedekind–Ring. Die* Idealklassengruppe Cl(R) *von R ist die Quotientengruppe*

$$\mathrm{Cl}(R) = \mathrm{I}(R)/\mathrm{H}(R).$$

Es ist üblich, statt in der Idealklassengruppe in der Gruppe der gebrochenen Ideale mit der entsprechenden Äquivalenzrelation zu rechnen. Für zwei gebrochene Ideale setzt man daher

$$
\begin{aligned}
I \sim J \quad &\Longleftrightarrow \quad I \cdot \mathrm{H}(R) = J \cdot \mathrm{H}(R) \\
&\Longleftrightarrow \quad \exists x \in K^\times : I = (x) \cdot J \\
&\Longleftrightarrow \quad \exists x \in K^\times : I = xJ.
\end{aligned}
$$

Korollar 18.18 *Für einen Dedekind–Ring R sind äquivalent:*

1. *R ist faktoriell.*

2. *R ist ein Hauptidealring.*

3. *Cl(R) = $\{1\}$.*

Beweis: Es bleibt die fast triviale Äquivalenz von 2 und 3 zu zeigen. Sei R ein Hauptidealring und I ein beliebiges gebrochenes Ideal. Dann existiert ein $r \in R \setminus \{0\}$, so dass $rI \subseteq R$ ein ganzes Ideal ist. Hier ist rI sogar ein Hauptideal (x) für ein $x \in R$. Folglich ist $I = (r^{-1}x)$ ein gebrochenes Hauptideal.

Setzen wir jetzt voraus, dass Cl(R) trivial ist. Sei $0 \neq I \subseteq R$ ein beliebiges Ideal. Dann ist I ein gebrochenes Hauptideal, also $I = (x)$ mit $x \in K^\times$. Wegen $I \subseteq R$ gilt $x \in R$, somit ist I ein Hauptideal. Schließlich ist daher R ein Hauptidealring. □

Im nächsten Abschnitt werden wir die Idealklassengruppe des Ringes der ganzen Zahlen eines quadratischen Zahlkörpers berechnen. Wir können also insbesondere für diese Ringe entscheiden, ob sie faktoriell sind oder nicht. Wir werden auch sehen, dass für diese Zahlkörper die Idealklassengruppe immer endlich ist.

Mit Hilfe der Minkowski–Gittertheorie kann man die Endlichkeit ganz allgemein für die Ringe ganzer Zahlen von Zahlkörpern beweisen. Wir wollen dies hier ohne Beweis als Satz festhalten, da es mit anderen Techniken bewiesen wird, als den bisher in diesem Buch benutzten.

Satz 18.19 *Die Idealklassengruppe eines Zahlkörpers ist endlich.*

Beweis: Siehe Satz D.20 in Anhang D.   □

Definition 18.20 *Die* Klassenzahl *h eines Zahlkörpers ist die Ordnung seiner Idealklassengruppe.*

Eine Konsequenz der Endlichkeit der Idealklassengruppe ist zum Beispiel, dass für jedes ganze Ideal I die Potenz I^h ein Hauptideal ist.

Zusatzaufgaben

Aufgabe 18.21 In $\mathbb{Z}[\sqrt{-41}]$ gilt die Faktorisierung $42 = 2 \cdot 3 \cdot 7 = (1 + \sqrt{-41})(1 - \sqrt{-41})$.

1. Zeigen Sie, dass $(42) \subseteq (2, 1 + \sqrt{-41}) =: \mathfrak{p}_1$ ist und dass $\mathfrak{p}_1$ ein Primideal ist.

2. Bestätigen Sie, dass $1 - \sqrt{-41} \in \mathfrak{p}_1$ und somit $(42) \subseteq \mathfrak{p}_1^2$ ist.

3. Finden Sie nun Primideale $\mathfrak{p}_2, \mathfrak{p}_2', \mathfrak{p}_3, \mathfrak{p}_3'$, so dass $(42) \subseteq \mathfrak{p}_i \mathfrak{p}_i'$ für $i = 2, 3$ gilt.

4. Leiten Sie daraus her, dass $\mathfrak{p}_1^2 \mathfrak{p}_2 \mathfrak{p}_2' \mathfrak{p}_3 \mathfrak{p}_3' \mid (42)$, und folgern sie letztlich, dass beide Ideale sogar gleich sind.

Wie hängt dieses Ergebnis mit den beiden möglichen Faktorisierungen von 42 zusammen?

Aufgabe 18.22 Zeigen Sie, dass jedes Ideal in einem Dedekindring von zwei Elementen erzeugt wird. Zeigen Sie dazu zunächst: Sind I, J Ideale in einem Dedekindring R, so gibt es ein $x \in I$ mit $xI^{-1} + J = R$, also $\mathrm{ggT}(xI^{-1}, J) = 1$.

Aufgabe 18.23 Sei h die Klassenzahl eines Zahlkörpers K und I ein ganzes Ideal in $\mathscr{O}_K$. Zeigen Sie: I^h ist ein Hauptideal.

Aufgabe 18.24 Sei h die Klassenzahl eines Zahlkörpers K und I ein ganzes Ideal in $\mathscr{O}_K$. Zeigen Sie: Es gibt eine ganz–algebraische Zahl α, so dass I in der Körpererweiterung $L = K(\alpha)$ die Gleichung $\mathscr{O}_L \cdot I = (\alpha)$ erfüllt.

19 Die Klassenzahl quadratischer Zahlkörper

Ziel des Abschnittes ist es, einen Algorithmus zu entwickeln, mit dem wir ein Repräsentantensystem der Idealklassengruppe eines quadratischen Zahlkörpers bestimmen können. Dazu bringen wir zunächst die ganzen Ideale von $\mathscr{O}_K$ in eine Normalform.

Hilfssatz 19.1 *Sei K ein quadratischer Zahlkörper mit Diskriminante Δ. Sei $\omega = (\Delta + \sqrt{\Delta})/2$. Dann ist jedes ganze Ideal I seines Ringes ganzer Zahlen $\mathscr{O}_K = \mathbb{Z}[\omega]$ von der Form*

$$I = a\mathbb{Z} + (b + c\omega)\mathbb{Z} \qquad \textit{mit } a,b,c \in \mathbb{Z} \textit{ und } a,c \neq 0.$$

Beweis: Da $I \subseteq \mathscr{O}_K$ ein Ideal ist, ist auch $J := I \cap \mathbb{Z}$ ein Ideal in $\mathbb{Z}$. Nach Korollar 16.18 ist $J \neq 0$. Da $\mathbb{Z}$ ein Hauptidealring ist, ist das Ideal J von einem Element $0 \neq a \in \mathbb{Z}$ erzeugt.

Betrachten wir nun die Projektion

$$\pi : \mathscr{O}_K = \mathbb{Z} \oplus \mathbb{Z}\omega \longrightarrow \mathbb{Z}, \quad n + m\omega \longmapsto m.$$

Das Bild von I unter π ist eine Untergruppe von $\mathbb{Z}$, also gleich $c\mathbb{Z}$ für ein $c \in \mathbb{Z}$. Aus $a\omega \in I$ folgt $\pi(a\omega) = a \neq 0$ und somit $c \neq 0$. Nach Definition von c gibt es ein $b \in \mathbb{Z}$ mit $b + c\omega \in I$. Zusammenfassend haben wir bisher

$$a\mathbb{Z} + (b + c\omega)\mathbb{Z} \subseteq I.$$

Sei nun $x \in I$. Dann gibt es ein $m \in \mathbb{Z}$ mit $\pi(x) = mc$. Die Projektion des Elementes

$$y := x - m(b + c\omega) \in I$$

ergibt 0, also liegt y in $I \cap \mathbb{Z} = \mathbb{Z}a$. Folglich ist $y = na$ für ein $n \in \mathbb{Z}$. Wir erhalten somit für x die Darstellung

$$x = na + m(b + c\omega) \in a\mathbb{Z} + (b + c\omega)\mathbb{Z}. \qquad \square$$

Das Lemma zeigt insbesondere nochmal, dass jedes Ideal $0 \neq I \subseteq \mathscr{O}_K$ als abelsche Gruppe isomorph zu $\mathbb{Z}^2$ ist. Nicht jede Kombination der $a,b,c \in \mathbb{Z}$ ist im obigen Hilfssatz möglich, genauer sehen die Ideale wie folgt aus:

Satz 19.2 *Sei K ein quadratischer Zahlkörper mit Diskriminante Δ. Dann sind die ganzen Ideale des Ringes $\mathcal{O}_K$ ganzer Zahlen von K die Mengen der Form*

$$I = ka\mathbb{Z} + k\frac{b+\sqrt{\Delta}}{2}\mathbb{Z}$$

mit $a,b,k \in \mathbb{Z}$, wobei

$$a,k \neq 0 \qquad und \qquad 4a|\Delta - b^2.$$

Durch die zusätzlichen Bedingungen $a,k > 0$ und $-a < b \leq a$ wird die Darstellung eindeutig.

Beweis: Nach dem Hilfssatz können wir jedes Ideal schreiben als

$$\alpha\mathbb{Z} + \frac{\beta + k\sqrt{\Delta}}{2}\mathbb{Z}$$

mit $\alpha, \beta, k \in \mathbb{Z}$, wobei $\beta \equiv k\Delta \bmod 2$ und $\alpha, k \neq 0$. Da dies immer eine abelsche Gruppe ist, bleibt für die Idealeigenschaft von I nur die Abgeschlossenheit bezüglich der Multiplikation mit Elementen aus $\mathcal{O}_K$ zu überprüfen. Tatsächlich braucht man nur die Multiplikation mit dem Element ω zu testen, weil dann für ein beliebiges $n + m\omega \in \mathcal{O}_K$ gilt:

$$(n+m\omega)I \subseteq nI + m\omega I \subseteq I + mI \subseteq I.$$

Da α und $(\beta + k\sqrt{\Delta})/2$ das Ideal als $\mathbb{Z}$–Modul erzeugen, reicht es sogar aus, nur $\alpha\omega \in I$ und $(\beta + k\sqrt{\Delta})\omega/2 \in I$ zu überprüfen.

Die Bedingung $\alpha\omega \in I$ ist äquivalent zur Existenz von $n, m \in \mathbb{Z}$ mit

$$\alpha\omega = n\alpha + m\frac{\beta + k\sqrt{\Delta}}{2}$$

$$\Longleftrightarrow \quad \alpha\Delta + \alpha\sqrt{\Delta} = 2n\alpha + m\beta + mk\sqrt{\Delta}$$

$$\Longleftrightarrow \quad 2n\alpha + m\beta - \Delta\alpha + (mk - \alpha)\sqrt{\Delta} = 0$$

$$\Longleftrightarrow \quad 2n\alpha + m\beta - \Delta\alpha = 0 \quad und \quad \alpha = km$$

$$\Longleftrightarrow \quad \beta = k(\Delta - 2n) \quad und \quad \alpha = km.$$

Setzen wir $a := m$ und $b := \Delta - 2n$, dann schreibt sich die Menge I als

$$I = ka\mathbb{Z} + k\frac{b+\sqrt{\Delta}}{2}\mathbb{Z} \qquad mit \quad kb \equiv k\Delta \bmod 2,$$

und für jede Menge dieser Form gilt $(ka)\omega \in I$.

Die Bedingung $\omega k(b + \sqrt{\Delta})/2 \in I$ ist wieder äquivalent zur Existenz zweier Zahlen $n, m \in \mathbb{Z}$ mit

$$\omega k \frac{b + \sqrt{\Delta}}{2} = nka + mk \frac{b + \sqrt{\Delta}}{2}$$

$$\Longleftrightarrow \quad \frac{\Delta + \sqrt{\Delta}}{2} \cdot \frac{b + \sqrt{\Delta}}{2} = na + m \frac{b + \sqrt{\Delta}}{2}$$

$$\Longleftrightarrow \quad \Delta(b + 1) - 4na - 2mb + (b + \Delta - 2m)\sqrt{\Delta} = 0$$

$$\Longleftrightarrow \quad \Delta(b + 1) - 4na - 2mb = 0 \quad \text{und} \quad b + \Delta - 2m = 0$$

$$\Longleftrightarrow \quad 4na = \Delta - b^2 \quad \text{und} \quad 2m = b + \Delta.$$

Weil $4|\Delta - b^2$ bereits $b \equiv \Delta \bmod 2$ impliziert, ist die Existenz von n und m äquivalent zu $4a|\Delta - b^2$.

Zum Schluss zeigen wir, dass wir zusätzlich die Bedingungen $a, k > 0$ und $-a < b \leq a$ stellen können und die Darstellung dadurch eindeutig wird. Die Vorzeichen von a und k können wir offensichtlich wechseln, ohne dass sich das Ideal ändert. Ist $b = 2an + b'$ mit $n, b' \in \mathbb{Z}$ und $-a < b' \leq a$, dann gilt:

$$I = ka\mathbb{Z} + k \frac{b + \sqrt{\Delta}}{2} \mathbb{Z} = ka\mathbb{Z} + k \frac{b' + \sqrt{\Delta}}{2} \mathbb{Z}$$

wegen

$$k \frac{b + \sqrt{\Delta}}{2} = kan + k \frac{b' + \sqrt{\Delta}}{2}.$$

Um die Eindeutigkeit von k zu zeigen, brauchen wir nur zu bemerken, dass k das kleinste positive Element im Bild von I unter der Projektion

$$\pi : \mathcal{O}_K = \mathbb{Z} \oplus \mathbb{Z}\omega \longrightarrow \mathbb{Z}, \quad n + m\omega \longmapsto m,$$

ist. Da ka der eindeutige positive Erzeuger von $I \cap \mathbb{Z}$ ist, ist auch a eindeutig. Das Urbild von k unter der Projektion π ist

$$\pi^{-1}(k) = k \frac{b + \sqrt{\Delta}}{2} + ka\mathbb{Z} = k \frac{(b + 2a\mathbb{Z}) + \sqrt{\Delta}}{2}.$$

Durch die Bedingung $-a < b \leq a$ ist b in der Menge $b + 2a\mathbb{Z}$ eindeutig bestimmt. $\square$

Wir möchten nun den Idealen eine Zahl zuweisen, um durch das Zählen dieser Zahlen die Klassenzahl zu bestimmen. Für die Definition einer solchen Funktion bietet es sich an, die Zahlen a, b, k aus dem vorangehenden Satz zu benutzen. Ideale, die sich höchstens in der Zahl k unterscheiden, sind offensichtlich äquivalent. Wir werden daher im Folgenden nur Ideale mit $k = 1$ berücksichtigen. Ein weiteres Problem ist, dass insbesondere b nur auf relativ künstliche Weise eindeutig gemacht wurde. Um nicht an diese Wahl gebunden zu sein und auch nicht mit mehrdeutigen Funktionen arbeiten zu müssen, benutzen wir statt der Menge der ganzen Ideale die Menge der Erzeugerpaare

$$\mathscr{E} := \left\{ \left(a, \frac{b + \sqrt{\Delta}}{2} \right) \middle| a, b \in \mathbb{Z}, a \neq 0, 4a|\Delta - b^2 \right\}.$$

Wir definieren nun die offensichtlich injektive Abbildung

$$\xi : \mathscr{E} \longrightarrow K = \mathbb{Q}(\sqrt{\Delta}) \subseteq \mathbb{C}, \quad \left(a, \frac{b+\sqrt{\Delta}}{2}\right) \longmapsto \frac{b+\sqrt{\Delta}}{2a}.$$

Wir wollen jetzt von dieser injektiven Abbildung ξ zu einer injektiven Abbildung Ξ kommen, die auf der Idealklassengruppe definiert ist. Wenn wir in $\mathscr{E}$ die Erzeugerpaare identifizieren, die äquivalente Ideale beschreiben, müssen wir auch die entsprechenden Zahlen in K identifizieren. Auf welche Weise dies geschieht, wollen wir nun klären.

Wir behaupten, dass die Abbildung

$$GL(2,\mathbb{Z}) \times (K \setminus \mathbb{Q}) \longrightarrow K \setminus \mathbb{Q}, \quad \left(\begin{pmatrix} \alpha & \beta \\ \gamma & \delta \end{pmatrix}, x\right) \longmapsto \frac{\alpha x + \beta}{\gamma x + \delta}$$

eine Operation von $GL(2,\mathbb{Z})$ auf $K \setminus \mathbb{Q}$ ist. Sei

$$A = \begin{pmatrix} \alpha & \beta \\ \gamma & \delta \end{pmatrix}.$$

Die Abbildung ist wohldefiniert. Wegen $\alpha\delta - \beta\gamma = \det A \neq 0$ gilt nämlich

$$Ax := \frac{\alpha x + \beta}{\gamma x + \delta} = \frac{(\alpha x + \beta)(\gamma \sigma(x) + \delta)}{N(\gamma x + \delta)} = \frac{\alpha\gamma N(x) + \beta\delta + \alpha\delta x + \beta\gamma\sigma(x)}{N(\gamma x + \delta)}$$

$$= \frac{\alpha\gamma N(x) + \beta\delta + \beta\gamma(x + \sigma(x)) + (\alpha\delta - \beta\gamma)x}{N(\gamma x + \delta)}$$

$$= \frac{(\alpha\gamma N(x) + \beta\delta + \beta\gamma \mathrm{Sp}(x)) + (\det A)x}{N(\gamma x + \delta)}.$$

Da $N(x)$, $N(\gamma x + \delta)$, $\mathrm{Sp}(x) \in \mathbb{Q}$, aber $x \notin \mathbb{Q}$ ist, liegt Ax in $K \setminus \mathbb{Q}$.

Für E_2 und sogar $-E_2$ gilt $x = E_2 x = (-E_2)x$. Für eine weitere Matrix

$$B = \begin{pmatrix} \varepsilon & \zeta \\ \eta & \vartheta \end{pmatrix}$$

aus $GL(2,\mathbb{Z})$ ist

$$(BA)x = \begin{pmatrix} \alpha\varepsilon + \gamma\zeta & \beta\varepsilon + \delta\zeta \\ \alpha\eta + \gamma\vartheta & \beta\eta + \delta\vartheta \end{pmatrix} x = \frac{(\alpha\varepsilon + \gamma\zeta)x + \beta\varepsilon + \delta\zeta}{(\alpha\eta + \gamma\vartheta)x + \beta\eta + \delta\vartheta}$$

gleich

$$B(Ax) = B\frac{\alpha x + \beta}{\gamma x + \delta} = \frac{\varepsilon\frac{\alpha x+\beta}{\gamma x+\delta} + \zeta}{\eta\frac{\alpha x+\beta}{\gamma x+\delta} + \vartheta} = \frac{\alpha\varepsilon x + \beta\varepsilon + \gamma\zeta x + \delta\zeta}{\alpha\eta x + \beta\eta + \gamma\vartheta x + \delta\vartheta}.$$

Wie üblich bezeichnet $GL(2,\mathbb{Z})\backslash(K \setminus \mathbb{Q})$ den Orbitraum dieser Operation.

Satz 19.3 *Sei K ein quadratischer Zahlkörper mit Diskriminante Δ. Sei $\mathscr{E}$ die Menge aller Erzeugerpaare der ganzen Ideale des Ringes ganzer Zahlen $\mathscr{O}_K$. Dann induziert die Funktion*

$$\xi : \mathscr{E} \longrightarrow K, \quad \left(a, \frac{b + \sqrt{\Delta}}{2}\right) \longmapsto \frac{b + \sqrt{\Delta}}{2a},$$

eine injektive Abbildung

$$\Xi : \mathrm{Cl}(K) \longrightarrow \mathrm{GL}(2,\mathbb{Z}) \backslash (K \setminus \mathbb{Q}).$$

Ist τ im Bild von ξ, dann liegt bereits ganz $\mathrm{GL}(2,\mathbb{Z})\tau$ im Bild von ξ.

Beweis: Wir starten mit zwei Erzeugerpaaren, die wir als

$$(a, a\tau) \quad \text{mit} \quad \tau = \frac{b + \sqrt{\Delta}}{2a} \qquad \text{und} \qquad (u, u\tau') \quad \text{mit} \quad \tau' = \frac{v + \sqrt{\Delta}}{2u}$$

mit den entsprechenden Bedingungen an die Variablen a, b, u, v schreiben. Seien

$$I := a\mathbb{Z} + a\tau\mathbb{Z} \qquad \text{und} \qquad J := u\mathbb{Z} + u\tau'\mathbb{Z}$$

die davon erzeugten Ideale.

I und J liegen genau dann in der gleichen Idealklasse, wenn es $0 \neq s, r \in \mathscr{O}_K$ gibt mit

$$rI = sJ.$$

rI bzw. sJ haben als freie abelsche Gruppen vom Rang 2 die Erzeuger $(ra, ra\tau)$ bzw. $(su, su\tau')$. Diese $\mathbb{Z}$–Moduln sind genau dann gleich, wenn es eine Matrix

$$A = \begin{pmatrix} \alpha & \beta \\ \gamma & \delta \end{pmatrix} \in \mathrm{GL}(2,\mathbb{Z})$$

gibt mit

$$\begin{pmatrix} su\tau' \\ su \end{pmatrix} = \begin{pmatrix} \alpha & \beta \\ \gamma & \delta \end{pmatrix} \cdot \begin{pmatrix} ra\tau \\ ra \end{pmatrix}$$

$$\Longleftrightarrow \quad su\tau' = ra(\alpha\tau + \beta) \quad \text{und} \quad su = ra(\gamma\tau + \delta)$$

$$\Longleftrightarrow \quad \tau' = \frac{\alpha\tau + \beta}{\gamma\tau + \delta} \quad \text{und} \quad su = ra(\gamma\tau + \delta).$$

Somit liegen die Bilder zweier Erzeugerpaare von äquivalenten Idealen in dem gleichen $\mathrm{GL}(2,\mathbb{Z})$–Orbit von $K \setminus \mathbb{Q}$. Wenn wir uns daran erinnern, dass jede Idealklasse ein ganzes Ideal enthält, bekommen wir auf offensichtliche Weise eine wohldefinierte Abbildung Ξ.

Zeigen wir nun die Injektivität von Ξ, d.h., die zwei Ideale I, J wie oben mit $\mathrm{GL}(2,\mathbb{Z})\tau = \mathrm{GL}(2,\mathbb{Z})\tau'$ müssen äquivalent sein. Falls

$$\tau' = \frac{\alpha\tau + \beta}{\gamma\tau + \delta}$$

ist, setzen wir

$$r := u \in \mathbb{Z} \subseteq \mathscr{O}_K \qquad \text{und} \qquad s := a(\gamma\tau + \delta) \in I \subseteq \mathscr{O}_K.$$

Folglich können wir die obige Rechnung umkehren und erhalten $rI = sJ$. Somit liegen I und J in der gleichen Idealklasse.

Zum Abschluss seien I und τ wie oben und $\tau' \in \mathrm{GL}(2,\mathbb{Z})\tau$, d.h.

$$\tau' = \frac{\alpha\tau + \beta}{\gamma\tau + \delta} \quad \text{für } A = \begin{pmatrix} \alpha & \beta \\ \gamma & \delta \end{pmatrix} \in \mathrm{GL}(2,\mathbb{Z}).$$

Wir wollen zeigen, dass auch τ' im Bild von ξ liegt. Wir setzen $c := (b^2 - \Delta)/4a \in \mathbb{Z}$ und berechnen

$$\tau' = \frac{\alpha(b + \sqrt{\Delta}) + 2a\beta}{\gamma(b + \sqrt{\Delta}) + 2a\delta} = \frac{\alpha b + 2a\beta + \alpha\sqrt{\Delta}}{\gamma b + 2a\delta + \gamma\sqrt{\Delta}}$$

$$= \frac{(\alpha b + 2a\beta + \alpha\sqrt{\Delta})(\gamma b + 2a\delta - \gamma\sqrt{\Delta})}{N(\gamma b + 2a\delta + \gamma\sqrt{\Delta})}$$

$$= \frac{(\alpha b + 2a\beta)(\gamma b + 2a\delta) - \alpha\gamma\Delta + (\alpha(\gamma b + 2a\delta) - \gamma(\alpha b + 2a\beta))\sqrt{\Delta}}{(\gamma b + 2a\delta)^2 - \gamma^2\Delta}$$

$$= \frac{\alpha\gamma(b^2 - \Delta) + 2ab\alpha\delta + 2ab\beta\gamma + 4a^2\beta\delta + 2a(\det A)\sqrt{\Delta}}{\gamma^2(b^2 - \Delta) + 4a(b\gamma\delta + a\delta^2)}$$

$$= \frac{2a(2c\alpha\gamma + b\alpha\delta + b\beta\gamma + 2a\beta\delta) + 2a(\det A)\sqrt{\Delta}}{4a(c\gamma^2 + b\gamma\delta + a\delta^2)}$$

$$= \frac{v + \sqrt{\Delta}}{2u}$$

mit

$$v := \det(A) \cdot (2a\beta\delta + b\alpha\delta + b\beta\gamma + 2c\alpha\gamma), \quad u := \det(A) \cdot (a\delta^2 + b\gamma\delta + c\gamma^2),$$

wobei wir $\det(A) = \pm 1$ ausgenutzt haben. Also wäre τ' das Bild des Paares

$$\left(u, \frac{v + \sqrt{\Delta}}{2} \right),$$

falls dies in $\mathscr{E}$ liegt. Dafür müssen wir noch zeigen, dass $u \neq 0$ ist und $4u \mid \Delta - v^2$. Da τ' nach Konstruktion in $K \setminus \mathbb{Q}$ liegt, ist es wohldefiniert und sein Nenner ungleich 0, d.h. $u \neq 0$. Weiterhin hat die Matrix

$$B := \begin{pmatrix} 2a & b \\ b & 2c \end{pmatrix}$$

die Determinante $4ac - b^2 = -\Delta$. Wir betrachten B als symmetrische Bilinearform und führen einen Basiswechsel mit Hilfe der Matrix

$$C := \begin{pmatrix} \beta & \delta \\ \alpha & \gamma \end{pmatrix} \in \mathrm{GL}(2,\mathbb{Z})$$

durch, die wir aus A durch Vertauschen der Spalten und Transponieren gewinnen:

$$C^T B C = \begin{pmatrix} \beta & \delta \\ \alpha & \gamma \end{pmatrix}^T \begin{pmatrix} 2a & b \\ b & 2c \end{pmatrix} \begin{pmatrix} \beta & \delta \\ \alpha & \gamma \end{pmatrix}$$

$$= \begin{pmatrix} \beta & \alpha \\ \delta & \gamma \end{pmatrix} \begin{pmatrix} 2a\beta + b\alpha & 2a\delta + b\gamma \\ b\beta + 2c\alpha & b\delta + 2c\gamma \end{pmatrix}$$

$$= \begin{pmatrix} 2(a\beta^2 + b\alpha\beta + c\alpha^2) & 2a\beta\delta + b\alpha\delta + b\beta\gamma + 2c\alpha\gamma \\ 2a\beta\delta + b\alpha\delta + b\beta\gamma + 2c\alpha\gamma & 2(a\delta^2 + b\gamma\delta + c\gamma^2) \end{pmatrix}$$

$$= \det(A) \begin{pmatrix} 2w & v \\ v & 2u \end{pmatrix}$$

für $w = \det(A)(a\beta^2 + b\alpha\beta + c\alpha^2) \in \mathbb{Z}$. Es gilt daher wegen $\det(C) = \pm 1$

$$-\Delta = \det(B) = \det(C^T B C) = 4uw - v^2$$

und damit $4u \mid \Delta - v^2$. $\qquad\qquad\qquad\qquad\qquad\qquad\qquad\qquad\qquad\qquad\qquad\qquad\square$

Nun geht es darum, die Bildpunkte von Ξ zu zählen. Hier unterscheiden sich der reell- und imaginär–quadratische Fall etwas. Wir starten mit der Betrachtung des imaginär-quadratischen Falles, der auf eine gut untersuchte Situation zurückgeführt werden kann. Sei also $\Delta < 0$. Wir beobachten, dass für $a > 0$ die Bildpunkte von ξ immer in der oberen Halbebene

$$\mathbb{H} := \{z \in \mathbb{C} \mid \operatorname{Im} z > 0\}$$

landen. Wir beschränken uns daher auf das Betrachten dieser *positiven Erzeugerpaare* und setzen

$$\mathscr{E}^+ := \left\{ \left(a, \frac{b + \sqrt{\Delta}}{2}\right) \in \mathscr{E} \,\middle|\, a > 0 \right\} \quad \text{sowie} \quad \xi^+ : \mathscr{E}^+ \longrightarrow \mathbb{H}$$

als Einschränkung von ξ.

Wir müssen in dieser Situation die Wirkung von $\mathrm{GL}(2, \mathbb{Z})$ klären:

Hilfssatz 19.4 *Sei* $z \in \mathbb{C} \setminus \mathbb{R}$ *und* $A = \begin{pmatrix} \alpha & \beta \\ \gamma & \delta \end{pmatrix} \in \mathrm{GL}(2, \mathbb{Z})$. *Für*

$$z' := \frac{\alpha z + \beta}{\gamma z + \delta}$$

gilt

$$\operatorname{Im} z' = \det A \cdot \frac{\operatorname{Im} z}{|\gamma z + \delta|^2}.$$

Beweis: Wegen $z \notin \mathbb{R}$ ist $\gamma z + \delta \in \mathbb{C} \setminus \mathbb{R}$, insbesondere also ungleich Null. Für z' gilt

$$z' = \frac{\alpha z + \beta}{\gamma z + \delta} \cdot \frac{\gamma \bar{z} + \delta}{\gamma \bar{z} + \delta} = \frac{\alpha\gamma|z|^2 + \beta\delta + \alpha\delta z + \beta\gamma\bar{z}}{|\gamma z + \delta|^2}$$

und somit für seinen Imaginärteil

$$\operatorname{Im} z' = (\alpha\delta - \beta\gamma)\frac{\operatorname{Im} z}{|\gamma z + \delta|^2} = \det A \cdot \frac{\operatorname{Im} z}{|\gamma z + \delta|^2}.$$

$\square$

Insbesondere besagt der Hilfssatz, dass für ein $\tau \in \mathbb{H}$ der Punkt $A\tau$ genau dann in $\mathbb{H}$ liegt, wenn $\det A = 1$ gilt. Definieren wir

$$\mathrm{SL}(2,\mathbb{Z}) := \{A \in \mathrm{GL}(2,\mathbb{Z}) \mid \det A = 1\},$$

dann erhalten wir unmittelbar als Korollar zum Satz:

Korollar 19.5 *Sei K ein imaginär–quadratischer Zahlkörper mit Diskriminante Δ. Sei $\mathscr{E}^+$ die Menge aller positiven Erzeugerpaare der ganzen Ideale des Ringes ganzer Zahlen $\mathcal{O}_K$. Dann induziert die Funktion*

$$\xi^+ : \mathscr{E}^+ \longrightarrow K, \quad \left(a, \frac{b+\sqrt{\Delta}}{2}\right) \longmapsto \frac{b+\sqrt{\Delta}}{2a},$$

eine injektive Abbildung

$$\Xi^+ : \mathrm{Cl}(K) \longrightarrow \mathrm{SL}(2,\mathbb{Z})\backslash\mathbb{H}$$

Ist τ im Bild von ξ^+, dann liegt bereits ganz $\mathrm{SL}(2,\mathbb{Z})\tau$ im Bild von ξ^+.

Nun wollen wir den Orbitraum $\mathrm{SL}(2,\mathbb{Z})\backslash\mathbb{H}$ untersuchen. Dies macht man typischerweise, indem man einen *Fundamentalbereich* sucht. Dies ist eine abgeschlossene Menge $\mathscr{F} \subseteq \mathbb{H}$, so dass jeder Orbit von $\mathrm{SL}(2,\mathbb{Z})\backslash\mathbb{H}$ einen Repräsentanten in $\mathscr{F}$ hat, und falls ein Orbit mehr als einen Repräsentanten in $\mathscr{F}$ hat, müssen alle Repräsentanten auf dem Rand von $\mathscr{F}$ liegen. Das folgende Bild zeigt einige mögliche Fundamentalbereiche von $\mathrm{SL}(2,\mathbb{Z})\backslash\mathbb{H}$

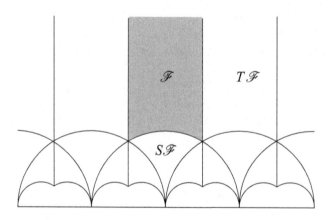

Wir werden gleich zeigen, dass

$$\mathscr{F} := \left\{z \in \mathbb{H} \mid |\mathrm{Re}\, z| \leq \tfrac{1}{2},\ |z| \geq 1\right\}$$

ein Fundamentalbereich ist. Die Eckpunkte von $\mathscr{F}$ sind die Schnittpunkte der Geraden $\operatorname{Re} z = \pm 1/2$ mit der oberen Hälfte des Einheitskreises, also $\rho = \exp(2\pi i/3)$ und $-\bar{\rho} = \exp(\pi i/3)$. Die anderen Fundamentalbereiche entstehen durch Anwenden der Elemente

$$T = \begin{pmatrix} 1 & 1 \\ 0 & 1 \end{pmatrix} \quad \text{und} \quad S = \begin{pmatrix} 0 & -1 \\ 1 & 0 \end{pmatrix} \in \mathrm{SL}(2,\mathbb{Z})$$

auf $\mathscr{F}$. Auf der oberen Halbebene ist

$$T : \mathbb{H} \longrightarrow \mathbb{H}, \quad z \longmapsto z+1,$$

die Translation um eins nach rechts und

$$S : \mathbb{H} \longrightarrow \mathbb{H}, \quad z \longmapsto -1/z,$$

die Spiegelung am Einheitskreis gefolgt von einer Spiegelung an der imaginären Achse. Wir bemerken, dass $S^2 = -E_2$ trivial auf $\mathbb{H}$ operiert.

Wir werden es nicht weiter benutzen, aber es gilt:

Aufgabe 19.6 Zeigen Sie: Die Matrizen S und T erzeugen die Gruppe $\mathrm{SL}(2,\mathbb{Z})$.

Satz 19.7 *Die Menge $\mathscr{F}$ ist ein Fundamentalbereich für $\mathrm{SL}(2,\mathbb{Z})\backslash\mathbb{H}$ Genauer gilt:*

1. *Jeder Orbit $\mathrm{SL}(2,\mathbb{Z})z$, $z \in \mathbb{H}$, hat einen Repräsentanten in $\mathscr{F}$.*

2. *Sind $z \neq z' \in \mathscr{F}$ zwei Repräsentanten eines Orbits, so gilt entweder*

$$|\operatorname{Re} z| = |\operatorname{Re} z'| = \tfrac{1}{2} \quad \text{und} \quad z' = T(z) \text{ oder } z = T(z')$$

   oder

$$|z| = |z'| = 1 \quad \text{und} \quad z' = S(z).$$

Beweis: Für Punkt 1 sei $z \in \mathbb{H}$ beliebig. Durch Anwenden von T und T^{-1} können wir den Realteil von z um eins erhöhen oder erniedrigen. Es gibt also ein $n \in \mathbb{Z}$, so dass für $z_1 := T^n z$ gilt $|\operatorname{Re} z_1| \leq 1/2$. Ist $|z_1| \geq 1$, so sind wir fertig. Wenn nicht, dann erfüllt die Zahl $S(z_1)$ die Bedingungen

$$|S(z_1)| > 1 \quad \text{und} \quad \operatorname{Im} S(z_1) > \operatorname{Im} z_1 = \operatorname{Im} z,$$

letztere nach Hilfssatz 19.4. Zu $S(z_1)$ suchen wir wie oben wieder ein $n \in \mathbb{Z}$, so dass $z_2 := T^n S(z_1)$ einen Realteil vom Betrag kleiner gleich $1/2$ hat. Falls jetzt $|z_2| \geq 1$ gilt, sind wir fertig. Sonst ist

$$\operatorname{Im} z_2 = \operatorname{Im} S(z_1) > \operatorname{Im} z_1 = \operatorname{Im} z,$$

und wir wiederholen das Verfahren noch einige Male.

Es muss schließlich zum Erfolg führen, denn andernfalls erhalten wir eine unendliche Kette von z_i mit $|\operatorname{Re}(z_i)| \leq 1/2$ und

$$\operatorname{Im} z = \operatorname{Im} z_1 < \operatorname{Im} z_2 < \operatorname{Im} z_3 < \dots.$$

Die Imaginärteile dieser z_i berechnen sich aus z als

$$\mathrm{Im}\, z_i = \mathrm{Im}\, A_i(z) = \frac{\mathrm{Im}\, z}{|\gamma_i z + \delta_i|^2} \qquad \text{für ein geeignetes } A_i = \begin{pmatrix} \alpha_i & \beta_i \\ \gamma_i & \delta_i \end{pmatrix} \in \mathrm{SL}(2,\mathbb{Z}).$$

Wegen $\mathrm{Im}\, z \leq \mathrm{Im}\, z_i$ muss

$$1 \geq |\gamma_i z + \delta_i|^2 = \gamma_i^2 (\mathrm{Im}\, z)^2 + (\gamma_i \mathrm{Re}\, z + \delta_i)^2$$

sein. Dies ist aber nur für endlich viele Wahlen von $\gamma_i, \delta_i \in \mathbb{Z}$ möglich. Folglich gibt es nur endlich viele Möglichkeiten für $\mathrm{Im}\, z_i$, im Widerspruch zur obigen unendlich langen Kette.

Bei Punkt 2 sei ohne Einschränkung $\mathrm{Im}\, z' \geq \mathrm{Im}\, z$. Sei weiter

$$A = \begin{pmatrix} \alpha & \beta \\ \gamma & \delta \end{pmatrix} \in \mathrm{SL}(2,\mathbb{Z}) \quad \text{so, dass} \quad z' = A(z).$$

Wieder mit dem Hilfssatz 19.4 erhalten wir

$$1 \geq |\gamma z + \delta|^2 = \gamma^2 (\mathrm{Im}\, z)^2 + (\gamma \mathrm{Re}\, z + \delta)^2.$$

Nun ist $\mathrm{Im}\, z \geq \mathrm{Im}\, \rho = \sqrt{3}/2$, also $(\mathrm{Im}\, z)^2 \geq 3/4$. Folglich ist $\gamma, \delta \in \{0, \pm 1\}$.

Ist $\gamma = 0$, so gilt wegen $1 = \det A = \alpha \delta - \beta \gamma = \alpha \delta$ bereits $\alpha = \delta = \pm 1$. Weil $-E_2$ trivial auf $\mathbb{H}$ operiert, können wir ohne Einschränkung $\alpha = \delta = 1$ annehmen. Dann ist

$$A = \begin{pmatrix} 1 & \beta \\ 0 & 1 \end{pmatrix} = T^\beta,$$

eine Translation um β nach rechts. Es muss daher $\beta = \pm 1$ und $z' = z \pm 1$ gelten.

Ist $\delta = 0$, so können wir nach dem obigen Argument $\gamma = 1$ annehmen. Aus $\det A = 1$ folgt nun $\beta = -1$, also

$$A = \begin{pmatrix} \alpha & -1 \\ 1 & 0 \end{pmatrix} \quad \text{und} \quad z' = \alpha - \frac{1}{z}.$$

Insbesondere gilt

$$\mathrm{Im}\, z' = \mathrm{Im}\left(-\frac{1}{z}\right) = \frac{\mathrm{Im}(-\bar{z})}{|z|^2} = \frac{\mathrm{Im}\, z}{|z|^2}.$$

Nach Annahme war $\mathrm{Im}\, z' \geq \mathrm{Im}\, z$ und $|z| \geq 1$, so dass $|z| = 1$ und $\mathrm{Im}\, z' = \mathrm{Im}\, z$ folgt. Letztere Bedingung erlaubt, dieses Argument mit vertauschten Rollen von z und z' zu wiederholen. Folglich ist $|z| = 1 = |z'|$. Schließlich muss $\mathrm{Re}\, z' = -\mathrm{Re}\, z$ sein und daher

$$z' = -\bar{z} = -\frac{1}{z} = S(z).$$

Der letzte Fall ist $|\gamma| = |\delta| = 1$. Die Bedingung $1 \geq |\gamma z + \delta|^2$ zusammen mit $(\mathrm{Im}\, z)^2 \geq 3/4$ impliziert

$$1 \geq (\mathrm{Im}\, z)^2 + (\mathrm{Re}\, z \pm 1)^2 \geq \frac{3}{4} + (\mathrm{Re}\, z \pm 1)^2.$$

Wegen $|\mathrm{Re}\, z| \leq 1/2$ folgt $|\mathrm{Re}\, z| = 1/2$ und $(\mathrm{Im}\, z)^2 = 3/4$. Somit ist $z = \rho$ und $z' = -\bar{\rho}$ oder umgekehrt. Auf dieses spezielle Paar treffen beide Möglichkeiten in der Aussage zu. $\qquad \square$

Nun sind wir in der Lage ein Repräsentantensystem für die Idealklassengruppe anzugeben.

Satz 19.8 *Sei K ein imaginär–quadratischer Zahlkörper mit Diskriminante Δ. Ein vollständiges Repräsentantensystem der Idealklassengruppe ist gegeben durch die Ideale*

$$I = a\mathbb{Z} + \frac{b + \sqrt{\Delta}}{2}\mathbb{Z} \quad \textit{für } a \in \mathbb{N}, \ b \in \mathbb{Z}$$

mit

$$4a \mid \Delta - b^2, \quad |b| \leq a \quad \textit{und} \quad 4a^2 \leq b^2 - \Delta,$$

wobei im Falle der Gleichheit $|b| = a$ oder $4a^2 = b^2 - \Delta$ zusätzlich $b \geq 0$ gelten muss.

Beweis: Wir müssen überprüfen, welche positiven Idealerzeugerpaare unter der Abbildung ξ^+ aus Korollar 19.5 in den Fundamentalbereich abgebildet werden. Das Idealerzeugerpaar

$$\left(a, \frac{b + \sqrt{\Delta}}{2} \right)$$

wird auf

$$\tau := \frac{b + \sqrt{\Delta}}{2a}$$

abgebildet. Diese Zahl liegt im Fundamentalbereich, falls

$$|\mathrm{Re}\,\tau| = \left| \frac{b}{2a} \right| = \frac{|b|}{2a} \leq \frac{1}{2} \quad \Longleftrightarrow \quad |b| \leq a$$

und

$$|\tau| \geq 1 \quad \Longleftrightarrow \quad |\tau|^2 = \frac{b^2 - \Delta}{4a^2} \geq 1 \quad \Longleftrightarrow \quad 4a^2 \leq b^2 - \Delta.$$

Im Falle der Gleichheit in einer der obigen Ungleichungen gibt es genau zwei Repräsentanten von $\mathrm{SL}(2,\mathbb{Z})\tau$ im Fundamentalbereich $\mathscr{F}$. Wir wählen davon denjenigen mit nicht–negativem Realteil. $\qquad \square$

Korollar 19.9 *Die Idealklassengruppe eines imaginär–quadratischen Zahlkörpers ist endlich.*

Beweis: Aus $|b| \leq a$ und $4a^2 \leq b^2 - \Delta$ folgt $4a^2 \leq a^2 - \Delta$ und $3a^2 \leq -\Delta = |\Delta|$. Daher sind nur endlich viele Werte für a möglich und wegen $|b| \leq a$ ebenso für b. Insgesamt erfüllen somit nur endlich viele Paare (a,b) die Bedingungen des Satzes, also es gibt nur endlich viele Idealklassen. $\qquad \square$

Beispiel Wir wollen die Klassenzahl des quadratischen Zahlkörpers $K = \mathbb{Q}(\sqrt{-67})$ berechnen. Seine Diskriminante ist $\Delta = -67$. Wir müssen dafür die $a \in \mathbb{N}$, $b \in \mathbb{Z}$ bestimmen, die die Bedingungen des Satzes erfüllen. Aus

$$4a^2 \leq b^2 - \Delta \leq a^2 - \Delta$$

folgt $3a^2 \leq -\Delta = 67$, also $a \leq 4$. Wegen $|b| \leq a \leq 4$ und $4a \mid \Delta - b^2$ muss $|b| \in \{1,3\}$ sein. Probieren wir diese beiden Möglichkeiten aus:

$$|b| = 1: \quad 4a \mid \Delta - 1^2 = -68 \quad \Longleftrightarrow \quad a \mid 17 \quad \Longleftrightarrow \quad a = 1$$
$$|b| = 3: \quad 4a \mid \Delta - 3^2 = -76 \quad \Longleftrightarrow \quad a \mid 19 \quad \Longleftrightarrow \quad a = 1.$$

Also kommt wegen $|b| \leq a$ nur $a = 1$ und $b = \pm 1$ in Frage. Weil dabei $a = |b|$ ist, ist nur $a = b = 1$ erlaubt. Das Repräsentantensystem von $\mathrm{Cl}(K)$ besteht daher nur aus dem Ideal

$$I = \mathbb{Z} + \frac{1 + \sqrt{-67}}{2}\mathbb{Z} = \mathscr{O}_K.$$

$\mathscr{O}_K$ ist damit ein Hauptidealring.

Aufgabe 19.10 Bestimmen Sie die Klassenzahlen von $\mathbb{Q}(\sqrt{-74})$ und $\mathbb{Q}(\sqrt{-89})$.

Mit einem Computer ist es leicht, die Klassenzahlen der imaginär–quadratischen Zahlkörper durch diese Methode zu bestimmen. Die Klassenzahlen der kleinsten $-d$ sind:

$-d$	1	2	3	5	6	7	10	11	13	14	15	17	19	21	22
h	1	1	1	2	2	1	2	1	2	4	2	4	1	4	2

$-d$	23	26	29	30	31	33	34	35	37	38	39	41	42	43	46
h	3	6	6	4	3	4	4	2	2	6	4	8	4	1	4

$-d$	47	51	53	55	57	58	59	61	62	65	66	67	69	70	71
h	5	2	6	4	4	2	3	6	8	8	8	1	8	4	7

Man erkennt, dass die Klassenzahl tendenziell mit $-d$ ansteigt. Schon Gauß vermutete, dass es zu jeder Klassenzahl nur endlich viele imaginär–quadratische Zahlkörper gibt. Dies wurde um 1930 bewiesen, jedoch zeigte der Beweis nicht, wie man zu einer gegebenen Klassenzahl diese imaginär–quadratischen Zahlkörper bestimmt. Für die Klassenzahl eins wurde dies durch Arbeiten von Heegner und Stark um 1969 getan. Sie bestimmten damit alle Hauptidealringe unter den Ringen ganzer Zahlen der imaginär–quadratischen Zahlkörper.

Satz 19.11 (Heegner–Stark) *Die imaginär–quadratischen Zahlkörper mit Klassenzahl 1 sind genau die mit Diskriminante*

$$-3, \ -4, \ -7, \ -8, \ -11, \ -19, \ -43, \ -67 \ oder \ -163.$$

Bald darauf wurde der analoge Satz für die Klassenzahl 2 von Baker bewiesen. Goldfeld, Gross und Zagier entwickelten 1985 einen Algorithmus, mit dem das Problem auf eine endliche Rechnung zurückgeführt werden konnte [G]. Mittlerweile ist das Problem bis zur Klassenzahl 100 gelöst [W].

Aufgabe 19.12 Zeigen Sie, dass die imaginär–quadratischen Zahlkörper $K = \mathbb{Q}(\sqrt{d})$ mit $d = -1, -2, -3, -7, -11$ euklidisch bezüglich der Norm $N(a + b\sqrt{d}) = a^2 + |d|b^2$ sind. Zeigen Sie weiter, dass kein imaginär–quadratischer Zahlkörper $\mathbb{Q}(\sqrt{d})$ mit $d < -11$, insbesondere also $\Delta < -11$, euklidisch ist.

Kommen wir nun zu den reell–quadratischen Zahlkörpern. Hier schaffen wir es nicht, auf natürliche Weise in jeder Idealklasse ein bestimmtes Erzeugerpaar für ein bestimmtes Ideal auszuwählen. Wir werden hier in einem ersten Schritt eine endliche Menge $\mathscr{E}^*$ von Erzeugerpaaren auswählen, so dass jede Idealklasse zumindest eins der von ihnen erzeugten Ideale enthält. Im zweiten Schritt wollen wir dann entscheiden, welche der durch die Paare $\mathscr{E}^*$ erzeugten Ideale äquivalent sind.

Satz 19.13 *Sei K ein reell–quadratischer Zahlkörper mit Diskriminante Δ. In jeder Idealklasse gibt es ein Ideal, das ein Erzeugerpaar*

$$\left(a, \frac{b + \sqrt{\Delta}}{2} \right) \qquad a \in \mathbb{N},\ b \in \mathbb{Z}\ und\ 4a \mid b^2 - \Delta$$

besitzt mit

$$-a < b \le a \le |c|, \quad wobei\ c := \frac{b^2 - \Delta}{4a}.$$

Für dieses Paar gilt:

$$a \le \frac{1}{2}\sqrt{\Delta} \qquad und \qquad c < 0.$$

Beweis: Sei ein beliebiges ganzes Ideal I gegeben. Nach Satz 19.2 besitzt es ein Erzeugerpaar

$$\left(ka, k\frac{b + \sqrt{\Delta}}{2} \right)$$

mit $k, a > 0$ und $-a < b \le a$. Somit hat das äquivalente Ideal $\frac{1}{k}I$ das Erzeugerpaar

$$\left(a, \frac{b + \sqrt{\Delta}}{2} \right)$$

mit $-a < b \le a$. Sei $c := (b^2 - \Delta)/4a$. Falls $a \le |c|$ gilt, haben wir das gesuchte Erzeugerpaar gefunden. Für $a > |c|$ betrachten wir das äquivalente Ideal

$$\frac{b - \sqrt{\Delta}}{2a} I = \left(\frac{b - \sqrt{\Delta}}{2}, \frac{b^2 - \Delta}{4a} \right) = \left(|c|, \frac{-b + \sqrt{\Delta}}{2} \right) = \left(a', \frac{b' + \sqrt{\Delta}}{2} \right)$$

$$\text{mit } a' := |c|,\ b' \equiv -b \bmod 2a'\ und\ -a' < b' \le a'.$$

Nach Voraussetzung ist in diesem äquivalenten Ideal $a' < a$. Falls $a' \le |c'|$ für $c' := (b'^2 - \Delta)/4a'$ gilt, haben wir jetzt das gesuchte Erzeugerpaar. Andernfalls wiederholen wir das Verfahren. Da bei jeder Wiederholung das $a \in \mathbb{N}$ kleiner wird und wir a nur endlich oft verkleinern können, müssen wir nach endlich vielen Wiederholungen einen Punkt erreichen, wo $a \le |c|$ gilt.

Dass c negativ ist, folgt aus

$$a|c| \ge b^2 = \Delta + 4ac > 4ac.$$

Die Abschätzung $a \le \sqrt{\Delta}/2$ ergibt sich jetzt durch

$$\Delta \ge \Delta - b^2 = -4ac = 4a|c| \ge 4a^2. \qquad \square$$

Korollar 19.14 *Die Idealklassengruppe eines reell–quadratischen Zahlkörpers ist endlich.*

Beweis: Es reicht zu bemerken, dass es nur endlich viele Ideale von dem im Satz beschriebenen Typ gibt. Das ist wegen

$$|b| \leq a \leq \frac{1}{2}\sqrt{\Delta}$$

unmittelbar klar. □

Wir bezeichnen die Menge der durch Satz 19.13 beschriebenen Erzeugerpaare mit $\mathscr{E}^*$. Um die Klassenzahl zu bestimmen, reicht es nach Satz 19.3 herauszufinden, welche Elemente von $\xi(\mathscr{E}^*)$ im gleichen $\mathrm{GL}(2,\mathbb{Z})$–Orbit liegen. Um dies zu vereinfachen, werden wir zeigen, dass, wenn $\tau' = A\tau$ für $\tau, \tau' \in \xi(\mathscr{E}^*)$ und $A \in \mathrm{GL}(2,\mathbb{Z})$ gilt, die Matrix A sehr speziell gewählt werden kann.

Zunächst beweisen wir, dass wir die unteren beiden Einträge als positiv annehmen dürfen.

Lemma 19.15 *Seien*

$$\tau = \frac{b+\sqrt{\Delta}}{2a} \in \xi(\mathscr{E}^*) \qquad und \qquad \tau' = \frac{v+\sqrt{\Delta}}{2u} \in \xi(\mathscr{E}^*).$$

Es gelte

$$\tau' \in \mathrm{GL}(2,\mathbb{Z})\tau.$$

Dann existiert eine Matrix

$$A = \begin{pmatrix} \alpha & \beta \\ \gamma & \delta \end{pmatrix} \in \mathrm{GL}(2,\mathbb{Z})$$

mit

$$\tau' = A\tau \qquad und \qquad \gamma, \delta > 0.$$

Beweis: Sei

$$B = \begin{pmatrix} \varepsilon & \zeta \\ \eta & \vartheta \end{pmatrix} \in \mathrm{GL}(2,\mathbb{Z})$$

eine beliebige Matrix mit $\tau' = B\tau$. Die Idee ist nun eine Matrix $T \in \mathrm{GL}(2,\mathbb{Z})$ zu suchen mit $\tau = T\tau$, so dass für ein $k \in \mathbb{N}$ die unteren Einträge in BT^k positiv sind. Dann sind für $A = BT^k$ die Bedingungen im Satz erfüllt.

Falls $\eta, \vartheta > 0$ sind, setzen wir $T = E_2$ und sind fertig. Für $\eta, \vartheta < 0$ können wir $T = -E_2$ benutzen. Es bleibt der Fall $\eta\vartheta \leq 0$, für den wir ein T und k suchen müssen, so dass das Produkt der unteren beiden Einträge in BT^k positiv ist.

Wir wählen eine Lösung $(x,y) \in \mathbb{N}^2$ der Gleichung

$$x^2 - \Delta y^2 = 4 \quad \text{mit } x \equiv y \equiv 0 \bmod 2,$$

zum Beispiel das Doppelte einer Lösung der Pellschen Gleichung (Satz 10.22). Wir setzen

$$T = \begin{pmatrix} \frac{x+by}{2} & -cy \\ ay & \frac{x-by}{2} \end{pmatrix}, \quad \text{wobei } c := \frac{b^2-\Delta}{4a}.$$

Zeigen wir zuerst, dass $T\tau = \tau$ gilt:

$$T\tau = \frac{\frac{x+by}{2}\tau - cy}{ay\tau + \frac{x-by}{2}} = \frac{(x+by)(b+\sqrt{\Delta}) - 4acy}{2a(y(b+\sqrt{\Delta}) + (x-by))}$$

$$= \frac{bx + b^2y - 4acy + (x+by)\sqrt{\Delta}}{2a(x + y\sqrt{\Delta})}$$

$$= \frac{(bx + b^2y - 4acy + (x+by)\sqrt{\Delta})(x - y\sqrt{\Delta})}{2aN(x + y\sqrt{\Delta})}$$

$$= \frac{(bx^2 - by^2\Delta + b^2xy - 4acxy - xy\Delta) + (x^2 - y^2\Delta)\sqrt{\Delta}}{2aN(x + y\sqrt{\Delta})}$$

$$= \frac{(bx^2 - by^2\Delta) + (x^2 - y^2\Delta)\sqrt{\Delta}}{2a(x^2 - y^2\Delta)} = \frac{b + \sqrt{\Delta}}{2a} = \tau.$$

Sämtliche Einträge dieser Matrix T sind positiv. Für $ay, -cy$ ist das klar. Wegen $x, y > 0$ ist zumindest einer der Einträge $(x+by)/2$ und $(x-by)/2$ positiv. Aus

$$(x+by)(x-by) = x^2 - b^2y^2 \geq x^2 - \Delta y^2 = 4$$

folgt dann, dass auch der andere positiv sein muss.

Jetzt zeigen wir, dass das Produkt der unteren beiden Einträge in BT größer ist als in B. Das Produkt der unteren beiden Einträge in BT ist

$$P := \left(\frac{x+by}{2}\eta + ay\vartheta\right)\left(-cy\eta + \frac{x-by}{2}\vartheta\right)$$

$$= -cy\frac{x+by}{2}\eta^2 + \left(-acy^2 + \frac{x^2 - b^2y^2}{4}\right)\eta\vartheta + ay\frac{x-by}{2}\vartheta^2.$$

Den Koeffizienten von $\eta\vartheta$ formen wir wie folgt um:

$$-acy^2 + \frac{x^2 - b^2y^2}{4} = -acy^2 + \frac{4 + \Delta y^2 - b^2y^2}{4}$$

$$= 1 + \left(-ac + \frac{\Delta - b^2}{4}\right)y^2 = 1 - 2acy^2$$

und folglich

$$P = \eta\vartheta + \frac{1}{2}\left(-cy(x+by)\eta^2 - 4acy^2\eta\vartheta + ay(x-by)\vartheta^2\right)$$

$$= \eta\vartheta + \frac{1}{2}\left(\sqrt{-cy(x+by)}\eta^2 - \sqrt{ay(x-by)}\vartheta^2\right)^2$$

$$\quad + \sqrt{-acy^2(x^2 - b^2y^2)}\eta^2\vartheta^2 - 2acy^2\eta\vartheta$$

$$\geq \eta\vartheta + \sqrt{-acy^2(4 - 4acy^2)}\eta^2\vartheta^2 - 2acy^2\eta\vartheta$$

$$= \eta\vartheta + \sqrt{(2acy^2\eta\vartheta)^2 - 4acy^2\eta^2\vartheta^2} - 2acy^2\eta\vartheta$$

$$\geq \eta\vartheta,$$

weil $-4acy^2\eta^2\vartheta^2 \geq 0$ ist. Es gilt sogar $P > \eta\vartheta$, weil mindestens eine der beiden Unglei-chungen echt ist. Für $\eta\vartheta \neq 0$ ist $-4acy^2\eta^2\vartheta^2 > 0$ und damit die zweite Ungleichung echt. Im Fall $\eta\vartheta = 0$ ist entweder $\eta = 0$ oder $\vartheta = 0$, aber nicht beide zugleich, da B invertierbar ist. Damit ist offenbar die erste Ungleichung echt.

Wir haben gezeigt, dass das ganzzahlige Produkt der unteren beiden Einträge von B durch Rechtsmultiplikation mit T vergrößert wird, falls es nicht schon positiv ist. Analoges gilt damit für $BT, BT^2, \ldots$. Daher gibt es ein $k \in \mathbb{N}$, so dass das Produkt in BT^k positiv wird. $\quad\square$

Jetzt zeigen wir, dass wir die unteren beiden Einträge der Matrix A aus einer Kettenbruchent-wicklung gewinnen können.

Satz 19.16 *Sei K ein reell–quadratischer Zahlkörper mit Diskriminante Δ. Seien*

$$\tau = \frac{b + \sqrt{\Delta}}{2a} \in \xi(\mathscr{E}^*) \qquad und \qquad \tau' = \frac{v + \sqrt{\Delta}}{2u} \in \xi(\mathscr{E}^*).$$

Es gelte

$$a \geq u \qquad und \qquad \tau' \in \mathrm{GL}(2, \mathbb{Z})\tau.$$

Dann existiert eine Matrix

$$A = \begin{pmatrix} \alpha & \beta \\ \gamma & \delta \end{pmatrix} \in \mathrm{GL}(2, \mathbb{Z}) \qquad mit \qquad \tau' = A\tau,$$

so dass δ/γ ein Näherungsbruch der Kettenbruchentwicklung von

$$\frac{-b + \sqrt{\Delta}}{2a}$$

ist.

Beweis: Nach dem Lemma gibt es eine solche Matrix A mit der Bedingung $\gamma, \delta > 0$ und $\tau' = A\tau$. Wir müssen also nur zeigen, dass δ/γ für dieses A ein Näherungsbruch der Ket-tenbruchentwicklung ist. Nach der Rechnung am Ende des Beweises von Satz 19.3 gilt mit $c := (b^2 - \Delta)/4a$

$$u = (\det A)(c\gamma^2 + b\gamma\delta + a\delta^2).$$

Wir betrachten zuerst den Fall $\det A = 1$. Dann gilt auf Grund der Voraussetzung $u \leq a$

$$\frac{1}{\gamma^2} \geq \frac{u}{a} \cdot \frac{1}{\gamma^2} = \left(\frac{\delta}{\gamma}\right)^2 + \frac{b}{a}\left(\frac{\delta}{\gamma}\right) + \frac{c}{a}$$

$$= \left(\frac{\delta}{\gamma} + \frac{b}{2a}\right)^2 + \frac{4ac - b^2}{4a^2} = \left(\frac{\delta}{\gamma} + \frac{b}{2a}\right)^2 - \frac{\Delta}{4a^2}$$

$$= \left(\frac{\delta}{\gamma} + \frac{b + \sqrt{\Delta}}{2a}\right)\left(\frac{\delta}{\gamma} + \frac{b - \sqrt{\Delta}}{2a}\right).$$

Wegen $|b| < a \le \sqrt{\Delta}/2$ ist der erste Faktor positiv. Weil das Produkt $u/(a\gamma^2) > 0$ ist, ist auch der zweite Faktor positiv. Dies nutzen wir, um den ersten Faktor abzuschätzen

$$\frac{\delta}{\gamma} + \frac{b+\sqrt{\Delta}}{2a} = \left(\frac{\delta}{\gamma} + \frac{b-\sqrt{\Delta}}{2a}\right) + \frac{\sqrt{\Delta}}{a} > \frac{\sqrt{\Delta}}{a} \ge 2.$$

Daraus erhalten wir wiederum für den zweiten Faktor

$$0 < \frac{\delta}{\gamma} - \frac{-b+\sqrt{\Delta}}{2a} < \frac{1}{2\gamma^2}.$$

Nach Satz 10.20 ist somit δ/γ ein Näherungsbruch in der Kettenbruchentwicklung von $(-b+\sqrt{\Delta})/2a$.

Im Fall von $\det A = -1$ führt man zunächst eine analoge Rechnung unter Ausnutzung von $0 < u \le a \le -c$ durch:

$$\frac{1}{\delta^2} \ge \frac{-u}{c} \cdot \frac{1}{\delta^2} = \left(\frac{\gamma}{\delta}\right)^2 + \frac{b}{c}\left(\frac{\gamma}{\delta}\right) + \frac{a}{c} = \left(\frac{\gamma}{\delta} + \frac{b-\sqrt{\Delta}}{2c}\right)\left(\frac{\gamma}{\delta} + \frac{b+\sqrt{\Delta}}{2c}\right).$$

Die gleichen Argumente wie oben zeigen, dass γ/δ ein Näherungsbruch von

$$-\frac{b+\sqrt{\Delta}}{2c} = -\frac{2a(b+\sqrt{\Delta})}{b^2-\Delta} = -\frac{2a}{b-\sqrt{\Delta}} = \frac{1}{\frac{-b+\sqrt{\Delta}}{2a}}$$

ist. Bezeichen wir $(-b+\sqrt{\Delta})/2a > 0$ mit x, dann ist $\gamma/\delta \ne 0$ ein Näherungsbruch von $1/x$.

Zum Abschluss behaupten wir, dass die Näherungsbrüche von $1/x$ gerade die Inversen der Näherungsbrüche von x sind — mit der Ausnahme des bei x oder $1/x$ auftretenden Bruches 0. Dies beweist dann den Satz auch im Fall $\det A = -1$.

Nach eventuellem Vertauschen von x und $1/x$ dürfen wir $x > 1$ annehmen. Die Zahl x hat dann eine Kettenbruchentwicklung

$$x = [a_0, a_1, a_2, \dots] \qquad \text{mit } a_i \in \mathbb{N}$$

und folglich ist die Kettenbruchentwicklung von $1/x$

$$\frac{1}{x} = 0 + \frac{1}{x} = [0, x] = [0, a_0, a_1, a_2, \dots].$$

Die Näherungsbrüche p_i/q_i der Entwicklung von x sind bestimmt durch

$$\begin{pmatrix} p_i & p_{i-1} \\ q_i & q_{i-1} \end{pmatrix} = \prod_{j=0}^{i} \begin{pmatrix} a_j & 1 \\ 1 & 0 \end{pmatrix},$$

und entsprechend die Näherungsbrüche p_i'/q_i' für $1/x$ durch

$$\begin{pmatrix} p_i' & p_{i-1}' \\ q_i' & q_{i-1}' \end{pmatrix} = \begin{pmatrix} 0 & 1 \\ 1 & 0 \end{pmatrix} \prod_{j=1}^{i} \begin{pmatrix} a_{j-1} & 1 \\ 1 & 0 \end{pmatrix} = \begin{pmatrix} 0 & 1 \\ 1 & 0 \end{pmatrix} \prod_{j=0}^{i-1} \begin{pmatrix} a_j & 1 \\ 1 & 0 \end{pmatrix}$$

$$= \begin{pmatrix} 0 & 1 \\ 1 & 0 \end{pmatrix} \begin{pmatrix} p_{i-1} & p_{i-2} \\ q_{i-1} & q_{i-2} \end{pmatrix} = \begin{pmatrix} q_{i-1} & q_{i-2} \\ p_{i-1} & p_{i-2} \end{pmatrix}.$$

Es gilt also $p_i'/q_i' = q_{i-1}/p_{i-1}$, was wegen $p_0'/q_0' = 0$ genau die Behauptung war. $\square$

Satz 19.17 *In der Situation des vorangegangenen Satzes sei die Kettenbruchentwicklung von*

$$\frac{-b+\sqrt{\Delta}}{2a} = [a_0,\ldots,a_n,\overline{a_{n+1},\ldots,a_{n+h}}].$$

Dann kann man sogar eine Matrix A finden, bei der δ/γ *einer der ersten* $n+h$ *Näherungsbrüche ist.*

Beweis: Seien p_i, q_i, ξ_i wie üblich durch die a_i definiert. Angenommen wir haben

$$A = \begin{pmatrix} \alpha & \beta \\ q_m & p_m \end{pmatrix} \qquad \text{mit } m \geq n+h.$$

Wir wollen A in ein Produkt zweier Matrizen aus $GL(2,\mathbb{Z})$ zerlegen,

$$A = BT \qquad \text{mit } B = \begin{pmatrix} \alpha' & \beta' \\ q_{m-h} & p_{m-h} \end{pmatrix},$$

so dass $T\tau = \tau$ gilt. Denn dann ist

$$\tau' = A\tau = BT\tau = B\tau.$$

Die Matrix B enthält jetzt in der unteren Zeile die p_i und q_i aus einem früheren Näherungsbruch. Nach einigen Wiederholungen erreichen wir p und q mit einem Index kleiner als $n+h$, wie gewünscht.

Wir wollen nun ein solches T mit

$$\begin{pmatrix} q_m & p_m \end{pmatrix} = \begin{pmatrix} q_{m-h} & p_{m-h} \end{pmatrix} T$$

konstruieren. Die Matrix B findet sich dann als $B = AT^{-1}$.

Aus der Periodizität des Kettenbruchs ergibt sich

$$x := \frac{-b+\sqrt{\Delta}}{2a} = [a_0,\ldots,a_m,\xi_m] = [a_0,\ldots,a_{m-h},\xi_m]$$

und damit

$$x = \frac{p_m\xi_m + p_{m-1}}{q_m\xi_m + q_{m-1}} = \frac{p_{m-h}\xi_m + p_{m-h-1}}{q_{m-h}\xi_m + q_{m-h-1}}. \qquad (*)$$

Nach Lemma 10.7 haben die Matrizen

$$\begin{pmatrix} p_m & p_{m-1} \\ q_m & q_{m-1} \end{pmatrix} \qquad \text{und} \qquad \begin{pmatrix} p_{m-h} & p_{m-h-1} \\ q_{m-h} & q_{m-h-1} \end{pmatrix}$$

beide Determinante ± 1, sind also invertierbar in $GL(2,\mathbb{Z})$. Wir finden daher eine Matrix $U \in GL(2,\mathbb{Z})$ mit

$$\begin{pmatrix} p_m & p_{m-1} \\ q_m & q_{m-1} \end{pmatrix} = U \cdot \begin{pmatrix} p_{m-h} & p_{m-h-1} \\ q_{m-h} & q_{m-h-1} \end{pmatrix}. \qquad (+)$$

Die Gleichung (∗) interpretieren wir jetzt so, dass $0 \neq \lambda, \mu \in K$ existieren mit

$$\lambda \begin{pmatrix} x \\ 1 \end{pmatrix} = \begin{pmatrix} p_m & p_{m-1} \\ q_m & q_{m-1} \end{pmatrix} \begin{pmatrix} \xi_m \\ 1 \end{pmatrix} \quad \text{und}$$

$$\mu \begin{pmatrix} x \\ 1 \end{pmatrix} = \begin{pmatrix} p_{m-h} & p_{m-h-1} \\ q_{m-h} & q_{m-h-1} \end{pmatrix} \begin{pmatrix} \xi_m \\ 1 \end{pmatrix}.$$

Aus (+) folgt

$$\lambda \begin{pmatrix} x \\ 1 \end{pmatrix} = \mu U \begin{pmatrix} x \\ 1 \end{pmatrix}.$$

Schreiben wir U als

$$U = \begin{pmatrix} \varepsilon & \zeta \\ \eta & \vartheta \end{pmatrix},$$

so bedeutet dies

$$x = \frac{\varepsilon x + \zeta}{\eta x + \vartheta}.$$

Nun ist

$$\tau = \frac{b + \sqrt{\Delta}}{2a} = -\sigma \left(\frac{-b + \sqrt{\Delta}}{2a} \right) = -\sigma(x)$$

und daher

$$\tau = -\sigma(x) = -\frac{\varepsilon \sigma(x) + \zeta}{\eta \sigma(x) + \vartheta} = \frac{\varepsilon(-\sigma(x)) - \zeta}{-\eta(-\sigma(x)) + \vartheta} = \frac{\varepsilon \tau - \zeta}{-\eta \tau + \vartheta}.$$

Dann gilt für die inverse Matrix

$$T^{-1} = \frac{1}{\det T} \begin{pmatrix} \varepsilon & -\zeta \\ -\eta & \vartheta \end{pmatrix} \quad \text{von } T = \begin{pmatrix} \vartheta & \zeta \\ \eta & \varepsilon \end{pmatrix} \in \mathrm{GL}(2, \mathbb{Z}),$$

dass $T^{-1} \tau = \tau$ und somit $T\tau = \tau$.

Die Gleichung (+) impliziert

$$p_m = \varepsilon p_{m-h} + \zeta q_{m-h}$$

$$q_m = \eta p_{m-h} + \vartheta q_{m-h},$$

also wie gefordert

$$\begin{pmatrix} q_m & p_m \end{pmatrix} = \begin{pmatrix} q_{m-h} & p_{m-h} \end{pmatrix} \begin{pmatrix} \vartheta & \zeta \\ \eta & \varepsilon \end{pmatrix} = \begin{pmatrix} q_{m-h} & p_{m-h} \end{pmatrix} T. \qquad \square$$

Auf Grund der vorangehenden Sätze können wir uns bei der Suche nach einer Matrix A mit $\tau' = A\tau$ auf wenige mögliche γ, δ beschränken. Nun legen diese beiden Einträge auch fast die restlichen Einträge von A fest. Nutzen wir zuerst $\det A = \pm 1$.

Hilfssatz 19.18 *Seien* $\gamma, \delta \in \mathbb{N}$ *mit* $\operatorname{ggT}(\gamma,\delta) = 1$ *sowie* $e \in \{\pm 1\}$ *gegeben. Man wähle ein* $k \in \mathbb{Z}$ *mit*

$$k\delta \equiv e \bmod \gamma$$

und setze

$$l := \frac{k\delta - e}{\gamma} \in \mathbb{Z}.$$

Dann sind die ganzzahligen Lösungen der Gleichung

$$\delta x - \gamma y = e$$

gegeben durch

$$(x,y) \in (k,l) + \mathbb{Z}(\gamma,\delta).$$

Beweis: Ein $(x,y) = (k + m\gamma, l + m\delta)$ mit $m \in \mathbb{Z}$ ist eine Lösung, weil

$$\delta(k + m\gamma) - \gamma(l + m\delta) = \delta k - \gamma l = \delta k - \delta k + e = e.$$

Ist (x,y) eine beliebige Lösung, so gilt:

$$\delta x - \gamma y = e = \delta k - \gamma l \quad \Longrightarrow \quad \delta(x - k) = \gamma(y - l).$$

Wegen $\operatorname{ggT}(\gamma,\delta) = 1$ folgt

$$x - k = m\gamma \quad \text{und} \quad y - l = m\delta \qquad \text{für ein } m \in \mathbb{Z}.$$

Somit ist (x,y) von der behaupteten Gestalt. $\qquad\qquad\square$

Bezeichen wir den Näherungbruch, den wir im Augenblick für die Konstruktion von A verwenden wollen, mit p/q, so gilt jetzt $\gamma = q$, $\delta = p$, $\alpha = k + mq$ und $\beta = l + mp$, also

$$A = \begin{pmatrix} k + mq & l + mp \\ q & p \end{pmatrix}.$$

Wir wollen ein solches A auf $\tau = (b + \sqrt{\Delta})/2a$ anwenden und setzen dafür $c := (b^2 - \Delta)/4a$. Dann erhalten wir ein $\tau' = (v + \sqrt{\Delta})/2u$ mit

$$u = (\det A) \cdot \left(cq^2 + bpq + ap^2\right)$$

$$v = (\det A) \cdot (2ckq + blq + 2alp + bkp) + m(\det A) \cdot \left(2cq^2 + 2bpq + 2ap^2\right).$$

Durch die Einschränkungen $0 < u \leq a$ und $-u < v \leq u$ werden hierbei die meisten noch möglichen Matrizen verworfen.

Beispiel Wir berechnen die Klassenzahl des Zahlkörpers $K = \mathbb{Q}(\sqrt{15})$, indem wir dem von den Sätzen implizierten Algorithmus folgen. Die Diskriminante ist $\Delta = 60$. Wir bestimmen zuerst $\mathscr{E}^*$

$$\mathscr{E}^* = \left\{ \left(a, \frac{b + \sqrt{60}}{2}\right) \;\middle|\; \begin{array}{l} 1 \leq a < \sqrt{60}/2 \approx 3.9, \quad -a < b \leq a \\ 4a \mid 60 - b^2, \quad a \leq (60 - b^2)/4a =: -c \end{array} \right\}.$$

Aus $|b| \leq a \leq 3$ und $4|60 - b^2$ folgt $|b| \in \{0,2\}$. Für $a = 1$ bleibt nur $b = 0$. Für $a = 2$ ist wegen $8|60 - b^2$ und $-2 < b \leq 2$ nur $b = 2$ möglich. Im Fall $a = 3$ ist auch nur $b = 0$ möglich. Somit sieht $\mathscr{E}^*$ wie folgt aus:

$$\mathscr{E}^* = \left\{ \left(1, \frac{0 + \sqrt{60}}{2}\right), \left(2, \frac{2 + \sqrt{60}}{2}\right), \left(3, \frac{0 + \sqrt{60}}{2}\right) \right\}.$$

Nun müssen wir testen, welche der 3 Elemente von $\xi(\mathscr{E}^*)$ unter der Wirkung von $\mathrm{GL}(2, \mathbb{Z})$ ineinander überführt werden. Wegen Satz 19.16 und 19.17 suchen wir nur nach Matrizen, die von großen a zu kleineren führen. Somit brauchen wir uns auch nur $(a, b) = (2, 2)$ bzw. $(a, b) = (3, 0)$ anschauen.

Betrachten wir zuerst $(a, b) = (2, 2)$. Die Kettenbruchentwicklung von $(-2 + \sqrt{60})/4$ ist $[1, \overline{2, 3}]$. Wir müssen also die ersten zwei Näherungsbrüche berücksichtigen. Diese sind:

$$\frac{1}{1}, \frac{3}{2}.$$

Nun berechnen wir wie oben beschrieben alle Möglichkeiten für eine Matrix

$$A = \begin{pmatrix} k + mq & l + mp \\ q & p \end{pmatrix},$$

die eventuell die Elemente von $\xi(\mathscr{E}^*)$ aufeinander abbildet. Die folgende Tabelle fasst das zusammen:

p	q	$\det A$	k	l	u	v	$v \in\,]-u, u]$
1	1	1	0	-1	-3		
1	1	-1	0	1	3		
3	2	1	1	1	2	$-6 + 4\mathbb{Z}$	2
3	2	-1	1	2	-2		

Da fast überall u negativ ist oder $u > a = 2$ gilt, erhalten wir nur durch die dritte Zeile die Aussage, dass $(2 + \sqrt{60})/4$ im Orbit von $(2 + \sqrt{60})/4$ liegt. Dies ist natürlich trivial. Für $(a, b) = (3, 0)$ sieht das anders aus: Die Kettenbruchentwicklung von $\sqrt{60}/6$ ist $[1, \overline{3, 2}]$. Die ersten zwei Näherungsbrüche sind

$$\frac{1}{1}, \frac{4}{3},$$

und die Tabelle ist diesmal:

p	q	$\det A$	k	l	u	v	$v \in\,]-u, u]$
1	1	1	0	-1	-2		
1	1	-1	0	1	2	$-6 + 4\mathbb{Z}$	2
4	3	1	1	1	3	$-6 + 6\mathbb{Z}$	0
4	3	-1	2	3	-3		

Hier sehen wir aus der zweiten Zeile, dass $(2 + \sqrt{60})/4$ in dem gleichen $\mathrm{GL}(2, \mathbb{Z})$–Orbit liegt wie $\sqrt{60}/6$. Die dritte Zeile liefert die triviale Bemerkung, dass $\sqrt{60}/6$ im Orbit von $\sqrt{60}/6$ ist. Somit ist die Klassenzahl von K gleich 2.

Aufgabe 19.19 Berechnen Sie die Klassenzahl von $\mathbb{Q}(\sqrt{35})$.

Natürlich kann man jetzt mit einem Computer schnell die Klassenzahlen der reell–quadratischen Zahlkörper durch diese Methode bestimmen. Die Klassenzahlen der kleinsten d sind:

d	2	3	5	6	7	10	11	13	14	15	17	19	21	22	23
h	1	1	1	1	1	2	1	1	1	2	1	1	1	1	1

d	26	29	30	31	33	34	35	37	38	39	41	42	43	46	47
h	2	1	2	1	1	2	2	1	1	2	1	2	1	1	1

d	51	53	55	57	58	59	61	62	65	66	67	69	70	71	73
h	2	1	2	1	2	1	1	1	2	2	1	1	2	1	1

d	74	77	78	79	82	83	85	86	87	89	91	93	94	95	97
h	2	1	2	3	4	1	2	1	2	1	2	1	1	2	1

Wenn man diese Tabelle oder eine noch längere betrachtet, kann man vermuten, dass es unendlich viele reell–quadratische Zahlkörper mit Klassenzahl eins gibt. Dies ist jedoch noch nicht bewiesen, es ist sogar unbekannt, ob es überhaupt unendlich viele Zahlkörper mit Klassenzahl eins gibt.

Zusatzaufgaben

Aufgabe 19.20 Es seien $\tau = \frac{b+\sqrt{\Delta}}{2a}$ und $\tau' = \frac{v+\sqrt{\Delta}}{2u}$ mit $\Delta > 0$ und $b \in \mathbb{N}$, $a \in \mathbb{Z}$ sowie $c := \frac{b^2-\Delta}{4a} \in \mathbb{Z}$. Nehmen Sie an, es existieren teilerfremde $\gamma, \delta \in \mathbb{Z}$ mit $u = \gamma^2 c + \gamma\delta b + \delta^2 a$. Weiter seien

1. u quadratfrei und $v = 0$ oder

2. $\mathrm{ggT}(a, u) = 1$ und u prim.

Zeigen Sie nun, dass dann notwendigerweise τ' oder $-\sigma(\tau')$ im selben $\mathrm{GL}(2,\mathbb{Z})$–Orbit wie τ liegt.

Aufgabe 19.21 Seien $a, b, c \in \mathbb{Z}$ mit $\Delta = b^2 - 4ac \neq 0$ kein Quadrat. Zeigen Sie, dass die Zahlen

$$\frac{b+\sqrt{\Delta}}{2a}, \quad \frac{-b+\sqrt{\Delta}}{2c}, \quad \frac{b+2am+\sqrt{\Delta}}{2a} \quad \text{und} \quad \frac{b+2cm+\sqrt{\Delta}}{4c(a+bm+cm^2)}$$

für $m \in \mathbb{Z}$ im gleichen $\mathrm{GL}(2,\mathbb{Z})$–Orbit liegen.

A Elementare Gruppentheorie

Definition A.1 *Eine Gruppe G ist eine Menge G zusammen mit einer Verknüpfung* $\circ : G \times G \to G$, *so dass folgende Eigenschaften gelten:*

- *Die Verknüpfung ist assoziativ, d.h., für alle* $g, h, r \in G$ *gilt* $g \circ (h \circ r) = (g \circ h) \circ r$.
- *Es gibt ein neutrales Element* $e \in G$ *mit* $e \circ g = g \circ e = g$ *für alle* $g \in G$.
- *Für alle* $g \in G$ *existiert ein inverses Element* $g^{-1} \in G$ *mit* $g \circ g^{-1} = g^{-1} \circ g = e$.

Die Gruppe G heißt abelsch (kommutativ), falls das folgende Axiom ebenfalls erfüllt ist:

- *Für alle* $g, h \in G$ *gilt* $g \circ h = h \circ g$.

Statt $g \circ h$ schreibt man oft $g \cdot h$ (multiplikative Gruppe), kurz gh, oder $g + h$ (additive Gruppe). Die Schreibweise $g + h$ wird in der Regel nur bei abelschen Gruppen angewandt. Bei dieser Schreibweise wird das inverse Element wie üblich mit $-g$ statt g^{-1} bezeichnet. Für das neutrale Element schreibt man statt e in der Regel 0 bei additiven und 1 bei multiplikativen Gruppen.

Beispiel Die ganzen Zahlen $\mathbb{Z}$ bilden eine abelsche Gruppe mit der Addition.

Beispiel Die Restklassen von ganzen Zahlen modulo n, d.h. die Menge der Äquivalenzklassen unter der Relation $a \sim b \Leftrightarrow n \mid (a - b)$, bilden ebenfalls eine abelsche Gruppe, die mit $\mathbb{Z}/n\mathbb{Z}$ bezeichnet wird.

Beispiel Die bijektiven Abbildungen der Menge $\{1, 2, 3, \ldots, n\}$ auf sich selbst bilden die sogenannte symmetrische Gruppe S_n, die $n!$ Elemente besitzt. S_n ist nicht abelsch, falls $n \geq 3$ ist.

Beispiel Die Menge der $m \times n$–Matrizen mit Koeffizienten in einer Gruppe G bildet eine additive, abelsche Gruppe unter der komponentenweisen Addition der Matrixeinträge. Diese Gruppe werden wir bei der Definition des Matrizenrings wiedersehen.

Beispiel Die Menge der invertierbaren $n \times n$–Matrizen mit Koeffizienten in den ganzen, rationalen oder reellen Zahlen bildet eine Gruppe unter Matrizenmultiplikation, die nicht abelsch ist für $n \geq 2$. Sie wird mit $\mathrm{GL}(n, \mathbb{Z})$, $\mathrm{GL}(n, \mathbb{Q})$ bzw. $\mathrm{GL}(n, \mathbb{R})$ bezeichnet. Haben die Matrizen Determinante 1, so werden die entsprechenden Gruppen mit $\mathrm{SL}(2, -)$ bezeichnet. Statt $\mathbb{Z}, \mathbb{Q}, \mathbb{R}$ kann man auch Matrizen mit Koeffizienten in $\mathbb{Z}/n\mathbb{Z}$ oder einem beliebigen anderen Ring R betrachten. Ringe werden im nächsten Abschnitt behandelt.

Aus zwei (oder mehreren) Gruppen G_1 und G_2 kann man ein direktes Produkt $G_1 \times G_2$ konstruieren. Die zugrundeliegende Menge ist dabei das kartesische Produkt und die Verknüpfung durch $(a, b) \circ (c, d) = (a \circ c, b \circ d)$ gegeben.

Definition A.2 *Sei G eine Gruppe. Eine Untergruppe H von G ist eine nicht–leere Teilmenge $H \subseteq G$, so dass mit $g, h \in H$ auch $gh^{-1} \in H$ liegt.*

Die Definition impliziert, dass H selbst eine Gruppe ist und insbesondere e in H liegt.

Definition A.3 *Ein Homomorphismus von Gruppen ist eine Abbildung $\varphi : G_1 \to G_2$ mit $\varphi(e) = e$ und $\varphi(g \circ h) = \varphi(g) \circ \varphi(h)$. Der Kern, $\operatorname{Ker} \varphi$, von φ ist die Menge aller $g \in G_1$ mit $\varphi(g) = e$. Ein Isomorphismus φ ist ein bijektiver Homomorphismus.*

Der Kern von φ ist eine Untergruppe von G_1 — das Bild, $\operatorname{Im} \varphi$, eine Untergruppe von G_2.

Beispiel Ist $G = \mathbb{Z}$, so bilden alle ganzen Zahlen, die Vielfache einer festen Zahl $n \in \mathbb{Z}$ sind, eine Untergruppe $H = n\mathbb{Z}$.

Beispiel Die Matrizen aus $\mathrm{SL}(2, \mathbb{Z})$, die im Kern der Abbildung

$$\mathrm{SL}(2, \mathbb{Z}) \to \mathrm{SL}(2, \mathbb{Z}/n\mathbb{Z})$$

liegen, bilden eine Untergruppe von $\mathrm{SL}(2, \mathbb{Z})$.

Ist eine beliebige Teilmenge S von G gegeben, so gibt es eine eindeutig bestimmte kleinste Untergruppe $\langle S \rangle \subseteq G$, die alle Elemente aus S enthält. Sie ist eindeutig definiert als Durchschnitt aller Untergruppen H, die S enthalten. Ist G abelsch und S eine endliche Menge, so besteht $\langle S \rangle$ genau aus den endlichen Linearkombinationen $\{\sum_{i=1}^{n} m_i s_i \mid s_i \in S, m_i \in \mathbb{Z}, n \in \mathbb{N}\}$ von Elementen in S.

Eine wichtige Rolle bilden die Nebenklassen von G bzgl. einer Untergruppe H. Sie werden mit gH oder Hg bezeichnet und bestehen aus allen Vielfachen gh bzw. hg mit $h \in H$. Nebenklassen $g_1 H$ und $g_2 H$ sind entweder disjunkt oder gleich, insbesondere ist $g_2 \in g_1 H$ äquivalent zu $g_2 H = g_1 H$. Die Nebenklassen bilden somit eine disjunkte Zerlegung von G.

Definition A.4 *Eine Untergruppe H einer Gruppe G heißt Normalteiler, falls $gH = Hg$ für alle Nebenklassen gilt.*

Man schreibt in diesem Fall $H \lhd G$. Der Kern eines Homomorphismus ist immer ein Normalteiler. Ist G abelsch, so ist jede Untergruppe ein Normalteiler. Die wichtigste Eigenschaft eines Normalteilers ist die Möglichkeit Quotienten zu bilden.

Satz A.5 *Sei G eine Gruppe und $H \lhd G$ ein Normalteiler. Dann existiert eine Gruppe G/H und ein surjektiver Homomorphismus $\varphi : G \to G/H$ mit $H = \operatorname{Ker} \varphi$.*

Beweis: [Wü, Satz 1.38]. $\qquad\qquad\qquad\qquad\qquad\qquad\qquad\qquad\qquad\qquad\qquad\qquad$ $\square$

Die Elemente von G/H sind die Nebenklassen gH, und diese werden nach der Regel $(gH)(g'H) = g(Hg')H = g(g'H)H = (gg')H$ unter Verwendung der Normalteilereigenschaft verknüpft.

Beispiel Ist $G = \mathbb{Z}$ und $H = n\mathbb{Z} \subseteq G$, so liefert diese Quotientenkonstruktion die Gruppe $\mathbb{Z}/n\mathbb{Z}$.

Es gelten die folgenden sogenannten Isomorphiesätze:

Satz A.6 *Sei G eine (multiplikative) Gruppe.*

1. *Seien $H \subseteq K$ Normalteiler in G. Dann ist H Normalteiler in K, K/H Normalteiler in G/H, und es gilt $G/K \cong (G/H)/(K/H)$.*

2. *Sei $H \lhd G$ ein Normalteiler sowie $K \subseteq G$ eine Untergruppe. Dann ist $K \cap H$ ein Normalteiler in K, und es gilt $K/(H \cap K) \cong HK/H$.*

3. *Ist $\varphi : G_1 \to G_2$ ein Homomorphismus und $H_2 \lhd G_2$ ein Normalteiler, dann ist $H_1 = \varphi^{-1}(H_2) \subseteq G_1$ ein Normalteiler, und es gibt eine injektive induzierte Abbildung $G_1/H_1 \to G_2/H_2$. Sie ist ein Isomorphismus, falls φ surjektiv ist.*

Beweis: [Wü, Satz 1.40/1.41/1.42].   □

Der Index eines Normalteilers $H \lhd G$ ist die Mächtigkeit der Quotientengruppe G/H, falls diese endlich ist.

Definition A.7 *Eine Operation einer Gruppe G auf einer Menge X ist eine Abbildung $\tau :$ $G \times X \to X$ mit den Eigenschaften $\tau(g, \tau(h,x)) = \tau(gh,x)$ und $\tau(e,x) = x$. Die Bahn (Der Orbit) eines Elementes $x \in X$ ist die Menge aller $\tau(g,x)$ mit $g \in G$.*

Die Menge der Bahnen bezeichnet man als Orbitraum $G \backslash X$. Eine solche Operation wird auch Linksoperation genannt. Analog gibt es Rechtsoperationen mit einer Abbildung $\tau : X \times G \to X$, bei denen man die Menge der Bahnen mit X/G bezeichnet. Häufig wird das τ in der Notation weggelassen, und man schreibt $gx := \tau(g,x)$ bei Linksoperationen und $xg := \tau(x,g)$ bei Rechtsoperationen.

Ist X eine endliche Menge mit n Elementen, so liefert eine solche Operation einen Homomorphismus $G \to S_n$ von G in die symmetrische Gruppe, also die Bijektionen von X. Als Beispiel hat man die Operation von G auf sich selbst mit $\tau(h,g) = hg$. Ist allgemeiner $H \subseteq G$ eine Untergruppe, so operiert H auf G ebenfalls durch $\tau(h,g) = hg$, wobei $h \in H$ und $g \in G$ ist. Die Bahnen unter dieser Operation sind genau die Nebenklassen Hg. Operiert man von der rechten Seite, so ergeben sich die Nebenklassen gH.

Dies kann man anwenden, um nochmal den Index zu definieren. Der Index von H in G wird als Mächtigkeit einer Menge von Vertretern g für ein System von disjunkten Nebenklassen definiert. Die Notation für den Index ist $(G : H)$. Es gilt $(G : \{e\}) = \#G$ und $(G : H) = \#G/H$, falls H Normalteiler ist.

Satz A.8 *Sind $G_1 \subseteq G_2 \subseteq G$ Untergruppen, so gilt*

$$(G : G_1) = (G : G_2)(G_2 : G_1).$$

Beweis: [Wü, Satz 1.36].   □

Eine Gruppe G heißt zyklisch, wenn es ein $g \in G$ gibt mit $\langle g \rangle = G$. In diesem Fall ist die Abbildung $\varphi : \mathbb{Z} \to G, m \mapsto g^m$ surjektiv, und G ist ein Quotient von $\mathbb{Z}$. Der Kern von φ ist von der Form $d\mathbb{Z}$, wobei d die Ordnung von g ist. Allgemeiner kann man die Ordnung $\mathrm{ord} g$ eines Elements g einer Gruppe G als das kleinste $d \in \mathbb{N}$ definieren mit $g^d = e$.

Satz A.9 (Lagrange) *In einer endlichen Gruppe G teilt die Ordnung eines jeden Elements g die Gruppenordnung #G.*

Beweis: [Wü, Satz 1.45]. □

Etwas allgemeiner gilt $(G : H) = \#G/\#H$ für jede Untergruppe H von G. Durch einfache Überlegungen beweist man die folgenden Aussagen:

Satz A.10 *Sei G eine Gruppe und $g \in G$. Dann gilt:*

1. *Falls die Ordnung von g endlich ist, gilt: Die Ordnung von g ist genau dann $d \in \mathbb{N}$, wenn $g^d = e$ und $g^{d/p} \neq e$ für alle Primteiler p von d ist.*

2. *Für jedes $g \in G$ gilt*

$$\operatorname{ord} g^k = \frac{\operatorname{ord} g}{\operatorname{ggT}(\operatorname{ord} g, k)}.$$

3. *Ist G abelsch, dann gilt für alle $a, b \in G$*

$$\operatorname{ord} ab \mid \operatorname{kgV}(\operatorname{ord} a, \operatorname{ord} b).$$

Der Exponent einer endlichen Gruppe G ist die kleinste natürliche Zahl d mit $g^d = e$ für alle $g \in G$. Der Exponent teilt immer die Gruppenordnung $\#G$.

B Elementare Ringtheorie

Definition B.1 *Ein Ring R ist eine Menge mit zwei assoziativen Verknüpfungen + und ·, so dass folgende Gesetze gelten:*

- *$(R,+)$ ist eine abelsche Gruppe mit neutralem Element 0.*

- *$(R,\cdot)$ besitzt ein neutrales Element 1.*

- *Für alle $a,b,c \in R$ gelten die Distributivgesetze $(a+b)c = ac + bc$ sowie $a(b+c) = ac + bc$.*

Ist die Multiplikation abelsch, so nennt man R einen kommutativen Ring. Ein kommutativer Ring heißt Integritätsring, falls er keine Nullteiler hat, d.h. Elemente $a,b \neq 0$ mit $ab = 0$. Ein Ring R ist ein Schiefkörper, falls jedes Element in $R \setminus \{0\}$ ein multiplikatives Inverses besitzt. Ein Körper ist ein kommutativer Schiefkörper. Eine Abbildung $\varphi : R_1 \to R_2$ zwischen Ringen ist ein Ringhomomorphismus, falls $\varphi(1) = 1$ gilt und φ mit + und · verträglich ist.

Jeder Ring $R \neq 0$ enthält einen Unterring, der durch sukzessive Addition bzw. Subtraktion der 1 entsteht. Dieser ist entweder isomorph zu $\mathbb{Z}$, falls die Summation niemals 0 ergibt, oder isomorph zu $\mathbb{Z}/n\mathbb{Z}$, falls nach genau n Additionen 0 herauskommt. Man nennt n die Charakteristik von R und setzt sie 0, falls dieser Unterring $\mathbb{Z}$ ist. Ist R ein Integritätsring, so ist n eine Primzahl. Man schreibt $n = \mathrm{char}(R)$.

Beispiel Die ganzen Zahlen $\mathbb{Z}$ und die Restklassengruppen $\mathbb{Z}/n\mathbb{Z}$ bilden Ringe mit der üblichen Addition und Multiplikation.

Beispiel $n \times n$–Matrizen bilden einen Ring mit der komponentenweisen Addition und der Matrizenmultiplikation, der aber nicht kommutativ ist, falls $n \geq 2$.

Beispiel Ist G eine abelsche Gruppe, so bilden die Endomorphismen von G einen Ring mit der durch $(\varphi + \psi)(g) := \varphi(g) + \psi(g)$ gegebenen Addition und der Verknüpfung als Multiplikation. Der Gruppenring $\mathbb{Z}G$ ist ein weiterer Ring, der zu G assoziiert ist. Seine Elemente sind endliche Linearkombinationen $\sum_g a_g \cdot g$ mit $a_g \in \mathbb{Z}$. Die Addition erfolgt formal, und die Multiplikation ist durch das Distributivgesetz motiviert:

$$\left(\sum_g a_g \cdot g \right) \cdot \left(\sum_h b_h \cdot h \right) = \sum_r \left(\sum_{gh=r} a_g b_h \right) \cdot r.$$

Beispiel Der Polynomring $R[X]$ über einem Ring R ist wieder ein Ring und besteht aus den Elementen $a_0 + a_1 X + a_2 X^2 + \cdots + a_n X^n$ für $n \in \mathbb{N}_0$ und $a_i \in R$. Die Addition erfolgt über die

Addition der Vektoren $(a_0, \ldots, a_n)$, wobei verschieden lange Vektoren durch Nullen ergänzt werden. Die Multiplikation ist durch das Distributivgesetz gegeben:

$$\left(\sum_{i=0}^{n} a_i X^i \right) \left(\sum_{j=0}^{m} a_j X^j \right) = \sum_{r=0}^{n+m} \left(\sum_{i+j=r} a_i b_j X^r \right).$$

Der Grad eines Polynoms $f = a_0 + a_1 X + a_2 X^2 + \cdots + a_n X^n \in R[X]$ ist definiert als $\deg(f) = n$, falls $a_n \neq 0$ ist. Ein besonderes Verfahren beim Betrachten von Polynomen ist das Abspalten von Nullstellen: Sei dazu $R = k$ ein Körper. Ist $f \in k[X]$ und $\alpha \in k$ mit $f(\alpha) = 0$, so kann man f schreiben als $f = (X - \alpha)g$ mit $g \in k[X]$. Dies folgt durch Polynomdivision: Schreibe $f = (X - \alpha)g + h$ mit $\deg(h) < \deg(X - \alpha) = 1$, also $h \in k$ konstant. Wegen $f(\alpha) = 0$ folgt $h = 0$.

Beispiel Jeder endliche Integritätsring R ist ein Schiefkörper. Dies folgt, da die Multiplikation $R \to R$ mit einem festen Element $\neq 0$ injektiv, also bijektiv sein muss.

Definition B.2 *Sei R ein Ring. Ein Links–Ideal I ist eine additive Untergruppe I von R, für die $R \cdot I \subseteq I$ gilt, d.h. $r \cdot f \in I$ für alle $r \in R$ und $f \in I$. Analog definiert man den Begriff des Rechtsideals durch $I \cdot R \subseteq R$ und ebenso zweiseitige Ideale.*

Insbesondere werden wir Ideale betrachten, die von mehreren Elementen $f_1, \ldots, f_m$ erzeugt werden und schreiben dafür

$$I = (f_1, \ldots, f_m) = \left\{ \sum_{i=1}^{m} r_i f_i \mid r_i \in R \right\}.$$

Ist $m = 1$, so nennen wir ein Ideal der Form $I = (f)$ ein Hauptideal.

Hat man ein zweiseitiges Ideal I gegeben, so kann man R/I, die Nebenklassen unter der additiven Faktorgruppe, wieder als Ring auffassen. Auf Idealen kann man elementare Operationen bilden: Seien

$$IJ = \left\{ \sum_{i=1}^{n} a_i b_i \mid a_i \in I, b_i \in J, n \in \mathbb{N} \right\},$$

$$I + J = \{a + b \mid a \in I, b \in J\}$$

und $I \cap J$ der Durchschnitt. Dann gilt $(I_1 + I_2)J = I_1 J + I_2 J$ sowie $IJ \subseteq I \cap J$.

Sei von nun an R ein kommutativer Ring. Dann ist jedes Links– oder Rechts–Ideal zweiseitig.

Definition B.3 *Ein echtes Ideal $\mathfrak{p} \subsetneq R$ ist ein Primideal, falls $rs \in \mathfrak{p}$ impliziert, dass $r \in \mathfrak{p}$ oder $s \in \mathfrak{p}$. Mit anderen Worten: Das Komplement $R \setminus \mathfrak{p}$ ist eine multiplikativ abgeschlossene Menge von R. Ein Primideal $\mathfrak{m}$ heißt maximal, wenn für jedes Ideal $I \subseteq R$ mit $I \supseteq \mathfrak{m}$ entweder $I = R$ oder $I = \mathfrak{m}$ gilt.*

Satz B.4 *Ein Ideal $I \subseteq R$ ist ein Primideal genau dann, wenn R/I ein Integritätsring ist. I ist maximal genau dann, wenn R/I ein Körper ist. Jedes Ideal $I \subsetneq R$ ist in einem maximalen Ideal enthalten.*

Beweis: Siehe Satz 18.2 und 18.4. Die letzte Aussage folgt, da jede total geordnete Menge von Idealen bezüglich $\subseteq$ eine kleinste obere Schranke, nämlich die Vereinigung, besitzt. $\square$

Definition B.5 *Ein R–(Links–)Modul M ist eine abelsche Gruppe $(M,+)$ zusammen mit einer Abbildung $\cdot : R \times M \to M$ (Skalarmultiplikation), die folgende Regeln erfüllt:*

- $1 \cdot m = m$.

- $r \cdot (s \cdot m) = (rs) \cdot m$.

- *$\cdot$ ist bilinear, d.h. $(r+s) \cdot m = r \cdot m + s \cdot m$ und $r \cdot (m+n) = r \cdot m + r \cdot n$.*

Ein Untermodul $N \subseteq M$ ist eine additive Untergruppe, die abgeschlossen bezüglich der Skalarmultiplikation ist, d.h. $R \cdot N \subseteq N$. Ein Morphismus von R–Moduln ist eine Abbildung $f : M \to N$, die mit Addition und Skalarmultiplikation in offensichtlicher Weise kommutiert.

Natürlich lässt man das $\cdot$ meist weg.

Beispiel Jeder Ring R ist ein Modul über sich selbst. Die (Links)–Ideale in R sind genau die Untermoduln von R.

Ein Modul ist endlich erzeugt, falls es Elemente $m_1, \ldots, m_d$ gibt, so dass die Teilmenge $Rm_1 + \cdots + Rm_d \subseteq M$, die alle Linearkombinationen der m_i enthält, bereits ganz M ist.

Definition B.6 *Ein R–Modul M ist noethersch, falls die aufsteigende Kettenbedingung für Untermoduln erfüllt ist: Jede aufsteigende Kette*

$$0 = M_0 \subseteq M_1 \subseteq M_2 \subseteq \cdots$$

von Untermoduln wird stationär, d.h. es gibt ein n, so dass $M_{n+i} = M_n$ für alle $i \geq 0$. Da jeder Ring ein Modul über sich selbst ist, sind damit auch noethersche Ringe definiert.

Satz B.7 (Basissatz von Hilbert) *Ist R ein noetherscher Ring (z.B. ein Körper), so ist der Polynomring $R = k[X_1, \ldots, X_n]$ ebenfalls noethersch.*

Beweis: [Ku, Satz 2.3]. $\square$

Satz B.8 *Ein R–Modul M ist noethersch genau dann, wenn jeder Untermodul $N \subseteq M$ endlich erzeugt ist oder wenn jede nicht–leere Menge von Untermoduln von M ein maximales Element besitzt.*

Beweis: [L, chap. VI, §1]. $\square$

Sei $A = (a_{ij})$ eine $n \times n$–Matrix über einem kommutativen Ring R. Die Determinante von A über dem Ring R kann man mit Hilfe des Laplaceschen Entwicklungssatzes berechnen:

$$\det(A) = \sum_{j=1}^{n} (-1)^{i+j} a_{ij} \det(A^{ij}),$$

wobei (A^{ij}) die Streichungsmatrix ist, die entsteht, wenn man die i–te Zeile und j–te Spalte streicht. Definiert man die adjungierte (oder Cramersche) Matrix $A^\sharp$ mittels Transposition als

$$A^\sharp_{ij} := (-1)^{i+j} \det(A^{ji}),$$

so folgt

$$AA^\sharp = \det(A) \cdot E_n,$$

wobei E_n die $n \times n$–Einheitsmatrix ist.

C Elementare Körpertheorie

Betrachten wir nun einen Körper K. Ist die Charakteristik von K gleich 0, so enthält K den Grundkörper $\mathbb{Q}$. Ist die Charakteristik $p > 0$, so enthält K den Grundkörper $\mathbb{F}_p = \mathbb{Z}/p\mathbb{Z}$. In beiden Fällen ist K ein Vektorraum über dem Grundkörper $K_0 = \mathbb{Q}$ bzw. $K_0 = \mathbb{F}_p$. Die einfachsten Körper sind diejenigen, die endlich–dimensional über K_0 sind. Man spricht in diesem Fall von endlichen Körpererweiterungen. Im Fall $K_0 = \mathbb{Q}$ heißen solche Körpererweiterungen Zahlkörper, im Fall von $K_0 = \mathbb{F}_p$ endliche Körper. Die Zahlkörper können immer in die komplexen Zahlen eingebettet werden. Sind $K \subseteq L$ zwei Zahlkörper, so ist der Grad $[L : K]$ der Körpererweiterung die Dimension von L als K–Vektorraum. Für einen Körperturm $K \subseteq L \subseteq M$ gilt $[M : K] = [M : L] \cdot [L : K]$.

$K(\alpha) \subseteq L$ ist die kleinste Körpererweiterung von K, die α enthält. Ist $L = K(\alpha)$, so nennt man α ein primitives Element.

Satz C.1 (Satz vom primitiven Element) *Ist $K \subseteq L$ eine Erweiterung von Zahlkörpern, so gibt es ein $\alpha \in L$ mit $L = K(\alpha)$.*

Beweis: Eine solche Erweiterung ist nach Voraussetzung endlich und separabel, da K und L Erweiterungen von $\mathbb{Q}$ sind. Damit kann man [Wü, Satz 14.11] anwenden. $\qquad\square$

Sei $n = [L : K]$. Dann hat jedes $\beta \in L$ ein *Minimalpolynom* $m_\beta \in K[X]$ vom Grad $\leq n$, das normierte (irreduzible) Polynom kleinsten Grades über K mit $m_\beta(\beta) = 0$. $K(\beta)$ ist isomorph zu $K[X]/(m_\beta)$. Das Minimalpolynom erzeugt das Ideal aller Polynome g mit $g(\beta) = 0$. Ist $L = K(\alpha)$, so hat das Minimalpolynom von α selbst den Grad $n = [L : K]$. Ist $K \subseteq K(\beta) \subseteq L$, so gilt $[L : K] = [K(\alpha) : K(\beta)] \cdot [K(\beta) : K]$, d.h. der Grad des Minimalpolynoms von β teilt $n = [L : K]$.

Betrachten wir nochmal eine Erweiterung $L = K(\alpha)$ von Zahlkörpern mit einem primitiven Element α. Das Minimalpolynom $f = m_\alpha$ von α hat n verschiedene Nullstellen α_i in $\mathbb{C}$, die Konjugierten von α. Jede Nullstelle α_i definiert einen eindeutigen Körpermonomorphismus σ_i von L nach $\mathbb{C}$ mit $\sigma_i(\alpha) = \alpha_i$ und $\sigma_i|_K = \mathrm{id}_K$, nämlich

$$\sigma_i : K(\alpha) = L \longrightarrow \mathbb{C}, \quad \sum_{j=0}^{n-1} \lambda_j \alpha^j \longmapsto \sum_{j=0}^{n-1} \lambda_j \alpha_i^j.$$

Die Menge aller solchen K–linearen σ_i wird mit $\mathrm{Hom}_K(L, \mathbb{C})$ bezeichnet und hängt nicht von der Wahl von α ab.

Definition C.2 *Eine Erweiterung $K \subseteq L$ von Zahlkörpern heißt galoissch, wenn jedes $\sigma \in \mathrm{Hom}_K(L, \mathbb{C})$ bereits ein Automorphismus von L ist. Die* Galois–Gruppe $\mathrm{Gal}(L/K)$ *ist die Gruppe der Automorphismen* $\mathrm{Aut}_K(L)$ *von L, die K festlassen.*

Nach Wahl eines primitiven Elements $\alpha \in L$ kann man jede galoissche Erweiterung $K \subseteq L$ von Zahlkörpern als $L = K(\alpha)$ schreiben, so dass das Minimalpolynom $f = m_\alpha \in K[X]$ von α den Grad $n = [L : K]$ besitzt. Alle anderen Nullstellen von f liegen dann auch in L, d.h. L ist ein Zerfällungskörper. Die Galoisgruppe $\mathrm{Gal}(L/K)$ ist in diesem Fall eine Untergruppe der Ordnung n in der symmetrischen Gruppe S_n, da $\mathrm{Gal}(L/K)$ die Nullstellen von f vertauscht.

Die Galois–Gruppe $\mathrm{Gal}(L/K)$ operiert auch auf den Wurzeln des Minimalpolynoms für jedes Element $\beta \in L$. Das Minimalpolynom von β ist

$$m_\beta = \prod_{y \in S}(X - y) \in K[X] \qquad \text{mit } S := \{\sigma(\beta) \mid \sigma \in \mathrm{Gal}(L/K)\}.$$

Satz C.3 (Hauptsatz der Galois–Theorie) *Sei $K \subseteq L$ galoissch. Ist $K \subseteq Z \subseteq L$ ein Zwischenkörper, so ist $Z \subseteq L$ wieder galoissch und $\mathrm{Gal}(L/Z)$ eine Untergruppe von $\mathrm{Gal}(L/K)$. Umgekehrt ist Z der Fixkörper unter $\mathrm{Gal}(L/Z)$. Die Erweiterung $K \subseteq Z$ ist galoissch genau dann, wenn die Untergruppe $\mathrm{Gal}(L/Z)$ ein Normalteiler ist. In diesem Fall gilt*

$$\mathrm{Gal}(Z/K) \cong \mathrm{Gal}(L/K)/\mathrm{Gal}(L/Z).$$

Beweis: Siehe [Wü, Satz 15.6 und Satz 15.13]. □

Als Korollar aus diesem Satz bekommt man:

Satz C.4 *Sei $\beta \in L$ und $\beta_1 = \beta, \beta_2, \ldots, \beta_r \in \mathbb{C}$ seine Konjugierten, also die Nullstellen des Minimalpolynoms von β über K in $\mathbb{C}$. Sei $g(X_1, \ldots, X_r)$ ein symmetrisches Polynom, d.h. g ist invariant unter Vertauschungen der X_i. Dann gilt*

$$g(\beta_1, \beta_2, \ldots, \beta_r) \in K.$$

Beweis: Man prüft leicht nach, dass $g(\beta_1, \beta_2, \ldots, \beta_r)$ invariant unter allen K–Automorphismen einer Galois–Erweiterung von K ist, die L enthält. □

Betrachten wir nun den Fall endlicher Körper der Charakteristik $p > 0$.

Satz C.5 *Es gibt bis auf Isomorphie genau einen Körper $\mathbb{F}_q$ mit $q = p^m$ Elementen, falls p prim und $m \in \mathbb{N}$ ist. $\mathbb{F}_q$ ist galoissch über $\mathbb{F}_p$. Die Galoisgruppe $\mathrm{Gal}(\mathbb{F}_q/\mathbb{F}_p)$ ist eine zyklische Gruppe, die vom Frobeniusautomorphismus $x \mapsto x^p$ erzeugt wird.*

Beweis: Siehe [Wü, Satz 14.10]. □

D Minkowskitheorie

In diesem Abschnitt beweisen wir die Endlichkeit der Klassenzahl (Satz 18.19) und den Dirichletschen Einheitensatz (Satz 17.12). Außerdem erklären wir die Klassenzahlformel, die beide in Verbindung bringt. Dazu benötigen wir einige Vorbereitungen.

Vorbemerkungen zu ganzen Idealen

Wir erinnern zunächst daran, dass in Definition 16.26 die Norm $N(I)$ eines Ideals $I \subseteq \mathcal{O}_K$ als Mächtigkeit des endlichen Quotienten $\mathcal{O}_K/I$ eingeführt wurde.

Satz D.1 *Für je zwei ganze Ideale $0 \neq I, J \subseteq \mathcal{O}_K$ gilt: $N(IJ) = N(I)N(J)$.*

Beweis: Der Ring $R = \mathcal{O}_K$ ist ein Dedekindring. Nach Satz 18.11 ist das Ideal J ein Produkt von Primidealen. Mittels Induktion kann man also annehmen, dass J ein Primideal ist. Es reicht dann zu zeigen, dass für alle Primideale $\mathfrak{p}$ gilt:

$$|R/I\mathfrak{p}| = |R/I|\,|I/I\mathfrak{p}|$$

und

$$|I/I\mathfrak{p}| = |R/\mathfrak{p}|.$$

Die erste Gleichung folgt aus

$$\mathrm{Ker}(R/I\mathfrak{p} \to R/I) = I/I\mathfrak{p}.$$

Für die zweite Gleichung überlegt man sich zuerst, dass wegen der eindeutigen Primfaktorzerlegung (Satz 18.11) gilt:

$$I\mathfrak{p} \subsetneq I.$$

Zwischen diesen beiden Idealen kann kein weiteres Ideal $\mathfrak{b}$ liegen, denn sonst gäbe es ein ganzes Ideal mit

$$\mathfrak{p} \subsetneq I^{-1}\mathfrak{b} \subsetneq R,$$

im Widerspruch zur Maximalität von $\mathfrak{p}$, denn in einem Dedekindring ist jedes Primideal $\neq 0$ bereits maximal. Somit gilt für jedes $a \in I \setminus I\mathfrak{p}$ schon

$$I\mathfrak{p} + (a) = I$$

und folglich ist der R–Modul Homomorphismus

$$\varphi : R \to I/I\mathfrak{p}, \quad x \mapsto ax + I\mathfrak{p}$$

surjektiv. Es folgt, dass

$$\mathfrak{p} \subseteq \mathrm{Ker}(\varphi) \subsetneq R$$

gilt, denn $1 \notin \mathrm{Ker}(\varphi)$. Wegen der Maximalität von $\mathfrak{p}$ folgt $\mathrm{Ker}(\varphi) = \mathfrak{p}$ und damit die zweite Gleichung. $\qquad\square$

Mit Hilfe der Norm lassen sich einige nützliche Tatsachen in $\mathcal{O}_K$ beweisen:

Satz D.2 *Sei $I \neq 0$ ein Ideal in $R = \mathcal{O}_K$.*

1. *Ist $N(I)$ prim, so auch I.*

2. *$N(I)$ ist ein Element in I, d.h. $I \mid N(I)$.*

3. *Falls I ein Hauptideal ist, also $I = (x)$ für ein $0 \neq x \in \mathcal{O}_K$, dann ist die Norm von I gleich dem Betrag der Körpernorm von x, d.h. $N(I) = |N(x)|$.*

4. *Ist I prim, so teilt es genau ein $p \in \mathbb{P}$ und es gilt $N(I) = p^m$ mit $m \leq n = [K : \mathbb{Q}]$.*

5. *Jede natürliche Zahl m ist nur in endlich vielen Idealen enthalten.*

6. *Nur endlich viele Ideale haben Norm $\leq N$ für jede vorgegebene Schranke N.*

Beweis: 1) Folgt direkt aus Satz D.1.

2) Da $N(I)$ die Ordnung von R/I ist, gilt für das Element 1 auch $N(I) \cdot 1 = 0$ in R/I, d.h. $N(I) \in I$.

3) Sei $I = (x)$ ein Hauptideal. Nach Aufgabe 16.47 ist $N(x)$ die Determinante der $\mathbb{Z}$–linearen Abbildung $m_x : R \to R$ gegeben durch Multiplikation mit x. Andererseits ist $N(I)$ die Ordnung des Kokerns dieser Abbildung zwischen freien $\mathbb{Z}$–Moduln vom Rang n. Mit dem Diagonalisierungsalgorithmus aus Abschnitt 6 können wir annehmen, dass die darstellende Matrix M zu m_x in Diagonalgestalt ist, mit Einträgen $m_1, ..., m_n \in \mathbb{Z} \setminus \{0\}$ auf der Diagonalen. Mit Hilfssatz 6.12 folgt dann $N(I) = |m_1 m_2 \cdots m_n| = |\det(M)| = |N(x)|$.

4) Wegen $I \mid N(I) = \prod p_i^{\alpha_i}$ gibt es mindestens eine Primzahl $p \in \mathbb{P}$ mit $I \mid (p)$, also gibt es ein Ideal J mit $IJ = (p)$. Nach Satz D.1 und 3) folgt $N(I) \mid N(p)$ und aus $N(p) = p^n$ (siehe Aufgabe 16.45) folgt $N(I) = p^m$ mit $m \leq n$.

5) Sei I ein Ideal und $m \in I$, d.h. $I \mid (m)$. Schreibe das Hauptideal (m) als endliches Produkt von Primidealen mittels Satz 18.11. Da I ein Teiler von (m) ist, ist I ein Produkt aus einer Teilmenge dieser Primideale. Damit gibt es nur endlich viele Möglichkeiten für I.

6) Es gilt $N(I) \in I$ nach 2). Wende dann 5) auf $m = N(I) \leq N$ an. $\qquad\square$

Wir stellen nun noch eine weitere Definition und einige Resultate bereit, die die Norm benutzen, und die wir in Anwendungen der Minkowskitheorie benötigen. Sei dazu K ein Zahlkörper der Dimension $[K : \mathbb{Q}] = n$. Ist $p \in \mathbb{P}$ eine Primzahl, so kann man das Hauptideal $(p) \subseteq \mathcal{O}_K$ eindeutig in ein Produkt von paarweise verschiedenen Primidealen zerlegen:

$$(p) = \mathfrak{p}_1^{e_1} \cdots \mathfrak{p}_r^{e_r}.$$

Die Restklassenkörper $\kappa_i := \mathcal{O}_K/\mathfrak{p}_i$ sind endliche Erweiterungskörper von $\mathbb{F}_p = \mathbb{Z}/p\mathbb{Z}$, weil in κ_i wegen $p \in \mathfrak{p}_i$ die Primzahl p gleich 0 ist.

Definition D.3 *Die Zahlen e_i heißen* Verzweigungsindices. *Die Dimensionen $f_i :=$ $\dim_{\mathbb{F}_p} \mathcal{O}_K/\mathfrak{p}_i$ heißen* Trägheitsindices. *Die Primzahl p heißt* verzweigt, *falls es einen Index i gibt mit $e_i \geq 2$. Sie heißt* träge, *falls p prim bleibt in $\mathcal{O}_K$. Die Primzahl p heißt* voll zerlegt, *falls $r = n$ ist und alle $e_i = f_i = 1$ sind.*

Satz D.4 (Fundamentale Gleichung) *Die Trägheitsindices sind durch die Formel $p^{f_i} = N(\mathfrak{p}_i)$ festgelegt. Es gilt die Formel*

$$n = [K : \mathbb{Q}] = \sum_{i=1}^{r} e_i f_i.$$

Ist $K/\mathbb{Q}$ galoissch, so sind alle e_i und alle f_i gleich, und es gilt $n = efr$.

Beweis: Die Formel $p^{f_i} = N(\mathfrak{p}_i)$ folgt, da $f_i = \dim_{\mathbb{F}_p} \mathcal{O}_K/\mathfrak{p}_i$ und $N(\mathfrak{p}_i) = \#\mathcal{O}_K/\mathfrak{p}_i$. Aus Satz D.1 schließt man, dass $\#\mathcal{O}_K/\mathfrak{p}_i^{e_i} = N(\mathfrak{p}_i^{e_i}) = N(\mathfrak{p}_i)^{e_i} = p^{e_i f_i}$. Aus $N(p) = p^n$ folgt $n = \dim_{\mathbb{F}_p} \mathcal{O}_K/p\mathcal{O}_K$. Da alle $\mathfrak{p}_i$ teilerfremd sind, gilt deshalb mit dem chinesischen Restsatz

$$n = \dim_{\mathbb{F}_p} \mathcal{O}_K/p\mathcal{O}_K = \dim_{\mathbb{F}_p} \prod_{i=1}^{r} \mathcal{O}_K/\mathfrak{p}_i^{e_i} = \sum_{i=1}^{r} \dim_{\mathbb{F}_p} \mathcal{O}_K/\mathfrak{p}_i^{e_i} = \sum_{i=1}^{r} e_i f_i$$

für die entsprechenden Hochzahlen der p–Potenzen.

Ist $K/\mathbb{Q}$ galoissch, so ist $\mathrm{Hom}(K, \mathbb{C})$ gleich der Galoisgruppe $G = \mathrm{Aut}_{\mathbb{Q}}(K)$ nach Anhang C. Alle $\sigma \in G$ bilden somit Ringautomorphismen von $\mathcal{O}_K$. Man überlegt sich nun zuerst, dass die Galoisgruppe transitiv auf den Primidealen $\mathfrak{p}_i$ operiert, die p teilen. Denn wenn es zwei solche Primideale $\mathfrak{p}_1$ und $\mathfrak{p}_2$ gäbe mit $\sigma(\mathfrak{p}_1) \neq \mathfrak{p}_2$ für alle $\sigma \in G$, so könnte man mit dem chinesischen Restsatz ein $x \in \mathcal{O}_K$ finden, so dass $x \equiv 0 \bmod \mathfrak{p}_2$ und $x \equiv 1 \bmod \sigma(\mathfrak{p}_1)$ für alle $\sigma \in G$. Aus $x \equiv 0 \bmod \mathfrak{p}_2$ folgt, dass $N(x) = \prod_\sigma \sigma(x)$ in $\mathbb{Z} \cap \mathfrak{p}_2 = (p)$ liegt. Die andere Bedingung $x \equiv 1 \bmod \sigma(\mathfrak{p}_1)$ für alle $\sigma \in G$ impliziert dagegen, dass $\sigma(x) \notin \mathfrak{p}_1$ für alle $\sigma \in G$, und daher $N(x) \notin \mathbb{Z} \cap \mathfrak{p}_1 = (p)$ ist, ein Widerspruch.

Da G transitiv durch Automorphismen operiert, sind alle Restklassenkörper $\kappa_i = \mathcal{O}_K/\mathfrak{p}_i$ isomorph, sowie alle e_i und alle f_i gleich, und es folgt $n = efr$. □

Wir benötigen auch das folgende Resultat, das zeigt, wie man in einem wichtigen Spezialfall die Indices e_i und f_i berechnen kann. Quadratische Zahlkörper und Kreisteilungskörper erfüllen diese Voraussetzung.

Proposition D.5 *Sei K ein Zahlkörper, so dass $\mathcal{O}_K = \mathbb{Z}[\alpha]$ mit $\alpha \in \mathcal{O}_K$. Wir betrachten eine Primzahl p mit der eindeutigen Zerlegung*

$$(p) = \mathfrak{p}_1^{e_1} \cdots \mathfrak{p}_r^{e_r}.$$

Ist h das Minimalpolynom von α, so entspricht dieser Zerlegung von (p) eine Faktorisierung

$$\overline{h} = \prod_{i=1}^{r} \overline{h}_i^{e_i} \in \mathbb{F}_p[T]$$

von h modulo p, in der man die Verzweigungsindices e_i als Multiplizität von $\overline{h}_i$ ablesen kann. Außerdem gilt für die Trägheitsindices $f_i = \deg(\overline{h}_i)$.

Wenn eine Primzahl $p \in \mathbb{P}$ verzweigt ist, dann teilt p die Diskriminante Δ_K. Insbesondere gibt es nur endlich viele verzweigte Primzahlen.

Bemerkung D.6 *Der Zusatz über verzweigte Primzahlen gilt für beliebige Zahlkörper.*

Beweis: Es gilt $\mathcal{O}_K = \mathbb{Z}[\alpha] = \mathbb{Z}[T]/(h)$ und somit $\mathcal{O}_K/(p) = \mathbb{F}_p[T]/(\overline{h})$. Aus der Zerlegung $\overline{h} = \prod_{i=1}^{r} \overline{h}_i^{e_i}$ in irreduzible Faktoren folgt $\kappa_i = \mathbb{F}_p[T]/(\overline{h}_i)$, $f_i = \deg \overline{h}_i$ sowie $n = \sum_i e_i f_i$.

Für die Diskriminante Δ_K gilt nach dem Beweis von Lemma 16.23 die Formel $\Delta_K = \prod_{i<j}(\alpha_i - \alpha_j)^2$, wobei $\alpha_1, ..., \alpha_n$ die paarweise verschiedenen Nullstellen von h sind. Somit ist p nur dann verzweigt, wenn Nullstellen modulo p zusammenfallen, d.h. wenn $\Delta_K \equiv 0 \bmod p$. $\qquad\square$

Bemerkung D.7 *Ein quadratischer Zahlkörper $K = \mathbb{Q}(\sqrt{d})$ mit quadratfreiem d hat nach dem Beweis von Satz 17.14 folgendes Verzweigungsverhalten bei einer Primzahl p:*

1. *Im Fall $p \mid d$ ist p verzweigt, d.h. es gilt $(p) = \mathfrak{p}^2$ für ein Primideal $\mathfrak{p}$ der Norm p.*

2. *Gilt $p \nmid 2d$ und $\left(\frac{d}{p}\right) = -1$, so bleibt p prim mit Norm p^2, d.h. p ist träge.*

3. *Für $p \nmid 2d$ und $\left(\frac{d}{p}\right) = 1$ ist p voll zerlegt, d.h. $(p) = \mathfrak{p}_1\mathfrak{p}_2$ mit zwei verschiedenen Primidealen der Norm p. Es gilt $\mathfrak{p}_i = (p, a \pm \sqrt{d})$, wobei $a^2 \equiv d \bmod p$.*

4. *Im Fall $p = 2$ kommt es auf die Restklasse von $d \bmod 8$ an:*

   Ist $d \equiv 2 \bmod 4$, so gilt $2 \mid d$, aber $2 \nmid \sqrt{d}$, und daher ist $(2) = (2, \sqrt{d})^2$ verzweigt. Dies kann man auch mit Proposition D.5 testen, denn das Minimalpolynom von $\sqrt{d}$ ist $h = T^2 - d \equiv T^2 \bmod 2$.

   Gilt $d \equiv 3 \bmod 4$, so ist 2 ebenfalls verzweigt, denn es gilt $(2) = (2, 1 + \sqrt{d})^2$, da $(2, 1 + \sqrt{d}) = (2, 1 - \sqrt{d})$. Das Minimalpolynom von $\sqrt{d}$ ist $h = T^2 - d \equiv (T-1)^2 \bmod 2$.

   Im Fall $d \equiv 1 \bmod 4$ unterscheidet man $d \equiv 1 \bmod 8$ und $d \equiv 5 \bmod 8$. Im ersten Fall ist das Minimalpolynom von $(1 + \sqrt{d})/2$ gleich $h = T^2 - T + \frac{1-d}{4}$, also $\overline{h} = T^2 - T$ modulo 2, daher ist 2 voll zerlegt. Im Fall $d \equiv 5 \bmod 8$ ist p träge nach dem Beweis von Satz 17.14.

Der Gitterpunktsatz von Minkowski

Definition D.8 *Ein* Gitter *vom Rang m im $\mathbb{R}^n$ ist eine additive Gruppe $\Gamma \subseteq \mathbb{R}^n$*

$$\Gamma = \left\{ \sum_{i=1}^{m} a_i e_i \mid a_i \in \mathbb{Z} \right\},$$

die von m über $\mathbb{R}$ linear unabhängigen Vektoren $e_1, \ldots, e_m$ erzeugt wird. Die Zahl $m \leq n$ wird der Rang *von Γ genannt. Im Fall $m = n$ heißt das Gitter* vollständig.

Aus der Definition folgt unmittelbar, dass jedes Gitter $\Gamma \subseteq \mathbb{R}^n$ eine *diskrete* additive Untergruppe bezüglich der Euklidischen Topologie auf $\mathbb{R}^n$ ist, d.h. jeder Punkt $x \in \Gamma$ hat eine Umgebung U in der nur endlich viele Gitterpunkte von Γ liegen. Der Quotientenraum $\mathbb{R}^n/\Gamma$ ist die Menge der Äquivalenzklassen unter Translation mit Γ. Wir bezeichnen mit $\Phi: \mathbb{R}^n \to \mathbb{R}^n/\Gamma$ die Quotientenabbildung.

Lemma D.9 *Sei eine Teilmenge* $\Gamma \subseteq \mathbb{R}^n$ *gegeben.*

1. Γ *ist ein Gitter genau dann, wenn* Γ *eine diskrete additive Untergruppe von* $\mathbb{R}^n$ *ist.*

2. *Ist* Γ *ein Gitter, so ist* $\mathbb{R}^n/\Gamma$ *homöomorph zu einem Produkt* $(S^1)^m \times \mathbb{R}^{n-m}$, *wobei* S^1 *der Einheitskreis ist.* $\mathbb{R}^n/\Gamma$ *ist somit genau dann kompakt, wenn* Γ *vollständig ist.*

Beweis: 1) Sei Γ ein Gitter. Bis auf eine invertierbare, lineare Selbstabbildung $\mathbb{R}^n \to \mathbb{R}^n$, die insbesondere ein Homöomorphismus ist, kann man annehmen, dass $e_1,\ldots,e_m$ in der Darstellung von Γ die ersten m Elemente der Standardbasis sind. Indem man Kugelumgebungen betrachtet, sieht man dann sofort, dass Γ diskret ist.

Sei nun umgekehrt Γ eine diskrete additive Untergruppe im $\mathbb{R}^n$ und $e_1,\ldots,e_m \in \Gamma$ eine maximale, über $\mathbb{R}$ linear unabhängige Menge von Elementen in Γ. Insbesondere ist jedes $x \in \Gamma$ eine reelle Linearkombination der e_i. Wir zeigen mit Induktion über m, dass Γ ein Gitter ist. Der Induktionsanfang ist $m = 0$ und trivial zu beweisen, denn dann ist $\Gamma = 0$. Sei also $m \geq 1$. Betrachte den $(m-1)$–dimensionalen reellen Unterraum

$$V = \operatorname{span}(e_1,\ldots,e_{m-1}).$$

Die additive Gruppe $\Gamma' := V \cap \Gamma$ ist diskret in V, also ein Gitter nach Induktionsvoraussetzung. Seien $f_1,\ldots,f_{m-1} \in \Gamma'$ über $\mathbb{R}$ linear unabhängige Elemente, die Γ' als $\mathbb{Z}$–Modul erzeugen. Setze $f_m := e_m$. Betrachte nun die Menge

$$W := \{a_1 f_1 + \cdots + a_m f_m \in \Gamma \mid 0 \leq a_m \leq 1 \text{ und } 0 \leq a_i < 1 \text{ für } i = 1,\ldots,m-1\}.$$

W ist beschränkt, also ist W endlich, da Γ diskret ist. Außerdem liegt der Punkt f_m in $W \setminus \Gamma'$. Sei f_0 ein Punkt aus W mit minimalem reellen Koeffizienten $a_m \neq 0$ bei f_m. Dann gilt ebenfalls $f_0 \notin \Gamma'$. Wir können annehmen, dass $f_m = f_0$ ist, da beide die gleichen Eigenschaften haben. Jedes $x \in \Gamma$ kann durch Subtraktion eines Vektors

$$v = b_1 f_1 + \cdots + b_m f_m$$

mit ganzzahligen Koeffizienten b_i so abgeändert werden, dass $x - v \in W$ ist und der letzte Koeffizient c_m in der reellen Basisdarstellung von x die Ungleichung $0 \leq c_m < 1$ erfüllt. Nach Konstruktion von $f_m = f_0$ folgt damit $c_m = 0$ und $x - v \in \Gamma'$. Also ist x eine ganzzahlige Linearkombination der linear unabhängigen f_i und damit Γ ein Gitter.

2) Wie in 1) können wir annehmen, dass $e_1,\ldots,e_m$ in der Darstellung von Γ ein Teil der Standardbasis ist. Damit bekommt man einen Homöomorphismus

$$\mathbb{R}^n/\Gamma \cong (\mathbb{R}/\mathbb{Z})^m \times \mathbb{R}^{n-m},$$

und die Aussage folgt, da $\mathbb{R}/\mathbb{Z}$ vermöge der Exponentialabbildung $t \mapsto \exp(2\pi i t)$ homöomorph zu $S^1 = \{z \in \mathbb{C} \mid |z| = 1\}$ ist. □

Korollar D.10 *Ist* Γ *vollständig, so ist* $\mathbb{R}^n/\Gamma \cong (S^1)^n$ *ein kompakter Torus.*

Definition D.11 *Sei* Γ *ein vollständiges Gitter im* $\mathbb{R}^n$. *Die Teilmenge* $F \subseteq \mathbb{R}^n$ *der Form*

$$F := \{a_1 e_1 + \ldots + a_n e_n \in \Gamma \mid 0 \leq a_i < 1 \text{ für } i = 1,\ldots,n\}$$

heißt Fundamentalbereich *für* Γ.

Jeder Vektor im $\mathbb{R}^n$ hat dann einen eindeutigen Repräsentanten modulo Γ in F. Ein Fundamentalbereich F ist nicht eindeutig durch Γ bestimmt, da man die linear unabhängige Menge $e_1, \ldots, e_n$ wechseln kann. Eine Invariante von F ist jedoch das Lebesgue–Maß

$$\mathrm{vol}(\Gamma) := \mathrm{vol}(F) = \int_F dx_1 \cdots dx_n = |\det(e_1, \ldots, e_n)|,$$

da F in $\mathbb{R}^n$ ein Lebesgue messbares Parallelotop ist, das invariant unter elementaren Transformationen ist.

Wir werden jetzt beschränkte, Lebesgue messbare Teilmengen $M \subseteq \mathbb{R}^n$ betrachten und ihr Bild unter $\Phi : \mathbb{R}^n \to \mathbb{R}^n / \Gamma$ studieren. Das n–dimensionale Lebesgue–Maß von M bezeichnen wir immer mit $\mathrm{vol}(M)$.

Lemma D.12 *Ist* $\mathrm{vol}(M) > \mathrm{vol}(\Gamma)$, *so ist die Einschränkung* $\Phi|_M$ *von* Φ *auf* M *nicht injektiv.*

Beweis: Wir bezeichnen mit $F + g$ das Translat von F unter $g \in \Gamma$ und setzen $M_g := M \cap (F + g)$. Dann ist M die disjunkte Vereinigung der messbaren Mengen M_g. Durch Rücktranslation nach F erhalten wir aus den M_g messbare Teilmengen $M_g' := M_g - g \subseteq F$. Die Zuordnung $M_g \mapsto M_g'$ ist maßerhaltend, da das Lebesgue–Maß translationsinvariant ist. Die Vereinigung aller M_g' bezeichnen wir mit M'. Nun nehmen wir an, $\Phi|_M$ sei injektiv. Dann sind alle M_g' disjunkt. Insbesondere ist M' als disjunkte, abzählbare Vereinigung messbarer Mengen M_g' selbst messbar und es gilt $\mathrm{vol}(M) = \mathrm{vol}(M')$. Wegen der Inklusion $M' \subseteq F$ erhalten wir $\mathrm{vol}(M) = \mathrm{vol}(M') \leq \mathrm{vol}(F)$, im Widerspruch zur Voraussetzung. $\qquad \square$

Definition D.13 *Eine Teilmenge* $M \subseteq \mathbb{R}^n$ *heißt* (zentral-)symmetrisch, *falls mit jedem* $x \in M$ *auch* $-x \in M$ *ist.* M *heißt* konvex, *falls mit je zwei Punkten* $x \neq y$ *in* M *auch die Verbindungslinie*

$$\lambda x + (1 - \lambda)y, \quad \lambda \in [0, 1],$$

ganz in M *liegt.*

Satz D.14 (Gitterpunktsatz von Minkowski) *Sei* Γ *ein vollständiges Gitter in* $\mathbb{R}^n$ *mit Fundamentalbereich* F. *Weiter sei* M *eine beschränkte, messbare, konvexe und symmetrische Teilmenge im* $\mathbb{R}^n$. *Falls*

$$\mathrm{vol}(M) > 2^n \mathrm{vol}(F),$$

so enthält M *einen Punkt aus* $\Gamma \setminus \{0\}$. *Die gleiche Aussage gilt auch, falls* M *kompakt, konvex und symmetrisch ist und*

$$\mathrm{vol}(M) \geq 2^n \mathrm{vol}(F).$$

Beweis: Wir betrachten das *verdoppelte* Gitter 2Γ. Sein Fundamentalbereich ist $2F$ und hat Volumen $2^n \mathrm{vol}(F)$. Die Quotientenabbildung werde wieder mit

$$\Phi : \mathbb{R}^n \longrightarrow \mathbb{R}^n / 2\Gamma$$

bezeichnet. Wegen $\mathrm{vol}(M) > 2^n \mathrm{vol}(F) = \mathrm{vol}(2F)$ kann Φ nach Lemma D.12 auf M nicht injektiv sein. Also gibt es $x, y \in M$ mit $x \neq y$ und $x - y \in 2\Gamma$. Wegen der Symmetrie von M ist $-y \in M$. Aufgrund der Konvexität von M ist also auch

$$0 \neq \omega := \frac{1}{2}(x - y) \in M.$$

Das Element ω ist aber auch in Γ, da $x - y \in 2\Gamma$ und hat daher die gewünschten Eigenschaften. Ist M kompakt und $\mathrm{vol}(M) \geq 2^n \mathrm{vol}(F)$, so betrachte $(1 + \varepsilon)M$ für $\varepsilon \to 0$. $\qquad \square$

Die Endlichkeit der Klassenzahl

Sei nun K ein Zahlkörper vom Grad n über $\mathbb{Q}$. Es gibt n Körpermonomorphismen

$$\sigma_i : K \longrightarrow \mathbb{C},$$

die $\mathbb{Q}$ festlassen. Für jedes σ ist auch

$$\overline{\sigma} : K \longrightarrow \mathbb{C}, \quad \overline{\sigma}(\alpha) := \overline{\sigma(\alpha)}$$

ein Monomorphismus, und es gilt genau dann $\overline{\sigma} = \sigma$, wenn σ reell ist, d.h. in $\mathbb{R}$ landet. Jedes nicht–reelle σ kommt also als Paar $\sigma, \overline{\sigma}$. Wir können daher die Monomorphismen so nummerieren, dass die ersten r_1 Stück reell sind und die restlichen $2r_2 = n - r_1$ Stück echt komplex sind:

$$\sigma_1, \ldots, \sigma_{r_1}, \sigma_{r_1+1}, \overline{\sigma}_{r_1+1}, \ldots, \sigma_{r_1+r_2}, \overline{\sigma}_{r_1+r_2}.$$

Im Gegensatz zum restlichen Buch schreiben wir hier r_1 für $r_{\mathbb{R}}$ und r_2 für $r_{\mathbb{C}}$.

Definition D.15 *Wir definieren den* Minkowskiraum

$$V_K := \mathbb{R}^{r_1} \times \mathbb{C}^{r_2}$$

und die Abbildung

$$\sigma : K \longrightarrow V_K$$

durch

$$\alpha \mapsto (\sigma_1(\alpha), \ldots, \sigma_{r_1}(\alpha), \sigma_{r_1+1}(\alpha), \ldots, \sigma_{r_1+r_2}(\alpha)).$$

V_K ist eine n–dimensionale $\mathbb{R}$–Algebra mit komponentenweiser Multiplikation, und damit wird σ ein Ringhomomorphismus, sogar ein Morphismus von $\mathbb{Q}$–Algebren. V_K versehen wir auch noch mit einer Banachraumstruktur, die von $\mathbb{R}^n = \mathbb{R}^{r_1+2r_2}$ induziert wird:

$$\|(x_1, \ldots, x_{r_1}, z_1, \ldots, z_{r_2})\| = \sqrt{x_1^2 + \cdots + x_{r_1}^2 + |z_1|^2 + \cdots + |z_{r_2}|^2}.$$

Offensichtlich ist σ injektiv, da alle Komponenten injektiv sind.

Wir wollen im Folgenden den Satz von Minkowski anwenden, indem wir das Bild von ganzen Idealen unter der Abbildung σ betrachten. Wir wissen aus Korollar 16.25, dass jedes ganze Ideal $I \neq 0$ genau n über $\mathbb{Q}$ linear unabhängige Erzeuger $b_1, \ldots, b_n$ besitzt. Deren Bilder $\sigma(b_1), \ldots, \sigma(b_n)$ sind wieder linear unabhängig über $\mathbb{Q}$, da σ injektiv ist. Wir benötigen diese Aussage auch über $\mathbb{R}$:

Lemma D.16 *Ist $b_1, \ldots, b_n$ eine $\mathbb{Q}$–Basis von K, so sind $\sigma(b_1), \ldots, \sigma(b_n) \in V_K$ linear unabhängig über $\mathbb{R}$.*

Beweis: Wir betrachten die $(n \times n)$–Matrizen

$$D := \begin{pmatrix} \sigma_1(b_1) & \cdots & \sigma_{r_1}(b_1) & \sigma_{r_1+1}(b_1) & \overline{\sigma}_{r_1+1}(b_1) & \cdots & \sigma_{r_1+r_2}(b_1) & \overline{\sigma}_{r_1+r_2}(b_1) \\ \vdots & & \vdots & \vdots & & & & \vdots \\ \sigma_1(b_n) & \cdots & \sigma_{r_1}(b_n) & \sigma_{r_1+1}(b_n) & \overline{\sigma}_{r_1+1}(b_n) & \cdots & \sigma_{r_1+r_2}(b_n) & \overline{\sigma}_{r_1+r_2}(b_n) \end{pmatrix}$$

und

$$A := \begin{pmatrix} \sigma_1(b_1) & \cdots & \sigma_{r_1}(b_1) & \mathrm{Re}(\sigma_{r_1+1}(b_1)) & \mathrm{Im}(\sigma_{r_1+1}(b_1)) & \cdots & \mathrm{Im}(\sigma_{r_1+r_2}(b_1)) \\ \vdots & & \vdots & \vdots & \vdots & & \vdots \\ \sigma_1(b_n) & \cdots & \sigma_{r_1}(b_n) & \mathrm{Re}(\sigma_{r_1+1}(b_n)) & \mathrm{Im}(\sigma_{r_1+1}(b_n)) & \cdots & \mathrm{Im}(\sigma_{r_1+r_2}(b_n)) \end{pmatrix}.$$

Es gilt $\det(A) = (-2i)^{-r_2} \det(D)$, wie man durch elementare Umformungen leicht sieht. Es gilt weiterhin

$$\det(D)^2 = \Delta(b_1, \ldots, b_n)$$

nach Definition der Diskriminante. Nach Lemma 16.23 gilt $\Delta(b_1, \ldots, b_n) \neq 0$, also folgt damit $\det(A) \neq 0$. Hieraus folgt die Behauptung, denn die Zeilen von A sind, unter dem Isomorphismus $V_K \cong \mathbb{R}^{r_1+2r_2}$, durch $\sigma(b_1), \ldots, \sigma(b_n)$ gegeben. □

Korollar D.17 *Sei $I \neq 0$ ein ganzes Ideal in $\mathcal{O}_K$. Dann ist $\sigma(I) \subseteq V_K$ ein vollständiges Gitter und das Volumen des Fundamentalbereichs F von $\sigma(I)$ ist gegeben durch*

$$\mathrm{vol}(F) = 2^{-r_2} N(I) \sqrt{|\Delta_K|}.$$

Beweis: Sei $b_1, \ldots, b_n$ eine $\mathbb{Z}$–Basis von I. Wir haben in Satz 16.32 gezeigt:

$$N(I) = \sqrt{\frac{|\Delta(b_1, \ldots, b_n)|}{|\Delta_K|}}.$$

Wegen $I \neq 0$ und Korollar 16.25 bilden $b_1, \ldots, b_n$ eine $\mathbb{Q}$–Basis von K, so dass wir das vorangegangene Lemma anwenden können. Die Zeilen der Matrix A bilden eine $\mathbb{Z}$–Basis von $\sigma(I)$. Die Determinante von D ist $\pm\sqrt{|\Delta(b_1, \ldots, b_n)|}$. Also folgt:

$$\mathrm{vol}(F) = |\det(A)| = 2^{-r_2} |\det(D)| = 2^{-r_2} \sqrt{\Delta(b_1, \ldots, b_n)} = 2^{-r_2} N(I) \sqrt{|\Delta_K|}$$

und somit die Behauptung. □

Satz D.18 *Jedes ganze Ideal $I \neq (0)$ in $\mathcal{O}_K$ enthält ein Element $\alpha \neq 0$ mit*

$$|N(\alpha)| \leq \left(\frac{4}{\pi}\right)^{r_2} \frac{n!}{n^n} \sqrt{|\Delta_K|} N(I).$$

Beweis: $|N(\alpha)|$ ist nach Definition genau das Produkt

$$|\sigma_1(\alpha) \cdots \sigma_{r_1}(\alpha) \sigma_{r_1+1}(\alpha)^2 \cdots \sigma_{r_1+r_2}(\alpha)^2|.$$

Sei $M(c)$ die Menge aller $x \in V_K$ mit

$$|x_1| + \cdots + |x_{r_1}| + 2|z_1| + \cdots + 2|z_{r_2}| \leq c.$$

Für reelles $c > 0$ ist die Menge $M(c)$ kompakt, konvex und symmetrisch. Man berechnet mit Induktion über $n = r_1 + 2r_2$

$$\mathrm{vol}(M(c)) = 2^{r_1} \left(\frac{\pi}{2}\right)^{r_2} \frac{c^n}{n!}.$$

Der Satz von Minkowski besagt, dass $M(c)$ einen Punkt $\sigma(\alpha) \neq 0$ von $\Gamma = \sigma(I)$ enthält, falls

$$\text{vol}(M(c)) \geq 2^n \text{vol}(F),$$

wobei F der Fundamentalbereich ist. Da

$$\text{vol}(F) = 2^{-r_2} N(I) \sqrt{|\Delta_K|},$$

bedeutet das:

$$2^{r_1} \left(\frac{\pi}{2}\right)^{r_2} \frac{c^n}{n!} \geq 2^{n-r_2} N(I) \sqrt{|\Delta_K|}.$$

Wir können also

$$c^n = \left(\frac{4}{\pi}\right)^{r_2} n! N(I) \sqrt{|\Delta_K|}$$

wählen und erhalten ein $\alpha \in I \setminus \{0\}$ mit $\sigma(\alpha) \in M(c)$. Die Ungleichung

$$(a_1 \cdots a_n)^{1/n} \leq \frac{1}{n}(a_1 + \cdots + a_n)$$

zwischen dem *arithmetischen und geometrischen Mittel* impliziert dann

$$|N(\alpha)| = |\sigma_1(\alpha) \cdots \sigma_{r_1}(\alpha) \sigma_{r_1+1}(\alpha)^2 \cdots \sigma_{r_1+r_2}(\alpha)^2| \leq \left(\frac{c}{n}\right)^n = \left(\frac{4}{\pi}\right)^{r_2} \frac{n!}{n^n} \sqrt{|\Delta_K|} N(I),$$

wie gewünscht. $\square$

Korollar D.19 *Jedes ganze Ideal I ist äquivalent zu einem ganzen Ideal J mit*

$$N(J) \leq \left(\frac{4}{\pi}\right)^{r_2} \frac{n!}{n^n} \sqrt{|\Delta_K|}.$$

Beweis: Betrachte das Ideal I^{-1}. Indem man mit dem Hauptnenner durchmultipliziert, erhält man ein ganzes Ideal $\mathfrak{a}$ in der selben Klasse wie I^{-1}, d.h. es gilt $[\mathfrak{a}] \cdot [I] = 1$. Also gibt es nach dem Satz ein Element $\alpha \in \mathfrak{a}$ mit

$$|N(\alpha)| \leq \left(\frac{4}{\pi}\right)^{r_2} \frac{n!}{n^n} \sqrt{|\Delta_K|} N(\mathfrak{a}).$$

Es gilt

$$(\alpha) = \mathfrak{a}J,$$

für ein ganzes Ideal J mit $[J] = [I]$, da $[\mathfrak{a}] = [I^{-1}]$. Also gilt nach Satz D.2 und Satz D.1

$$N(\mathfrak{a})N(J) = N((\alpha)) = |N(\alpha)|,$$

und daher

$$N(\mathfrak{a})N(J) = |N(\alpha)| \leq \left(\frac{4}{\pi}\right)^{r_2} \frac{n!}{n^n} \sqrt{|\Delta_K|} N(\mathfrak{a}).$$

Nun folgt die Behauptung durch Kürzen von $N(\mathfrak{a})$. $\square$

Satz D.20 (Endlichkeit der Klassengruppe) *Die Klassengruppe* $\text{Cl}(\mathscr{O}_K)$ *ist endlich.*

Beweis: Die Menge aller Äquivalenzklassen von gebrochenen Idealen modulo Hauptidealen kann nach dem bisher Bewiesenen in den ganzen Idealen mit beschränkter Norm gesucht werden. Dies sind nur endlich viele nach Satz D.2. □

Definition D.21 *Die Ordnung von* $\mathrm{Cl}(\mathcal{O}_K)$ *ist die* Klassenzahl *und wird oft mit h bezeichnet. Die universelle Konstante*

$$C = C(r_1, r_2) = \left(\frac{4}{\pi}\right)^{r_2} \frac{n!}{n^n}$$

für $n = r_1 + 2r_2$ *heißt* Minkowskikonstante.

In der Tabelle sind alle Werte für $n \leq 5$ mit auf 3 Dezimalstellen aufgerundeten Werten aufgelistet.

n	r_1	r_2	C
2	0	1	0.637
2	2	0	0.500
3	1	1	0.283
3	3	0	0.223
4	0	2	0.152
4	2	1	0.120
4	4	0	0.094
5	1	2	0.063
5	3	1	0.049
5	5	0	0.039

Beispiele Sei $K = \mathbb{Q}(\sqrt{-5})$. Dann ist $C = 0.637$ und $\Delta_K = -20$. Also haben alle Erzeuger der Klassengruppe eine Norm, die durch $C\sqrt{20} \leq 2.85$ beschränkt ist und man muss daher als Erzeuger nur Ideale der Norm 2 suchen. Es gibt aber nur ein Ideal der Norm 2, da

$$(2, 1 + \sqrt{-5})^2 = (2).$$

Es folgt sofort, dass die Klassengruppe $\mathbb{Z}/2\mathbb{Z}$ ist, mit Erzeuger $(2, 1 + \sqrt{-5})$.

Ist $K = \mathbb{Q}(\zeta_5)$ der Kreisteilungskörper der fünften Einheitswurzeln, so ist $n = 4$, $r_1 = 0$, $r_2 = 2$ und $\Delta_K = 125$ nach Aufgabe 16.43. Somit muss man nur Ideale der Norm kleiner gleich $0.152\sqrt{125} = 1.699...$ untersuchen, die es nicht gibt. Es folgt $h = 1$ in diesem Fall. Bereits Kummer konnte viele Klassenzahlen von Kreisteilungskörpern $\mathbb{Q}(\zeta_p)$ berechnen. So erhielt er $h(\mathbb{Q}(\zeta_{23})) = 3$ und $h(\mathbb{Q}(\zeta_{37})) = 37$. Damit widerlegte er falsche Beweise für die Fermatsche Vermutung [ST].

Der Dirichletsche Einheitensatz

Definition D.22 *Definiere*

$$\ell = (\ell_1, ..., \ell_{r_1+r_2}) : V_K^* := (\mathbb{R} \setminus \{0\})^{r_1} \times (\mathbb{C} \setminus \{0\})^{r_2} \longrightarrow L_K := \mathbb{R}^{r_1+r_2}$$

durch

$$\ell(x_1, ..., x_{r_1}, z_1, ..., z_{r_2}) := (\log|x_1|, ..., \log|x_{r_1}|, \log|z_1|^2, ..., \log|z_{r_2}|^2).$$

L_K ist der sogenannte logarithmische Minkowskiraum. *Dann gilt*

$$\ell(xy) = \ell(x) + \ell(y).$$

Die Komposition mit σ aus Definition D.15

$$\ell : K^\times \xrightarrow{\sigma} V_K^* \longrightarrow L_K$$

wird ebenfalls mit ℓ bezeichnet.

Lemma D.23 (Lemma von Kummer) *Sei $f \in \mathbb{Z}[X]$ ein normiertes Polynom, dessen Nullstellen $\alpha_1, ..., \alpha_n$ alle den Betrag 1 haben. Dann sind alle Nullstellen von f Einheitswurzeln.*

Beweis: Man kann annehmen, dass $f = \prod_{i=1}^n (X - \alpha_i)$ über $\mathbb{Z}$ irreduzibel ist. Für jedes $k \in \mathbb{N}$ setze

$$f_k := \prod_{i=1}^n (X - \alpha_i^k) = X^n + a_1 X^{n-1} + \cdots + a_n.$$

Dieses Polynom f_k hat Koeffizienten a_j, die selbst symmetrische Polynome P_j vom Grad j in den ganz–algebraischen Wurzeln α_i^k sind. Aus der Galois–Theorie folgt dann $f_k \in \mathbb{Z}[X]$. Da P_j aus $\binom{n}{j}$ Summanden besteht, gilt darüber hinaus

$$|a_j| \leq \binom{n}{j},$$

da $|\alpha_i^k| = 1$ ist und alle Koeffizienten von P_j gleich 1 sind. Also gibt es insgesamt nur endlich viele solcher Polynome und daher Indizes $k \neq m$ mit

$$f_k = f_m.$$

Also gibt es eine Permutation τ der Menge $\{1, 2, ..., n\}$ mit

$$\alpha_i^k = \alpha_{\tau(i)}^m.$$

Nach $n!$–maliger Anwendung erreicht man somit

$$\alpha_i^{(k^{n!} - m^{n!})} = 1$$

für alle i. Es folgt, dass alle α_i Einheitswurzeln sind. $\square$

Lemma D.24 *Der Kern von $\ell : \mathcal{O}_K^\times \to L_K$ sind genau die Einheitswurzeln in $\mathcal{O}_K^\times$. Dies ist eine endliche, zyklische Gruppe gerader Ordnung w und wird mit $\mathcal{O}_{K,\text{tors}}^\times$ bezeichnet.*

Beweis: $\ell(\alpha)$ ist Null, falls $|\sigma_i(\alpha)| = 1$ für alle Monomorphismen $\sigma_i : K \to \mathbb{C}$. Also hat in diesem Fall das Polynom

$$\prod_i (T - \sigma_i(\alpha)) \in \mathbb{Z}[T]$$

nach dem Lemma von Kummer nur Einheitswurzeln als Nullstellen. Insbesondere ist die Nullstelle α selbst auch eine Einheitswurzel. Da der Einheitskreis kompakt ist und $\mathcal{O}_K$ diskret ist, sind alle solchen α von endlicher Anzahl. Daher ist $\mathcal{O}_{K,\text{tors}}^\times$ eine endliche Gruppe. Ihre Ordnung w ist gerade, da sie das Element -1 der Ordnung 2 enthält. $\mathcal{O}_{K,\text{tors}}^\times$ ist als endliche Untergruppe von $K^\times$ eine zyklische Gruppe nach Satz 7.2. $\square$

Satz D.25 (Dirichletscher Einheitensatz) *Das Bild $E = \ell(\sigma(\mathscr{O}_K^\times))$ von $\mathscr{O}_K^\times$ unter ℓ ist ein Gitter vom Rang $r_1 + r_2 - 1$ in L_K.*

Beweis: Ist $\alpha \in \mathscr{O}_K^\times$, so ist $|N(\alpha)| = 1$, also gilt $\log|N(\alpha)| = 0$ und damit

$$\sum_i \ell_i(\alpha) = 0.$$

Daher ist E in der reellen Ebene $H \subseteq L_K$ mit der Gleichung

$$x_1 + \cdots + x_{r_1+r_2} = 0$$

enthalten. Es reicht also zu zeigen, dass E ein vollständiges Gitter in H ist. Dies ist wegen Lemma D.9 äquivalent dazu, dass E diskret in H ist und H/E kompakt ist.

Um zu zeigen, dass E diskret ist, wähle ein $R > 0$. Die Menge aller $\alpha \in \mathscr{O}_K^\times$ mit $||\ell(\alpha)|| \leq R$ ist enthalten im Bild unter ℓ der Menge aller α mit

$$\sigma_i(\alpha)^{\varepsilon_i} \leq \exp(R),$$

wobei $\varepsilon_i = 1$ oder 2. Da $\sigma(\mathscr{O}_K)$ als Gitter diskret in V_K ist, folgt die Endlichkeit dieser Menge. Hieraus folgt, dass $0 \in E$ eine Umgebung besitzt, die nur endlich viele Punkte von E enthält. Da E eine Gruppe ist, folgt daraus die Diskretheit von E.

Wir zeigen nun, dass H/E kompakt ist. Dazu wählt man Konstanten $c_j > 0$ mit

$$c_1 c_2 \cdots c_{r_1+r_2} \geq C := \left(\frac{4}{\pi}\right)^{r_2} \mathrm{vol}(\sigma(\mathscr{O}_K))$$

und definiert damit die kompakte Produktmenge

$$U := \{x \in V_K : |x_i|^{\varepsilon_i} \leq c_i \text{ für } i = 1, \ldots, r_1 + r_2\}$$

mit Lebesgue–Maß $\mathrm{vol}(U) = 2^{r_1} \pi^{r_2} c_1 c_2 \cdots c_{r_1+r_2}$.

Sei ferner S die Menge

$$S := \{x \in V_K : |N(x)| = \prod |x_i|^{\varepsilon_i} = 1\} \subseteq V_K^*.$$

Damit gilt $\ell(S) = H$. Bis auf assoziierte Elemente gibt es nach Satz D.2 nur endlich viele von Null verschiedene $\alpha \in \mathscr{O}_K$ mit $|N(\alpha)| \leq c_1 c_2 \cdots c_{r_1+r_2}$. Seien diese $\alpha_1, \ldots, \alpha_N$. Wir benutzen nun die punktweise Multiplikation, die auf V_K definiert ist, und setzen

$$U_S := S \cap \bigcup_{i=1}^N \sigma(\alpha_i)^{-1} U.$$

Die Menge U_S ist kompakt, da U kompakt ist. Wir behaupten, dass folgende Identität von Mengen gilt:

$$S = \bigcup_{e \in \mathscr{O}_K^\times} \sigma(e) U_S.$$

Hieraus folgt

$$H/E = \ell(S)/E = \ell(U_S)/E,$$

und damit die Kompaktheit von H/E, da U_S kompakt ist.

Beweis der Identität: Sei $y \in S$. Wir wissen bereits, dass $\sigma(\mathscr{O}_K) \subseteq V_K$ ein vollständiges Gitter mit Volumen $\mathrm{vol}(\sigma(\mathscr{O}_K))$ ist. Multipliziert man dieses Gitter mit y, so erhält man ein vollständiges Gitter $y\sigma(\mathscr{O}_K) \subseteq V_K$ mit Volumen

$$\mathrm{vol}(y\sigma(\mathscr{O}_K)) = \mathrm{vol}(\sigma(\mathscr{O}_K)),$$

denn die Multiplikationsabbildung mit y hat die Determinante $N(y)$ nach Aufgabe 16.47 und in diesem Fall ist $N(y) = \pm 1$, da $y \in S$. Nach Wahl der c_j gilt

$$\mathrm{vol}(U) = 2^{r_1}\pi^{r_2}c_1 c_2 \cdots c_{r_1+r_2} \geq 2^{r_1}\pi^{r_2}\left(\frac{4}{\pi}\right)^{r_2}\mathrm{vol}(\sigma(\mathscr{O}_K)) = 2^n\mathrm{vol}(y\sigma(\mathscr{O}_K)).$$

Nach dem Gitterpunktsatz von Minkowski gibt es also ein

$$0 \neq x \in U \cap y\sigma(\mathscr{O}_K).$$

Ein solches x lässt sich schreiben als $x = y\sigma(\alpha)$ mit $0 \neq \alpha \in \mathscr{O}_K$. Da $x \in U$ ist, erfüllt α die Gleichung $|N(\alpha)| = |N(y\sigma(\alpha))| = |N(x)| \leq c_1 c_2 \cdots c_{r_1+r_2}$. Nach Wahl der α_i gibt es daher einen Index i und eine Einheit $e \in \mathscr{O}_K^\times$, so dass $\alpha \cdot e = \alpha_i$ ist, und daher

$$y = \sigma(\alpha)^{-1}x = \sigma(e)\sigma(\alpha_i^{-1})x.$$

Also gilt $y \in \sigma(e)U_S$. Da y beliebig war, folgt die behauptete Darstellung von S als Vereinigungsmenge. $\qquad\qquad\square$

Korollar D.26 *Die Gruppe $\mathscr{O}_K^\times$ ist isomorph zu*

$$\mathscr{O}_{K,\mathrm{tors}}^\times \times \mathbb{Z}^{r_1+r_2-1}.$$

Definition D.27 *Ein System von* Fundamentaleinheiten *ist eine $\mathbb{Z}$–Basis*

$$e_1,\ldots,e_{r_1+r_2-1}$$

des freien Anteils von $\mathscr{O}_K^\times$. Den Regulator R_K *von K definiert man als den Betrag der Determinante eines beliebigen maximalen Minors der Matrix*

$$\begin{pmatrix} \ell_1(e_1) & \cdots & \ell_1(e_{r_1+r_2-1}) \\ \vdots & & \vdots \\ \ell_{r_1+r_2}(e_1) & \cdots & \ell_{r_1+r_2}(e_{r_1+r_2-1}) \end{pmatrix}.$$

Der Regulator R_K hängt nicht von der Wahl der $\mathbb{Z}$–Basis von Fundamentaleinheiten oder des Minors ab, wie wir gleich sehen werden.

Beispiel $K = \mathbb{Q}(\sqrt{2})$. Dann ist $\mathscr{O}_K^\times = \mathbb{Z}/2\mathbb{Z} \times \mathbb{Z}$. Eine Fundamentaleinheit ist $u = 1 + \sqrt{2}$. Der Regulator ist somit $R_K = \log(1 + \sqrt{2})$.

Was bedeutet der Regulator? Die erste Antwort ist:

Satz D.28 *Das Volumen des Fundamentalbereichs des Einheitengitters in H ist*

$$\mathrm{vol}(\ell(\mathscr{O}_K^\times)) = \sqrt{r_1 + r_2}\, R_K.$$

Insbesondere ist $R_K \neq 0$ und hängt nicht von den Fundamentaleinheiten oder der Wahl des Minors ab.

Beweis: Seien $e_1, \ldots, e_{r_1+r_2-1}$ Fundamentaleinheiten. Setze

$$e = e_{r_1+r_2} = \frac{1}{\sqrt{r_1+r_2}}(1,1,\ldots,1).$$

e ist ein Vektor der Norm 1 und orthogonal zu H. Somit berechnet die Determinante

$$\det \begin{pmatrix} \ell_1(e_1) & \cdots & \ell_1(e_{r_1+r_2}) \\ \vdots & & \vdots \\ \ell_{r_1+r_2}(e_1) & \cdots & \ell_{r_1+r_2}(e_{r_1+r_2}) \end{pmatrix}$$

bis auf Vorzeichen das Volumen des aus dem Fundamentalbereich durch e erweiterten $r_1 + r_2$–dimensionalen Parallelotops. Addiert man die ersten $r_1 + r_2 - 1$ Zeilen zur letzten Zeile, so ergibt sich in der letzten Zeile der Vektor

$$(0, \ldots, 0, \sqrt{r_1 + r_2}).$$

Somit folgt durch Entwicklung nach der letzten Zeile:

$$\mathrm{vol}(\ell(\mathscr{O}_K^\times)) = \sqrt{r_1 + r_2}\, R_K.$$

Betrachtet man statt der letzten Zeile eine andere, so ändert sich das Ergebnis nicht, d.h. R_K hängt nicht von der Wahl des Minors ab. Betrachtet man eine andere Basis von Fundamentaleinheiten, so wechselt die Determinante des betrachteten Minors höchstens das Vorzeichen, da ein Basiswechsel von $\mathbb{Z}$–Basen der Multiplikation mit einer invertierbaren Matrix mit $\mathbb{Z}$–Koeffizienten entspricht. $\qquad\square$

Die Klassenzahlformel

Nun kommen wir zu einer tiefer liegenden Antwort auf die Frage, was der Regulator bedeutet:

Definition D.29 *Man definiert die* Dedekindsche ζ–Funktion *eines Zahlkörpers K durch*

$$\zeta_K(s) := \sum_{0 \neq I \subseteq \mathscr{O}_K} N(I)^{-s} = \prod_{0 \neq \mathfrak{p}} \left(1 - N(\mathfrak{p})^{-s}\right)^{-1},$$

wobei I alle ganzen Ideale und $\mathfrak{p}$ alle Primideale durchläuft. Diese Darstellungen konvergieren absolut für $\mathrm{Re}(s) > 1$ und definieren dort eine holomorphe Funktion [Z].

Beispiel Die *Riemannsche ζ–Funktion*

$$\zeta(s) = \sum_{n=1}^{\infty} \frac{1}{n^s} = \prod_p \left(1 - p^{-s}\right)^{-1}$$

ist der Spezialfall $K = \mathbb{Q}$.

Proposition D.30 *Im Fall quadratischer Zahlkörper* $K = \mathbb{Q}(\sqrt{d})$ *mit d quadratfrei hat man*

$$\zeta_K(s) = \zeta(s) \prod_p \left(1 - \left(\frac{\Delta_K}{p}\right) p^{-s}\right)^{-1}.$$

Dabei ist das sogenannte Kronecker–Symbol $\left(\frac{a}{2}\right)$ *für alle* $a \equiv 0, 1 \bmod 4$ *definiert durch*

$$\left(\frac{a}{2}\right) = \begin{cases} +1 & \text{falls } a \equiv 1 \bmod 8. \\ -1 & \text{falls } a \equiv 5 \bmod 8. \\ 0 & \text{falls } a \equiv 0 \bmod 4. \end{cases}$$

Beweis: Die Diskriminante Δ_K ist entweder d oder $4d$, und es gilt immer $\Delta_K \equiv 0, 1 \bmod 4$. Außerdem ist $\left(\frac{\Delta_K}{p}\right) = \left(\frac{d}{p}\right)$ für alle ungeraden Primzahlen p, da 4 ein Quadrat ist. Um die Formel für $\zeta_K(s)$ mit Hilfe von Satz 17.14 und Bemerkung D.7 zu beweisen, machen wir eine Fallunterscheidung:

1. Ist p eine ungerade Primzahl und $p \mid d$, so ist p verzweigt, d.h. es gilt $(p) = \mathfrak{p}^2$ für ein Primideal $\mathfrak{p}$ der Norm p. Der Faktor $(1 - p^{-s})^{-1}$ im Produkt $\zeta_K(s)$ kommt daher nur einmal vor, was $\left(\frac{d}{p}\right) = \left(\frac{\Delta_K}{p}\right) = 0$ entspricht.

2. Gilt $p \nmid 2d$ und $\left(\frac{d}{p}\right) = \left(\frac{\Delta_K}{p}\right) = -1$, so bleibt p träge mit Norm p^2. Dies entspricht dem Produkt der Faktoren $(1 - p^{-s})^{-1}(1 - \left(\frac{\Delta_K}{p}\right)p^{-s})^{-1} = (1 - (p^2)^{-s})^{-1}$.

3. Gilt $p \nmid 2d$ und $\left(\frac{d}{p}\right) = \left(\frac{\Delta_K}{p}\right) = 1$, so ist p voll zerlegt, d.h. $(p) = \mathfrak{p}_1 \mathfrak{p}_2$ mit zwei verschiedenen Primidealen der Norm p. Der entsprechende Beitrag im Produkt ist $(1 - p^{-s})^{-1}(1 - \left(\frac{\Delta_K}{p}\right)p^{-s})^{-1} = (1 - p^{-s})^{-2}$.

4. Ist schließlich $p = 2$, so haben wir das Symbol $\left(\frac{\Delta}{2}\right)$ so definiert, dass die Produktdarstellung mit dem Verzweigungsverhalten aus Bemerkung D.7 kompatibel ist.   □

Die folgende *Klassenzahlformel*, die 1917 von E. Hecke in voller Allgemeinheit bewiesen wurde, beinhaltet die bisher eingeführten Größen h, w und Δ_K und zeigt insbesondere die Bedeutung des Regulators R_K:

Satz D.31 (Klassenzahlformel) *Sei K ein beliebiger Zahlkörper. $\zeta_K(s)$ hat eine analytische Fortsetzung auf $\mathbb{C}$ mit einem einfachen Pol bei $s = 1$ mit dem Residuum*

$$\operatorname{Res}_{s=1} \zeta_K(s) = \frac{2^{r_1}(2\pi)^{r_2} h}{w \sqrt{|\Delta_K|}} R_K.$$

Beweis: Siehe [N, Kap. VII, Korollar (5.11)]. Einen Beweis im Fall quadratischer Zahlkörper findet man in [Z].   □

Es gibt eine *Funktionalgleichung*, die $\zeta_K(s)$ und $\zeta_K(1-s)$ verbindet:

$$\zeta_K(1-s) = |\Delta_K|^{s-\frac{1}{2}} \left(\cos \frac{\pi s}{2}\right)^{r_1+r_2} \left(\sin \frac{\pi s}{2}\right)^{r_2} 2^n (2\pi)^{-sn} \Gamma(s)^n \zeta_K(s).$$

Für $K = \mathbb{Q}$ lautet sie in symmetrischer Schreibweise:

$$\pi^{-\frac{s}{2}} \Gamma\left(\frac{s}{2}\right) \zeta(s) = \pi^{-\frac{1-s}{2}} \Gamma\left(\frac{1-s}{2}\right) \zeta(1-s).$$

Benutzt man die Funktionalgleichung, so bekommt man eine *Variante der Klassenzahlformel*:

Korollar D.32 *Die Funktion $\zeta_K(s)$ hat eine Nullstelle der Ordnung $r_1 + r_2 - 1$ bei $s = 0$ und der erste nicht–triviale Taylorkoeffizient in der Entwicklung bei $s = 0$ ist*

$$\zeta_K^*(0) = -\frac{h}{w} R_K.$$

Die Klassenzahlformel kann man im Fall abelscher Zahlkörper, also zum Beispiel bei quadratischen Zahlkörpern oder Kreisteilungskörpern, weiter verfeinern und erhält so analytische Reihen, die die konkrete Berechnung der Klassenzahl h erlauben [H].

E Einführung in PARI/GP

PARI/GP ist ein freies Computeralgebra System, das für alle gängigen Computerplatt-formen verfügbar ist. Es gehört zu den besten Programmen zur Berechnung zahlentheo-retischer Probleme und schlägt dabei meist die allseits bekannten, großen kommerziel-len Systeme. Viele der Algorithmen aus diesem Buch sind in PARI/GP implementiert. Wir wollen hier kurz demonstrieren, wie man das System benutzt und in einigen Bei-spielen konkrete Probleme löst. Wir setzen voraus, dass eine Version von der Homepage http://pari.math.u-bordeaux.fr installiert und gestartet wurde. Man kann das Pro-gramm wie einen Taschenrechner benutzen, der entweder symbolisch exakt oder auf etwa 28 Stellen numerisch genau rechnet. Das Kommando

```
23%5
```

berechnet den Rest von 23 mod 5. Ausführlicher kann man den Quotient und Rest mit divrem(23,5) ausrechnen. Ebenso kann man Brüche in $\mathbb{Q}$ addieren und multiplizieren, tran-szendente Funktionen wie $\sin(\pi/2)$ berechnen oder einen ggT berechnen:

```
2/3+4/5

sin(Pi/2)

gcd(12345,67890)
```

Primzahltests führt man mit dem Kommando

```
isprime(700001)
```

durch. Dies liefert hier das Ergebnis 1, also ist 700001 eine Primzahl. Durch

```
?isprime
```

wird eine Hilfe aufgerufen, die erklärt, welcher Primzahltest verwendet wird und welche Optionen möglich sind. Ein einfaches ? ruft eine allgemeine Hilfe auf. Mit

```
factor(2^128+1)
```

faktorisiert man die Fermat Zahl $2^{128} + 1$. Das Kommando

```
contfrac(1+sqrt(2))
```

liefert das bekannte periodische Ergebnis $[2, 2, 2, 2, 2, \ldots]$. In den Ringen $\mathbb{Z}/n\mathbb{Z}$ kann man rechnen, indem man Elemente durch

```
a=Mod(23,103)
```

in diesem Fall also 23 mod 103 definiert. Potenzen von a berechnet man einfach mit

```
a^102
```

um z.B. den kleinen Satz von Fermat zu testen. Wenden wir uns jetzt einer Berechnung in Zahlkörpern zu. Sei K der Kreisteilungskörper $K = \mathbb{Q}(\zeta)$, wobei ζ eine Nullstelle des Polynoms $P = X^4 + X^3 + X^2 + X + 1$ ist, siehe Aufgabe 16.43. In der folgenden Sitzung wird K definiert und dann einige Invarianten berechnet:

```
K=bnfinit(X^4+X^3+X^2+X+1)    (definiert K)
K.pol                         (definierendes Polynom)
K.sign                        (r_ℝ = 0, r_ℂ = 2)
K.zk                          (Basis von O_K)
K.disc                        (Diskriminante Δ = 125)
K.roots                       (alle Nullstellen von P)
K.fu                          (Fundamentaleinheiten in O_K^×)
K.tu                          (Torsionseinheiten)
K.futu                        (alle Einheiten)
K.clgp                        (Klassengruppe)
K.reg                         (Regulator)
```

`K=bnfinit(X^4+X^3+X^2+X+1)`	(definiert K)
`K.pol`	(definierendes Polynom)
`K.sign`	($r_\mathbb{R} = 0, r_\mathbb{C} = 2$)
`K.zk`	(Basis von $\mathscr{O}_K$)
`K.disc`	(Diskriminante $\Delta = 125$)
`K.roots`	(alle Nullstellen von P)
`K.fu`	(Fundamentaleinheiten in $\mathscr{O}_K^\times$)
`K.tu`	(Torsionseinheiten)
`K.futu`	(alle Einheiten)
`K.clgp`	(Klassengruppe)
`K.reg`	(Regulator)

Natürlich hat PARI/GP viele weitere Möglichkeiten, und wir regen an, diese selbst auszuprobieren.

F Lösungshinweise zu den Aufgaben

Aufgabe 1.2: Im Fall $p = 4k - 1$ betrachtet man die ungerade Zahl $P = 4 \prod p_i - 1$, wobei p_i alle ungeraden Primzahlen der Form $4k - 1$ durchläuft. P ist von der selben Form, aber nicht durch ein p_i teilbar. Man beachte, dass P nicht Produkt von Primfaktoren der Form $4k + 1$ sein kann, da ein solches wieder von der Form $4k + 1$ wäre. Somit muss es einen Teiler der Form $4k - 1$ geben und man kann wie im Satz von Euklid schließen. Im Fall $p = 4k + 1$ betrachte man $P = 4 \prod p_i^2 + 1$, wobei p_i alle ungeraden Primzahlen der Form $4k + 1$ durchläuft.

Aufgabe 1.6: Sei $f(T) = a_0 + a_1 T + \cdots + a_d T^d$ ein Polynom mit Primzahlwerten auf $\mathbb{N}_0$. Es gelte oBdA $a_d > 0$. Damit ist $f(x) \to \infty$ für $x \to \infty$. $p = f(0) = a_0$ ist eine Primzahl und damit ist $f(m \cdot a_0)$ durch p teilbar und damit nicht mehr prim für $m \gg 0$.

Aufgabe 1.7: Faktorisieren Sie $n^2 - 1$ und $n^4 - 1$ mit der binomischen Formel.

Aufgabe 1.8: Benutzen Sie das Sieb des Eratosthenes.

Aufgabe 1.9: Zeigen Sie, dass diese Zahlen der Reihe nach durch $2, 3, \ldots$ teilbar sind.

Aufgabe 1.10: Jeweils eine der Zahlen ist durch 3 teilbar.

Aufgabe 1.11: Falls n/p zwei weitere Primfaktoren hat, so gilt $n \geq p^3$.

Aufgabe 1.12: Zu 1.: Die Zahl $p_1 p_2 \cdots p_k + 1$ ist teilerfremd zu p_{k+1} und ist daher entweder prim oder durch eine Primzahl p_m mit $m \geq k$ teilbar. Es folgt $p_{k+1} \leq p_1 p_2 \cdots p_k + 1$. Zu 2.: Wir zeigen sogar $p_n < 2^{2^n}$ mit Induktion über n. Es gilt $p_{n+1} \leq p_1 p_2 \cdots p_n + 1 < 2^{2^1} 2^{2^2} \cdots 2^{2^n} + 1 = 2^{2^{n+1}-2} + 1 < 2^{2^{n+1}}$. Zu 3.: Aus 2. folgt $\pi(2^{2^n}) \geq n$. Zu $x > 2$ wähle n mit $e^{e^{n-1}} < x \leq e^{e^n}$. Dann folgt $e^{n-1} > 2^n$, falls $n > 2$ und daher $\pi(x) \geq \pi(e^{e^{n-1}}) \geq \pi(e^{2^n}) \geq \pi(2^{2^n}) \geq n \geq \log\log x$.

Aufgabe 2.4: Die Eindeutigkeit ist einfach. Für die Existenz betrachte $q = \lfloor \frac{a}{b} \rfloor$.

Aufgabe 2.6: Benutzen Sie $(-2 + 7i)/(1 + i) = \frac{5}{2} + \frac{9}{2} i$.

Aufgabe 2.7: Der Fall $\mathbb{Z}[\sqrt{2}]$ geht wie $\mathbb{Z}[i]$. Versuchen Sie, in $\mathbb{Z}[\sqrt{-5}]$ die Zahl $1 + \sqrt{-5}$ durch 2 zu teilen.

Aufgabe 2.13: Für die Irreduzibilität mache man einen Ansatz zur Zerlegung von $2 + \sqrt{-5}$. Um zu zeigen, dass $2 + \sqrt{-5}$ nicht prim ist, kann man $(2 + \sqrt{-5})(2 - \sqrt{-5}) = 9 = 3 \cdot 3$ nutzen.

Aufgabe 2.20: $47355 = 3 \cdot 5 \cdot 7 \cdot 11 \cdot 41$.

Aufgabe 2.21: Betrachten Sie das Ideal, das von X und 3 erzeugt wird, und zeigen Sie, dass es kein Hauptideal ist.

Aufgabe 2.22: Betrachten Sie die Nullstellen von $f : \mathbb{R} \to \mathbb{R}$.

Aufgabe 2.23: $(8, 14, 36) = (2)$ und $(2X^3 + X^2 - 2X - 1, 6X^2 + 13X + 5) = (2X + 1)$.

Aufgabe 2.24: I_1 ist kein Hauptideal, siehe Aufgabe 2.21. I_2 enthält das Element 1, ist also ein Hauptideal.

Aufgabe 2.25: Benutzen Sie Polynomdivision mit Rest für 1. und 2. Es gilt $X^4 - 8X^3 +$

$14X^2 + 8X - 15 = (X-1)(X-5)(X-3)(X+1)$.

Aufgabe 2.26: Für $\mathbb{Z}[\sqrt{2}]$ betrachten Sie die Funktion $N(a + b\sqrt{2}) = |a^2 - 2b^2|$ und argumentieren wie bei $\mathbb{Z}[i]$. Bei $\mathbb{Z}[\sqrt{3}]$ betrachtet man $N(a + b\sqrt{3}) = |a^2 - 3b^2|$.

Aufgabe 2.27: Betrachten Sie die euklidische Funktion $N(a + b\sqrt{-7}) = |a^2 - 7b^2|$ für $\mathbb{Z}[(1 + \sqrt{-7})/2]$. Bei $\mathbb{Z}[\sqrt{-7}]$ studieren Sie $(1 + \sqrt{-7})(1 - \sqrt{-7}) = 2^3$.

Aufgabe 2.28: Ist $b \neq 0$ und $N'(b) = N(b)$, so gibt es kein Problem bei der Division mit Rest. Ist dagegen $N'(b) < N(b)$, so gilt $N'(b) = N(bc)$ für ein $c \in R$. Zeigen Sie zuerst, dass $N'(bc) = N(bc)$. Teilen Sie dann mit Rest durch bc statt durch b, indem Sie die Division mit Rest für N verwenden.

Aufgabe 2.29: Berechnen Sie jeweils die Norm in $\mathbb{Z}[i]$ und suchen Sie nach gemeinsamen Primteilern der Normen.

Aufgabe 2.30: Faktorisieren Sie die Zahlen zuerst. Ist eine Primzahl p teilbar durch $a + ib$ in $\mathbb{Z}[i]$, so wird sie bereits von $a^2 + b^2$ geteilt. Somit ist $p = 2$ oder $p \equiv 1 \bmod 4$.

Aufgabe 3.4: $\mathrm{ggT}(3080, 7956) = 4$.

Aufgabe 3.6: $x = 3k - 1$ und $y = 1 - 2k$ für $k \in \mathbb{Z}$.

Aufgabe 3.8: $\mathrm{ggT}(3080, 7956) = 4$.

Aufgabe 3.10: $\mathrm{ggT}(3080, 7956) = 4 = -979 \cdot 3080 + 379 \cdot 7956$.

Aufgabe 3.11: Die meisten Programmiersprachen haben Kommandos wie `div` und `mod` zum Teilen oder Restbilden bereits implementiert.

Aufgabe 3.14: $\mathrm{ggT}(681, 361) = 1 = 44 \cdot 681 - 83 \cdot 361$ und $\mathrm{ggT}(12345, 54321) = 3 = 3617 \cdot 12345 - 822 \cdot 54321$.

Aufgabe 3.15: $\mathrm{ggT}(x^3 + 4x^2 + x - 6, x^4 + 14x^3 + 59x^2 + 46x - 120) = x - 1$.

Aufgabe 3.16: Benutzen Sie Polynomdivision mit der „Variablen" 2.

Aufgabe 3.17: Benutzen Sie die Diskussion von $\mathbb{Z}[i]$ aus Abschnitt 2.

Aufgabe 3.18: Euklidischer Algorithmus.

Aufgabe 3.19: Benutzen Sie die binomische Formel $a^2 - b^2 = (a+b)(a-b)$.

Aufgabe 3.20: Euklidischer Algorithmus.

Aufgabe 4.3: Fertigen Sie Tabellen für die $10^i \bmod n$ an.

Aufgabe 4.4: Rechnen Sie modulo 7 und berücksichtigen Sie alle tatsächlich vorkommenden Schaltjahre. Auf Unix–Rechnern kann man mit dem Kommando `cal 04 1777` das Ergebnis (Mittwoch) ablesen.

Aufgabe 4.9: $x \equiv 64 \bmod 101$.

Aufgabe 4.13: Zuerst ein Spezialfall: Wir wollen die simultanen Kongruenzen $x \equiv a_i \bmod m_i$ für $1 \leq i \leq n$ lösen, wobei alle m_i paarweise teilerfremd sind. Dazu betrachte $M := \prod_i m_i$ und $M_i := M/m_i$. Dann sind M_i und m_i teilerfremd, und wir können die Gleichungen $M_i \cdot c_i \equiv 1 \bmod m_i$ lösen. Die Zahlen $e_i := M_i \cdot c_i$ bilden dann eine Teilung der Eins, d.h. $e_i \equiv 0 \bmod m_j$ für $i \neq j$ und $e_i \equiv 1 \bmod m_i$. Eine Lösung ist damit offensichtlich $\sum_i e_i \cdot a_i$, und diese ist eindeutig modulo M. Im allgemeinen Fall betrachte man $M := \mathrm{kgV}(m_1, \ldots, m_n)$ anstelle des Produktes und argumentiere analog weiter.

Aufgabe 4.14: $3^{100} \equiv 1 \bmod 16$, also ist das Ergebnis 3.

Aufgabe 4.15: $7^{67839} \equiv 3 \bmod 10$ und $2^{67839} \equiv 8 \bmod 10$.

Aufgabe 4.16: Zu 1.: $x \equiv 4 \bmod 13$. Zu 2.: $x \equiv 9 \bmod 20$ und $x \equiv 19 \bmod 20$. Zu 3.: $x \equiv 77 \bmod 630$. Zu 4.: $x \equiv 101 \bmod 221$.

Aufgabe 4.17: Berechnen Sie $\mathrm{ggT}(12, 30) = 6$ und untersuchen Sie, ob Sie damit die Schulden ausgleichen können.

Aufgabe 4.18: Lösen Sie die simultanen Kongruenzen $x \equiv 1 \bmod 7$ und $x \equiv 3 \bmod 5$. Das Ergebnis ist $x = 218$.

Aufgabe 4.19: Lösen Sie die simultanen Kongruenzen $x \equiv 2 \bmod 13$ und $x \equiv 11 \bmod 17$. Das Ergebnis ist $x = 470$.

Aufgabe 4.20: Wegen $2^n \equiv 1 \bmod p$ gilt $d|n$. Angenommen, es gilt $n = dd'$ und $2^d = 1 + kp^2$. Dann folgt $2^n = 2^{dd'} = (1 + kp^2)^{d'} \equiv 1^{d'} \equiv 1 \bmod p^2$, ein Widerspruch.

Aufgabe 4.21: Zuerst zeigt man die folgende Aussage: Sind x,y teilerfremd, dann haben $(x + y)$ und $\frac{x^p + y^p}{x+y}$ höchstens den gemeinsamen Primfaktor p. Ist nämlich p' irgendein gemeinsamer Faktor, so folgt $0 \equiv \frac{x^p + y^p}{x+y} \equiv x^{p-1} - x^{p-2}y + \cdots + y^{p-1} \equiv px^{p-1} \bmod p'$ wegen $y \equiv -x \bmod p'$ und damit $p = p'$. Benutzt man diese Aussage, so bekommt man ganze Zahlen a und c mit $x + y = a^p$ und $\frac{x^p + y^p}{x+y} = c^p$. Ebenso $y + z = b^p$ und $x + z = d^p$. Sei $q = 2p + 1$. Der Fall $q \nmid xyz$ kann nicht auftreten, denn $\pm 1 \pm 1 \pm 1 \not\equiv 0 \bmod q$. Also $q \mid xyz$. Angenommen $q \mid x$ sowie $q \nmid yz$. Dann folgt $2x + y + z \equiv b^p = a^p + d^p \bmod q$, also muss b durch q teilbar sein, und es gilt $y + z \equiv 0 \bmod q$. Wegen $\frac{y^p + z^p}{y+z} = t^p$ mit $t \in \mathbb{Z}$ bekommen wir $t^p \equiv py^{p-1} \bmod q$. Da q die Zahl t nicht teilt, folgt $py^{p-1} \equiv \pm 1 \bmod q$. $x + y \equiv a^p \bmod q$ impliziert dann $y \equiv a^p \bmod q$ und damit $p \equiv \pm 1 \bmod q$, ein Widerspruch!

Aufgabe 5.6: Benutzen Sie die Linearkombination $1 = 4 \cdot 13 - 3 \cdot 17$.

Aufgabe 5.7: Der Kern der natürlichen Abbildung $\mathbb{Z} \to \mathbb{Z}/m\mathbb{Z} \times \mathbb{Z}/n\mathbb{Z}$ ist immer durch alle Vielfachen von kgV(m,n) gegeben. Ist Φ ein Isomorphismus, so ist der Kern aber gerade $mn\mathbb{Z}$.

Aufgabe 5.11: $U_2 = \{1\}$, $U_3 = \{1,2\}$, $U_4 = \{1,3\}$, $U_5 = \{1,2,3,4\}$, $U_6 = \{1,5\}$, $U_7 = \{1,2,3,4,5,6\}$, $U_8 = \{1,3,5,7\}$, $U_9 = \{1,2,4,5,7,8\}$, $U_{10} = \{1,3,7,9\}$, $U_{11} = \{1,2,3,4,5,6,7,8,9,10\}$, $U_{12} = \{1,5,7,11\}$, $U_{13} = \{1,2,3,4,5,6,7,8,9,10,11,12\}$, $U_{14} = \{1,3,5,9,11,13\}$, $U_{15} = \{1,2,4,7,8,11,13,14\}$.

Aufgabe 5.16: Ist $n = p^\alpha$, so ist $\sum_{d|p^\alpha} \varphi(d) = 1 + \sum_{1 \leq \beta \leq \alpha} p^{\beta-1}(p-1) = 1 + (p-1)\frac{1-p^\alpha}{1-p} = p^\alpha$. Nutzen Sie nun die Multiplikativität von φ.

Aufgabe 5.20: $3 + 4 \equiv 0 \bmod 7$, $3 - 4 \equiv -1 \equiv 6 \bmod 7$, $3 \cdot 4 = 12 \equiv 5 \bmod 7$ und $3/4 = 3 \cdot 4^{-1} \equiv 3 \cdot 2 = 6 \bmod 7$.

Aufgabe 5.22: Ist $n = p^\alpha$, so ist $\varphi(n) = p^{\alpha-1}(p-1) = n - n/p$. Also ist n in diesem Fall prim genau dann, wenn $\alpha = 1$ ist. Ist n beliebig und p ein Primfaktor von n, so ist ebenfalls $\varphi(n) \leq n - n/p$, also zeigt das gleiche Argument, dass $n = p$ ist.

Aufgabe 5.23: Ist $p \in \mathbb{P}$ ungerade, so ist $\varphi(p^\alpha) = (p-1)p^{\alpha-1}$ gerade für $\alpha \geq 1$. $\varphi(2^\alpha)$ ist gerade für $\alpha \geq 2$.

Aufgabe 5.24: Betrachten Sie die Struktur Fermatscher Primzahlen sowie die Formel für $\varphi(n)$ genauer.

Aufgabe 5.25: Benutzen Sie $0 = a^3 - 1 = (a-1)(a^2 + a + 1)$ und die Binomialformel.

Aufgabe 5.26: $\varphi(143) = 120$, $e = 11$, $d = 11$ und $17^{11} \equiv 127 \bmod 143$.

Aufgabe 5.27: Benutzen Sie die gleiche Methode wie im Beweis des Satzes von Wilson: Sei p eine Primzahl mit $p \equiv 1 \bmod 4$ und $p = a^2 + b^2$. Setzen Sie $c := ab^{-1} \bmod p$ und zeigen Sie, dass $c^2 + 1 \equiv 0 \bmod p$. Lösungen für $p = 5, 13, 17, 29$ sind $2, 5, 13, 12$.

Aufgabe 5.28: $\operatorname{Ker}\varphi = \{a \in \mathbb{Z} \mid a \equiv 0 \bmod n, \ a \equiv 0 \bmod m\}/mn\mathbb{Z} = \{a \in \mathbb{Z} \mid a \equiv 0 \bmod \operatorname{kgV}(m,n)\}/mn\mathbb{Z} = \operatorname{kgV}(m,n)\mathbb{Z}/mn\mathbb{Z}$. Die linke Abbildung ist die Inklusion $\operatorname{Ker}\varphi \hookrightarrow \mathbb{Z}/mn\mathbb{Z}$ und die rechte Abbildung ist gegeben durch $(a,b) \mapsto a - b$. Dann folgt $\mathbb{Z}/n\mathbb{Z} \times \mathbb{Z}/m\mathbb{Z}/\operatorname{Im}\varphi = \mathbb{Z}/\operatorname{ggT}(m,n)\mathbb{Z}$.

Aufgabe 5.29: Die Anzahl τ und Summe σ von Teilern einer Zahl sind nach dem Distributivgesetz offensichtlich multiplikativ für teilerfremde m,n.

Aufgabe 5.30:

$$(f*g)(mn) = \sum_{d|mn} f(d)g(\frac{mn}{d}) = \sum_{\substack{d_1|m,\,d_2|n \\ \mathrm{ggT}(d_1,d_2)=1}} f(d_1 d_2)g(\frac{mn}{d_1 d_2})$$

$$= \sum_{d_1|m\,d_2|n} f(d_1)f(d_2)g(\frac{m}{d_1})g(\frac{n}{d_2}) = (f*g)(m)(f*g)(n).$$

Aufgabe 5.31: Ist $\mu(n) = (-1)^k$ für quadratfreies n, so gibt k die Anzahl der Primfaktoren an und ist bei teilerfremden m, n offenbar additiv modulo 2.

Aufgabe 5.32: Man zeigt genauer: Die Abbildungen $f \mapsto f*1$ und $g \mapsto \mu*g$ auf dem Raum der zahlentheoretischen Funktionen sind invers zueinander. Dies impliziert, dass $g = \mu*g*1 = g*\mu*1$, da die Faltung offensichtlich kommutativ ist. Also reicht es zu zeigen, dass $\mu*1 = 1*\mu = e$ gilt, wobei e die Funktion mit $e(1) = 1$ und $e(n) = 0$ für $n \geq 2$ ist, das neutrale Element bei der Faltung. Dazu betrachtet man das Polynom $F = \prod_{p|n}(1-X_p)$, wobei X_p eine Variable für jede Primzahl p ist. F hat im Fall $n \geq 2$ den Koeffizienten $\mu(p_1 \cdots p_l)$ bei $X_{p_1} \cdots X_{p_l}$. Also gilt: $(\mu*1)(n) = \sum_{d|n} \mu(d) = F(1,\ldots,1) = 0$.

Aufgabe 6.2: Die Definition impliziert sofort, dass $1 \cdot g = g$, $m \cdot (n \cdot g) = (mn) \cdot g$, $(m+n) \cdot g = m \cdot g + n \cdot g$ und $m \cdot (g+g') = m \cdot g + m \cdot g'$.

Aufgabe 6.4: Beide Seiten sind jeweils die kleinste Untergruppe, die g enthält.

Aufgabe 6.9: Zeigen Sie zuerst, dass die Determinante eine Einheit in $\mathbb{Z}$ ist.

Aufgabe 6.10: Suchen Sie eine Matrix in $\mathrm{GL}(k,\mathbb{Q}) \cap \mathrm{Mat}(k,\mathbb{Z})$ mit Determinante $\neq \pm 1$.

Aufgabe 6.14: Wenn man dem Diagonalisierungsalgorithmus folgt, ist die zugehörige Diagonalmatrix genau $(1,4,2,0)$.

Aufgabe 6.18: Die Gruppe ist jeweils $\mathbb{Z} \times \mathbb{Z}/4\mathbb{Z} \times \mathbb{Z}/2\mathbb{Z}$.

Aufgabe 6.19: Faktorisieren Sie alle $n \leq 30$ und wenden Sie Satz 6.13 an.

Aufgabe 6.20: Die zugehörige Diagonalmatrix ist $(2,6,30,210,0)$ mit dem Diagonalisierungsalgorithmus folgt. Also ist $G = \mathbb{Z} \times \mathbb{Z}/2\mathbb{Z} \times \mathbb{Z}/6\mathbb{Z} \times \mathbb{Z}/30\mathbb{Z} \times \mathbb{Z}/210\mathbb{Z}$. Nun sortiere.

Aufgabe 6.21: Die zugehörige Diagonalmatrix ist $(2,-3)$, wenn man zuerst dem Diagonalisierungsalgorithmus folgt.

Aufgabe 6.22: Der Isomorphismus ist gegeben durch $z \mapsto z/p^l$.

Aufgabe 6.23: Gruppen der Form $\mathbb{Z}/m\mathbb{Z}$ sind niemals Untergruppen von $\mathbb{Z}^k$, da $\mathbb{Z}^k$ keine Elemente a mit $ma = 0$ enthält.

Aufgabe 6.24: Betrachten Sie eine Primzahl $p \mid n_l$ und den $\mathbb{Z}/p\mathbb{Z}$–Vektorraum G/pG.

Aufgabe 6.25: Zu 1: Angenommen $(\mathbb{Q},+)$ ist ein Produkt von zyklischen Gruppen der Form $\prod_I \mathbb{Z} \times \prod_J \mathbb{Z}/n_j\mathbb{Z}$. Betrachte dann das Element 1 in diesem Produkt. Auf welche Elemente in diesem Produkt wird dann $1/n$ abgebildet? Zu 2: Ist $\mathbb{Q}^\times$ durch $q_1,\ldots,q_m$ erzeugt, so wähle eine Primzahl, die in keinem der Nenner der q_i auftaucht. Dann ist $p^{-1} \notin \mathbb{Q}$, Widerspruch!

Aufgabe 6.26: Man kann nach dem Diagonalisierungsalgorithmus annehmen, dass $R = (d_1,\ldots,d_n)$ diagonal ist. Dann ist $|\det(R)| = |d_1 d_2 \cdots d_n| = \mathrm{ord}(G)$.

Aufgabe 6.27: Sei $\mathbb{Z}^k \to \mathbb{Z}^k$ die Abbildung, die durch Multiplikation mit einer Matrix A gegeben wird. Der Diagonalisierungsalgorithmus über $\mathbb{Z}$ liefert die Diagonalmatrix $(1,1,\ldots,1)$ und die Transformationsmatrix A als Kombination von Elementarmatrizen.

Aufgabe 7.6: Mit $x = 3$ gilt $3^2 = 9 \equiv 1 \bmod 2^3$, aber $3 \not\equiv 1 \bmod 2^2$ für $r = 3$. Das Problem beim Hilfssatz ist der Induktionsschritt von 2 nach 3. Das Problem wird aber im Fall $x \equiv 1 \bmod 4$ eliminiert.

Aufgabe 7.8: Das kann passieren: $p = 3$, $r = 2$, $\zeta = 2$ und $\zeta + p = 5$.

Aufgabe 7.10: Folgt aus Lemma 5.13, Satz 7.7 und Satz 7.9.

Aufgabe 7.11: Genau die angegebenen Elemente erzeugen U_n, denn jede andere Potenz von ζ ist nicht primitiv und ζ lässt sich durch diese Elemente wieder darstellen.

Aufgabe 7.13: Lösungen sind $13^3 \equiv 4 \bmod 17$, $2^3 \equiv 5^3 \equiv 6^3 \equiv 8 \bmod 13$ und $1^2 \equiv 8^2 \equiv 13^2 \equiv 20^2 \equiv 1 \bmod 21$. Beachten Sie, dass U_{21} nicht zyklisch ist und benutzen Sie zuerst Lemma 5.13, um zu einer ähnlichen Situation wie im Beispiel im Text zu kommen.

Aufgabe 7.15: Die kleinste Primitivwurzel zu $p = 17$ ist 3. Ihre Potenzen 3^i mit $\mathrm{ggT}(i, \varphi(17)) = 1$ sind $3, 10, 5, 11, 14, 7, 12, 6$. Für $p = 31$ bekommt man die Primitivwurzeln $3, 17, 13, 24, 22, 12, 11, 21, 3$ und für $p = 43$ die Liste $3, 28, 30, 12, 26, 19, 34, 5, 18, 33, 20, 29$ jeweils als aufeinanderfolgende Potenzen der 3.

Aufgabe 7.16: $\log_2 11 \equiv 30 \bmod 37$ und $\log_5 65 \equiv 27 \bmod 547$.

Aufgabe 7.17: $x \equiv 20, 32, 34 \bmod 43$ bzw. $x \equiv 3, 4, 11, 17, 18, 24, 31, 32 \bmod 35$.

Aufgabe 7.18: $\mathbb{Z}/14\mathbb{Z} = \mathbb{Z}/2\mathbb{Z} \times \mathbb{Z}/7\mathbb{Z}$. Es gibt aber kein n mit $\#U_n = 7$.

Aufgabe 7.19: $m = 29, 43$ und 49 erfüllen $7 \mid \varphi(m)$. Daher ist $(\mathbb{Z}/7\mathbb{Z})^3$ eine Untergruppe von U_n mit $n = 29 \cdot 43 \cdot 49$.

Aufgabe 7.20: Ist $p \geq 3$, so ist $U_{p^{k+1}}$ zyklisch mit Erzeuger ζ. Dann wird der Kern durch alle Potenzen von ζ^{p^k} erzeugt und ist isomorph zu $\mathbb{Z}/p\mathbb{Z}$.

Aufgabe 7.21: U_{10} ist isomorph zu $\mathbb{Z}/4\mathbb{Z}$ mit Erzeuger $\zeta \equiv 7$. U_{27} ist isomorph zu $\mathbb{Z}/18\mathbb{Z}$ mit Erzeuger $\zeta \equiv 2$. U_{80} ist isomorph zu $\mathbb{Z}/2\mathbb{Z} \times \mathbb{Z}/4\mathbb{Z} \times \mathbb{Z}/4\mathbb{Z}$ mit Erzeugern $\zeta \equiv 31, 21, 17$. U_{100} ist isomorph zu $\mathbb{Z}/2\mathbb{Z} \times \mathbb{Z}/20\mathbb{Z}$ mit Erzeugern $\zeta \equiv 51, 77$. U_{300} ist isomorph zu $\mathbb{Z}/2\mathbb{Z} \times \mathbb{Z}/2\mathbb{Z} \times \mathbb{Z}/20\mathbb{Z}$ mit Erzeugern $\zeta \equiv 151, 101, 277$.

Aufgabe 7.22: Ausprobieren.

Aufgabe 7.23: 1) Die möglichen Ordnungen von 2 modulo p sind $1, 2, 4, a, 2a$ und $4a$. Es gilt $2^4 = 16 \not\equiv 1 \bmod p$, da $p \neq 3, 5$, also sind die Ordnungen $1, 2, 4$ unmöglich. Falls die Ordnung a oder $2a$ ist, so ist 2 ein quadratischer Rest modulo p. Dies widerspricht aber $p = 4a + 1 \equiv 5 \bmod 8$. 2) Die Ordnung von ± 2 ist ein Teiler von $2q$ wegen dem kleinen Fermat. Dann argumentiert man wie in 1).

Aufgabe 7.24: Benutzen Sie Satz 7.9 und rechnen Sie in der additiven Gruppe $\mathbb{Z}/2\mathbb{Z} \times \mathbb{Z}/32\mathbb{Z}$.

Aufgabe 7.25: Direkte Anwendung des Algorithmus.

Aufgabe 7.26: Benutzen Sie Satz 7.7 und den chinesischen Restsatz.

Aufgabe 7.27: Benutzen Sie Satz 7.9 und den chinesischen Restsatz.

Aufgabe 8.1: $p \geq 3$: $4a(ay^2 + by + c) = (2ay)^2 + 4aby + 4ac = (2ay)^2 + 2 \cdot (2ay)b + 4ac = (2ay + b)^2 + 4ac - b^2$. Setze also $x = 2ay + b$ und $d = b^2 - 4ac$. Im Fall $p = 2$ gibt es die Gleichungen $y^2 + y + 1 \equiv 0$, $y^2 + 1 \equiv 0$, $y^2 + y \equiv 0$ sowie $y^2 \equiv 0$. Die erste davon besitzt keine Lösung, die anderen haben die Lösungen $y \equiv 1$, $y \equiv 0, 1$ sowie $y \equiv 0$.

Aufgabe 8.4: Ist p ungerade und ζ Primitivwurzel, so hat ζ keine Quadratwurzel modulo p mehr, sonst wäre ζ eine gerade Potenz einer anderen Primitivwurzel. Ein Gegenbeispiel für die Umkehrung ist $p \equiv 3 \bmod 4$ und $\zeta \equiv -1 \bmod p$. Dann ist $\left(\frac{-1}{p}\right) = (-1)^{\frac{p-1}{2}} = -1$, aber ζ ist keine Primitivwurzel für $p \geq 7$, da $\zeta^2 \equiv 1 \bmod p$.

Aufgabe 8.11: Suchen Sie Primzahlen $p \neq q$ und ein a mit $\left(\frac{a}{p}\right) = \left(\frac{a}{q}\right) = -1$ und setzen Sie $n = pq$.

Aufgabe 8.13: $\left(\frac{37}{859}\right) = -1$ und $\left(\frac{10270}{25511}\right) = 1$.

Aufgabe 8.14: $51 = 3 \cdot 17$ und $\left(\frac{41}{3}\right) = \left(\frac{41}{17}\right) = -1$.

Aufgabe 8.16: $x^2 \equiv 56 \bmod 113$ hat Lösungen $x \equiv \pm 13 \bmod 113$.

Aufgabe 8.17: Siehe Hinweis in Aufgabenstellung.

Aufgabe 8.18: $x^2 \equiv 6 \mod 43$ bzw. $x^2 \equiv 881 \mod 4073$ haben jeweils die Lösungen $x \equiv \pm 7 \mod 43$ bzw. $x \equiv \pm 257 \mod 4073$.

Aufgabe 8.19: Wenn die Diskriminante ein Quadrat ist, gibt es zwei Lösungen (mit Vielfachheit), sonst keine.

Aufgabe 8.20: $\left(\frac{-3}{p}\right) = \left(\frac{-1}{p}\right)\left(\frac{3}{p}\right) = (-1)^{\frac{p-1}{2}}(-1)^{\frac{p-1}{2}\frac{3-1}{2}}\left(\frac{p}{3}\right) = \left(\frac{p}{3}\right) = 1 \Leftrightarrow p \equiv 1 \mod 6$, da p ungerade ist.

Aufgabe 8.21: $\left(\frac{3}{p}\right) = (-1)^{\frac{p-1}{2}}\left(\frac{p}{3}\right) = 1 \Leftrightarrow p \equiv 1,11 \mod 12$.

Aufgabe 8.22: $\left(\frac{-2}{p}\right) = \left(\frac{-1}{p}\right)\left(\frac{2}{p}\right) = (-1)^{\frac{p-1}{2}}(-1)^{\frac{p^2-1}{8}} = 1 \Leftrightarrow p \equiv 1,3 \mod 8$.

Aufgabe 8.23: Berechnen Sie $\left(\frac{-75}{p}\right)$ mit dem Reziprozitätsgesetz.

Aufgabe 8.24: Es reicht zu zeigen, dass 2 ein quadratischer Rest ist.

Aufgabe 8.25: Reziprozitätsgesetz für das Jacobisymbol.

Aufgabe 8.26: $10403 = 101 \cdot 103$ und man berechnet die Legendresymbole. Eines davon ist -1, daher gibt es keine Lösung.

Aufgabe 8.27: Für jede Lösung (a,b) betrachten Sie weitere Lösungen, z.B. $(\pm a, \pm b)$, die Sie daraus konstruieren können.

Aufgabe 9.3: $178 = 3^2 + 13^2$, $373 = 7^2 + 18^2$ und $4797 = 6^2 + 69^2$.

Aufgabe 9.7: Die Darstellung ist nicht eindeutig, denn man kann ein Produkt $(a^2 + b^2)(c^2 + d^2) = (a+ib)(a-ib)(c+id)(c-id)$ als $N((a+ib)(c+id))$ oder als $N((a+ib)(c-id))$ schreiben, ähnlich bei mehr Faktoren. Minimale Beispiele sind $50 = 7^1 + 1 = 5^2 + 5^2$, $325 = 1^2 + 18^2 = 6^2 + 17^2 = 10^2 + 15^2$ und $1105 = 4^2 + 33^2 = 9^2 + 32^2 = 12^2 + 31^2 = 23^2 + 24^2$.

Aufgabe 9.8: Verwenden Sie Satz 9.2.

Aufgabe 9.9: Imitieren Sie den Beweis von Satz 9.6.

Aufgabe 9.10: Wir beweisen zuerst den Zwei–Quadrate Satz für eine Primzahl p mit $p \equiv 1 \mod 4$. Sei also $u = \zeta^{\frac{p-1}{4}} \in \mathbb{Z}/p\mathbb{Z}$, wobei ζ eine Primitivwurzel ist. Betrachte das Gitter $\Gamma \subseteq \mathbb{Z}^2$ aller Paare (x,y) mit $y \equiv ux \mod p$. Das Volumen des Fundamentalbereichs F ist p, da $\mathbb{Z}^n/\Gamma \cong \mathbb{Z}/p\mathbb{Z}$. Die Kreisscheibe M um den Ursprung in $\mathbb{R}^2$ mit Radius $r = \sqrt{3p/2}$ hat $\mathrm{vol}(M) = \pi r^2 > 4p$. Nach dem Gitterpunktsatz von Minkowski gibt es ein $(x,y) \in \Gamma$ mit $0 < x^2 + y^2 \leq r^2 = 3p/2$. Es ist also $0 < x^2 + y^2 < 2p$. Andererseits gilt $x^2 + y^2 \equiv x^2 + u^2x^2 \equiv 0 \mod p$. Also ist $x^2 + y^2 = p$.

Zum Vier–Quadrate Satz: Sei $p \geq 3$ prim. Es gibt Zahlen $u, v \in \mathbb{Z}/p\mathbb{Z}$ mit $u^2 + v^2 + 1 \equiv 0 \mod p$ nach dem Schubfachprinzip, denn sowohl u^2 als auch $-1 - v^2$ nehmen $\frac{p+1}{2}$ verschiedene Werte an. Wären diese alle verschieden, so gäbe es $p + 1$ verschiedene Zahlen in $\mathbb{Z}/p\mathbb{Z}$, ein Widerspruch. Betrachte nun das Gitter $\Gamma = \{(a,b,c,d) \in \mathbb{Z}^4 \mid c \equiv ua + vb, \quad d \equiv ub - va \mod p\}$. $\mathbb{Z}^4/\Gamma$ hat p^2 Elemente, also hat der Fundamentalbereich das Volumen p^2. Sei jetzt M eine Kugel mit Radius r und $r^2 = 1.9p$. Dann gilt $\mathrm{vol}(M) = \pi^2 r^4/2 > 16p^2$. Es gibt also einen Punkt $0 \neq (a,b,c,d) \in \Gamma$ mit $2p > a^2 + b^2 + c^2 + d^2 \equiv 0 \mod p$. Wie eben folgt $a^2 + b^2 + c^2 + d^2 = p$.

Aufgabe 9.11: Siehe Hinweise in der Aufgabenstellung.

Aufgabe 10.1: $17/99 = [0,5,1,4,1,2]$.

Aufgabe 10.2: $y = [2,2,\ldots]$ bedeutet $y = 2 + 1/y$, also $y = 1 + \sqrt{2}$. Damit ist $x = y - 1 = \sqrt{2}$.

Aufgabe 10.3: Berechnen Sie zuerst $[a_m, \ldots, a_n]$ und machen Sie Induktion nach $n - m$.

Aufgabe 10.5: Mit Induktion folgt, dass $a_0 = b_0, \ldots, a_{n-1} = b_{n-1}$ sowie $a_n + 1/\xi = b_n + 1/\zeta$, also $a_n = b_n$ und $\xi = \zeta$.

Aufgabe 10.10: Zeigen Sie erst die stärkere Ungleichung $|p_n - \alpha q_n| \leq |p - \alpha q|$ für jeden Bruch p/q mit $1 \leq q \leq q_n$. Um dies zu zeigen, zeige man zunächst die Ungleichung

$|p_{n-1} - \alpha q_{n-1}| > |p_n - \alpha q_n|$ mittels der rekursiven Definition der Näherungsbrüche. Dies beweist, dass man die Behauptung durch Induktion über n zeigen kann, wenn man sich auf $q_{n-1} < q \leq q_n$ beschränkt.

Aufgabe 10.14: Die Eigenschaft Körperautomorphismus ist leicht zu zeigen. Wendet man den Automorphismus auf die Gleichung an, so ergibt sich, dass $\bar{x}$ ebenfalls eine Lösung $\neq x$ ist, da $x \notin \mathbb{Q}$. Da die Gleichung genau zwei Lösungen hat, folgt die Behauptung.

Aufgabe 10.18: $x = \sqrt{m^2 + 1}$ bedeutet $x^2 - m^2 = 1$, also $(x - m)(x + m) = 1$ oder $x = m + \frac{1}{m+x} = [m, \overline{2m}]$.

Aufgabe 10.23: $1/2 + \sqrt{5} = [2, 1, \overline{3}]$ und $\sqrt{3}/2 = [0, 1, \overline{6, 2}]$.

Aufgabe 10.24: $x = \sqrt{m^2 - 1}$ bedeutet $x^2 - m^2 = (x - m)(x + m) = -1$, also $x = m + \frac{1}{-m-x}$.

Aufgabe 10.25: Der Kettenbruch zu $\sqrt{3}$ ist $[1, \overline{1, 2}]$, also sind die ersten Näherungsbrüche $\frac{2}{1}$, $\frac{5}{3}$, $\frac{7}{4}$ und man bekommt die ersten beiden Lösungen $2^2 - 3 \cdot 1^2 = 1$ und $7^2 - 3 \cdot 4^2 = 1$. Der Kettenbruch zu $\sqrt{13}$ ist $[3, \overline{1, 1, 1, 1, 6}]$, und man muss eine Weile suchen, um die erste Lösung $649^2 - 13 \cdot 180^2 = 1$ zu finden.

Aufgabe 10.26: $\begin{pmatrix} x & dy \\ y & x \end{pmatrix} \begin{pmatrix} x' & dy' \\ y' & x' \end{pmatrix} = \begin{pmatrix} X & dY \\ Y & Y \end{pmatrix}$, wobei $X = xx' + dyy'$ und $Y = xy' + x'y$.

Aufgabe 10.27: $x = [\overline{10}]$.

Aufgabe 10.28: Es gilt $z = n + \frac{1}{z}$, also $z = [\overline{n}]$. Für $n = 3$ bekommt man $z = \frac{3 + \sqrt{13}}{2}$ und die Lösung $(x, y) = (3, 1)$ der Pellschen Gleichung.

Aufgabe 10.29: Die Näherungsbrüche konvergieren abwechselnd von oben und unten, daher erfüllen von zwei aufeinanderfolgenden wenigstens einer eine doppelt so gute Abschätzung wie in Satz 10.9. Bei drei aufeinanderfolgenden Näherungsbrüchen ist der Beweis schwerer, wir verweisen auf [K].

Aufgabe 10.30: Es git $x = [\overline{2, 1}]$.

Aufgabe 11.2: $S_1 = 4$, $S_2 = 14$, $S_3 = 194 \equiv 67 \bmod 127$, $S_4 \equiv 42 \bmod 127$, $S_5 \equiv 111 \bmod 127$ und $S_6 \equiv 111^2 - 2 \equiv 0 \bmod 127$.

Aufgabe 11.4: $7^{70} \equiv 1 \bmod 71$, aber $7^{n/q} \not\equiv 1$ für $q = 2, 5, 7$.

Aufgabe 11.7: Tatsächlich ist $3^{128} \equiv -1 \bmod 257$.

Aufgabe 11.11: Zeigen Sie, dass $n - 1$ durch $36k = \mathrm{kgV}(6k, 12k, 18k)$ teilbar ist.

Aufgabe 11.13: Wir testen $a = 5, 7, 11$ und finden jeweils $a^{36} \equiv -1 = \left(\frac{a}{71}\right) \bmod 73$. 91 ist nicht prim, da $11^{45} \equiv 8 \not\equiv -1 \equiv \left(\frac{11}{91}\right) \bmod 91$.

Aufgabe 11.15: Siehe [Ko, S. 131].

Aufgabe 11.16: Für $n = 73$ gilt $n - 1 = 72 = 2^3 \cdot 9$, d.h. $m = 9$ und $t = 3$. Wir testen $a = 2, 3, 5$ und erhalten $2^9 \equiv 1 \bmod 73$, $3^{18} \equiv -1 \bmod 73$ und $5^{36} \equiv -1 \bmod 73$. Für $n = 91$ gilt $n - 1 = 90 = 2 \cdot 45$, also $t = 1$ und $m = 45$. Es gilt $2^{45} \equiv 57 \bmod 91$, also ist 91 nicht prim.

Aufgabe 11.19: Die Aussage folgt aus $(f^k)^m = f^{km}$ und $(X^k)^m = X^{km}$.

Aufgabe 11.20: Wie Lösung von Aufgabe 11.4.

Aufgabe 11.21: Man bekommt in diesem Fall $F_k = 2^{2^k} + 1 = 4^{2^{k-1}} + 1 \equiv (-1)^{2^{k-1}} + 1 \equiv 2 \bmod 5$ und damit $5^{\frac{F_k - 1}{2}} \equiv \left(\frac{5}{F_k}\right) \equiv \left(\frac{F_k}{5}\right) = \left(\frac{2}{5}\right) = -1$.

Aufgabe 11.22: Wenden Sie den Pocklington Test an.

Aufgabe 11.23: Beide sind prim.

Aufgabe 11.24: $n = 2^{11} - 1 = 2047 = 23 \cdot 89$ ist nicht prim.

Aufgabe 12.2: Angenommen $n = pq$ mit echten Teilern p, q. Wenn $x = \frac{p+q}{2}$ gilt, ist $x^2 - n = y^2$ ein Quadrat mit $y = \frac{p-q}{2}$, und man findet die echten Teiler p, q darin.

Aufgabe 12.4: $7729 = 59 \cdot 131$. Benutzen Sie $\sqrt{7729} = [87, 1, 10, 1, 2, 1, 2, 21, \ldots]$.

Aufgabe 12.5: $U_{2^r} \cong \mathbb{Z}/2\mathbb{Z} \times \mathbb{Z}/2^{r-2}\mathbb{Z}$ für $r \geq 3$. Benutzen Sie die explizite Beschreibung des Isomorphismus.

Aufgabe 12.6: Es reicht $B = \{-1, 2, 3, 5, 7\}$. Man berechnet $z_0 = 88^2 - 7729 = 3 \cdot 5$, $z_1 = 89^2 - 7729 = 2^6 \cdot 3$, $z_2 = 90^2 - 7729 = 7 \cdot 53$, $z_3 = 91^2 - 7729 = 2^3 \cdot 3 \cdot 23$ und $z_4 = 92^2 - 7729 = 3 \cdot 5 \cdot 7^2$. Hieraus folgt $z_0 \cdot z_4 = 3^2 \cdot 5^2 \cdot 7^2 = 105^2$ und wir bekommen $95^2 \equiv (88 \cdot 92)^2 \bmod 7729$. Also erhalten wir die Teiler von 7729 als $\mathrm{ggT}(7729, x \pm y)$, wobei $x = 88 \cdot 92 = 8096$ und $y = 105$.

Aufgabe 12.7: $23205 = 3 \cdot 5 \cdot 7 \cdot 13 \cdot 17$.

Aufgabe 12.8: Man beginnt mit $x_1 = 115^2 - 13199 = 26$ und findet ein Quadrat bei $132^2 - 13199 = 5^2 \cdot 13^2$. Also berechnet man die Teiler von 13199 als $\mathrm{ggT}(13199, 132 \pm 65) = 67$ und 197.

Aufgabe 12.9: Sei $p \geq 3$ der kleinste Primfaktor von n. Es gilt $-n < x - y < n$ für $0 \leq x, y < n$, also $\mathrm{ggT}(x, y) \neq n$. Angenommen mehr als die Hälfte der x, y erfüllt $\mathrm{ggT}(x - y, n) = 1$. Dann erfüllen mehr als die Hälfte der $0 \leq x, y < n$ die Beziehung $\mathrm{ggT}(x + y, n) = n$. Andererseits ist die Rate der $x + y$, die durch p teilbar sind $\leq 1/p \leq 1/3$. Widerspruch.

Aufgabe 12.10: Es gilt $87^2 - 7429 = 2^2 \cdot 5 \cdot 7$ und $88^2 - 7429 = 3^2 \cdot 5 \cdot 7$, also bekommt man die Teiler $\mathrm{ggT}(7429, 87 \cdot 88 \pm 210) = 17$ und $437 = 19 \cdot 23$.

Aufgabe 12.11: $X^{4a+2} - X^{2a+2} + 2X^{2a+1} + 1 = (X^{2a+1} + X^{a+1} + 1)(X^{2a+1} - X^{a+1} + 1)$.

Aufgabe 12.12: Ist $p > q$ und $p - q$ klein, so findet man $x_i = p$ und $z_i = p^2 - n$ für $i \leq p - q$.

Aufgabe 13.3: $1/2 = 3 + 2 \cdot 5 + 2 \cdot 5^2 + 2 \cdot 5^3 + \cdots$, $7/4 = 3 + 5 + 5^2 + 5^3 + \cdots$.

Aufgabe 13.4: $\left(\frac{17}{5003}\right) = -1$, also hat die mittlere Gleichung keine Lösung. Die letzte Gleichung hat keine Lösung $\bmod 2^2$, also auch nicht in $\mathbb{Z}_2$. Die erste Gleichung hat die Lösungen $x = \pm 1$ in $\mathbb{Z}/3\mathbb{Z}$ und kann — wie am Anfang des Abschnittes — explizit zu den Lösungen $x = \pm(1 + 3 + 3^2 + \cdots) \in \mathbb{Z}_3$ geliftet werden.

Aufgabe 13.13: Die erste Gleichung hat immer zwei Lösungen $\bmod 5^k$, $k \geq 1$: $x = \pm(1 + 3 \cdot 5^2 + 2 \cdot 5^3 + 3 \cdot 5^4 + \cdots)$. Die zweite Gleichung hat die Lösung $x = 2 \bmod 5$, die 5 Lösungen $x = 2, 7, 12, 17, 22 \bmod 25$, die 10 Lösungen $x = 2, 12, 27, 37, 52, 62, 77, 87, 102, 112 \bmod 125$, die 10 Lösungen $x = 2, 87, 127, 212, 252, 337, 377, 462, 502, 587 \bmod 625$ und die 10 Lösungen $x = 2, 87, 627, 712, 1252, 1337, 1877, 1962, 2502, 2587 \bmod 5^5$.

Aufgabe 13.17: Gleichung 1. hat 4 Lösungen $x = \pm 127, \pm 58 \bmod 851$. Gleichung 2. hat die Lösungen $x = 793 = 9 \cdot 13 + 4 \cdot 13^2$ und $x = -820 = 12 + 13 + 8 \cdot 13^2 \bmod 13^3$.

Aufgabe 13.18: Einzige Lösung ist $x = -317 = 5 + 3 \cdot 7 + 6 \cdot 7^3 \bmod 7^4$.

Aufgabe 13.19: Liften Sie die Aussage des chinesischen Restsatzes.

Aufgabe 13.20: Verwenden Sie zunächst Satz 13.15, um die Anzahl der Nullstellen x_i in $\mathbb{Z}_5$ zu bestimmen, und berechnen Sie die Bewertungen $v_5(f'(x_i))$. Arbeiten Sie dann mit Hilfssatz 13.14, um die Anzahl der Nullstellen in $\mathbb{Z}/5^k\mathbb{Z}$ für $k \in \mathbb{N}$ zu ermitteln.

Aufgabe 13.21: Da (x_i) Nullfolge ist, konvergiert die p-adische Bewertung der x_i gegen 0, d.h. sie enthalten Faktoren p^{m_i} mit $m_i \to \infty$. Die Reihe konvergiert also in $\mathbb{Q}_p$, da die ersten Koeffizienten in der p-adischen Darstellung sich nicht mehr verändern.

Aufgabe 13.22: Wie in $\mathbb{R}$ zeigt man, dass $-m$ kein Quadrat in einem angeordneten Körper sein kann. Andererseits gibt es in allen $\mathbb{Q}_p$ negative Quadrate, da dies schon in $\mathbb{F}_p$ und U_8 gilt und man danach liften kann.

Aufgabe 13.23: Benutzen Sie Legendre–Symbole für die Lösbarkeit der drei quadratischen Faktoren.

Aufgabe 13.24: Lösen Sie $2x = 1$ bzw. $3x = 5$ in $\mathbb{Z}_p$ mit Satz 13.15.

Aufgabe 13.25: $p^7 - p^5 + p^3 = p^3 \cdot u$ für eine Einheit u.

Aufgabe 13.26: Benutzen Sie die p–adische Bewertung und Satz 13.15.

Aufgabe 13.27: Lösen Sie $x^2 = m$ in $\mathbb{Q}_p$ mit Satz 13.15.

Aufgabe 13.28: Mit Induktion über n.

Aufgabe 13.29: Untersuchen Sie zuerst, ob 75 quadratischer Rest modulo p ist.

Aufgabe 13.30: Benutzen Sie die Definition von $\mathbb{Z}_p$ und den Satz von Tychonoff. Dann schreibe man $\mathbb{Q}_p$ als Vereinigung von Kopien von $\mathbb{Z}_p$.

Aufgabe 14.6: Wir betrachten das Polynom $f = 2X^2 + X - \frac{u-1}{8} \in \mathbb{Z}_2[X]$. Es gilt $f(\frac{u-1}{8}) \equiv 0 \bmod 2$ und $f'(\frac{u-1}{8}) \equiv 1 \bmod 2$. Daher finden wir nach dem Henselschen Lemma eine Lösung $w \in \mathbb{Z}_2$ von f mit $w \equiv \frac{u-1}{8} \bmod 2$. Nun ist $4w + 1$ eine Quadratwurzel von u, weil $(4w+1)^2 - u = 16w^2 + 8w + 1 - u = 8\left(2w^2 + w - \frac{u-1}{8}\right) = 8f(w) = 0$. Insgesamt können wir das Element des Kerns $u2^n$ als Quadrat von $(4w+1)2^{n/2}$ schreiben, d.h. $\mathrm{Ker}\,\tilde{\Phi}_2 = \mathbb{Q}_2^{\times\,2}$.

Aufgabe 14.19: Sei $r = \frac{c}{a}$ und — nach Betrachten von Spezialfällen — $p \geq 3$ teilerfremd zu a im Fall $a = 5$. Man muss zunächst eine Gleichung der Form $ax^2 \equiv c \bmod p$ lösen. Dies geht für alle p, für die ac ein Quadrat modulo p ist.

Aufgabe 14.20: Betrachten Sie die Diskriminante $b^2 - 4c$ in $\mathbb{Q}$ und allen $\mathbb{Q}_p$ sowie $\mathbb{R}$.

Aufgabe 14.21: Benutzen Sie das Hilbert–Symbol modulo $3, 5, 7$ jeweils. Die mittlere Gleichung besitzt die nicht–triviale Lösung $x = y = 1, z = 2$.

Aufgabe 14.22: Untersuchen Sie Zahlen aus $\mathbb{Q} \subseteq \mathbb{Q}_p, \mathbb{Q}_q$ darauf, ob sie Quadrate sind.

Aufgabe 14.23: Zeigen Sie zunächst, dass jeder Automorphismus von $\mathbb{Q}_p$ den Unterring $\mathbb{Z}_p$ auf sich abbildet.

Aufgabe 14.24: Untersuchen Sie die Lösung der Gleichung $nz^2 - b^2 = a^2$ mit dem Hilbert–Symbol $\left(\frac{n,-1}{p}\right)$ und benutzen Sie $\left(\frac{-1}{p}\right) = (-1)^{\frac{p-1}{2}}$.

Aufgabe 14.25: Seien (x_0, y_0) und (x, y) zwei verschiedene Lösungen. Entwickeln der Gleichung $1 = ax^2 + by^2 = a(x - x_0 + x_0)^2 + b(y - y_0 + y_0)^2$ ergibt dann $a(x - x_0)^2 + b(y - y_0)^2 + 2ax_0(x - x_0) + 2by_0(y - y_0) = 0$. Setzt man $t = (x - x_0)/(y - y_0)$, so ergibt sich gerade die behauptete Gleichung, außer im Fall $y = y_0$, d.h. $t = \infty$, bei dem dann $x = -x_0$ folgt.

Aufgabe 14.26: Untersuchen Sie die Gleichungen erst modulo p und wenden Sie dann Satz 13.15 an.

Aufgabe 14.27: Wenden Sie Satz 13.15 an.

Aufgabe 15.10: Eine Lösung in $\mathbb{R}$ findet man durch Auflösen der Gleichung nach X, Y oder Z. Lösungen in $\mathbb{Q}_p$ findet man direkt für $p = 2, 3, 5$ und mit Hilfe des Henselschen Lemmas für andere p, indem man zuerst die Gleichung in $\mathbb{F}_p$ elementar löst. Über $\mathbb{Q}$ gibt es keine nicht–triviale Lösung, siehe [S] oder [C, §4].

Aufgabe 15.14: Eine Lösung der Gleichung $2x^2 - 5y^2 = c$ mit $x, y \in \mathbb{Q}$ ist gleichbedeutend zu einer Lösung der Gleichung $2x^2 - 5y^2 - cz^2 = 0$ oder nach Multiplikation mit c zu einer Gleichung der Form $(2c)x^2 - (5c)y^2 = z^2$, die auf die Hilbert–Symbole $\left(\frac{2c,-5c}{p}\right)$ für alle p führt.

Aufgabe 15.15: Jede nicht–triviale Lösung von $aX^2 + bY^2 + cZ^2 = 0$ in $\mathbb{Z}^3$ liefert eine Lösung $aX^2 + bY^2 \equiv 0 \bmod c$, d.h. von $abX^2 + b^2Y^2 \equiv 0 \bmod c$. Das Element $w = bY/X \bmod c$ existiert damit (oBdA $X \not\equiv 0 \bmod c$) und löst damit die Gleichung $w^2 \equiv -ab \bmod c$. Ebenso erhält man $u = cZ/Y$ und $v = aX/Z$ mit $u^2 \equiv -bc \bmod a$ und $v^2 \equiv -ac \bmod b$. Ist umgekehrt u, v, w gegeben mit $u^2 \equiv -bc \bmod a$, $v^2 \equiv -ac \bmod b$ und $w^2 \equiv -ab \bmod c$, so betrachte $w^2 \equiv -ab \bmod c$ und das Inverse a^{-1} von $a \bmod c$. Dann gilt für alle x, y, z, dass $ax^2 + by^2 + cz^2 \equiv ax^2 + by^2 \equiv (x - a^{-1}wy)(ax + wy) \bmod c$. Durch die anderen beiden Bedingungen sieht man, dass man $ax^2 + by^2 + cz^2$ auch modulo a und b als Produkt linearer

Faktoren schreiben kann. Der Chinesische Restsatz liefert damit eine nicht–triviale Faktorisierung $ax^2 + by^2 + cz^2 = (a_1x + a_2y + a_3z)(a_4x + a_5y + a_6z) \bmod abc$. Jeder der beiden Linearfaktoren hat Lösungen $\bmod\, abc$, wie man durch Abzählen der Restklassen sieht. Außerdem erfüllen diese $|x| < \sqrt{|bc|}$, $|y| < \sqrt{|ac|}$ und $|z| < \sqrt{|ab|}$. Daraus folgt $ax^2 + by^2 + cz^2 = 0$ oder $ax^2 + by^2 + cz^2 = -abc$. Im ersten Fall sind wir fertig, im zweiten Fall betrachte $X = xz - by$, $Y = yz + ax$ und $Z = z^2 + ab$.

Aufgabe 15.16: Sei $n := \#\{i \mid v_p(a_i) = 1\}$. Ist $n \neq 2$, so zeige man zuerst, dass ein $0 \neq x \in \mathbb{Q}_p^4$ existiert mit $f(x) = 0$. Ist $n = 2$, dann sei oBdA $v_p(a_1) = v_p(a_2) = 0$ und $v_p(a_3) = v_p(a_4) = 1$. In diesem Fall zeige man, dass ein nichttriviales $x \in \mathbb{Q}_p^4$ mit $f(x) = 0$ genau dann existiert, wenn eines der Elemente $-a_2/a_1, -a_4/a_3$ ein Quadrat in $\mathbb{Z}_p^\times$ ist.

Aufgabe 16.2: Ein Zahlkörper der Dimension 2 besitzt ein Element $x \notin \mathbb{Q}$ und wird als Vektorraum von $1, x$ erzeugt. Das Element x^2 erfüllt eine Relation $x^2 + bx + c = 0$, und damit gilt $K = \mathbb{Q}(\sqrt{d})$, wobei $d = b^2 - 4c$ ist.

Aufgabe 16.6: $x = \sqrt{3}$ und $y = \sqrt[3]{2}$ erfüllen $x^2 = 3$ und $y^3 = 2$. $z = x + y$ erfüllt die Ganzheitsgleichung $z^6 - 9z^4 - 4z^3 + 27z^2 - 36z - 23 = 0$.

Aufgabe 16.12: Da $\mathbb{Q}[X]$ ein euklidischer Ring mit der Gradfunktion ist, ist $\mathbb{Q}[X]$ ein Hauptidealring, also existiert f und ist das Element kleinsten Grades mit der Eigenschaft $f(x) = 0$.

Aufgabe 16.14: Man überlege sich zuerst, dass die Einschränkung der Einbettung auf $\mathbb{Q}$ die Inklusion $\mathbb{Q} \subseteq \mathbb{C}$ sein muss. Danach betrachte man die möglichen Bilder von $\sqrt{d}$ unter Berücksichtigung von $\sqrt{d} \cdot \sqrt{d} = d \in \mathbb{Q}$.

Aufgabe 16.16: $\mathrm{Sp}_{K/\mathbb{Q}}(\sqrt{3}) = 0$, $N_{K/\mathbb{Q}}(\sqrt{3}) = 9$ und das Minimalpolynom von $\sqrt{3}$ ist $T^2 - 3$. $\mathrm{Sp}_{K/\mathbb{Q}}(3\sqrt[3]{3} + 2\sqrt{27}) = 0$, $N_{K/\mathbb{Q}}(3\sqrt[4]{3} + 2\sqrt{27}) = 11421$ und das Minimalpolynom ist $T^4 - 216T^2 - 648T + 11421$.

Aufgabe 16.19: Starten Sie mit dem Minimalpolynom des Elementes. An welcher Stelle des Minimalpolynoms treten die Spur und die Norm des Elementes auf?

Aufgabe 16.34: Da $\Delta_K = d$ oder $4d$ ist, muss man nur $p = 2$ im Fall $q \equiv 1 \bmod 4$ betrachten.

Aufgabe 16.35: Zeigen Sie zuerst, dass z Liouvillesch ist, d.h. zu jedem $n \in \mathbb{N}$ ein Bruch $\frac{p}{q} \in \mathbb{Q}$ existiert mit $q \geq 2$ und $|z - \frac{p}{q}| < \frac{1}{q^n}$. Zeigen Sie andererseits, dass jede algebraische Zahl, die Nullstelle eines Polynoms vom Grad n ist, eine Ungleichung der Form $|z - \frac{p}{q}| \geq \frac{1}{M \cdot q^n}$ erfüllt, indem Sie den Mittelwertsatz der Differentialrechnung anwenden. Folgern Sie aus beiden Ungleichungen, dass z nicht algebraisch sein kann.

Aufgabe 16.36: $23/5$ ist algebraisch mit Minimalpolynom $5X - 23$, aber nicht ganz. $(1 + \sqrt[3]{5})/3$ ist algebraisch, aber nicht ganz, denn der Ganzheitsring von $\mathbb{Q}(\sqrt[3]{5})$ ist $\mathbb{Z}[\sqrt[3]{5}]$, siehe Aufgabe 16.38. $(1 + \sqrt{7})/\sqrt{5}$ ist ebenso algebraisch, aber nicht ganz, weil sein Minimalpolynom $X^4 - 16/5X^2 + 36/25$ ist. Schließlich ist $\exp(2\pi i/13)$ eine 13–te Einheitswurzel, also ganz über $\mathbb{Z}$.

Aufgabe 16.37: Folgt direkt aus Korollar 16.33.

Aufgabe 16.38: Sei $\vartheta^3 = 5$. Die Menge $1, \vartheta, \vartheta^2$ hat $\Delta(1, \vartheta, \vartheta^2) = -3^3 \cdot 5^2$. Ganze Elemente sind also von der Form $\frac{1}{3}(a_1 + a_2\vartheta + a_3\vartheta^2)$ oder $\frac{1}{5}(a_1 + a_2\vartheta + a_3\vartheta^2)$. Berechnet man in beiden Fällen Spur und Norm, so sieht man, dass dadurch keine neuen Elemente entstehen. Also ist $1, \vartheta, \vartheta^2$ eine Ganzheitsbasis.

Aufgabe 16.39: α hat das Minimalpolynom $T^3 - 2$ und somit Spur 0. Dagegen gilt $(\alpha^2)^3 = (\alpha^3)^2 = 2^2 = 4$ und damit hat α^2 das Minimalpolynom $T^3 - 4$ und damit ebenfalls Spur 0.

Aufgabe 16.40: Die Diskriminanten der Körper $\mathbb{Q}(\sqrt{p})$ und $\mathbb{Q}(\sqrt{q})$ sind p bzw. $4q$ und damit teilerfremd. Daher ist der Ring ganzer Zahlen erzeugt von den Produkten $\omega_i \cdot \omega_j'$, wobei ω_1, ω_2 und ω_1', ω_2' jeweils Ganzheitsbasen von $\mathbb{Q}(\sqrt{p})$ und $\mathbb{Q}(\sqrt{q})$ sind. Siehe [N, Satz 2.11] für einen Beweis der letzten Aussage, die man auch in diesem Fall direkt zeigen kann.

Aufgabe 16.41: Will man a durch b mit Rest teilen, so betrachte $x = a/b \in K$ und nehme ein $y \in \mathcal{O}_K$ mit $N(x - y) < 1$. Hieraus folgt $a = bx = yb + r$ mit $N(r) = N(bx - by) = N(b)N(x - y) < N(b)$. Also ist $\mathcal{O}_K$ euklidisch.

Aufgabe 16.42: Ziehen Sie die Wurzel aus Satz 16.32.

Aufgabe 16.43: Sei $\alpha = a_0 + a_1\zeta_p + \ldots + a_{p-2}\zeta_p^{p-2} \in \mathbb{Q}(\zeta_p)$ eine ganze Zahl. Es ist zu zeigen, dass $a_k \in \mathbb{Z}$. Das Element $\alpha\zeta_p^{-k} - \alpha\zeta_p$ hat Spur $\mathrm{Sp}(\alpha\zeta_p^{-k} - \alpha\zeta_p) = pa_k$, also ist $b_k := pa_k \in \mathbb{Z}$. Setze nun $\lambda := 1 - \zeta_p$. Es gilt $N(\lambda) = p$. Wir schreiben $p\alpha = b_0 + b_1\zeta_p + \ldots + b_{p-2}\zeta_p^{p-2} = c_0 + c_1\lambda + \ldots + c_{p-2}\lambda^{p-2}$ mit geeigneten Koeffizienten c_k. Wir müssen zeigen, dass c_k durch p teilbar ist. Dies beweist man durch Induktion: Der Induktionsanfang ist $c_0 = b_0 + \ldots + b_{p-2} \equiv 0 \bmod p$. Im Induktionsschritt zeigt man $c_k = \mu_k\lambda$ für ein μ_k und damit $c_k^{p-1} = pN(\mu_k)$, also $p \mid c_k$. Die Diskriminante berechnet sich mit dieser Basis zu $\Delta = (-1)^{(p-1)/2}p^{p-2}$.

Aufgabe 16.44: Norm und Spur lassen sich sofort aus dem Minimalpolynom ablesen. Ist $f = X^3 + pX + q = (X - \alpha_1)(X - \alpha_2)(X - \alpha_3)$, so gilt $\prod_{i<j}(\alpha_i - \alpha_j)^2 = -4p^3 - 27q^2$. Die Diskriminante der $\mathbb{Q}$–Basis $1, \alpha, \alpha^2$ hat nur 2 als quadratischen Primfaktor. Somit muss man nur $\frac{1}{2}, \frac{\alpha}{2}, \frac{\alpha^2}{2}, \frac{1+\alpha}{2}, \frac{\alpha+\alpha^2}{2}$ und $\frac{1+\alpha^2}{2}$ auf Ganzheit testen mit Norm und Spur. Beachte, dass die Norm multiplikativ ist. Eine Ganzheitsbasis ist dann $1, \frac{1+\alpha}{2}, \alpha^2$.

Aufgabe 16.45: Alle Konjugierten von a sind gleich, da $a \in \mathbb{Q}$ ist.

Aufgabe 16.46: Folgt aus der folgenden exakten Sequenz von abelschen Gruppen:

$$0 \to \mathrm{Hom}_K(L, \mathbb{C}) \to \mathrm{Hom}_\mathbb{Q}(L, \mathbb{C}) \to \mathrm{Hom}_\mathbb{Q}(K, \mathbb{C}) \to 0,$$

wobei der zweite Pfeil durch Restriktion auf K gegeben ist.

Aufgabe 16.47: Zunächst hängen det und Spur einer darstellenden Matrix einer linearen Abbildung nicht von der Wahl der Basis ab. Die Elemente $1, \alpha, \alpha^2, \ldots, \alpha^{n-1}$ spannen einen Unterkörper K' von K auf. Wegen Aufgabe 16.45 und den Formeln aus Aufgabe 16.46 dürfen wir annehmen, dass $K' = K$ ist, also dass $1, \alpha, \alpha^2, \ldots, \alpha^{n-1}$ eine Basis von K ist. In dieser Basis sieht man aber sofort, dass die darstellende Matrix M das Minimalpolynom f von α als charakteristisches Polynom hat.

Aufgabe 17.7: $48 + 7\sqrt{47}$ aus Kettenbruchentwicklung.

Aufgabe 17.19: $14 = 2 \cdot 7 = (1 + \sqrt{-13})(1 - \sqrt{-13})$.

Aufgabe 17.20: Zwei Elemente sind $\frac{5+\sqrt{29}}{2}$ und $70 + 13\sqrt{29}$, die man aus der Kettenbruchentwicklung erhält.

Aufgabe 17.21: Gegenbeispiel: $x = (3 + 4i)/5 \in \mathbb{Q}(i)$.

Aufgabe 17.22: -1 ist kein Quadrat $\bmod\, p$, falls $p \equiv 3 \bmod 4$.

Aufgabe 17.23: Schwierig ist nur, von Punkt 4. nach 2. zu kommen. Betrachten Sie dazu eine Fundamentallösung (x', y') von $x^2 - py^2 = 1$ für ein solches p. Welche Paritäten müssen x', y' haben? Betrachten Sie nun $x' + 1$ und $x' - 1$. Man zeige $2 = \mathrm{ggT}(x' - 1, x' + 1)$ und betrachte die Gleichung $(x' - 1)(x' + 1) = py^2$. Was bedeutet das für $x' - 1$ und $x' + 1$? Welche Möglichkeiten gibt es unter der Bedingung, dass (x', y') eine Fundamentallösung von $x^2 - py^2 = 1$ sein soll? Kann man daraus eine Lösung für $x^2 - py^2 = -1$ gewinnen?

Aufgabe 17.24: In $\mathbb{Q}(\sqrt[3]{5})$ gilt $r_\mathbb{R} = r_\mathbb{C} = 1$ und $H = \mathbb{Z}/2\mathbb{Z}$ mit dem Erzeuger -1. Die Fundamentaleinheit von $\mathbb{Q}(\sqrt[3]{5})$ ist $2\alpha^2 - 4\alpha + 1$. Für jeden Kreisteilungskörper $\mathbb{Q}(\zeta_p)$ mit p prim gilt $r_\mathbb{R} = 0$ und $r_\mathbb{C} = (p-1)/2$ (warum?). Also hat der freie Anteil den Rang $r_\mathbb{C} - 1 = 5 - 1 = 4$ für $p = 11$. In diesem Fall ist $H = \mathbb{Z}/22\mathbb{Z}$ mit dem Erzeuger $-1/\zeta = -\zeta^{10}$. Der freie Anteil der Einheitengruppe von $\mathbb{Q}(\zeta)$ wird erzeugt durch $\zeta^5 + 1, \zeta^8 + \zeta^7, \zeta^8 + \zeta^5 + \zeta$

und $\zeta^5 + \zeta^2$. In $\mathbb{Q}(\alpha)$ ist $r_{\mathbb{R}} = 3$, $r_{\mathbb{C}} = 0$ und der freie Anteil der Einheitengruppe ist durch α und $\alpha^2 + \alpha - 1$ erzeugt. Es gilt hier $H = \mathbb{Z}/2\mathbb{Z}$ erzeugt durch -1.

Aufgabe 17.25: Verwenden Sie Satz 17.14 und Satz 17.16. $N(1 + 2\sqrt{3}) = -11$, also ist $1 + 2\sqrt{3}$ irreduzibel. -2 ist nicht irreduzibel, da $3 \not\equiv 5 \mod 8$. 37 ist nicht prim nach Satz 17.14, da $\left(\frac{3}{37}\right) = 1$, 17 dagegen schon, da $\left(\frac{3}{17}\right) = -1$.

Aufgabe 18.1: Alle Produkte $x_i y_i$ aus $I \cdot J$ sind in $I \cap J$, da I und J Ideale sind.

Aufgabe 18.8: $\mathbb{Z}(\sqrt{2})$ ist ein Hauptidealring, und es gilt $(3, 1 + 2\sqrt{2}) = (1)$, da $N(1 + 2\sqrt{2}) = -7$, mit inversem Ideal ebenfalls (1). Das Ideal $(7, 1 + 2\sqrt{2}) = (1 + 2\sqrt{2})$ hat inverses Ideal $\frac{1}{7}(1 - 2\sqrt{2})$.

Aufgabe 18.12: Benutzen Sie die Idee im Beweis von Satz 17.17.

Aufgabe 18.21: $\mathfrak{p}_1 = (2, 1 + \sqrt{-41})$ ist ein Primideal, denn seine Norm $N(\mathfrak{p}_1) = \#\mathcal{O}/\mathfrak{p}_1$ ist 2. Es gilt $2 - (1 + \sqrt{-41}) = 1 - \sqrt{-41}$, also ist auch $1 - \sqrt{-41} \in \mathfrak{p}_1$. Damit ist $42 = (1 + \sqrt{-41})(1 - \sqrt{-41}) \in \mathfrak{p}_1^2$. Die anderen vier Ideale $\mathfrak{p}_2, \mathfrak{p}_2', \mathfrak{p}_3$ und $\mathfrak{p}_3'$ sind $(3, 1 \pm \sqrt{-41})$ und $(7, 1 \pm \sqrt{-41})$ und haben Norm 3 bzw. 7. Hieraus folgt auch $42 = \mathfrak{p}_1^2 \mathfrak{p}_2 \mathfrak{p}_2' \mathfrak{p}_3 \mathfrak{p}_3'$, da 42^2 das Produkt der Normen ist. Die verschiedenen Faktorisierungen ergeben sich aus Kombinationen der Primideale.

Aufgabe 18.22: Zum Beweis des Hinweises: Sei $J = \prod_i \mathfrak{p}_i^{c_i}$ die Primzerlegung von J, so muss man zeigen, dass $\alpha I^{-1} + \mathfrak{p}_i = R$ für alle i. Es gibt nun $\alpha_i \in I \prod_{\ell \neq i} \mathfrak{p}_\ell \setminus I \prod_\ell \mathfrak{p}_\ell$ für alle i (warum?). Zeigen Sie nun durch Widerspruch, dass $\alpha := \sum_i \alpha_i \in I$, aber nicht $\alpha \in I\mathfrak{p}_i$ gilt. Danach zeigt man: Jedes (gebrochene) Ideal I in einem Dedekindring R wird durch ≤ 2 Elemente erzeugt. Ein Erzeuger kann beliebig in $I \setminus \{0\}$ gewählt werden. Hinweis dazu: Man wähle $\beta \neq 0$ in I und $J = \beta I^{-1}$ und verwende die vorherige Aussage.

Aufgabe 18.23: Da h die Ordnung der Klassengruppe ist, ist I^h trivial in der Klassengruppe.

Aufgabe 18.24: Verwenden Sie Aufgabe 18.23, um $I^h = (\beta)$ zu erhalten. Dann sei α die ganz–algebraische Zahl, die man durch Ziehen einer h–ten Wurzel aus β bekommt.

Aufgabe 19.6: Betrachten Sie die Untergruppe Γ, die von S, T erzeugt wird. Man zeigt zuerst, dass jedes Element in der oberen Halbebene einen Repräsentanten im Fundamentalbereich $\mathscr{F}$ modulo Γ besitzt, und dass Elemente an den Rändern von Γ nur in offensichtlicher Weise aufeinander abgebildet werden unter $\mathrm{SL}(2, \mathbb{Z})$. Nimmt man nun $A \in \mathrm{SL}(2, \mathbb{Z})$ und einen Punkt z im Inneren von $\mathscr{F}$, so gibt es ein $A' \in \Gamma$ mit $A'Az \in D$. Da z nicht am Rand liegt, gilt $A'Az = z$ und damit $A'A = \pm 1$ und damit $A \in \Gamma$, da $-1 = S^2 \in \Gamma$.

Aufgabe 19.10: $\mathbb{Q}(\sqrt{-74})$ hat $h = 10$, $\mathbb{Q}(\sqrt{-89})$ hat $h = 12$.

Aufgabe 19.12: Benutzen Sie Aufgabe 16.41, um die Fälle $d = -1, -2, -3, -7, -11$ zu untersuchen. Gehen Sie dabei wie im Fall $d = -1$ in der Vorlesung vor. Ist $d < -11$ und Φ eine beliebige euklidische Funktion, so wählt man zuerst ein $a \neq 0$ in $\mathcal{O}_K$ mit $\Phi(a)$ minimal, das keine Einheit, also nicht ± 1 ist. Durch Division durch a mit Rest sieht man, dass $\#\mathcal{O}_K/(a) \leq 3$ ist, da nur die Reste $0, \pm 1$ auftreten, weil ein Rest $\neq 0$ eine Einheit sein muss wegen der Minimalität von a. Die Gleichung $u^2 + |d|v^2 \leq 3$ besitzt aber für $d < -11$ nur die triviale Lösung $u = \pm 1$, $v = 0$. Widerspruch!

Aufgabe 19.19: $\mathbb{Q}(\sqrt{35})$ hat $h = 2$.

Aufgabe 19.20: Die Gleichungen $y\delta - x\gamma = 1$ und $(2a\delta + b\gamma)x + (b\delta + 2c\gamma)y = v$ haben die Lösungen $x = (v\delta - b\delta - 2c\gamma)/2u$ und $y = (2a\delta + b\gamma + b\gamma)/2u$. Daraus folgt $ax^2 + bxy + cy^2 = w = (v^2 - \Delta)/4u$. Es gilt $4au = (2a\delta + b\gamma)^2 - \Delta\gamma^2$ und damit $4u \mid (2a\delta + b\gamma + v\gamma)(2a\delta + b\gamma - v\gamma)$. Unter Ausnutzung der Voraussetzungen und $b \equiv v \mod 2$ folgt die Behauptung.

Aufgabe 19.21: Benutzen Sie die Matrizen $\begin{pmatrix} 0 & 1 \\ -1 & 0 \end{pmatrix}$, $\begin{pmatrix} 1 & 0 \\ m & 1 \end{pmatrix}$ und $\begin{pmatrix} 1 & m \\ 0 & 1 \end{pmatrix}$.

Literaturverzeichnis

[AKS] Agrawal, M., N. Kayal und N. Saxena: *PRIMES is in P*, Ann. of Math. **160** (2004), 781–793.

[AGP] Alford, W., A. Granville und C. Pomerance: *There are infinitely many Carmichael numbers*, Ann. Math. **139** (1994), 703–722.

[B] Bornemann, F.: *Primes is in P: a breakthrough for "everyman"*, Notices of the AMS **50** (2003), 545–552.

[C] Cassels, J.: *Diophantine equations with special reference to elliptic curves*, J. London Math. Soc. **41** (1966), 193–291.

[Ch] Cohn, H.: *A short proof of the simple continued fraction expansion of e*, Amer. Math. Monthly **113** (2006), 57–62.

[CP] Crandall, R. und C. Pomerance: *Prime numbers: a computational perspective*, Springer Verlag 2001.

[E] Euler, L.: *De fractionibus continuis dissertatio*, Commentarii academiae scientiarum Petropolitanae **9**, 98–137 (1744); einsehbar in Eulers Opera Omnia, Band **14**, Seite 187–215, Teubner Verlag 1925.

[F] Frey, G.: *Elementare Zahlentheorie*, Vieweg Verlag 1984.

[G] Goldfeld, D.: *Gauß's class number problem for imaginary quadratic fields*, Bull. Amer. Math. Soc. (N.S.) **13** (1985), 23–37.

[H] Hasse, H.: *Über die Klassenzahl abelscher Zahlkörper*, Akademie Verlag 1952.

[K] Khintchine, A.: *Kettenbrüche*, Teubner Verlag 1956.

[Ko] Koblitz, N.: *A course in number theory and cryptography*, Graduate Text **114**, 2te Auflage, Springer Verlag 1994.

[Ku] Kunz, E.: *Einführung in die kommutative Algebra und algebraische Geometrie*, Vieweg Verlag 1980.

[L] Lang, S.: *Algebra*, Addison–Wesley Verlag 1984.

[N] Neukirch, J.: *Algebraische Zahlentheorie*, Springer Verlag 1992.

[MS]   Mignotte, M. und D. Ştefănescu: *Polynomials: an algorithmic approach*, Springer Verlag 1999.

[P]   Pomerance, C.: *Primality testing: variations on a theme of Lucas*, Congr. Numerantium **201** (2010), 301–312.

[R1]   Ribenboim, P.: *The new book of prime number records*, Springer Verlag 1996.

[R2]   Ribenboim, P.: *Classical theory of algebraic numbers*, Springer Verlag 2001.

[S]   Selmer, E.: *The diophantine equation* $ax^3 + by^3 + cz^3 = 0$, Acta Math. **85** (1951), 203–262 und **92** (1954), 191–197.

[Sh]   Shor, P.: *Algorithms for quantum computation: discrete logarithms and factoring*, Proc. of 35th Annual Symposion on Foundations of Computer Science, IEEE Computer Society Press (1994), 124–134.

[ST]   Stewart, I. und D. Tall: *Algebraic number theory and Fermat's last theorem*, Third Edition, A. K. Peters Verlag 2002.

[W]   Watkins, M.: *Class numbers of imaginary quadratic fields*, Math. Comp. **73** (2004), 907–938.

[Wü]   Wüstholz, G.: *Algebra*, Vieweg Verlag 2004.

[Z]   Zagier, D.: *Zetafunktionen und quadratische Körper*, Springer Verlag 1981.

Sachwortverzeichnis